Unterrichtsentwürfe Mathematik Primarstufe, Band 2

Mathematik Primarstufe und Sekundarstufe I + II

Herausgegeben von
Prof. Dr. Friedhelm Padberg
Universität Bielefeld

Bisher erschienene Bände (Auswahl):

Didaktik der Mathematik

P. Bardy: Mathematisch begabte Grundschulkinder – Diagnostik und Förderung (P)
M. Franke: Didaktik der Geometrie (P)
M. Franke/S. Ruwisch: Didaktik des Sachrechnens in der Grundschule (P)
K. Hasemann/H. Gasteiger: Anfangsunterricht Mathematik (P)
K. Heckmann/F. Padberg: Unterrichtsentwürfe Mathematik Primarstufe (P)
K. Heckmann/F. Padberg: Unterrichtsentwürfe Mathematik Primarstufe, Band 2 (P)
F. Käpnick: Mathematiklernen in der Grundschule (P)
G. Krauthausen: Digitale Medien im Mathematikunterricht der Grundschule (P)
G. Krauthausen/P. Scherer: Einführung in die Mathematikdidaktik (P)
G. Krummheuer/M. Fetzer: Der Alltag im Mathematikunterricht (P)
F. Padberg/C. Benz: Didaktik der Arithmetik (P)
P. Scherer/E. Moser Opitz: Fördern im Mathematikunterricht der Primarstufe (P)
A.-S. Steinweg: Algebra in der Grundschule – Muster und Strukturen/Gleichungen/funktionale Beziehungen (P)
G. Hinrichs: Modellierung im Mathematikunterricht (P/S)
R. Danckwerts/D. Vogel: Analysis verständlich unterrichten (S)
G. Greefrath: Didaktik des Sachrechnens in der Sekundarstufe (S)
K. Heckmann/F. Padberg: Unterrichtsentwürfe Mathematik Sekundarstufe I (S)
F. Padberg: Didaktik der Bruchrechnung (S)
H.-J. Vollrath/H.-G. Weigand: Algebra in der Sekundarstufe (S)
H.-J. Vollrath/J. Roth: Grundlagen des Mathematikunterrichts in der Sekundarstufe (S)
H.-G. Weigand/T. Weth: Computer im Mathematikunterricht (S)
H.-G. Weigand et al.: Didaktik der Geometrie für die Sekundarstufe I (S)

Mathematik

F. Padberg: Einführung in die Mathematik I – Arithmetik (P)
F. Padberg: Zahlentheorie und Arithmetik (P)
K. Appell/J. Appell: Mengen – Zahlen – Zahlbereiche (P/S)
A. Filler: Elementare Lineare Algebra (P/S)
S. Krauter/C. Bescherer: Erlebnis Elementargeometrie (P/S)
H. Kütting/M. Sauer: Elementare Stochastik (P/S)
T. Leuders: Erlebnis Arithmetik (P/S)
F. Padberg: Elementare Zahlentheorie (P/S)
F. Padberg/R. Danckwerts/M. Stein: Zahlbereiche (P/S)
A. Büchter/H.-W. Henn: Elementare Analysis (S)
G. Wittmann: Elementare Funktionen und ihre Anwendungen (S)

P: Schwerpunkt Primarstufe
S: Schwerpunkt Sekundarstufe

Weitere Bände in Vorbereitung

Kirsten Heckmann • Friedhelm Padberg

Unterrichtsentwürfe Mathematik Primarstufe, Band 2

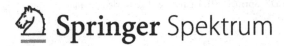

Kirsten Heckmann
Bielefeld
Deutschland

Friedhelm Padberg
Halle/Westfalen
Deutschland

ISBN 978-3-642-39744-8   ISBN 978-3-642-39745-5 (eBook)
DOI 10.1007/978-3-642-39745-5

Die Deutsche Nationalbibliothek verzeichnet diese Publikation in der Deutschen Nationalbibliografie; detaillierte bibliografische Daten sind im Internet über http://dnb.d-nb.de abrufbar.

Springer Spektrum
© Springer-Verlag Berlin Heidelberg 2014

Planung und Lektorat: Ulrike Schmickler-Hirzebruch, Barbara Lühker
Korrektorat: Alexander Reischert, Köln

Gedruckt auf säurefreiem und chlorfrei gebleichtem Papier

Springer Spektrum ist eine Marke von Springer DE. Springer DE ist Teil der Fachverlagsgruppe Science+Business Media
www.springer-Spektrum.de

Vorwort

Wir wünschen uns, dass dieser Band

- vielen *Studierenden*, insbesondere in Praxis-/Schulpraxissemestern und bei Praktika,
- vielen *Lehramtsanwärterinnen/Lehramtsanwärtern* während ihrer Ausbildung und
- vielen *praktizierenden Lehrkräften*, die nach neuen Ideen für ihren täglichen Unterricht suchen,

wichtige, innovative und dennoch praktikable Anregungen für die Planung und Realisierung ihres Mathematikunterrichts in der Primarstufe vermittelt.

Dieser Band ist in enger Zusammenarbeit von Universität (Universität Bielefeld) und Studienseminaren/Zentren für schulpraktische Lehrerausbildung entstanden. Herzstück dieses Bandes sind 20 authentische, sorgfältig ausgesuchte Unterrichtsentwürfe – darunter zehn Entwürfe für Examenslehrproben. Für die intensive und gute Zusammenarbeit bedanken wir uns bei den Fachleiterinnen (Seminarausbilderinnen) sowie Seminarleiterinnen und Seminarleitern:

- Ute Alsdorf, Erfurt
- Karin Anders, Münster
- Wolf-Dieter Beyer, Minden
- Dr. Gabriele Loibl, Dingolfing
- Monika Müller, Köln
- Hildegard Thonet, Trier
- Grit Wittig, Leipzig
- sowie bei Prof. Dr. Elisabeth Rathgeb-Schnierer, Weingarten

Die für diesen Band ausgewählten 20 Unterrichtsentwürfe basieren auf den kreativen Ideen der folgenden ehemaligen Lehramtsanwärterinnen, bei denen wir uns ganz herzlich bedanken:

Sabrina Brotzmann, Verena Dörfer, Isabel Gamerus, Anna Geißler, Kerstin Hager, Annika Halbe, Christina Hörnlein, Alina Ißleib, Laura Korten, Stephanie Kott, Gloria Licht, Sonja Merod, Katharina Risse, Martha Rosa und Carolin Tölle.

Eine genaue Zuordnung zwischen den Autorinnen und den Unterrichtsentwürfen finden Sie im Kap. 5.

Last, but not least bedanken wir uns bei Frau Anita Kollwitz für die professionelle Erstellung des umfangreichen Kap. 5 dieses Bandes.

Braunschweig/Bielefeld, März 2013

Kirsten Heckmann und Friedhelm Padberg

Inhaltsverzeichnis

Einleitung

Dieser Band richtet sich an *Studierende* und *Lehramtsanwärterinnen/Lehramtsanwärter*[1] ebenso wie an *praktizierende Lehrkräfte* mit dem Ziel, innovative, aber dennoch praktikable Anregungen für die Planung und Realisierung des Mathematikunterrichts in der Primarstufe zu geben.

In erster Linie ist dieser Band für Lehramtsanwärter und für Studierende des Lehramts für die Primarstufe geschrieben, die zu Beginn einer Praxisphase stehen – sei es in Praxis-/Schulpraxissemestern bzw. Praktika im *Studium* oder sei es in der zweiten Ausbildungsphase (*Referendariat*) – und hier mit der Planung und Realisierung von Unterricht konfrontiert werden. Wir möchten einerseits ein Bild des aktuellen Mathematikunterrichts mit seinen vielseitigen Ansprüchen vermitteln und andererseits Hilfen bei der Unterrichtsplanung und ihrer Verschriftlichung geben. Die ausgewählten authentischen Unterrichtsentwürfe zeigen gelungene Beispiele, wie die Anforderungen umgesetzt werden können. Gleichzeitig geben sie wertvolle Anregungen für die praktische Umsetzung der neuesten Lehrpläne (Bildungsstandards/Kernlehrpläne/Kerncurricula etc.) im Unterricht, die sich leicht variieren lassen. Damit kann dieser Band auch eine Bereicherung für erfahrene Lehrer und Dozenten in Studienseminaren/Zentren für schulpraktische Lehrerausbildung und Universitäten darstellen.

1.1 Zur gegenwärtigen Lehrerausbildung

1.1.1 Mathematikdidaktische Voraussetzungen

Die Lehrerausbildung gliedert sich im regulären Fall (d. h. abgesehen von Quereinstiegen) in zwei Phasen: einem universitären Studium in der ersten Phase und dem Vorbereitungs-

---

[1] Der Kürze halber verwenden wir im Folgenden statt der ausführlichen und korrekten Bezeichnung Lehrerinnen und Lehrer, Schülerinnen und Schüler etc. meist jeweils nur die männliche Form.

K. Heckmann, F. Padberg, *Unterrichtsentwürfe Mathematik Primarstufe, Band 2*,
Mathematik Primarstufe und Sekundarstufe I + II,
DOI 10.1007/978-3-642-39745-5_1, © Springer-Verlag Berlin Heidelberg 2014

dienst/Referendariat in Schule und Studienseminar in der zweiten Phase. Im Studium gibt es zwar auch Praxiselemente (s. u.), jedoch steht hier die Vermittlung von fachlichen und didaktischen Kenntnissen und Fähigkeiten im Vordergrund. Bei den speziell mathematischen und mathematikdidaktischen Inhalten lassen sich allerdings große Unterschiede bezüglich ihres Umfangs feststellen, da Mathematik nicht in allen Bundesländern auch als Ausbildungsfach gewählt werden muss. Da aber in der Regel jeder Grundschullehrer in der Praxis auch Mathematikunterricht erteilt, ist z. B. in NRW inzwischen eine Grundausbildung („Mathematische Grundbildung") verpflichtend – die aber selbstverständlich im Vergleich zum Ausbildungsfach Mathematik in reduziertem Umfang stattfindet. Die Studierenden kommen jedoch nicht nur aus diesem Grund mit sehr unterschiedlichen mathematikdidaktischen Kenntnissen und Fähigkeiten in die Praxis, denn neben dem Umfang variiert auch das Verhältnis zwischen fachmathematischen und fachdidaktischen Anteilen sehr stark. Dies ist insbesondere eine Frage von vorhandenen Ressourcen und Kapazitäten, d. h. von der Ausrichtung der Lehrenden – auch daran erkennbar, ob es an den Universitäten spezielle mathematikdidaktische Institute/Einrichtungen gibt und wie groß diese sind. Bei guten Bedingungen haben die Studierenden in den universitären Veranstaltungen bereits eine Fülle kompetenzorientierter und produktiver Aufgabenstellungen bzw. Lernarrangements kennengelernt, wie sie in aktuellen Schulbüchern bereits zu finden sind. Unter weniger günstigen Voraussetzungen belegen Studierende mit dem Berufsziel Schule zum Großteil die gleichen Lehrveranstaltungen wie solche, deren Berufsziele eine fachmathematische Ausbildung erfordern – zumindest während des Bachelor-Studiums. Zwar mag dies eine stärkere Flexibilität bei der späteren Berufswahl bewirken, wie sie mit der Umstellung auf Bachelor-Studiengänge entsprechend intendiert ist, jedoch schafft ein Kompromiss natürlich für beide Gruppen schlechtere Voraussetzungen als ein entsprechend ausgerichtetes Studium von Beginn an.

1.1.2   Praxisanteile in der Lehrerausbildung

Bis vor Kurzem war die erste Phase des Lehramtsstudiums bis zum ersten Staatsexamen bzw. Master-Abschluss durch einen relativ geringen praktischen Anteil gekennzeichnet. Hieran wurde kritisiert, dass angehende Lehrer damit im Grunde erst nach dem Studium, nämlich im Referendariat, Unterrichtsrealität erfahren, d. h. unter realen Bedingungen vor einer Klasse zu stehen und zu unterrichten. Nach einem sehr theorielastigen Studium wurde dies von vielen Referendaren als „Praxisschock" erlebt. Mit dem neuen Lehrerausbildungsgesetz (LABG vom 12. Mai 2009) wurden die Hochschulen zu einer Erhöhung der Praxisanteile im Studium verpflichtet. Seitdem sind folgende drei Praxiselemente Voraussetzung für die Zulassung zum Vorbereitungsdienst/Referendariat ([228], S. 2):

1. ein mindestens dreimonatiges Orientierungspraktikum,
2. ein Praxissemester von mindestens fünf Monaten Dauer, das neben den Lehrveranstaltungen mindestens zur Hälfte des Arbeitszeitvolumens an Schulen geleistet wird,
3. ein das Studium ergänzendes Eignungspraktikum von mindestens 20 Praktikumstagen.

Die wesentliche Neuerung hierbei ist das Praxissemester, in dem die Studierenden Schul-alltag in seiner Komplexität erfahren, also nicht nur ausschnittsweise und/oder unter speziellen Bedingungen und oft fokussiert auf das Inhaltlich-Fachliche. So stellt es einen großen Unterschied dar, ob man im Rahmen eines fachdidaktischen Tagespraktikums mit mehreren Studierenden zusammen eine Unterrichtsreihe plant, diese in einer Klasse ge-meinsam und unter Beisitz der Seminar- und Klassen- bzw. Fachlehrer durchführt, oder ob man Unterricht allein über einen längeren Zeitraum begleitet und dabei auch all die vielen Faktoren miterlebt, die das Unterrichtsgeschehen beeinflussen.

Allerdings ist die Erhöhung der Praxisanteile während des Studiums nur als Vorverla-gerung solcher Erfahrungen und nicht als Ergänzung zu sehen, da im Gegenzug eine Ver-kürzung des Vorbereitungsdienstes von ehemals 24 auf bis zu 12 Monate geplant ist, die im neuen LABG als Mindestdauer festgeschrieben sind. Entsprechend wurde der Vorberei-tungsdienst in den meisten Bundesländern bereits verkürzt, so in Hessen auf 21 Monate, in den meisten Bundesländern jedoch zurzeit auf 18 Monate (z. B. Nordrhein-Westfalen, Baden-Württemberg, Niedersachsen, Schleswig-Holstein; vgl. [239]). Dies soll allerdings zum Teil nur eine Zwischenstufe für die weitere geplante Verkürzung auf 12 Monate dar-stellen.

Während der stärkere Praxisbezug im Studium dabei als Vorteil zu werten ist, bringt die Verkürzung des Vorbereitungsdienstes für die Lehramtsanwärter eine stärkere Belastung mit sich, da die Anforderungen nicht in gleichem Umfang reduziert werden. In NRW sind in der neuen OVP, welche für alle Lehramtsanwärter gilt, die ab dem 1. November 2011 in den Vorbereitungsdienst eingetreten sind, nach wie vor zehn Unterrichtsbesuche vorgese-hen. Dabei ist es auch keine Erleichterung, dass zu diesen Besuchen zum Teil „nur" kurz gefasste Planungen statt eines ausführlichen schriftlichen Entwurfs vorgelegt werden müs-sen, da es die Lehramtsanwärter nicht von ausführlichen Gedanken zu allen Aspekten be-freit, wie sie in einem ausführlichen Entwurf in ihrem Wirkungszusammenhang dargelegt werden müssen. Ein *Spiegel Online*-Bericht vom 30.04.2012 ([236]) spricht diesbezüglich von einer durchschnittlichen wöchentlichen Arbeitszeit von 60 Stunden, auch dadurch bedingt, dass Referendare in der Realität aufgrund von Lehrermangel oft wie fertige Lehrer eingesetzt werden.

1.2   Unterrichtsentwürfe – kein überflüssiger Luxus!

Abhängig vom Umfang und von der Güte (mathematik-)didaktischer Anteile kommen die Studierenden mit einer mehr oder weniger fundierten Basis für didaktisch sinnvolles Han-deln und mit einer mehr oder minder großen Zahl an fruchtbaren Unterrichtsideen in die (eigene) Praxis – d. h. insbesondere in das Praxissemester und das Referendariat. Im güns-tigen Fall haben die angehenden Lehrer im Studium bereits eine Fülle von Anregungen für didaktisch sinnvolle Lernumgebungen erhalten, in denen Kinder sich zur selben Zeit mit dem gleichen Lerngegenstand beschäftigen, allerdings auf unterschiedlichem Niveau und unterschiedlich tief gehend. So gibt es mittlerweile eine Fülle hierfür geeigneter produktiver Lern- und Übungsformen wie z. B. Zahlenmauern (vgl. [103, 164]), Zahlenketten (vgl. Unterrichtsentwurf 5.4), Zahlenmuster (vgl. [194]), Zahlentreppen (vgl. [181]) oder Einmaleins-Züge (vgl. [59]). Jedoch stellt dies lediglich eine notwendige, aber keine hinreichende Bedingung für das Gelingen des Unterrichts dar, weil das Unterrichtsgeschehen sehr komplex ist und neben diesen didaktischen Aspekten eine Vielzahl weiterer Faktoren mit einfließt. Auch die schönste Idee kann im Unterricht scheitern, wenn andere relevante Einflussfaktoren nicht beachtet werden. So kann es etwa passieren, dass die Schüler resignieren, wenn man die Lernvoraussetzungen missachtet, z. B. weil sie das zu Entdeckende bereits in einem anderen Zusammenhang (evtl. in einer früheren Klassenstufe) kennengelernt haben. Aber auch im umgekehrten Fall kann der Unterricht einen unerwünschten Verlauf nehmen, wenn viele Kinder überfordert sind, z. B. weil die notwendigen Voraussetzungen für die Erarbeitung nicht gegeben sind. Dies bezieht sich nicht nur auf die fachlichen Voraussetzungen (z. B. eine gewisse Routine im kleinen Einspluseins für Entdeckungen an Zahlenmauern, Rechentürmen o. Ä.), sondern auch auf die sprachlichen und/oder methodischen Voraussetzungen für offenere Unterrichtsformen, in denen sich die Kinder Arbeitsaufträge selbst erschließen und/oder ihre Arbeit selbst planen und strukturieren müssen. Solche äußerst wichtigen allgemeinen Kompetenzen müssen im und durch Unterricht erst entwickelt werden und können und sollen (!) somit auch selbst zum Unterrichtsziel erklärt werden. Jedoch muss man sich im Voraus darüber im Klaren sein, worauf der Unterricht eigentlich hinauslaufen soll: Geht es um fachliche Entdeckungen, so sollten die entsprechenden Arbeitsformen geläufig sein. Geht es dagegen um die Weiterentwicklung selbstständiger Arbeitsformen, so sollten die Inhalte nicht zu komplex sein, da in diesem Fall in der Reflexion mehr die Arbeitsformen als die -ergebnisse beleuchtet werden.

Die angehenden Lehrer müssen in der Praxis und durch die Praxis lernen, die zahlreichen Einflussfaktoren, die das Unterrichtsgeschehen beeinflussen können, zu berücksichtigen und auf diese in geeigneter Form zu reagieren, damit der Unterricht den gewünschten Verlauf nimmt und die angestrebten Ziele erreicht werden. Unterrichtsbesuche in Verbindung mit den zugehörigen schriftlichen Unterrichtsentwürfen, die insbesondere in der zweiten Ausbildungsphase einen wichtigen Prüfungsteil darstellen, leisten hierzu einen wesentlichen Beitrag, indem sie die erforderlichen Planungs- und Entscheidungsprozesse auf eine bewusste Ebene bringen. Damit stellen sie jedoch zugleich ganz neue Anforderungen an die angehenden Lehrer, wobei gerade die Verschriftlichung von ihnen oft als mühsam und beschwerlich empfunden wird. Unseren Erfahrungen zufolge liegt dies oft nicht – wie gerade beschrieben – an didaktisch wertvollen Ideen, sondern vielmehr an deren Strukturierung und Ordnung, um daraus ein in sich schlüssiges Gesamtkonzept zu erstellen. In der Verschriftlichung wird deshalb oft das größte Hindernis gesehen, da gerade sie zu dieser Ordnung und Strukturierung zwingt, weil sich andernfalls kein logischer Begründungszusammenhang ergibt. Und genau hierin besteht auch der Sinn und Zweck des Schreibens von Unterrichtsentwürfen: In diesem Strukturierungsprozess müssen nämlich die vielen unbewusst getroffenen Planungsentscheidungen auf eine bewusste Ebene gebracht und diese in einen logischen Begründungszusammenhang gestellt werden. Dabei erfüllt die schriftliche Unterrichtsplanung eine Doppelfunktion: eine vorbereitende und eine reflektierende. *Vor* dem Unterricht kann sie Schwachstellen oder logische Brüche aufzeigen, die bei einer rein mündlichen Planung (gerade bei Berufsanfängern) nicht aufgefallen wären, und dadurch ungewollte Unterrichtsverläufe, Brüche oder Störungen verhindern. Dies können ganz banale Dinge sein wie z. B. fehlendes Differenzierungsmaterial. Fehlt in diesem Fall dann noch die nötige Spontaneität, um die leistungsstärkeren Schüler sinnvoll zu beschäftigen, wird man viel Energie darauf verwenden müssen, eine vernünftige Arbeitsatmosphäre aufrechtzuerhalten. *Nach* dem Unterricht ermöglicht sie es, die Planungsentscheidungen anhand des tatsächlichen Unterrichtsverlaufs kritisch zu reflektieren und zu prüfen. Hierbei können Schwachpunkte, aber auch Stärken ausfindig gemacht und für nachfolgende Planungen berücksichtigt werden. Stellt man beispielsweise fest, dass die freie Gruppenbildung zu viele Diskussionen ergeben hat und Schüler ausgegrenzt wurden, wird man beim nächsten Mal vielleicht doch eher auf das Zufallsprinzip zurückgreifen (und diese Entscheidung den Schülern transparent machen). Stellt man umgekehrt fest, dass die Schüler ihrer Leistungsfähigkeit entsprechende Angebote (z. B. Tippkarten) gewählt haben und der Unterricht somit durch ein hohes Maß an Selbstständigkeit und Selbsttätigkeit gekennzeichnet war, wird man diese Methode in entsprechenden Situationen häufiger anwenden. Durch diese Art von Reflexion besteht die Chance, den Unterricht sukzessive zu optimieren, sodass schriftliche Unterrichtsentwürfe als Evaluationsinstrument für den eigenen Unterricht zu betrachten sind. Schritt für Schritt entwickelt sich auf diese Weise Sicherheit im Treffen von Planungsentscheidungen und die Routine wächst. Daher liegt die zentrale Funktion der schriftlichen Unterrichtsplanung auch in dieser Reflexion. Erst in zweiter Linie geht es um die *Vorbereitung* des konkreten Unterrichts, zumal der Aufwand nur für eine sehr begrenzte Anzahl an Stunden realisierbar ist, also nur exemplarisch erfolgen kann.

Die Frage, ob die schriftliche Unterrichtsplanung überflüssiger Luxus ist und das – aufgrund der zahlreichen Beurteilungen von verschiedenen Seiten ohnehin oft als belastend empfundene – Referendariat unnötig erschwert, lässt sich aus diesen Gründen also mit einem klaren Nein beantworten. Vielmehr ist der Trend zu Kurzentwürfen vor diesem Hintergrund eher als kritisch zu betrachten, da implizit trotzdem alle relevanten Faktoren für die Unterrichtsplanung bedacht werden müssen, auch ohne sie explizit umfassend darzustellen. Insofern stellt die Verkürzung der schriftlichen Ausarbeitung aus unserer Sicht auch höchstens eine geringe und unbedeutende Entlastung der Referendare dar. Gerade am Anfang kann eine ausführliche schriftliche Planung sehr hilfreich sein, um sich alle Einflussfaktoren bewusst vor Augen zu führen. Natürlich kann und wird die schriftliche Planung im Laufe der Zeit durch die wachsende Routine mehr und mehr zurücktreten und schließlich weitgehend durch eine mündliche Planung ersetzt. Als hilfreich können sich im Übergang (aber auch für routinierte Lehrer) Unterrichtsskizzen oder kurze schriftliche Aufzeichnungen zu unterrichtlichen „Knackpunkten" erweisen. Dies können beispielsweise Alternativplanungen sein (z. B. für ein sinnvolles Stundenende, falls die Arbeitsphase länger als erwartet gedauert hat) oder andere Überlegungen (z. B. zu einem schnellen und einfachen Helfersystem, wenn absehbar ist, dass die Schüler viel Hilfe benötigen).

1.3   Aufbau und Zielsetzung des Bandes

Wie im vorigen Abschnitt erläutert, spielen Unterrichtsentwürfe neben den Praxisphasen des Studiums insbesondere in der zweiten Ausbildungsphase eine große Rolle – nicht nur weil sie entscheidend mit in die Note beispielsweise des zweiten Staatsexamens einfließen, sondern weil sie einen wichtigen Beitrag zur Optimierung der eigenen Unterrichtsplanung und -durchführung leisten. Ziel des Buches ist es, den Studierenden und angehenden Lehrern bei dieser neuen Anforderung zu helfen. Konkret möchten wir eine Vorstellung davon vermitteln, was guten (Mathematik–)Unterricht ausmacht und durch welche Merkmale er charakterisiert ist. Unser Ausgangspunkt ist dabei zunächst die fachliche Seite, d. h., wir beschreiben zunächst aktuelle Anforderungen an den Mathematikunterricht, wie sie aus den KMK-Bildungsstandards ([218]), den hierauf basierenden Lehrplänen (Kerncurricula, Bildungspläne etc.) und der gegenwärtigen fachdidaktischen Diskussion hervorgehen. Im Kap. 2 zeigen wir auf, welche allgemeinen Grundsätze Mathematikunterricht erfüllen soll und welche Erwartungen und Anforderungen auf Lehrer- sowie Schülerseite hiermit verbunden sind. Zentral ist dabei die Orientierung an Kompetenzen mit der Verzahnung von allgemeinen (prozessbezogenen) und inhaltsbezogenen mathematischen Kompetenzen. Daher werden in Kap. 3 die in den Bildungsstandards ausgewiesenen Kompetenzbereiche ausführlich dargestellt und an konkreten Beispielen erläutert. Wir wünschen uns, dass dieser Abriss zur Entwicklung und Ausbildung einer Fülle von fachlichen Ideen für den Mathematikunterricht beiträgt – speziell auch im Hinblick auf spezielle Lerngruppen, die der Leser vor Augen hat.

Es folgt im vierten Kapitel eine ausführliche Erörterung der für die (schriftliche) Unterrichtsplanung relevanten Aspekte mit der Zielsetzung, die ausgebildeten Ideen unter Berücksichtigung aller – insbesondere auch nichtfachlicher – Einflussfaktoren sinnvoll in die Praxis umsetzen zu können. Denn es kann von ganz verschiedenen Faktoren abhängen, ob Unterricht gelingt oder misslingt. Großartige Unterrichtsideen können scheitern, wenn zentrale Einflussfaktoren nicht beachtet werden. Umgekehrt kann der Unterricht auch bei geforderten Inhalten, die per se weniger spannend gestaltet werden können, gut funktionieren, wenn er insgesamt stimmig ist. Vor diesem Hintergrund erfolgt im Kap. 4.1 zunächst eine theoretische Darstellung allgemeiner Grundlagen der Unterrichtsplanung, in der wichtige Strukturen und Beziehungen des Unterrichts offengelegt werden und die einen Einblick in die zahlreichen Aspekte vermitteln soll, die bei der Planung von Unterricht zu berücksichtigen sind. Im Kap. 4.2 werden die Anforderungen an schriftliche Unterrichtsentwürfe konkretisiert und im Kap. 4.3 wird aufgezeigt, wie diese Aspekte in eine Struktur gebracht werden können. Damit möchten wir den Studierenden und Referendaren/Lehramtsanwärtern eine Art Handlungsanleitung für die konkrete Unterrichtsplanung bieten, ohne jedoch ein festgeschriebenes Raster vorzugeben. Denn dies würde im krassen Widerspruch zu den Anforderungen stehen, die wir heutzutage an unsere Schüler stellen und folglich auch an uns selbst stellen sollten. Vielmehr soll der sehr komplexe Prozess der (schriftlichen) Unterrichtsplanung „aufgedröselt" und strukturiert sowie Transparenz bezüglich der Anforderungen geschaffen werden mit dem Ziel, bei der Strukturierung der eigenen Unterrichtsideen und Gedanken zu helfen.

Nach diesen theoretischen Grundlagen bezüglich der Anforderungen an den Mathematikunterricht sowie an die Gestaltung und Verschriftlichung eigener Unterrichtsstunden bzw. -besuche werden im zweiten Teil des Bandes in Kap. 5 exemplarisch 20 gut gelungene Unterrichtsentwürfe dargestellt. Es handelt sich um authentische Entwürfe, die sorgfältig durch Experten aus verschiedenen Studienseminaren (vgl. Abschn. 5.1) ausgewählt wurden. Sie veranschaulichen exemplarisch gut reflektierte Umsetzungsmöglichkeiten didaktischer Grundideen unter Berücksichtigung der Gesamtkomplexität des Unterrichts. Sie sollen den Leser für wichtige Planungsüberlegungen und -entscheidungen sensibilisieren und bei der Übertragung auf eigene Unterrichtsplanungen helfen. Darüber hinaus bieten die Beispiele vielfältige Übertragungsmöglichkeiten auch hinsichtlich der Klassenstufen, Inhalte und Ziele. Denn neben ihrer Qualität als selbstverständlich grundlegendem Auswahlkriterium wurden die Entwürfe bewusst so ausgewählt, dass sie ein möglichst breites Spektrum des Mathematikunterrichts in der Grundschule abdecken. So werden nicht nur sämtliche Jahrgangsstufen der Grundschule berücksichtigt, sondern alle inhalts- und prozessbezogenen Kompetenzbereiche gemäß den Bildungsstandards ([218]) sowie Lehrplänen, Kerncurricula etc.

Zum Mathematikunterricht in der Grundschule

2

Ziel dieses Kapitels ist es, den Lesern Bezug nehmend auf die aktuelle fachdidaktische Diskussion, die Bildungsstandards und die darauf basierenden Lehrpläne (Kerncurricula, Bildungspläne etc.) ein Bild davon zu vermitteln, wie Mathematikunterricht in der heutigen Zeit auf der Grundlage allgemeiner Unterrichtsprinzipien gestaltet werden sollte. Denn das Wissen hierüber ist – neben der Kenntnis der neueren einschlägigen Fachliteratur zu den einzelnen Unterrichtsinhalten – Basiswissen für die Planung und Gestaltung von Mathematikunterricht, um so Planungsentscheidungen treffen und – im Fall eines Unterrichtsbesuchs – (schriftlich) begründen zu können. Wir skizzieren in Abschn. 2.1 kurz die Genese der Bildungsstandards und der damit veränderten Unterrichtskultur, bevor wir in Abschn. 2.2 ausführlicher auf allgemeine Unterrichtsprinzipien eingehen.

2.1 Eine kompetenzorientierte Unterrichtskultur

Im Jahr 2003 hat die internationale Vergleichsstudie PISA dem deutschen Bildungssystem ein schlechtes Zeugnis ausgestellt. Im Detail wurden bei den deutschen Schülern im mathematischen Bereich Schwächen bei Aufgaben festgestellt, die über die Anwendung von Routinen hinausgingen. Das empirisch nachgewiesene kognitive Potenzial schien in Deutschland weniger erfolgreich in mathematische Kompetenzen umgesetzt zu werden, was nach der TIMS-Studie wesentlich auf die Aufgabenkultur im deutschen Mathematikunterricht zurückgeführt wurde, weil hier im Vergleich zu den USA und Japan die am wenigsten komplexen Aufgaben gestellt wurden (vgl. [42], S. 22). In der Grundschule zeigen die Ergebnisse der IGLU-Studie (vgl. [229] sowie [70], S. 11 ff.) folgendes Bild: Zwar schneiden Viertklässler im internationalen Vergleich im Durchschnitt besser ab als Sekundarstufenschüler (ihre Leistungen liegen in allen drei Erhebungen der Jahre 2001, 2007 und 2011 relativ stabil im oberen Drittel), andererseits verfügt aber auch fast jeder fünfte Viertklässler nur über elementarste mathematische Grundfertigkeiten und muss daher im Hinblick auf das weitere Lernen als gefährdet eingestuft werden. Es ist nachvollziehbar,

K. Heckmann, F. Padberg, *Unterrichtsentwürfe Mathematik Primarstufe, Band 2*,
Mathematik Primarstufe und Sekundarstufe I + II,
DOI 10.1007/978-3-642-39745-5_2, © Springer-Verlag Berlin Heidelberg 2014

dass die angestrebte Reform das gesamte Schulsystem durchziehen sollte, zumal in der Grundschule die Grundlagen für das spätere Lernen gelegt werden. Im Wandel der Aufgabenkultur im Unterricht – von einer stark algorithmisch geprägten Fertigkeitsorientierung hin zu mehr Problem- und Anwendungsorientierung – wurde den Erkenntnissen der Studien folgend ein wichtiger Schritt in die richtige Richtung gesehen. So wurden als Reaktion national verbindliche „Bildungsstandards" für die verschiedenen Schulformen entwickelt (für den Primarbereich und den mittleren Schulabschluss im Jahr 2004, für die Hauptschule ein Jahr später, für die Allgemeine Hochschulreife im Jahr 2012). Die von der Kultusministerkonferenz (KMK) beschlossenen Bildungsstandards bildeten bzw. bilden wiederum die Grundlage für die sich anschließende Neuentwicklung der Lehrpläne in den verschiedenen Bundesländern. Sie enthalten wesentliche Neuerungen mit dem Kompetenzbegriff als wesentlichem Charakteristikum. Anstelle einer inhaltsorientierten Sichtweise („Was soll gelehrt werden?") wird mit ihm eine ergebnisorientierte Sichtweise eingenommen („Was sollen Schülerinnen und Schüler können?") (vgl. [21], S. IV). Mit der Formulierung solcher Kompetenzen wird ein Soll-Zustand beschrieben, der als Mindestniveau für das Ende eines festgelegten Zeitraums zu verstehen ist. Dieser Zeitraum umfasst im Fall der Bildungsstandards für die Grundschule die gesamte Grundschulzeit (d. h. bis zum Ende der vierten Klasse), womit bewusst viel Freiraum und Flexibilität für die Umsetzung und Ausgestaltung gelassen werden.

Den nationalen Bildungsstandards liegt der Kompetenzbegriff von Weinert zugrunde, bei dem Kompetenzen als Disposition verstanden werden, die Personen dazu befähigt, bestimmte Arten von Problemen erfolgreich zu lösen (vgl. [106], S. 3). Es geht also nicht um das Anhäufen von Wissen, sondern darum, mit erworbenem Wissen umgehen und es zur Lösung bestimmter Probleme nutzen zu können. In diesem Sinne geht es auch um den Erwerb von Strategien, mithilfe derer die Kinder sich Wissen aneignen bzw. Anforderungssituationen bearbeiten können. Im und durch Unterricht müssen die Schüler also vor allem auch „das Lernen lernen" ([161], S. 15). Neben der kognitiven Komponente spielen dabei auch Interessen, Motivationen, Werthaltungen und soziale Bereitschaft eine Rolle, sodass kompetenzorientierter Unterricht folglich nicht allein auf die kognitiven Fähigkeiten und Fertigkeiten der Schüler ausgerichtet sein darf, sondern auch die Förderung motivationaler, volitionaler und sozialer Bereitschaften und Fähigkeiten im Blick haben muss. In der aktuellen Didaktik unterscheidet man im Allgemeinen zwischen fachlichen und überfachlichen Kompetenzen, wobei erstgenannte auf die sachgerechte und selbstständige Bewältigung von Aufgaben und Problemen mithilfe fachlicher Fähigkeiten und Fertigkeiten gerichtet sind, während Selbst- bzw. Personalkompetenz, Methodenkompetenz, soziale und kommunikative Kompetenz wichtige Schlüsselqualifikationen auf überfachlicher Ebene darstellen (vgl. hierzu auch Tab. 2.1). Auch wenn der Schwerpunkt dieses Bandes natürlich auf den fachlichen Kompetenzen im Mathematikunterricht liegt, werden bewusst auch diese Kompetenzen an hierfür geeigneten Stellen miteinbezogen.

Auf fachlicher Ebene ist ein Übergang von sehr konkret formulierten zu allgemeineren Kompetenzen als Bildungszielen intendiert, die flexibel auch in nicht vertrauten Situationen angewendet werden können („Flexibilität") und überdauernd sein sollen

Tab. 2.1 Lernbereiche im Schulunterricht

Lernbereiche			
inhaltlich-fachlich	methodisch-strategisch	sozial-kommunikativ	personal-affektiv
Wissen von Fakten,	*markieren*	*zuhören*	Entwicklung bzw.
Regeln, Definitionen,	*nachschlagen*	*fragen*	Aufbau von …
Begriffen, …	*strukturieren*	*antworten*	*Selbstvertrauen*
Verstehen von	*protokollieren*	*begründen*	*Selbstreflexion*
Sachverhalten,	*organisieren*	*argumentieren*	*Lernfreude und*
Argumenten, …	*recherchieren*	*diskutieren*	*–bereitschaft*
Erkennen von	*entscheiden*	*moderieren*	*Selbstdisziplin*
Beziehungen,	*gestalten*	*präsentieren*	*Belastbarkeit*
Zusammenhängen, …	*ordnen*	*kooperieren*	*Werthaltungen*
(Be-)Urteilen von	*kontrollieren*	*helfen*	*Kritikfähigkeit*
Aussagen,	…	*integrieren* …	…
Lösungswegen, …			

(„Nachhaltigkeit"). Kompetenzen sollen sich auf die Kernbereiche des jeweiligen Faches beschränken („Beschränkung") und müssen folglich unter der Fragestellung ausgewählt werden, welches Können grundlegend für den Aufbau weiteren Wissens bzw. weiterer Fähigkeiten des Faches ist („Nützlichkeit") (vgl. [106], S. 67 f.). Mit der Konzentration auf die Kernbereiche und die stärkere Allgemeinheit wird eine größere Freiheit bei der konkreten Umsetzung eingeräumt, die über die Lehrpläne der einzelnen Bundesländer an die Schulen weitergegeben wird. Neben der Auswahl der konkreten Lerninhalte betrifft diese Freiheit auch deren Abfolge im Unterricht, da die Kompetenzen jeweils für relativ große Zeitabschnitte formuliert sind – in den nationalen Bildungsstandards für das Ende der Jahrgangsstufe 4, in den Lehrplänen der einzelnen Bundesländer in der Regel für das Ende der Doppeljahrgangsstufen 1/2 (in NRW als „Schuleingangsphase" bezeichnet) und 3/4. Dass diese größere Freiheit und Flexibilität aber keineswegs mit Beliebigkeit verwechselt werden darf, ist an der zeitgleichen Einführung zentraler Leistungsüberprüfungen und Vergleichsarbeiten erkennbar. So schreiben Grundschüler seitdem im dritten Schuljahr zentral gestellte Vergleichsarbeiten in den Fächern Deutsch und Mathematik, bekannt als VERA.

Von besonderer Bedeutung für den Unterricht bei der „kompetenzorientierten" Unterrichtskultur ist die Unterscheidung zwischen inhaltsbezogenen und allgemeinen mathematischen Kompetenzen. Dabei entsprechen die inhaltsbezogenen Kompetenzen weitgehend den Inhalten alter Lehrpläne, die sich nach wie vor auf bestimmte mathematische Inhalte beziehen: z. B. auf Kopfrechnen, halbschriftliche und schriftliche Rechenverfahren, auf räumliche Beziehungen, auf ebene und räumliche Figuren, auf verschiedene Größenbereiche, auf Daten aus Tabellen, Schaubildern und Diagrammen, auf Muster usw. Im Unterschied zu den älteren Lehrplänen sind diese jetzt allerdings nur noch auf das Wesentliche – also einen Kern – reduziert, wobei jedoch durchaus Unterschiede zwischen den einzelnen Bundesländern festzustellen sind (vgl. hierzu Abschn. 3.1). Ein weiterer Unterschied betrifft die Gliederung dieser Kompetenzen, die in den Bildungsstandards nicht mehr nach den typischen Themengebieten (Arithmetik, Geometrie, Sachrechnen), sondern nach sogenannten Leitideen erfolgt. Folgende fünf Leitideen werden dabei als zentral angesehen und bilden in den Bildungsstandards somit die Oberkategorien:

- Zahlen und Operationen
- Raum und Form
- Muster und Strukturen
- Größen und Messen
- Daten, Häufigkeit und Wahrscheinlichkeit

Diese veränderte Kategorisierung ist sicher auch vor dem Hintergrund erfolgt, einen Wandel bei der Unterrichtskultur signalisieren zu wollen. Sie spiegelt sich auch in den neueren Lehrplänen der einzelnen Bundesländer wider, wobei es jedoch meist keine völlige Übereinstimmung gibt. Besonders im Bereich „Muster und Strukturen" sind Abweichungen feststellbar, weil dieser Bereich übergreifend zu sehen ist und es somit Überschneidungen mit allen anderen Bereichen gibt, insbesondere mit dem Bereich „Zahlen und Operationen" (z. B. bei Zahlenfolgen) und dem Bereich „Raum und Form" (z. B. in geometrischen Mustern). Für die Praxis spielt die unterschiedliche Kategorisierung dieser Kompetenzen freilich kaum eine Rolle, während Veränderungen bei den Lern*inhalten* selbstverständlich Auswirkungen haben. So werden durch die stärkere Allgemeinheit bestehende Lerninhalte zwar einerseits reduziert, andererseits stellt man hier jedoch eine Akzentverschiebung bei den Kompetenzen fest: Begriffe wie „verstehen", „erkennen", „untersuchen", „selbst entwickeln", „beschreiben", „fortsetzen" „prüfen" treten nunmehr verstärkt auf, während Begriffe wie „lösen" und „kennen" zurückgehen. Der intendierte Übergang von einer stark algorithmisch geprägten Fertigkeitsorientierung hin zu mehr Problem- und Anwendungsorientierung wird hier sehr deutlich. Abgesehen davon treten aber auch neue Lerninhalte hinzu, die zuvor nicht verbindlich waren, nämlich insbesondere kombinatorische Aufgabenstellungen und der Bereich Wahrscheinlichkeit. Dies ist insofern nicht ganz unproblematisch, als diese Inhalte bis dato auch in der Lehrerausbildung (sowie teilweise auch in der eigenen Schulzeit) gefehlt und somit häufiger zu Unsicherheiten auf Lehrerseite geführt haben.

Noch weiter reichende Veränderungen für die Unterrichtspraxis haben jedoch die sogenannten *allgemeinen* oder *prozessbezogenen* mathematischen Kompetenzen mit sich gebracht, die – wie der Name schon sagt – allgemeinerer Natur sind: Sehr allgemein gehaltene Formulierungen wie „Zusammenhänge erkennen, nutzen und auf andere Sachverhalte übertragen" (Problemlösen), „Aufgaben gemeinsam bearbeiten und dabei Verabredungen treffen und einhalten" (Kommunizieren) oder „mathematische Aussagen hinterfragen und auf Korrektheit prüfen" (Argumentieren) ([218], S. 7 f.) machen deutlich, dass sich diese Kompetenzen auf viele – teilweise sogar alle – konkreten Inhalte aus allen fünf Bereichen beziehen lassen. Diese Kompetenzen lassen sich in der mathematikdidaktischen Literatur auch unter dem Begriff „allgemeine Lernziele" wiederfinden, wobei je nach Autor jedoch zum Teil ganz verschiedene Qualifikationen unter diesen Oberbegriff gefasst werden (vgl.

[105], S. 87). Die Bildungsstandards unterscheiden zwischen fünf Kompetenzbereichen, die sie für den Mathematikunterricht der Grundschule als zentral erachten:

- Problemlösen
- Argumentieren
- Kommunizieren
- Modellieren
- Darstellen

Die Lehrpläne der verschiedenen Bundesländer folgen mit einzelnen kleinen Abweichungen im Wesentlichen dieser Kategorisierung. So wird z. B. im niedersächsischen Kerncurriculum ([220], S. 13) der Bereich Kommunizieren als gemeinsame Einheit mit dem Argumentieren gesehen, während er im Lehrplan NRW ([222], S. 57) dem Darstellen – als einer verbalen Darstellungsform – zugerechnet wird. Darüber hinaus wird in diesem Lehrplan „kreativ sein" als zusätzliche Kompetenz formuliert, die hier den Bereich „Problemlösen" erweitert. Das hessische Kerncurriculum ([219], S. 12) übernimmt schließlich schon für die Grundschule zusätzlich einen Kompetenzbereich, der in den Bildungsstandards erst ab der Sekundarstufe formuliert wird, nämlich das „Umgehen mit symbolischen, formalen und technischen Elementen".

Zwar haben diese allgemeinen oder prozessbezogenen Kompetenzen implizit schon immer eine mehr oder weniger große Rolle im Unterricht gespielt, der entscheidende Unterschied liegt jedoch darin, dass diese seitdem nicht nur explizit ausgewiesen werden, sondern darüber hinaus in den Vordergrund gerückt worden sind. Besonders deutlich wird dies im hessischen Kerncurriculum ([219]), in welchem die allgemeinen Kompetenzen – dort als „Bildungsstandards"(!) bezeichnet – wesentlich mehr Raum einnehmen und (wenngleich immer noch knapp) ausführlicher formuliert werden als die inhaltsbezogenen Kompetenzen. Dies hängt vermutlich auch damit zusammen, dass selbst einige Jahre nach Einführung der Bildungsstandards Einschätzungen zufolge den Inhalten (insbesondere dem „Rechnen") noch immer mehr Bedeutung beigemessen wird als der Entwicklung allgemeiner mathematischer Kompetenzen (vgl. [126], S. 24). Betont sei allerdings, dass es hierbei nicht um ein „Entweder-oder", sondern um ein integratives Verständnis von inhaltsbezogenen und allgemeinen mathematischen Kompetenzen geht. Sie stehen in einem dialektischen Verhältnis zueinander, weil einerseits allgemeine mathematische Kompetenzen nur an konkreten Inhalten und andererseits Inhalte nur mithilfe allgemeiner Kompetenzen erworben und weiterentwickelt werden können. In diesem Sinne wird auch in den KMK-Bildungsstandards ([218], S. 6) betont, dass diese untrennbar aufeinander bezogen sind, wobei die allgemeinen mathematischen Kompetenzen durch ihre größere Allgemeinheit quasi als Rahmen für die inhaltsbezogenen mathematischen Kompetenzen betrachtet und entsprechend dargestellt werden (vgl. Abb. 2.1).

Eine stärkere Betonung der allgemeinen mathematischen Kompetenzen hat zur Folge, dass diese bei der Unterrichtsplanung nunmehr stärker berücksichtigt werden (sollen). Langfristig wird aber eine noch stärkere Umorientierung angestrebt, bei der die all-

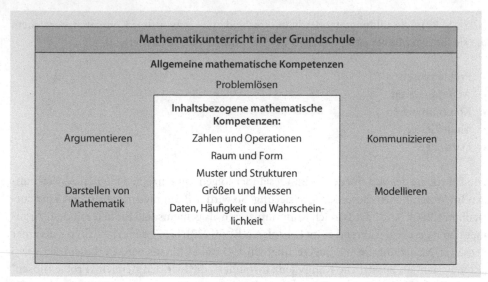

Abb. 2.1 Allgemeine und inhaltsbezogene mathematische Kompetenzen

gemeinen mathematischen Kompetenzen – und nicht wie gewohnt die inhaltsbezogenen Kompetenzen – zum Ausgangspunkt der Unterrichtsplanung und -gestaltung werden sollen. Bei der Unterrichtsplanung lautet die Frage dann nicht mehr: „Welche allgemeinen Kompetenzen kann ich mit einem bestimmten Inhalt fördern?", sondern umgekehrt: „An welchen Inhalten können bestimmte allgemeine Kompetenzen erworben werden?" Lehrer haben demzufolge die Aufgabe, geeignete Inhalte zu den angestrebten Kompetenzen zu finden. Das Ausgehen von den allgemeinen Kompetenzen erfordert allerdings ein starkes Umdenken. Es ist auch insofern anspruchsvoller zu realisieren, als man stets darauf achten muss, dass die inhaltlichen Voraussetzungen für die geplante Erarbeitung gegeben sind, also Inhalte weiterhin spiralförmig aufeinander aufbauen. Damit die gewünschte Umorientierung im Unterricht spürbar wird, sind aus unserer Sicht daher neue Konzepte für das ganze Curriculum erforderlich; ein einzelner Lehrer kann dies hingegen kaum leisten.

Wie bereits erwähnt, zielt ein zeitgemäßer (Mathematik-)Unterricht schließlich nicht nur auf das Inhaltlich-Fachliche ab. Besonders vor dem Hintergrund veränderter gesellschaftlicher Anforderungen, in denen es weniger auf die Beherrschung von Routinen als vielmehr auf allgemeine Problemlösefähigkeit ankommt, besteht eine wichtige Aufgabe der Schule in der Förderung übergreifender Qualifikationen, die sich auf das selbstständige Arbeiten und Lernen beziehen. Die Übersicht (Tab. 2.1) folgt der Kategorisierung von Klippert ([96], S. 57) und unterscheidet vor diesem Hintergrund zwischen vier verschiedenen Lernbereichen, nämlich neben dem inhaltlich-fachlichen zwischen dem methodisch-strategischen, dem sozial-kommunikativen und dem personal-affektiven Lernbereich. Es werden exemplarisch zentrale Kompetenzen der einzelnen Bereiche aufgelistet, ohne dass diese Liste erschöpfend gemeint ist. Bezüglich dieser Lernbereiche steht der Mathematikunterricht genauso in der Pflicht wie jeder andere Fachunterricht, weshalb es sehr begrüßenswert wäre, wenn sie in Unterrichtsbesuchen mit zum Tragen kämen. So gilt auch der Aufbau einer positiven Einstellung zwar grundsätzlich für jedes Unterrichtsfach, besitzt angesichts der ablehnenden Einstellung vieler Erwachsener zur Mathematik, die nach Selter ([237]) zu einem beträchtlichen Teil Versäumnissen des selbst erlebten, herkömmlichen Mathematikunterrichts anzulasten ist, speziell für diesen aber eine besondere Relevanz. Eine positive Einstellung zur Mathematik äußert sich laut den Bildungsstandards in der Freude an der Mathematik sowie der Entdeckerhaltung der Schüler (vgl. [218], S. 6), sodass das Bestreben nach möglichst viel Selbstständigkeit und Eigenaktivität auch als förderlich für diese allgemeine Zielsetzung des Mathematikunterrichts angesehen wird. Der nordrhein-westfälische Lehrplan ([222], S. 55 f.) spricht in diesem Zusammenhang von Selbstvertrauen, Interesse und Neugier, Motivation und Ausdauer, einem konstruktiven Umgang mit Fehlern und Schwierigkeiten (s. o.) sowie von Einsicht in den Nutzen des Gelernten.

2.2   Grundprinzipien eines kompetenzorientierten Mathematikunterrichts

„Auftrag der Grundschule ist die Entfaltung grundlegender Bildung." Mit diesem Satz beginnen die Bildungsstandards ([218], S. 6) und heben damit den Bildungsauftrag als übergeordnetes Ziel jedes Unterrichts hervor. Im Grunde stellen alle Unterrichtsprinzipien (empirisch gesicherte) Konkretisierungen dar, durch welche sich dieses Ziel bestmöglich erreichen lässt. Nachfolgend werden die Prinzipien dargestellt, die in den Bildungsstandards sowie den Lehrplänen aufgegriffen werden und als zentral für den kompetenzorientierten Mathematikunterricht (im Allgemeinen aber auch für jedes andere Unterrichtsfach) angesehen werden können. Unterricht ist jedoch zu vielfältig und zu komplex, um alle Prinzipien zur gleichen Zeit erfüllen zu können, zumal sie einander teilweise entgegenstehen oder gar ausschließen und man daher verschiedene Vorgehensweisen unterschiedlich begründen kann. So mag beispielsweise eine Stufung der Unterrichtsinhalte vom Leichten zum Schweren im Allgemeinen ein sinnvolles Vorgehen sein, aber nicht unbedingt für sehr leistungsstarke Schüler oder wenn im Unterricht das Problemlösen (vgl. Abschn. 3.2.1) vordergründig gefördert werden soll. Insofern ist die folgende Darstellung lediglich als Orientierungs- bzw. Entscheidungshilfe für eine situationsangemessene Auswahl von Inhalten und die spezifische Gestaltung des Unterrichts zu verstehen. Wir beschränken uns außerdem auf die Darstellung von Prinzipien, die für die Planung von Einzelstunden und -sequenzen bedeutsam sind, und verzichten auf solche, die weiter reichende Entscheidungen auf höheren Ebenen betreffen (vgl. Abschn. 4.1.3).

2.2.1   Einsicht statt Routine

Ein zentrales Anliegen des Mathematikunterrichts besteht zunächst im Aufbau eines gesicherten Verständnisses, da ein Lernen ohne das Gewinnen von Einsicht auf Dauer nicht erfolgreich sein kann. Winter (vgl. [205], S. 1) spricht in diesem Fall von „Scheinleistungen", die jeweils nur zeitlich und inhaltlich lokal funktionieren können, weil ohne Verständnis die benötigten Lösungsverfahren im Fall des Vergessens nicht erneut hergeleitet werden können, keine Transferleistungen auf ähnliche oder gar ungewohnte Sachverhalte möglich sind und ungewohnte Fälle häufiger zu fehlerhaften Vorgehensweisen führen. Letzteres ist bei der schriftlichen Addition und Subtraktion beispielsweise an fehlenden Überträgen in die „leere" Stelle oder bei der Addition auch an einer fehlenden Ergebnisziffer im Fall von Stellenunterschieden zu beobachten (vgl. [12], S. 229 ff. sowie 256 ff.). Umgekehrt gilt, dass das Vergessen keine Katastrophe darstellt, wenn Wissen auf Verständnis aufbaut, da es rekonstruiert und damit wieder ins Gedächtnis zurückgerufen werden kann. Auch ungewohnte Fälle wie im genannten Beispiel stellen diese Schüler vor keine Probleme, da hier der Sinn der stellengerechten Anordnung bzw. des Übertrages in die leere Stelle erfasst wird. Von besonderer Bedeutung ist ein echtes Verstehen darüber hinaus für die Bearbeitung von Aufgaben aus höheren Anforderungsbereichen wie z. B. Lückenaufgaben oder die Übertragung auf mehrere Summanden bzw. Subtrahenden.

Dementsprechend herrscht heute Konsens darüber, dass es im Mathematikunterricht der Grundschule um weit mehr geht als um das Rechnenlernen. Um jedoch keine Missverständnisse aufkommen zu lassen: Dem schnellen und sicheren Rechnen kommt insbesondere im Grundschulbereich nach wie vor eine hohe Priorität zu; aber nicht das unverstandene Auswendiglernen sollte die Basis für Rechenfertigkeiten sein, sondern inhaltliche Vorstellungen und ein tief greifendes Verständnis von Zahlbeziehungen und Rechenergebnissen (vgl. [61], S. 19). Es geht im Unterricht folglich nicht um das Auswendiglernen von (Routine-)Verfahren, um diese möglichst schnell anwenden zu können, sondern es muss die notwendige Zeit aufgebracht werden, die für ein fundiertes konzeptuelles Verständnis erforderlich ist. Dieses Verständnis geht weit über das Kennen und Wiedererkennen hinaus. Es reicht also nicht aus, einfach die Verfahrensschritte eines Rechenverfahrens wie z. B. der schriftlichen Addition zu „kennen", selbst wenn man sie sicher ausführen kann. Echtes Verständnis liegt erst dann vor, wenn man die Schreibweise und die einzelnen Schritte darüber hinaus auch erklären und begründen kann. Dazu gehört es, die einzelnen Stellenwerte in den Zahlen zu identifizieren, die stellengerechte Notation zu begründen und die Übertragsziffern erklären zu können. Wer dies nicht kann, wird Probleme bei der Bearbeitung von Aufgaben aus höheren Anforderungsbereichen haben, für die ein solches Verständnis für den Lösungsprozess wichtig ist.

Der Aufbau von tragfähigen Grundvorstellungen ist für das Erlangen von Verständnis von zentraler Bedeutung. Für ein Operationsverständnis der Subtraktion ist beispielsweise die Vorstellung des Wegnehmens wesentlich, aber auch die Differenzbildung ist wichtig, insbesondere wenn man die schriftliche Subtraktion über die Erweiterungstechnik einführt. Ganz entscheidend sowohl für das mündliche als auch das halbschriftliche und schriftliche Rechnen ist darüber hinaus das Verständnis für unser Stellenwertsystem, also das Prinzip der Zehnerbündelung. Des Weiteren hängt der Aufbau von Verständnis stark davon ab, inwieweit es gelingt, sinnstiftende Verbindungen mit bereits erworbenem Wissen herzustellen, das Neue also mit Bekanntem zu vernetzen.

In diesem Zusammenhang spielt auch die mathematische Begriffsbildung eine wichtige Rolle, weil Begriffe die Bausteine der Mathematik bilden, d. h. *das* Fundament darstellen. Aus diesem Grund ist ihre sorgfältige Einführung besonders wichtig, um typischen Fehlvorstellungen entgegenzuwirken und tragfähige Grundvorstellungen aufzubauen. Wenngleich dies für die Sekundarstufenmathematik sicher eine größere Relevanz besitzt, werden erste Begriffe auch schon in der Grundschule eingeführt. Hier ist besonders auf eine klare Abgrenzung zwischen umgangssprachlicher und fachsprachlicher Bedeutung zu achten, da viele Begriffe auch in der Umgangssprache verwendet werden. Ansonsten besteht die Gefahr von Missverständnissen und Lernschwierigkeiten, wenn Begriffe von Schülern im Alltag anders (z. B. „Zehner" für ein 10-Cent-Stück oder einen 10-Euro-Schein) oder nur eingeschränkt (z. B. „Viereck" nur für Quadrate und Rechtecke) verwendet werden. Zu einem umfassenden *Begriffsverständnis* gehört es, dass man die charakterisierenden Merkmale kennt und begründen kann, weshalb es sich um ein Beispiel für den Begriff handelt, sowie auch umgekehrt, weshalb etwas nicht unter diesen Begriff fällt. Die sachrichtige Verwendung von Begriffen ist mit der Verstärkung der prozessbezogenen Kompetenzen im Unterricht noch wichtiger geworden, da sie beim Austausch mit anderen Schülern (Argumentieren und Kommunizieren) für die Verständigung entscheidend ist.

Die Forderung nach (mehr) Einsicht und Verständnis ist besonders auch durch den gesellschaftlichen Wandel bedingt. Schule soll auf das praktische Leben – und damit insbesondere auch auf das Berufsleben – vorbereiten und muss sich an die dort gestellten Anforderungen anpassen. In der heutigen, stark technisierten Gesellschaft gehören Taschenrechner und Computer mittlerweile zur Standardausstattung und beherrschen – mit entsprechender Software ausgestattet – weit mehr als nur die vier Grundrechenarten. Im heutigen Mathematikunterricht kann es daher nicht mehr um das Lösen von Routineaufgaben gehen, da gerade dies an den Taschenrechner oder Computer abgegeben werden kann (und wird!). Wichtig bleibt jedoch, dass die Schüler auch in Zukunft wissen, was sich hinter den Tasten verbirgt, d. h. verstehen, wie der Taschenrechner oder Computer arbeitet (vgl. [82], S. 5). Hierbei geht es auch um Überprüfbarkeit, damit die Schüler den Taschenrechner-Ergebnissen nicht blind vertrauen, was angesichts von Tippfehlern wichtig ist (hierbei ist besonders auch die Inversion bei Zehnern und Einern zu beachten: Bei *fünfundvierzig* spricht man zuerst *fünf* und dann *vierzig*, muss aber am Taschenrechner umgekehrt erst 4 und dann 5 eintippen). In erster Linie geht es aber um die Entwicklung allgemeiner Problemlösefähigkeit, damit mathematisches Wissen funktional, flexibel und in vielfältigen kontextbezogenen Situationen angewendet werden kann. Denn im Zuge der gesellschaftlichen Entwicklung haben sich die Anforderungen immer weiter in diese Richtung verschoben: Das Finden effizienter Lösungswege in (mathematischen) Problemsituationen spielt eine immer größere Rolle, während das reine Ausführen von Routinen durch den technischen Fortschritt immer weiter verdrängt wird; d. h., der Taschenrechner nimmt uns zwar die Berechnungen weitgehend ab, nicht aber den Weg bis dorthin. Es liegt auf der Hand, dass die hierfür erforderlichen Kompetenzen kognitiv wesentlich anspruchsvoller sind als die anschließenden Berechnungen. Hierzu ein Beispiel:

> Frau Schumann – Reiseverkehrskauffrau – muss die Urlaubskosten nicht selbst ausrechnen; dies übernimmt das Programm. Sie sollte aber verschiedene Optionen und Alternativen abhängig vom Budget anbieten können, also z. B. verschiedene Reisezeiträume oder Flugverbindungen berücksichtigen. Hierzu ist weit mehr erforderlich als das Aufaddieren der Teilkosten, nämlich u. a. die Entnahme wichtiger Informationen aus den Prospekten, das gedankliche Durchspielen verschiedener Alternativen, das Abschätzen und Überschlagen von Einsparungen usw.

Internationale Vergleichsuntersuchungen haben bei deutschen Schülern der Sekundarstufe Defizite gerade im Bereich der allgemeinen Problemlösefähigkeit gezeigt: So wurden bei komplexeren Aufgaben, die der realen Welt entstammen und deren Lösungen inhaltliche Vorstellungen erfordern, große Schwächen deutlich, während die Leistungen bei Routineaufgaben akzeptabel waren (vgl. [35], S. 52). Die KMK-Bildungsstandards reagieren hierauf mit der besagten stärkeren Betonung der allgemeinen Kompetenzen. Spätestens seitdem wurden zahlreiche Aufgaben entwickelt, die Schüler in diesem Bereich fördern und fordern, bzw. wichtiger: Derartige Aufgaben finden seitdem in Schule und Schulbüchern zunehmend Beachtung. Dazu gehören u. a. Aufgabenformate wie Zahlenmauern, Minus-Züge, Zahlenfolgen etc., bei denen das Rechnen selbst im Hintergrund und Entdeckungen im Vordergrund stehen. Erwähnenswert sind in diesem Zusammenhang aber auch offene Aufgaben wie z. B.: „Wie viele Autos stehen in einem 3 km langen Stau?" ([138]) oder: „Wie viele Luftballons passen in den Klassenraum?", die nach ihrem vermeintlichen Erfinder – dem italienischen Physiker Enrico Fermi – auch als Fermi-Aufgaben bezeichnet werden. Es handelt sich um komplexe Schätzaufgaben, zu denen es kein eindeutiges Ergebnis gibt, sodass der Lösungsprozess eindeutig im Vordergrund steht. Sie sprechen in besonderem Maße den Kompetenzbereich des Modellierens an und werden dort (Abschn. 3.2.1) noch ausführlicher dargestellt.

2.2.2   Aktiv-konstruktiv statt passiv-rezeptiv

> Von der Psychologie des Lernens und Denkens haben wir gelernt, dass man (nicht nur) mathematische Einsichten keineswegs wie Steine am Wege findet, die man nur noch nach Hause tragen muss, sondern aus konkreten Erfahrungen aktiv gewinnt, die im Denken nachvollzogen (‚verinnerlicht'), ausgebaut, verfeinert und mit anderen Einsichten in Verbindung gebracht werden. Lernen besteht nicht darin, dass dem Lernenden etwas Fertiges übergeben oder mitgeteilt wird. Es ist viel[e]mehr ein Prozess, bei dem der Lernende die entscheidende Rolle spielt: Er erfasst und begreift etwas, baut so Einsichten auf, verbindet sie mit anderen, erschließt mit ihrer Hilfe neue Erfahrungen, teilt sie mit, überträgt sie, ruft sie ab. *([56], S. 8)*

Floer beschreibt hier sehr anschaulich, dass Wissen nicht ohne Weiteres von einem Menschen auf den anderen übertragen werden und schon gar nicht aufgezwungen werden kann. Denn Lernen ist ein *Konstruktionsprozess*, bei dem *Selbstständigkeit* und *Selbsttätigkeit* entscheidende Rollen spielen. Die Handlungen der Schüler bilden den Ausgangspunkt des Lernprozesses, was Freudenthal bereits in den 1970er Jahren (vgl. [63], S. 107) ausgezeichnet am Beispiel des Schwimmens verdeutlichte, welches man nicht durch theoretische Erklärungen erlernt, sondern durch das Ausführen der Bewegungsabläufe unter realen Bedingungen, d. h. im Wasser. Dass es sich beim (Mathematik-)Lernen im Grunde nicht anders verhält, gilt heute als erwiesen. Die Lehr-Lernforschung geht davon aus, dass Kompetenzen im Rahmen von kumulativen Lernprozessen selbst erarbeitet, entwickelt und organisiert werden, wobei kognitive und motivationale Prozesse der Lernenden eine zentrale Rolle spielen (vgl. [106], S. 2). Das eigene Tun und Handeln bewirkt die nachweislich höchste Behaltensleistung und darüber hinaus kann das auf diese Weise Gelernte besser für neue Problem- und Anwendungssituationen nutzbar gemacht werden (vgl. [96], S. 30 ff.). Dass es im Unterricht dementsprechend nicht mehr um ein Darbieten, Beibringen oder Vermitteln des Unterrichtsstoffs geht, sondern um ein *Erarbeiten* und *Entwickeln*, hat Kühnel (vgl. [208]) bereits zu Beginn des 20. Jahrhunderts erkannt. In den 1980er Jahren setzte sich dieser Paradigmenwechsel allgemein durch und fand Eingang in die Lehrpläne.

Neben den konstruktivistischen Erkenntnissen ist aber auch die gesellschaftliche Entwicklung ein wichtiger Grund dafür, dass Schüler im Unterricht heute möglichst „entdeckend" lernen, d. h. Wissen durch die selbstständige Auseinandersetzung mit Problemen erwerben sollen.

> Unter dem Einfluss neuer Technologien zeichnen sich in vielen Berufen tiefgreifende Änderungen ab: Erworbenes und bewährtes Wissen veraltet. Für den beruflichen Erfolg wird daher die Fähigkeit zu lernen immer wichtiger. In vielen Berufen werden einfache Tätigkeiten von Maschinen übernommen. Den Menschen fallen damit zunehmend Aufgaben zu, die selbstständiges, verantwortungsbewusstes und problemlösendes Handeln an komplexen Systemen erfordern. *([17], S. 19 f.)*

Angesichts der Tatsache, dass Forderungen nach einer Reduzierung des Belehrens immer noch aktuell sind, scheint dieses Umdenken allerdings noch nicht überall stattgefunden zu haben. So heißt es etwa in einem Basispapier des Landesinstitutes für Schulentwicklung aus dem Jahre 2009 ([106]), S. 10): „Lehrerinnen und Lehrer sollten Lernangebote, Inhalte und Methoden, die das Lehren als Belehren im Fokus haben, reduzieren und ihren Unterricht verstärkt auf das Lernen als Prozess der authentischen Begleitung und Förderung von Individuen ausrichten."

Die Forderung nach möglichst viel Selbstständigkeit und Eigenaktivität bedeutet für den Unterricht, dass Wissen und Fertigkeiten nicht als „Fertigprodukt" gelehrt, sondern durch eine Bearbeitung problemhaltiger Aufgaben von den Schülern selbst entwickelt werden sollen (vgl. [130], S. 156). Die Mathematik soll von den Schülern „nacherfunden" oder „wiederentdeckt" werden, weshalb in diesem Zusammenhang auch oft vom Prinzip des entdeckenden bzw. aktiv-entdeckenden Lernens (vgl. z. B. [206], [208]) gesprochen wird. Auch die Wurzeln dieser Maxime liegen weit vor dem Zeitpunkt, zu dem sie allgemeine Anerkennung gefunden hat. So formulierte z. B. Polya die Aktivität als Grundprinzip des Lernens und forderte: „Man lasse die Schüler selbst so viel, wie unter den gegebenen Umständen irgend tunlich ist, entdecken." ([143], S. 159) In diesem Sinne sollen Schüler herausfordernde Situationen, zu denen sie noch kein stabiles Lösungsschema besitzen, zunächst auf individuellen Wegen bearbeiten, was einen breiten Spielraum für Eigeninitiative und Kreativität bietet. Besonders wünschenswert ist es, wenn die Probleme so gewählt sind, dass die Schüler beim Lösen von selbst auf neue Fragen stoßen und diesen nachgehen, ohne zu viel gelenkt zu werden. Allerdings ist dabei auch zu berücksichtigen, dass nicht jeder Schüler ein kleiner Gauß ist und die Mathematik aus eigenem Antrieb heraus selbst entdeckt. Realistisch betrachtet wird im Unterricht daher oft lediglich ein gelenktes Entdecken möglich und sinnvoll sein. Aufgabe des Lehrers ist es dabei, ein sinnvolles Maß an Hilfe und Unterstützung zu bieten: so viel wie nötig, aber so wenig wie möglich. Es geht darum, möglichst alle Schüler zu möglichst viel eigenem Denken zu animieren, wofür Fragen und Impulse ein wichtiges Mittel sind. Die Hilfe und Unterstützung des Lehrers muss sich daneben aber auch auf die Arbeitsmethoden beziehen. Gerade wenn selbstständiges und eigenverantwortliches Lernen in einer Gruppe noch wenig vertraut ist, erweist es sich als umso wichtiger, das Lernen selbst auf einer Meta-Ebene zum Thema des Unterrichts zu machen: Die Schüler müssen „lernen, wie man Mathematik lernt". Dazu muss das Lernen im Unterricht immer wieder reflektiert und es müssen konkrete Hilfen gegeben werden, wie man sich mathematisches Wissen und Können selbstständig aneignen kann.

Die Forderung nach möglichst viel Selbstständigkeit und Selbsttätigkeit sowie einem hohen Maß an Eigenverantwortung ist ein wesentliches Merkmal eines *handlungsorientierten Unterrichts*. Dieses Unterrichtskonzept ist außerdem durch einen ganzheitlichen Zugang zu komplexen, lebensnahen Problemen gekennzeichnet, bei dem nicht nur die Kognition angesprochen wird, sondern auch die Motorik und die verschiedenen Sinne. Dabei werden sowohl verschiedene Lerntypen als auch verschiedene Repräsentationsformen (enaktiv, ikonisch, symbolisch, vgl. dazu auch „mathematische Darstellungen verwenden" in Abschn. 3.2.1) berücksichtigt. Ganzheitlichkeit bezieht sich darüber hinaus auch auf die methodische Seite, sodass kooperative Handlungsformen hier eine wichtige Rolle spielen. Diese sind auch als Reaktion auf veränderte gesellschaftliche Anforderungen zu sehen, da zunehmend die Zusammenarbeit mit anderen erforderlich ist – nicht selten auch eine solche zwischen verschiedenen Disziplinen bei der Bearbeitung komplexer Problemstellungen.

2.2.3 Anknüpfungspunkte finden

Ein weiteres Grundprinzip – sowohl des Mathematikunterrichts als auch jedes anderen Unterrichts – besteht im Anknüpfen an die Vorkenntnisse der Schüler. Ein noch so gut geplanter Unterricht geht schief, wenn die Schüler die benötigten Voraussetzungen, die zur Bearbeitung des eigentlichen Problems erforderlich sind, nicht besitzen. Wenn die Schüler beispielsweise noch keine Erfahrungen mit Volumina haben, so werden sie dies in einer komplexen Problemsituation ganz bestimmt nicht können. Die Unterrichtszeit muss dann dafür verwendet werden, grundlegende Fragen zu Volumina und deren Umrechnungen zu beantworten. Bis zu dem eigentlichen Problem dringt man dann oft gar nicht erst vor. Gleiches gilt übrigens auch für Unterrichtsmethoden wie beispielsweise das Gruppenpuzzle (vgl. Abschn. 4.2.5): Diese müssen erst sorgfältig eingeführt, d. h. zunächst selbst zum Thema des Unterrichts gemacht werden, bevor ihr Funktionieren vorausgesetzt werden kann. Ist dies nicht gegeben, so wird sicherlich ein großer Teil der Unterrichtszeit für organisatorische Dinge investiert werden müssen.

„Man soll die Schüler dort abholen, wo sie gerade stehen", wird gerne zitiert. Dabei ist es auch in motivationaler Hinsicht wichtig, dass die Schüler ihre eigenen Erfahrungen in den Unterricht mit einbringen können. Gleichzeitig lässt sich durch das Anknüpfen an dieses Wissen bzw. an diese Erfahrungen Neugier und Interesse für den Unterrichtsinhalt wecken und somit eine positive Lernbereitschaft erzeugen. Entscheidend ist allerdings, dass man die Vorkenntnisse und -erfahrungen weiterentwickelt bzw. vertieft, dass man also beim „Abholen" der Schüler nicht am Treffpunkt stehen bleibt, sondern mit den Kindern zusammen weitergeht. Denn es besteht auch die Gefahr, dass Unterricht an Unterforderung scheitert. Eine Einführungsstunde zum Baumdiagramm ist ganz schnell vorbei, wenn die Schüler dieses schon kennen und sofort anwenden, statt wie geplant erst einen Strukturierungsprozess zu durchlaufen. Hat die Lehrkraft dann keine herausfordernden Weiterführungen parat, wird auch in diesem Fall die Unterrichtsstunde für alle Beteiligten unbefriedigend enden. Bei Lehrproben spiegelt sich dies natürlich in einer entsprechenden Bewertung wider, und zwar unabhängig davon, ob die Planung ansonsten gut durchdacht war und in einer anderen Schülergruppe optimal funktioniert hätte. Für Unterricht im Allgemeinen und Unterrichtsbesuche im Speziellen ist es daher ganz entscheidend, die Voraussetzungen bezüglich der Kenntnisse und Fähigkeiten der jeweiligen Schülergruppe zu kennen bzw. in Erfahrung zu bringen (vgl. Abschn. 4.2.3), besonders dann, wenn man eine Schülergruppe noch nicht gut kennt. Insbesondere zu Beginn der ersten Klasse, wenn die Schüler aus verschiedenen Kindergärten und sozialen Umfeldern zusammenkommen, sollte der erste Schritt im Feststellen der Vorkenntnisse und Fähigkeiten bestehen, da es hierbei erfahrungsgemäß große Unterschiede gibt – sowohl zwischen Klassen als auch innerhalb einer Klasse.

2.2.4 Anwendungs- und Strukturorientierung

Anknüpfungspunkte gilt es nicht nur bezüglich des Wissens und der Fähigkeiten der Schülerinnen und Schüler zu finden, sondern auch bezüglich ihrer Lebenswelt – und dabei möglichst auch bezüglich ihrer Interessen und Neigungen. Unterricht sollte *anwendungsorientiert* sein und somit der Umwelterschließung, also der Aneignung von Fähigkeiten und Kenntnissen zum Leben in der Umwelt dienen bzw. signalisieren, dass mathematische Fragestellungen aus Problemen der Lebenswelt entstanden sind. Damit erfahren die Unterrichtsinhalte gleichzeitig eine Legitimierung, denn man sollte auf die berechtigte Schülerfrage „Warum sollen wir das lernen?" immer eine Antwort geben können, was insbesondere im Hinblick auf die Lernbereitschaft von großer Bedeutung ist. Schüler sollten daher stets so gut wie möglich den alltagspraktischen Nutzen von Mathematik erfahren. Bei der Bearbeitung entsprechender Sachprobleme wird Anwendungswissen vermittelt, das sich auf eine Reihe von ähnlichen Problemen der Lebenswelt übertragen lässt. Die Aufgaben sollten allerdings über das Einkleiden in mehr oder weniger konstruierte Sachkontexte hinausgehen und möglichst *authentisch* sowohl bezüglich der Situationen als auch des (Daten-)Materials und der Handlungen (erfinden, forschen, experimentieren, spielen etc.) sein (vgl. [53], [54]). Je authentischer die Situation ist, desto besser kann der Vorstellung entgegengewirkt werden, Mathematik und das normale Leben seien zwei verschiedene, zusammenhanglose Welten. Da Anwendungsprobleme andererseits aber auch *verstehbar* sein sollen, wird man gerade in der Grundschule oft nicht vermeiden können, Vereinfachungen oder Idealisierungen zulasten der Authentizität vorzunehmen, z. B. wenn hierdurch Begriffe, Vorstellungen oder Probleme für die Schüler leichter bzw. überhaupt erst zugänglich werden. So gibt es kaum Einkaufssituationen, in denen die Preise ausschließlich ganzzahlige Euro-Beträge sind, jedoch kann man in der ersten Klasse kaum mit alltagsüblichen Preisen wie 1,79 € oder 0,59 € arbeiten. Ebenso wird man auch bei den anderen Größenbereichen sinnvollerweise mit „runden" Werten arbeiten, auch wenn in der Realität ein Apfel selten genau 200 Gramm wiegt und schon gar nicht alle Äpfel das gleiche Gewicht haben. Auch Datenmaterial lässt sich selten ohne Vereinfachungen aus dem Alltag übernehmen, da die Informationen oft sehr komplex sind, wie beispielsweise der Blick auf einen aktuellen Kassenzettel schnell zeigt. Hier findet man neben den Preisen und der Gesamtsumme noch viele weitere Informationen: Ort, Datum, Uhrzeit, Mehrwertsteuer und ggf. Nettowarenwert, Artikelbezeichnungen (oft abgekürzt) und/ oder Artikelnummern, manchmal auch Werbung oder andere Textinformationen usw. Allerdings sollte man bei den Idealisierungen und Vereinfachungen darauf achten, dass sie sich in einem realistischen Bereich (aus der Erfahrungswelt der Schüler) bewegen und die Größenverhältnisse stimmig sind. So erscheinen 2 € für ein Croissant für Schüler sicher viel zu hoch (auch wenn es zweifellos Orte gibt, an denen man diesen Preis bezahlt), und besonders dann, wenn ein normales Brötchen gleichzeitig nur 25 Cent kostet. Ist die Realitätsnähe gegeben, bleibt der Lerninhalt für die Schüler motivierend, da er zugleich weitere wichtige Kriterien erfüllt. Denn neben dem Grad der Authentizität steht und fällt die Lernbereitschaft und -motivation damit, inwieweit der Lerninhalt für das eigene Leben bedeutungsvoll erscheint, je mehr er den Interessen und Neigungen der Schüler entspricht[1] und je stärker man auch hier an Vorerfahrungen anknüpfen kann und die Schüler eigene Erfahrungen in den Unterricht mit einbringen können. Die zu erreichenden Kompetenzen kann man auf verschiedene Weise anhand unterschiedlicher Inhalte erreichen. Sucht man sich vor diesem Hintergrund die „richtigen" Inhalte aus, kann man bereits hierdurch Neugier und Interesse wecken und eine positive Grundhaltung erzeugen. So könnten zum

---

[1] Allerdings gibt es kaum Lerninhalte, für die sich alle Schüler gleichermaßen interessieren. In diesem Zusammenhang ist auf eine Ausgewogenheit geschlechtsspezifischer Interessen und Neigungen zu achten.

Beispiel im Inhaltsbereich „Daten, Häufigkeit und Wahrscheinlichkeit" statistische Erhebungen in der Klasse zu Lieblingstieren, Geschwisteranzahl o. Ä. durchgeführt und diese Daten für das Erstellen, Interpretieren und Bewerten von Diagrammen genutzt werden. Das Rechnen mit Größen könnte im Rahmen der Vorbereitung eines Klassenfestes stattfinden, für das die Klasse Kuchen backt und hierfür zunächst die Zutaten in der jeweils erforderlichen Menge einkaufen muss.

Unter dem Aspekt der Umwelterschließung lassen sich auch gut Verbindungen zu anderen Fächern herstellen. Beim fächerverbindenden bzw. fachübergreifenden Lernen sollen den Schülern die Zusammenhänge zu anderen Fächern bewusst gemacht und Wissen soll vernetzt werden. Weitere Funktionen der Anwendungsorientierung sieht Winter ([206], S. 35) zum einen im Aufbau mathematischer Begriffsbildung ausgehend von realen Situationen und zum anderen in der Vermittlung von Anwendungswissen (z. B. Kenntnisse über Größen und Statistik).

Bei der *Strukturorientierung* geht es dagegen im Wesentlichen um die innermathematischen Strukturen des Unterrichtsinhalts, d. h. um Regelmäßigkeiten, Beziehungen und Gesetzmäßigkeiten. Das Erkennen und Nutzen dieser Strukturen ist ein entscheidender Faktor für die Entwicklung mathematischer Erkenntnisse und somit für mathematische Grundbildung. So ist z. B. Einsicht in die dekadische Struktur unseres Zahlsystems u. a. fundamental für das Zählen, indem die Struktur der Zahlwortreihe erkannt wird und somit auch auf größere Zahlenräume übertragen werden kann. Darüber hinaus sollen die Beziehungen und Gesetzmäßigkeiten von den Schülern auch verbalisiert und dargestellt werden können, sodass hier mehrere allgemeine Kompetenzen angesprochen werden (Problemlösen, Kommunizieren, Darstellen).

Anwendungs- und Strukturorientierung stellen dennoch keine Gegensätze dar, sondern können im Unterricht durchaus vereint werden, da nach Winter ([206], S. 38) *jeder* Lerninhalt einen strukturellen Kern enthält. So wird ein mathematisches Sachproblem in der Regel dadurch gelöst, dass es in die mathematische Sprache übersetzt, also seine mathematische Struktur offengelegt wird. Nach der Lösung auf innermathematischer Ebene, die in der Grundschule in der Regel das Anwenden der vier Grundrechenarten in einem oder mehreren Schritten bedeutet, wird die hierdurch erhaltene Lösung durch Rückübersetzung in den Sachkontext inhaltlich gedeutet. Der hier angesprochene Kompetenzbereich des Modellierens (vgl. Abschn. 3.2.1) stellt somit eine wichtige Verbindung zwischen Anwendungs- und Strukturorientierung dar.

2.2.5   Individuelles Fördern

Jeden einzelnen Schüler in seinen Stärken, Schwächen und Interessen bestmöglich zu fördern und auf seine Bedürfnisse einzugehen, gehört heutzutage zu den größten pädagogischen Herausforderungen. Das Prinzip der individuellen Förderung ist zu einer Kernaufgabe von Schule allgemein und im Speziellen natürlich auch für den Mathematikunterricht geworden. Die Aktualität dieses Themas wird an entsprechenden Publikationen immer wieder deutlich. So widmete etwa die Zeitschrift *Grundschule* dem Thema „Differenzierung – Individualität wahrnehmen. Potenziale anregen." zuletzt wieder ein eigenes Themenheft (März 2013). Das hängt unter anderem damit zusammen, dass Inklusion aktuell ein sehr wichtiges Thema in der bildungspolitischen Diskussion ist. Denn mit der Verabschiedung der UN-Behindertenrechtskonvention sollen behinderte Kinder einen Rechtsanspruch auf gemeinsamen Unterricht mit nichtbehinderten Kindern haben. Die Umsetzung (die z. B. in NRW ursprünglich für das Schuljahr 2013/14 geplant war und inzwischen verschoben wurde) bedeutet eine noch größere Heterogenität in den Lerngruppen, als sie ohnehin gerade in den Grundschulen schon vorherrscht und weithin bekannt ist.

Lernprozesse finden aber nur dann statt, wenn eine „fruchtbare" Spannung zwischen den bereits erworbenen und den zu vermittelnden Kenntnissen, Fähigkeiten und Fertigkeiten besteht. Man kann sich daher nicht an einem Standardschüler orientieren, der dem durchschnittlichen Niveau entspricht: Die schwachen Schüler wären überfordert und würden auf der Strecke bleiben, während die starken Schüler unterfordert wären. Auch Letzteres ist unbedingt zu vermeiden, denn auch für diese Schüler gilt selbstverständlich das Recht auf bestmögliche Förderung. Kommt man dem nicht nach, kann dies zu Motivationsverlust führen, welcher sich wiederum leistungsmindernd auswirken kann. Des Weiteren ist Begabtenförderung wichtig, um international konkurrenzfähig zu bleiben. Insofern zielt der Begriff der individuellen Förderung keineswegs in erster Linie auf das Abbauen von Defiziten ab, sondern gleichermaßen auf die Verstärkung von Begabungen.

Lehrer müssen sich unter den gegebenen Voraussetzungen von der Vorstellung lösen, dass alle Kinder im Unterricht das Gleiche tun, und stattdessen der Individualität der einzelnen Schüler gerecht werdende Differenzierungsmaßnahmen treffen. Angestrebt werden dabei ganzheitliche Kontexte, bei denen die Schüler die Wahl zwischen unterschiedlich schweren Fragestellungen haben, sodass alle Schüler – auf unterschiedlichem Niveau – am gleichen Thema arbeiten. Dabei ist zu berücksichtigen, dass sich die Schüler nicht nur hinsichtlich ihres Leistungsstandes, sondern auch in ihren Arbeitsweisen, Lernformen, Lerntempi unterscheiden. So belegen empirische Studien zu den Vorgehensweisen von Schülern (vgl. z. B. [186]) eindrucksvoll, wie variationsreich die Lösungsstrategien der Schüler (bereits innerhalb einer einzigen Schulklasse) sein können. Individualisierung bedeutet folglich nicht nur das Bereitstellen von unterschiedlich schweren Aufgaben, sondern auch das Ermöglichen unterschiedlicher Arbeitsformen und Lernwege. Zu einer natürlichen „inneren" Differenzierung (im Gegensatz zu einer rein organisatorischen „äußeren" Differenzierung) gehört also ebenfalls die Freiheit der Anschauungsmittel, der Lösungswege sowie auch deren Darstellung.

Individualisierung und Differenzierung sind natürliche Bestandteile eines Unterrichts, der auf Selbstständigkeit und Eigenaktivität setzt. Vor dem Hintergrund der heutigen gesellschaftlichen Anforderungen geht es im Unterricht entscheidend auch darum, Schüler kompetent zu machen, ihr Lernen selbst zu steuern und zu verantworten. Das Landesinstitut für Schulentwicklung ([106], S. 19) betont, dass individuelle Förderkonzepte nur unter dieser Voraussetzung gelingen können und aktives Handlungswissen (im Gegensatz zu sogenanntem „trägem" Wissen) aufgebaut werden kann.

„Mathematikunterricht, der von den Bedürfnissen und Möglichkeiten des einzelnen Kindes ausgeht, ist notwendig offener Unterricht" ([56], S. 7). Hengartner et al. ([81], S. 17) weisen in diesem Zusammenhang darauf hin, dass die Offenheit über die Methodik und Organisation (d. h. das Bereitstellen alternativer Aufgaben und die freie Entscheidung über Arbeitsort, Zeitaufwand oder die Reihenfolge der Aufgabenbearbeitung) hinausgeht und insbesondere die inhaltliche Qualität der Aufgaben betrifft. Es gilt, das Lernen in kleinen und kleinsten Schritten in gestufter Form mit isolierten Schwierigkeitsmerkmalen, festgeschriebenen Lösungsstrategien und Musterlösungen zu vermeiden und stattdessen sogenannte „substanzielle" *Lernumgebungen* zu schaffen, in denen ein Lernen in größeren Sinnzusammenhängen auf eigenständigen Wegen möglich ist. Die Aufgaben sollen von unterschiedlichen Voraussetzungen ausgehen und mit verschiedenen Mitteln, auf unterschiedlichem Niveau und verschieden weit bearbeitet werden können (vgl. [209], S. 5). „Ein wesentliches Charakteristikum einer Lernumgebung ist [...] eine vom Kind aus gesteuerte flexible Niveaudifferenzierung" ([135], S. 87). Lernumgebungen bestehen oft aus einem Netzwerk kleinerer Aufgaben zu einem gemeinsamen Kernproblem, einem gemeinsamen Leitgedanken und geben Impulse zum Entdecken, Verstehen und Begründen und fördern auf diese Weise im Besonderen auch allgemeine Kompetenzen. Sie sind auf eine selbstständige Erarbeitung ausgerichtet, weshalb ggf. auch differenzierte Hilfestellungen bzw. -maßnahmen bereitgehalten werden sollten. In diesem Zusammenhang sei besonders die Bearbeitung von Aufgaben auf unterschiedlichen Darstellungsebenen (handelnd, bildlich, symbolisch) erwähnt: Gerade für leistungsschwächere Grundschüler ist die handelnde Erarbeitung mit Material oft eine wichtige Hilfe, um sich auch komplexere Unterrichtsinhalte zu erschließen. So können Aufgaben aus dem Bereich der Geldwerte von diesen Schülern beispielsweise mit Rechengeld (handelnd) bearbeitet werden, während andere Schüler mit gezeichneten Geldstücken und -scheinen (symbolisch) arbeiten und wieder andere Schüler auch dies nicht brauchen und Aufgaben in mathematischer Schreibweise (symbolisch) bearbeiten.

Die hier beschriebene Offenheit darf jedoch keineswegs als Beliebigkeit der Unterrichtsinhalte und Schüleraktivitäten missverstanden werden. Ganz im Gegenteil müssen die Aktivitäten stets auf ein bestimmtes Ziel gerichtet sein, das bewusst angestrebt wird und nicht aus den Augen geraten darf. Die Schüler müssen wissen, wo es hingehen soll, um entsprechende Lernwege einschlagen zu können. Vor diesem Hintergrund ist die Aufgaben- bzw. *Zielorientierung* ein wichtiges Merkmal des kompetenzorientierten Unterrichts im Gegensatz zu offenen Unterrichtskonzepten. Das Schaffen von *Zieltransparenz* ist folglich eine wichtige Lehreraufgabe und bei der Unterrichtsplanung entsprechend zu berücksichtigen. Sprachliche Formulierungen spielen dabei eine wichtige Rolle, nicht nur, aber auch mit Blick auf die Schüler mit Migrationshintergrund. Unterschiedliche soziokulturelle Hintergründe, Sozialisationserfahrungen u. Ä. müssen aber auch unabhängig von sprachlichen Aspekten berücksichtigt werden, da sie in jeden Unterricht mit einfließen und Lernprozesse auch durchaus beeinflussen können.

Das Prinzip der Individualisierung stellt hohe Anforderungen an den Lehrer, denn um an den Lernvoraussetzungen der einzelnen Schüler anknüpfen zu können, müssen diese zunächst bekannt sein. Interesse für den Einzelnen sowie eine gute Analysefähigkeit sind damit wichtige Voraussetzungen seitens der Lehrkraft. Bei einem inklusiven Schulsystem, wie es angedacht ist, müssen neben größeren Unterschieden beim Lern- und Leistungsstand sowie bei Stärken und Schwächen gegebenenfalls noch weitere (z. B. körperliche) Beeinträchtigungen bei der Unterrichtsplanung berücksichtigt werden. Die Differenzierungsanforderungen steigen somit sowohl in inhaltlicher als auch organisatorischer Hinsicht, was für Lehrkräfte eine große Herausforderung darstellt, zumal eine entsprechende Ausbildung in aller Regel fehlt.

2.2.6 Der Lehrer als Lernbegleiter

Ein zeitgemäßer Unterricht, der nach konstruktivistischem Lernverständnis auf Eigenaktivität und Selbstständigkeit der Schüler setzt, hat eine grundsätzliche Veränderung bei der traditionellen Rollenverteilung von Lehrkräften und Schülern zur Folge. Das Bild des Schülers als vornehmlich rezeptives Wesen muss ersetzt werden durch das Bild eines aktiv handelnden Schülers, der sich Wissen, Fähigkeiten und Fertigkeiten in einer tätigen Auseinandersetzung aneignet und damit für seine Entwicklung entscheidend mitverantwortlich ist. Die Hauptfunktion des Lehrers verschiebt sich von der Unterrichtsleitung auf die *Initiierung*, *Organisation* und *Begleitung* von individuellen Lernprozessen. Die Aufgabe und große Herausforderung besteht zunächst darin, die Voraussetzungen für eine möglichst selbstständige Erarbeitung der Inhalte zu schaffen. Das betrifft zum einen die Auswahl und Aufbereitung geeigneter Lerninhalte, zum anderen müssen aber auch auf überfachlicher Ebene die Voraussetzungen für eigenverantwortliches Arbeiten erfüllt sein. Hierzu gehört vor allem die Lernbereitschaft der Schüler, da Lernen – wie bereits mehrfach betont – nicht aufgezwungen, sondern nur bestmöglich initiiert werden kann. Hierfür ist es zwingend erforderlich, dass sich die Schüler für das eigene Lernen verantwortlich fühlen, was keineswegs als selbstverständlich angesehen werden darf. Gerade wenn Schüler es gewohnt sind, nach genauen Vorgaben zu arbeiten, muss dieses Bewusstsein zunächst entstehen. Der Lehrer muss Verantwortung übergeben, der Lernende sie übernehmen. Dieser Prozess kann gerade bei Lerngruppen, die andere Unterrichtsstile gewohnt sind, durchaus einige Zeit in Anspruch nehmen und muss sorgfältig initiiert und angebahnt werden. Oft sind viele kleinere Teilschritte notwendig, um die Schüler nicht zu überfordern. Haben sie jedoch Verantwortung für das eigene Lernen übernommen, so muss der Lehrer dies auch aushalten können. Auch das ist keineswegs selbstverständlich, weil die Abgabe von Verantwortung gewissermaßen einen Kontrollverlust bedeutet, da der Unterricht andere Formen annehmen oder in eine andere Richtung gehen kann als ursprünglich geplant. Ebenso wie die Schüler muss folglich auch der Lehrer erst lernen, mit der neuen Rollenverteilung umzugehen. Dies erfordert Mut und vor allem Vertrauen in die Schüler, ihre Ideen und ihren ernsthaften Willen zu lernen (vgl. [177], S. 11). Er muss sich in Zurückhaltung üben und darf nicht vorschnell in Lernprozesse eingreifen, sonst vergibt er wertvolle Chancen zur Förderung im personal-affektiven Bereich. Lernbereitschaft, Selbstdisziplin und Selbstreflexion etc. sind stark davon abhängig, inwieweit Schüler ihre Eigenverantwortung ernst nehmen.

Große Beachtung ist darüber hinaus dem Methodenlernen zu schenken, da Methodenkompetenz als wichtige Schlüsselqualifikation betrachtet wird. Selbstständiges und eigenverantwortliches Arbeiten gelingt nicht auf Anhieb, sondern erfordert vielfältige Fähigkeiten, die im Unterricht ebenfalls erst erlernt werden müssen. Auch diesbezüglich zeigt die Erfahrung, dass „traditionell" unterrichtete Schüler anfangs mit der neuen Freiheit oft nicht umgehen können. Sie müssen erst Strategien erlernen, wie sie ihr Lernen selbst steuern und organisieren können. Für Lehrkräfte – dies betrifft oft auch Referendare –, die solche Schülergruppen übernehmen, stellt dies eine besondere Herausforderung dar, weil diese Dinge zunächst selbst in einem längeren Prozess zum Inhalt des Unterrichts gemacht werden müssen. Die Schüler sollen hierbei ein vielfältiges Methoden- und Strategierepertoire aufbauen, um möglichst selbstständig arbeiten können. Auf allgemeinerer Ebene geht es um Fragen der Lernorganisation, so zum Beispiel um eine sinnvolle Einteilung von Aufgaben (z. B. bei der Bearbeitung eines Wochenplans) oder um die Frage, zu welchem Zeitpunkt und auf welche Art man sich Hilfe holt. Im Speziellen sind es Arbeitstechniken wie Markieren, Nachschlagen, Ordnen oder auch Wiederholungsstrategien zum Einprägen von Lerninhalten und Kontrollstrategien (vgl. hierzu auch Tab. 2.1), die im Unterricht als Basisfähigkeiten aufgebaut werden müssen.

Die bislang betrachteten Lehrerfunktionen betrafen vornehmlich die Planung und Vorbereitung von Unterricht. Im Unterricht selbst tritt der Lehrer zwar weniger aktiv in Erscheinung als im traditionellen, überwiegend lehrerzentrierten Unterricht, die Ansprüche an ihn sind aber nicht geringer. Im Gegenteil kommt ihm auch im Unterricht eine Fülle wichtiger Aufgaben zu: So muss er die Lernprozesse jedes einzelnen Schülers in Arbeitsphasen beobachten und begleiten. Er muss die Schüler in ihrer Selbstständigkeit unterstützen, sie zum Beobachten, Vermuten und Fragen *anregen* und dazu *ermutigen*, eigene Lösungswege einzuschlagen. Er muss erkennen, woran einzelne Schüler scheitern und welches mögliche Ursachen sind, um entsprechende Maßnahmen zu treffen. Er muss auch erkennen, wann Lernprozesse stocken und hier *Hilfe zur Selbsthilfe* geben, d. h. auch hier möglichst wenig vorwegnehmen und stattdessen die Schüler kompetent machen, sich selbst Hilfe zu holen und muss ggf. entsprechende organisatorische Maßnahmen treffen (z. B. die Organisation von Lernpartnern). Es ist vor allem der zunehmende Individualisierungsanspruch, durch den die Anforderungen an den Lehrerberuf gestiegen sind, denn um passgenaue Angebote und Hilfen für jeden Einzelnen bereitzustellen, müssen die individuellen Bedürfnisse bekannt sein. Interesse für jeden Schüler und jede Schülerin sowie eine gute diagnostische Kompetenz werden damit zu „neuen" zentralen Anforderungen des Lehrerberufs, ohne dass die „traditionellen" Basiskompetenzen (fachliche Kompetenz, didaktische Kompetenz, Kompetenz zur effizienten Klassenführung; vgl. [106], S. 15) an Bedeutung verlieren.

In Reflexionsphasen muss der Lehrer schließlich Kommunikation aufbauen und durch entsprechende Impulse für die Vernetzung des neuen Wissens mit dem bereits vorhandenen Sorge tragen (vgl. [208]). In solchen Reflexionsphasen geht es oft um das Bewusst machen, Bewerten und Beurteilen von wichtigen heuristischen Strategien mit dem Ziel, dass diese Strategien von den Schülern nicht als starre Schemata, sondern als Hilfe für bestimmte Aufgaben mit spezifischen Charakteristika betrachtet und angewendet werden. Eine gute fachliche und didaktische Kompetenz ist hierfür entscheidend. Dies ist umso wichtiger, als aktuellen Forschungsergebnissen von John Hattie zufolge der Lehrer sogar den mit Abstand wichtigsten Einfluss auf den Lernerfolg der Kinder hat: „Von der Lehrkraft und ihrer professionellen Arbeit hängt es ab, ob Kinder ihre Potentiale ausschöpfen können oder nicht." ([67], S. 7)

2.2.7 Lernarrangements vorbereiten

Die Qualität des Mathematikunterrichts wird maßgeblich durch die Qualität der behandelten Aufgaben mitbestimmt. In den vorhergehenden Abschnitten wurden bereits einige Hinweise gegeben, welche Anforderungen kompetenzorientierte Aufgaben erfüllen sollen. In neuen bzw. neu bearbeiteten Schulbüchern findet man zunehmend Aufgaben, die den beschriebenen Kriterien entsprechen, bei denen die Schüler auf unterschiedlichem Leistungsniveau am gleichen Thema arbeiten und hierbei allgemeine Kompetenzen wie Problemlösen, Argumentieren usw. weiterentwickeln können. Aber auch traditionelle (Schulbuch-)Aufgaben lassen sich auf verschiedene Weise zu substanziellen Aufgaben umfunktionieren und „öffnen". Das Prinzip ist im Grunde immer gleich: Durch Weglassen von Informationen verzichtet man auf Eindeutigkeit, und zwar beim Ausgangszustand (A), bei der Transformation (T), beim Endzustand (E) oder – für noch mehr Offenheit – bei Kombinationen hieraus, wodurch man acht verschiedene Aufgabentypen erhalten kann (für eine Übersicht vgl. [109], S. 126). Folgendes Beispiel verdeutlicht das Prinzip der Aufgabenvariation an einer Grundsituation (1), wobei man zunächst durch Fortlassen nur einer Information noch eindeutig lösbare Aufgaben erhält ((2) bis (4)). Fehlen noch weitere Informationen, ist die Aufgabe nicht mehr eindeutig und es gibt mehrere (5) oder sogar unendlich viele mögliche Lösungen ((6) bis (8)):

(1) Tom hat 20 €. Er kauft ein Trikot für 13 €. Danach hat er noch 7 €. (A: gegeben, T: gegeben, E: gegeben)

(2) Tom hat 20 €. Er kauft ein Trikot für 13 €. (A: gegeben, T: gegeben, E: gesucht; Grundaufgabe)

(3) Tom hat 20 €. Er kauft sich ein Trikot. Danach hat er noch 7 €. (A: gegeben, T: gesucht, E: gegeben)

(4) Tom kauft sich ein Trikot für 13 €. Danach hat er noch 7 €. (A: gesucht, T: gegeben, E: gegeben)

(5) Tom hat 20 €. Er kauft sich ein Trikot. (A: gegeben; T: gesucht; E: gesucht)

(6) Tom kauft sich ein Trikot für 13 €. (A: gesucht, T: gegeben, E: gesucht)

(7) Tom kauft sich ein Trikot. Danach hat er noch 7 €. (A: gesucht, T: gesucht, E: gegeben)

(8) Tom kauft sich ein Trikot.

Im Unterricht bietet es sich an, die offeneren Aufgabentypen an die „traditionellen" Grundaufgaben (2) anzuschließen, bei denen bei gegebenem Anfangszustand und gegebener Transformation nach dem Endzustand gefragt ist. Dies bietet den Vorteil, dass der Kontext dann bereits bekannt ist und auch den schwächeren Schülern eine Orientierung bietet. Die nicht eindeutigen Aufgaben bieten den Schülern ein weites Feld für Untersuchungen, bei denen sie durch Probieren oder systematisches Vorgehen Verschiedenes entdecken können, z. B.:

- zu (6): Wie ändert sich der Restbetrag, wenn man den Anfangsbetrag immer um 1 € erhöht?

Die Kinder können aber auch eigene Annahmen treffen und hierzu je nach Können eine, mehrere oder systematisch alle möglichen Lösungen finden, z. B.:

- zu (5): Tom möchte mindestens 5 € übrig behalten. Wie teuer darf das Trikot (höchstens) sein?

Diese Beispiele verdeutlichen, dass die offenen Aufgaben eine sehr gute Differenzierungsmöglichkeit bieten, da sie auf sehr unterschiedlichen Leistungsniveaus und unterschiedlich weit bearbeitet werden können und alle Kinder trotzdem am gleichen Inhalt arbeiten.

Insgesamt wird deutlich, dass man durch das Prinzip der Aufgabenvariation auf sehr einfache Weise durch kleine Modifikationen bzw. Erweiterungen die Aufgabenqualität deutlich erhöhen kann, auch ohne von Beginn an ganz neue „kompetenzorientierte" Aufgaben suchen zu müssen.

Die Auswahl guter Aufgaben allein reicht aber nicht aus. Für den Unterrichtserfolg ist darüber hinaus vor allem die Art der Bearbeitung im Unterricht ausschlaggebend. Wie im vorigen Abschnitt erwähnt, besteht eine zentrale Aufgabe des Lehrers neben der Auswahl geeigneter Aufgaben insbesondere darin, diese für den Unterricht so aufzubereiten, dass sich jeder Schüler seinem individuellen Leistungsstand und -vermögen entsprechend die Inhalte so eigenständig wie möglich aneignen kann. Dazu gehört unter anderem die Berücksichtigung unterschiedlicher Anforderungsniveaus (zur Vermeidung von Über- oder Unterforderung), die Attraktivität bzw. Nützlichkeit der Inhalte für die Schüler (die gerade auch beim Einstieg zu beachten ist) und das Bereitstellen sinnvoller Hilfen wie z. B. Handlungsmaterial oder (gestufte) Tippkarten, durchaus aber auch die Zuordnung eines Lernpartners.

Möchte man im Unterricht über das Angebot des verwendeten Lehrwerks hinaus weitere Aufgabenstellungen benutzen oder hinzuziehen, so findet man mittlerweile in zahlreichen Publikationen gelungene Beispiele für kompetenzorientierte Aufgaben und Lernumgebungen, Zusammenstellungen z. B. bei Hengartner et al. ([81]), Nührenbörger & Pust ([134]), Hirt & Wälti ([84]) oder Peter-Koop et al. ([139]). Bei Walther et al. ([200]), kann man die Aufgaben zudem auf der beiliegenden CD in einer Datenbank nach bestimmten Kriterien (Klassenstufen, Leitidee, allgemeine Kompetenzen, Anforderungsbereich) durchsuchen. Eine gute Quelle für Unterrichtsbesuche bieten außerdem diverse mathematische Fachzeitschriften (z. B. *Mathematik differenziert* (westermann) oder *Grundschule Mathematik* (Friedrich-Verlag) bzw. mathematische Themenhefte oder Beiträge aus übergreifenden Grundschulzeitschriften (z. B. *Grundschule* und *Praxis Grundschule* (westermann) oder *Grundschulzeitschrift* (Friedrich-Verlag)). Gerade für Unterrichtsbesuche sind diese Quellen sehr wertvoll, da sich aus den didaktischen Erläuterungen wichtige Hinweise für die Unterrichtsplanung und Verschriftlichung entnehmen lassen. Diesbezüglich sei außerdem auf die didaktischen Hinweise und Unterrichtsanregungen in den begleitenden Lehrermaterialien zu aktuellen Schulbüchern sowie auf speziell ausgerichtete Zusatzmaterialien (z. B. [154] bis [157]) verwiesen.

Auch im Internet lassen sich zahlreiche geeignete Materialien finden (wobei man in der Fülle allerdings auch leicht auf weniger geeignete Aufgaben stößt). Empfehlenswert ist die Suche auf Seiten von „offiziellen" Projekten wie z. B. *PIK AS* der TU Dortmund oder dem bundesweiten Projekt *SINUS-Transfer Grundschule*, wo einige teilnehmende Bundesländer (z. B. Berlin, Hamburg, Hessen, Schleswig-Holstein) auf ihren Seiten ausgewählte Materialien anbieten. Den wohl größten Aufgabenpool findet man jedoch bei *learn: line*, der Bildungssuchmaschine des Landes NRW (www.learnline.schulministerium.nrw.de), wo sich die Materialien verschiedener Anbieter durchsuchen lassen.

2.2.8 Prozessorientierung

Wie aus den bisherigen Ausführungen hervorgeht, steht im gegenwärtigen Mathematikunterricht nicht mehr nur die Lösung eines Problems selbst im Vordergrund, sondern verstärkt auch der *Prozess*, der zu dieser Lösung geführt hat, gemäß dem Motto: „Der Weg ist das Ziel." Besonders deutlich wird dies auch in der starken Betonung der *allgemeinen* mathematischen Kompetenzen, wie sie in den KMK-Bildungsstandards heißen und die in der Literatur auch oft als *prozessbezogene* Kompetenzen bezeichnet werden. Diese finden im Unterricht in verschiedenen Kontexten ihre Anwendung, deren man sich als Lehrender bewusst sein sollte, da die verschiedenen Prozesskontexte mit verschiedenen Funktionen bzw. Intentionen verbunden sind. Leuders ([109], Kap. 7.1) unterscheidet zwischen vier typischen *Prozesskontexten*: dem Prozesskontext des *Erfindens und Entdeckens*, dem Prozesskontext des *Prüfens und Beweisens*, dem Prozesskontext des *Überzeugens und Darstellens* sowie dem Prozesskontext des *Vernetzens und Anwendens*. Die unterschiedlichen Kontexte nehmen in der Unterrichtspraxis keineswegs den gleichen Raum ein.

In didaktischen Publikationen wird dabei oft die Phase des *Erfindens und Entdeckens* betont, die vor allem durch Offenheit geprägt ist. Hier wird ausprobiert, es werden Beispiele gesucht, Probleme gefunden, Vermutungen aufgestellt etc. *Fehler*, die bei Lehrern und Schülern oft generell mit negativen Assoziationen behaftet sind, bekommen hier einen ganz anderen Stellenwert. Geht es am Ende eines Lernprozesses nach wie vor um eine möglichst fehlerfreie Anwendung des Gelernten, sind Fehler während dieses Prozesses als durchaus hilfreich und nützlich zu betrachten. Denn genau wie es in der Geschichte der

Mathematik Um- und Irrwege gegeben hat, sind diese auch bei einer vorwiegend selbstständigen Nachentdeckung der Mathematik zu erwarten. Sie gehören auf natürliche Weise zu einem Handlungsorientierten Unterricht dazu. In diesem Sinne sollen Fehler in Lernprozessen nicht nur zugelassen und akzeptiert, sondern darüber hinaus im Sinne einer positiven Fehlerkultur als Lernchancen genutzt werden. Das gedankliche Nachvollziehen fehlerhafter Denkprozesse und eine Analyse ihrer Problematik können zu einem vertieften Verständnis für adäquate Lösungswege beitragen. Eine wichtige Aufgabe des Unterrichts ist es, auch den Schülern diese positive Sichtweise von Fehlern zu vermitteln und den Unterschied zu Fehlern am Ende eines Lernprozesses zu verdeutlichen. Diese positive Fehlerkultur wirkt sich nicht zuletzt günstig auf die Forscherhaltung der Schüler aus, da sie bei einem angstfreien Umgang mit Fehlern eher dazu bereit sein werden, Hypothesen zu formulieren, auszutesten, zu verwerfen oder zu modifizieren (vgl. [104], S. 30). Aufgabe des Lehrers ist es, geeignete Kontexte mit hinreichend offenen Fragestellungen und individuellen Hilfen bereitzustellen und anschließend die Auswahl und Bewertung der vielen Ideen und Ansätze zielführend zu moderieren. Dabei geht es keineswegs darum, dass am Ende jeder Schüler den gleichen Weg geht, sondern Ziel ist es, dass jeder den für ihn optimalen Weg findet, der individuell durchaus verschieden sein kann: Ein leistungsschwächerer Schüler kann beispielsweise einen recht kleinschrittigen Weg für sich entdecken, während ein leistungsstärkerer Schüler einen effizienteren, aber anspruchsvolleren Lösungsweg aus der Diskussion mitnehmen kann. Entscheidend ist das Verständnis für den Weg, um ihn auf ähnliche Probleme übertragen zu können (und in der Hoffnung auf Synergieeffekte auch für weiter entfernte Problemstellungen).

Wenn etwas entdeckt wird, sollte es auch dargestellt und begründet oder bewiesen werden können (wobei in der Grundschule aufgrund der kognitiven Voraussetzungen das „Beweisen" in der Regel höchstens beispielgebunden erfolgen kann). Dabei geht es im Prozesskontext des *Prüfens und Beweisens* zunächst um die eigene Absicherung. Insofern ist es eine wichtige Aufgabe von Unterricht, Schüler kompetent dafür zu machen, ihre Lösungswege durch geeignete Strategien selbst zu überprüfen. Erst im nächsten Schritt – im Prozesskontext des *Überzeugens und Darstellens* – geht es darum, andere mittels Argumenten und Präsentation von der Stimmigkeit zu überzeugen. Die Argumentationsfähigkeit ist hier von zentraler Bedeutung, beim *Überzeugen und Darstellen* ferner auch Kompetenzen aus den Bereichen Kommunizieren und Darstellen, wobei es um Verständlichkeit bezüglich der Sprache und der Darstellungsmittel geht. Wichtig ist das Bewusstsein, dass diese Unterrichtsphasen anders als die des Entdeckens nicht mehr durch Offenheit, sondern durch Konvergenz und Zielgerichtetheit gekennzeichnet sind. Das Ergebnis soll schließlich richtig, der Lösungsweg verständlich bzw. die Argumentation schlüssig sein. Aufgrund dieser Gegensätzlichkeit ist es wichtig, dass auch den Schülern immer klar ist, ob sie gerade ausprobieren und erfinden oder prüfen und beweisen bzw. überzeugen und darstellen sollen.

Im Prozesskontext des *Vernetzens und Anwendens* kommen insbesondere die Prinzipien der Anwendungs- und Strukturorientierung (vgl. hierzu Abschn. 2.2.4) zum Tragen. Bei außermathematischen Anwendungen steht dabei die Kompetenz des Modellierens im Vordergrund, innermathematisch sind Prozesse des Vernetzens bedeutsam, aber auch Prozesse des Übens finden hier ihren Platz. Speziell bei produktiven Aufgabenformaten, die auf das Entdecken von Zusammenhängen ausgerichtet sind (vgl. Abschn. 2.2.11), wird dabei zugleich wieder eine Brücke zum Prozesskontext des Erfindens und Entdeckens geschlagen, an den sich wiederum ggf. die Prozesskontexte des Prüfens und Beweisens sowie des Überzeugens und Darstellens anschließen. Damit schließt sich der Kreis.

2.2.9   Kommunikation und Kooperation

Wie bereits in Abschn. 2.1 dargestellt (s. Tab. 2.1), gilt die Förderung sozial-kommunikativer Kompetenzen gegenwärtig als ein wichtiger schulischer Lernbereich. Kommunikative Prozesse sind für das Lernen von besonderer Bedeutung:

> Erst dadurch, dass die unterschiedlichen Vorstellungen ausgetauscht, verglichen und aufeinander abgestimmt und so Bedeutungen ausgehandelt werden, entsteht Verständnis. *([58], S. 28)*

Diese Meinung wird durch aktuelle Forschungsarbeiten von John Hattie (vgl. [67], S. 7) gestützt, der eine Vielzahl von Studien aus der Bildungsforschung auf lernwirksame Faktoren hin analysiert und dabei unter anderem herausfindet, dass „reziprokes Lernen" einer der wichtigsten lernwirksamen Faktoren ist. Reziprokes Lernen meint dabei, dass Schüler dem Lehrer (oder Mitschülern) ihre Vorgehensweisen erläutern. Sie müssen dazu das eigene Vorgehen reflektieren und verbalisieren, was offenbar zu einem vertieften Verständnis führt.

In der Grundschule spielen in diesem Zusammenhang sogenannte Rechen- oder Strategiekonferenzen eine wichtige Rolle, bei denen die verschiedenen Lösungswege vorgestellt, begründet, verglichen, diskutiert, bewertet und ggf. gemeinsam optimiert werden. In solchen Austauschprozessen steckt aber noch weitaus mehr. Sie fordern und fördern die sprachlich-kommunikative Kompetenz der Schüler, was spätestens seit Inkrafttreten der Bildungsstandards auch als Ziel des Mathematikunterrichts gesehen wird. Die Schüler müssen eigene und fremde Gedanken verbalisieren, und zwar so, dass sie für die Mitschüler nachvollziehbar sind. Neben der sprachlichen Förderung hat es Untersuchungen zufolge zudem auch einen positiven Effekt auf die Behaltensleistung, wenn Inhalte nicht nur selbst erarbeitet, sondern anderen erklärt werden sollen (vgl. [71]).

Für den Lehrer stellt diese Art der Kommunikation im Unterricht sehr hohe Anforderungen, sowohl fachliche als auch diagnostische. Ging es im traditionellen Unterricht oft nur um den „einen richtigen" Lösungsweg, muss der Lehrer jetzt im Grunde jeden angesprochenen Lösungsweg spontan durchschauen, um die Diskussion gegebenenfalls mit Impulsen in eine fruchtbare Richtung lenken zu können. (Es ist daher ratsam, sich im Vorfeld Gedanken über mögliche Lösungswege zu machen.) Nebenbei muss er in sprachlicher Hinsicht auch auf die richtige Verwendung von Begriffen achten. Zwar hat heutzutage die Verständlichkeit im Allgemeinen Vorrang vor mathematischer Exaktheit, nicht aber wenn die Gefahr von Missverständnissen oder sogar des Aufbaus fehlerhafter Vorstellungen besteht.

Jansen ([87]) stellt heraus, dass Kommunikation im Unterricht nicht per se zu den angestrebten Effekten führt, sondern dass es Merkmale für eine gelingende (sowie auch für eine weniger erfolgreiche) mathematische Kommunikation gibt. Eine gute Kommunikation zeichnet sich dadurch aus, dass sich die Beteiligten gegenseitig aktiv zuhören und in den Gesprächsbeiträgen aufeinander beziehen, immer unter Einhaltung der vereinbarten Gesprächsregeln und in einer wertschätzenden Atmosphäre. Der jeweils Redende bemüht sich dabei um sprachliche Klarheit und eine stringente Darstellung, die Zuhörer bemühen sich darum, ihn zu verstehen, und fragen ggf. nach.

Diese Merkmale machen zugleich deutlich, dass die Kommunikationsfähigkeit auch im Zusammenhang mit der *Sozialkompetenz* steht, da das Lernen im Klassenverband und somit in einem sozialen Rahmen stattfindet. Ein Schwerpunkt bei den sozialen Kompetenzen, die häufiger unter den Begriffen „Kooperation" oder „soziales Lernen" gefasst werden, liegt dabei auf einem gelingenden Miteinander. Die Bereitschaft, eigene Ideen und Lösungsansätze vorzustellen bzw. zur Diskussion stellen, sie mit anderen Ideen zu vergleichen und von anderen bewerten zu lassen, ist stark von einem gesunden sozialen Lernklima abhängig, welches durch ein hohes Maß an Akzeptanz geprägt ist. Soziale Kompetenzen wie Teamfähigkeit, Empathie, Verantwortungsbewusstsein, Rollendistanz, Kooperationsfähigkeit, Konfliktlösungsbereitschaft, Konsensfähigkeit etc. sind daher besonders relevant und werden durch diese Unterrichtsform stark gefordert und gleichermaßen gefördert (vgl. [203], S. 28), ebenso sozial-kommunikative Fähigkeiten wie Zuhören, Argumentieren, Diskutieren etc. In den letzten Jahren wurden in diesem Zusammenhang vielfältige (nicht nur für den Mathematikunterricht relevante) *kooperative Lernformen* entwickelt und stark propagiert, da sie auch aus fachlicher Sicht besondere Vorzüge haben (vgl. Abschn. 4.2.5). In einem zeitgemäßen Unterricht sollten diese Lernformen einen festen Platz einnehmen und sind für Lehrproben sehr zu empfehlen, allerdings immer unter der Voraussetzung der Konformität zu den angestrebten Unterrichtszielen.

2.2.10   Neue Medien – auch schon in der Grundschule

Eine entscheidende Ursache für die bereits mehrfach erwähnten veränderten Anforderungen des modernen Berufslebens liegt in der zunehmenden Technisierung, die dem Menschen Routinen abnimmt und damit mehr Kapazitäten für Problemlöseprozesse schafft. Aber auch der sachgerechte Umgang mit diesen Medien stellt eine neue zentrale Anforderung für Berufsanfänger dar. Der Besitz von PC, Handy und Internetzugang bzw. deren Nutzung ist heutzutage schon Standard: Informationen werden „gegoogelt", der Briefverkehr wird zunehmend durch E-Mails abgelöst, Daten werden in Excel-Tabellen ausgewertet, Präsentationen mit PowerPoint-Unterstützung gehalten, um nur wenige Beispiele zu nennen. Kompetenzen im Umgang mit neuen Medien werden abhängig von der Branche bei Berufsanfängern in mehr oder weniger starkem Umfang vorausgesetzt und müssen daher auch Eingang in die schulische Bildung finden. Dass die Entwicklung stark in diese Richtung geht, erkennt man z. B. an dem stark zunehmenden Digital- und Online-Angebot sowie an der Einrichtung von Laptop-Klassen – und zwar auch schon in der Grundschule. Der frühe Beginn ist dabei durchaus sinnvoll, zumal viele Grundschüler aufgrund der heutigen Sozialisationsbedingungen im Umgang mit neuen Medien bereits versierter sind als ihre Lehrer. So kann man beispielsweise schon Dreijährige beobachten, die wie selbstverständlich mit einem Tablet-PC umgehen. Allerdings ist auch zu bedenken, dass die Vorerfahrungen von der finanziellen Familiensituation abhängen und daher große Unterschiede zu erwarten sind.

Neben der großen Alltagsbedeutung resultiert die Forderung nach dem Einsatz neuer Medien aber auch daraus, dass sich andere zentrale Inhalte des Mathematikunterrichts wie etwa das entdeckende Lernen, das flexible Rechnen oder das überschlagende Rechnen durch geeignete Aufgaben gut unterstützen lassen. So findet man u. a. bei Padberg & Benz ([12], S. 312 ff.) oder Lorenz ([112]) einige gelungene Beispiele, wie der Taschenrechner den Schülern Routineprozesse abnehmen kann und damit die Aufmerksamkeit für arithmetische Entdeckungen frei macht. Der Computer als Informationsplattform liefert eine gute Möglichkeit für Handlungsorientierten Unterricht, da er die individuelle und aktive Wissensaneignung der Schüler unterstützt und hierdurch das Erlangen übergreifender Methodenkompetenz fördert. Dazu gehört das Identifizieren der benötigten Informationen, das Entnehmen und Dokumentieren dieser Informationen aus unterschiedlichen Quellen sowie das Prüfen auf sachliche Richtigkeit und Vollständigkeit (vgl. [220], S. 10). Darüber hinaus bietet der Computer die Möglichkeit zum Einsatz von sogenannter Lernsoftware, allerdings nur unter der Voraussetzung, dass diese didaktisch gut reflektiert ist, was nach Analysen und Einschätzungen leider selten ist und stattdessen viele minderwertige Produkte auf dem Markt sind (vgl. [12], S. 330). Erwähnenswert sind schließlich auch Tablet-PCs, die mit entsprechenden Funktionen (z. B. Foto und/oder Video) und Apps, mit denen sich unter anderem Arbeitsergebnisse für Präsentationen gut aufbereiten lassen, auf diese Weise wichtige allgemeine Kompetenzen fördern.

Immer gilt, dass neue Medien nie zum Selbstzweck eingesetzt werden dürfen, sondern den didaktischen Anforderungen des heutigen Mathematikunterrichts genügen müssen. Im Grunde lässt sich deren Einsatz nur dann rechtfertigen, wenn er einer entsprechenden realen Lernsituation methodisch-didaktisch überlegen, zumindest aber nicht unterlegen ist. Damit hängt die Frage nach dem Einsatz neuer Medien zugleich immer von den jeweiligen Inhalten und Zielen ab und ist daher immer wieder aufs Neue zu prüfen. Für eine ausführliche Erörterung eines sachgerechten Einsatzes digitaler Medien im Mathematikunterricht der Grundschule sei auf Krauthausen ([8]) verwiesen.

2.2.11　Auch Bewährtes bleibt

Es wäre utopisch zu glauben, dass der Mathematikunterricht vollständig handlungs-, problem- und schülerorientiert gestaltet werden könnte. Nicht in allen Unterrichtsstunden wird geforscht, entdeckt oder werden Probleme gelöst, nicht in allen Stunden stehen die

Aktivitäten der Schüler im Vordergrund und die des Lehrers im Hintergrund. Dass man dies angesichts der zahlreichen Publikationen in diesem Bereich meinen könnte, liegt wohl darin begründet, dass diese Art der Unterrichtsgestaltung für viele Lehrer immer noch relativ neu und mit Unsicherheiten verbunden ist, dass also das angestrebte Umdenken vielerorts noch nicht stattgefunden hat. Die Betonung eines solchen Unterrichts bedeutet jedoch nicht, dass frontale, lehrerzentrierte Phasen grundsätzlich zu verdammen sind; auch sie haben durchaus ihre Berechtigung. Ihr schlechtes Image rührt nach Gudjons (vgl. [75], S. 7) wesentlich daher, dass Frontalunterricht häufig als Synonym für *darbietenden* Unterricht verwendet wird. Tatsächlich handelt es sich zunächst jedoch nur um eine Organisationsform des Unterrichts, die durch den Lehrer geleitet ist. So weist vom Hofe (vgl. [199], S. 7 f.) zu Recht darauf hin, dass „Entdeckungen" in gewissem Maße auch in solch geleiteten Lernphasen (z. B. in einem fragend-entwickelnden Unterrichtsgespräch) möglich und sinnvoll sind. Untersuchungsergebnissen zufolge wirkt sich eine kompetent praktizierte direkte Instruktion nicht nur positiv auf die Leistung, sondern unter anderem auch auf allgemeine kognitive Kompetenzen und die Lerneinstellung aus, während sich eine Übergewichtung von offenen Lernformen als nicht optimal erweist (vgl. [200], S. 7 f.). Die Lernenden brauchen nicht nur Freiraum für konstruktive und explorative Aktivitäten, sondern auch gezielte Hilfen für den Umgang mit Informationen, für die Bearbeitung von Problemstellungen und die Zusammenarbeit in Gruppen (vgl. [152], S. 24). Besonders lernschwache Schüler sind auf gezielte didaktische Hilfen angewiesen, möchte man Leerlauf und Resignation vermeiden (vgl. [96], S. 61). Folglich geht es nicht um ein Entweder-oder, sondern um ein Aufeinander-bezogen-Sein zwischen offenen und geleiteten Unterrichtsphasen, zwischen konstruktiver Aktivität der Lernenden und expliziter Instruktion durch den Lehrenden. Das Verhältnis zwischen Offenheit und Steuerung sollte ausgeglichen sein; auch Standardaufgaben und Lösungsbeispiele sollten weiterhin ihren Platz im Unterricht haben. Ähnlich merkt auch der Rahmenplan Rheinland-Pfalz ([227], S. 29) an, dass auf *instruierendes* Lernen, bei dem Informationen, Strategien oder Kenntnisse auf direktem Wege vermittelt werden, nicht gänzlich verzichtet werden könne. Dies gilt vor allem auch für *Konventionen* (z. B. bezüglich Regeln, Bezeichnungen oder Schreib- und Sprechweisen), da diese von den Schülern nicht entdeckt werden können. Voraussetzung muss allerdings sein, dass die Schüler über Lernvoraussetzungen verfügen, die für das *Verstehen* dieser Inhalte notwendig sind.

Genau wie frontale Phasen sind auch *Übungsphasen* unverzichtbarer Bestandteil des Mathematikunterrichts, denn das Üben sichert, vernetzt und vertieft vorhandenes Verständnis, Wissen und Können und dient der Geläufigkeit und Beweglichkeit (vgl. [222], S. 73). So können die Schüler ihre Aufmerksamkeit beispielsweise eher auf das Beobachten von Gesetzmäßigkeiten richten, wenn die auszuführenden Rechnungen automatisiert ablaufen. Außerdem müssen komplexe Probleme häufiger in einfachere Teilprobleme zerlegt werden, die sich durch Routineverfahren lösen lassen. Werden diese nicht sicher beherrscht und muss daher viel Aufmerksamkeit hierauf verwendet werden, besteht die Gefahr, dass das Gesamtproblem aus dem Blick gerät. Das Üben stellt somit nur einen scheinbaren Kontrast zu den bislang beschriebenen Grundsätzen des Mathematikunterrichts dar. Das Üben ist dem entdeckenden Lernen sogar inhärent, wie Winter ([202], S. 6 f.) verdeutlicht. Denn einerseits sind Entdeckungen nur möglich, wenn auf verfügbaren Fertigkeiten und Wissenselementen aufgebaut werden kann; andererseits wird beim Prozess des Entdeckens ständig wiederholt und geübt, sodass im Rahmen eines entdeckenden Unterrichts „entdeckend geübt und übend entdeckt wird". Damit verbunden ist logischerweise die Forderung, dass Üben über das reine Reproduzieren hinausgehen und möglichst beziehungsreich sein soll. Es soll *anwendungsbezogen, problemorientiert* – d. h. in übergeordnete Problemkontexte eingebettet – und *operativ* sein. Letzteres bedeutet, dass die Aufgaben auf das Erkennen und Nutzen von Zusammenhängen ausgerichtet sind, wozu mittlerweile eine Fülle von Aufgabenformaten entwickelt wurde. So wird beim Lösen von Zahlenmauern die Addition und ggf. die Subtraktion als Umkehroperation geübt, gleichzeitig können die Kinder aber Beziehungen innerhalb oder zwischen Mauern entdecken wie z. B. Folgendes: In einer dreistöckigen Zahlenmauer erhöht sich die Zielzahl um zwei, wenn man den mittleren Stein um eins erhöht, aber nur um eins, wenn man einen der beiden äußeren Steine um eins erhöht. Oder: Wenn alle Grundsteine in einer dreistöckigen Zahlenmauer gleich sind, steht im Zielstein stets das Vierfache eines Grundsteins.

Realistisch betrachtet entspricht im Unterricht nicht jede Übungsphase diesen Kriterien. Gerade dann ist es im Sinne von Zieltransparenz aber wichtig, den Sinn und Zweck des Übens zu verdeutlichen, um eine positivere Einstellung zu dieser manchmal recht ungeliebten Unterrichtsaktivität zu bewirken.

Inhalte und Ziele des Mathematikunterrichts   3

3.1 Bildungsstandards und Lehrpläne

Für die Planung von Unterricht spielt der jeweils gültige Lehrplan eine bedeutende Rolle, da dessen Vorgaben für den Lehrer verbindlich sind und ihn zu bestimmtem pädagogischem und didaktischem Handeln verpflichten. Damit erfüllen Lehrpläne zwei wichtige Funktionen, nämlich eine Orientierungsfunktion (Was muss ich im Unterricht wann tun?) und eine Legitimierungsfunktion (Wie kann ich meinen Unterricht vor anderen rechtfertigen?). Lehrpläne werden von den zuständigen Ministerien der einzelnen Bundesländer herausgegeben und sind somit landesspezifisch. Seit dem Jahr 2003 sind die Länder jedoch dazu angehalten, die national geltenden Bildungsstandards zu implementieren, welche seitdem eine gemeinsame Basis darstellen. Die darin formulierten Kompetenzen sollen für eine höhere Zielklarheit und damit für eine bessere *Orientierung* über normativ gesetzte Anforderungen sorgen (vgl. [36], S. 16), ohne jedoch den Weg zum Erreichen dieser Ziele vorzuschreiben. An dieser Stelle setzen die Lehrpläne an. Sie sollen den Weg mit Inhalt füllen, indem sie „detailliert einzelne Lernziele und Lerninhalte in kanonisierter Form auflisten" ([94], S. 133) und somit mehr als „Lernprogramme" fungieren.

Trotz des gemeinsamen Rahmens stellt man bei den Lehrplänen zum Teil deutliche Unterschiede im Grad der Konkretisierung sowie in Aufbau und Struktur fest. So lehnen sich z. B. der baden-württembergische Bildungsplan [216], das niedersächsische Kerncurriculum [220] und das hessische Kerncurriculum [219] sehr eng an die Bildungsstandards an und übernehmen die dort formulierten fünf Leitideen (s. u.) als Gliederungsstruktur für die Lernziele, während sich der Thüringer Lehrplan [225] mit der eher traditionellen Dreigliederung in die Lernbereiche Arithmetik, Größen und Geometrie weiter hiervon entfernt.

Auch bezüglich des Grades an Allgemeinheit bzw. Konkretheit stellt man zum Teil deutliche Unterschiede fest. So werden im hessischen Kerncurriculum in den Inhaltsbereichen nur Stichpunkte (ohne Verben!) zu Schwerpunktsetzungen aufgelistet, wie folgendes Beispiel aus dem Bereich „Zahl und Operation" verdeutlicht ([219], S. 21):

K. Heckmann, F. Padberg, *Unterrichtsentwürfe Mathematik Primarstufe, Band 2*,   37
Mathematik Primarstufe und Sekundarstufe I + II,
DOI 10.1007/978-3-642-39745-5_3, © Springer-Verlag Berlin Heidelberg 2014

Zahldarstellung und Zahlbeziehungen (Jahrgangsstufe 2: im Zahlenraum bis 100; Jahrgangsstufe 4: im Zahlenraum bis 1.000.000).

Eine derart große Offenheit lässt dem Lehrer einerseits viel Freiraum für kreative Unter-
richtsgestaltungen, setzt aber auch eine gute mathematische bzw. mathematikdidaktische
Ausbildung voraus, die jedoch häufig nicht gegeben ist, wenn man an den gerade in der
Grundschule häufig fachfremd erteilten Unterricht oder an Quereinsteiger denkt. Freiheit
kann in diesem Fall dann schnell zu Überforderung und Orientierungslosigkeit führen,
wenn nur der „Endzustand" beschrieben wird und man keine weiteren Anhaltspunkte
dafür findet, welche Anforderungen konkret von den Schülern erwartet werden, welche
Typen von Aufgabenstellungen mit welchem Material bzw. welcher Darstellung hier angedacht bzw. sinnvoll sind usw. Zudem wollen gerade in Zeiten von zentral gestellten
Prüfungen, Lernstandserhebungen und Vergleichsuntersuchungen viele Lehrer konkreter
über die Erwartungen Bescheid wissen. Wenn sie diese Informationen nicht dem Lehrplan
entnehmen können, führt das letztlich oft dazu, dass sie sich an Aufgaben aus älteren Erhebungen orientieren. Aus diesen Gründen erscheint auch eine Ersetzung der Lehrpläne
durch die Bildungsstandards, die im Sinne von Vereinheitlichung (gleiche Anforderungen
für alle) durchaus wünschenswert wäre, nicht sinnvoll. Somit plädiert u. a. Selter [237] für
„gehaltvolle" Lehrpläne, die neben dem Was (Inhalt) auch Fragen nach dem Wer, Wie und
Warum einbezieht, also z. B. die Aufgaben der Lehrkraft beschreibt und auf Prinzipien der
Unterrichtsgestaltung eingeht.

Entsprechend findet man in den meisten Lehrplänen auch viel konkretere Hinweise für
die unterrichtliche Umsetzung als im hessischen Kerncurriculum oder im Rahmenplan
Rheinland-Pfalz (der von vor der Zeit der Bildungsstandards stammt und insofern noch
eine ganz andere Struktur besitzt). So findet man zu obigem Schwerpunkt z. B. im niedersächsischen Kerncurriculum ([220], S. 19 f.) folgende drei Kompetenzerwartungen:

Die Schülerinnen und Schüler …
- fassen Zahlen unter den verschiedenen Zahlaspekten auf und stellen sie dar (handelnd,
  bildlich, symbolisch, sprachlich);
- vergleichen, strukturieren, zerlegen Zahlen und setzen sie zueinander in Beziehung (z. B.
  Die Hälfte, das Doppelte, größer als);
- lesen, interpretieren und vergleichen Zahlen unter Anwendung der Struktur des Zehner-
  systems (Prinzip der Bündelung und der Stellenwertschreibweise).

Nachfolgend werden noch weitere Beispiele für Kompetenzerwartungen aufgeführt, in
denen auch der fachfremd unterrichtende Lehrer direkt und indirekt wichtige Hinweise
für die Unterrichtsgestaltung findet:

Die Schülerinnen und Schüler …
- entwickeln und nutzen für die Präsentation ihrer Lösungswege, Ideen und Ergebnisse
  geeignete Darstellungsformen und Präsentationsmedien wie Folie und Plakat und stellen
  sie nachvollziehbar dar (z. B. Im Rahmen von Rechenkonferenzen) (präsentieren und austauschen) (Darstellen/Kommunizieren, Kompetenzerwartungen am Ende der Klasse 4;
  vgl. [222], S. 60);

- sortieren die geometrischen Körper Würfel, Quader, Kugel nach Eigenschaften (z. B. Rollt, kippt), benennen sie und erkennen sie in der Umwelt wieder (Kompetenzbereich „Raum und Form": Körper und ebene Figuren, erwartete Kompetenzen am Ende des Schuljahrgangs 2; vgl. [220], S. 27);
- verkleinern und vergrößern ebene Figuren in Gitternetzen (Leitidee „Raum und Form", Regelanforderungen am Ende der Jahrgangsstufe 4; vgl. [217], S. 24);
- vergleichen, messen und schätzen in kindgemäßen Experimenten mit geeigneten standardisierten und nichtstandardisierten Einheiten in den Größenbereichen Geld, Längen und Zeit (Leitidee „Messen und Größen", Klasse 2; vgl. [216], S. 58).

Aus dem ersten Beispiel geht hervor, dass es (auch) im Mathematikunterricht nicht nur um das Ergebnis, sondern auch um den Lösungsweg geht (Prozessorientierung), dass Folien und Plakate geeignete Präsentationsmedien sind und dass die Verständlichkeit ein wichtiges Bewertungskriterium für Präsentationen ist. Oft werden die Inhalte in den Beschreibungen dabei spezifiziert bzw. eingeschränkt („Würfel, Quader, Kugel" – (noch) nicht Zylinder und/oder Pyramide; „Geld, Längen und Zeit" – (noch) nicht Volumen und Gewicht). Zum Teil werden die Kompetenzen bzw. Anforderungen auch operationalisiert, d. h. in beobachtbare Unterrichtsaktivitäten umgesetzt („sortieren die geometrischen Körper", „verkleinern und vergrößern") und es werden einige methodische Hinweise zu Unterrichtsaktivitäten („in kindgemäßen Experimenten"; „mit geeigneten standardisierten und nichtstandardisierten Einheiten") und zu Medien („wie Folie und Plakat", „in Gitternetzen") gegeben. Damit liefern diese Lehrpläne zum Teil schon sehr konkrete Hinweise für die Gestaltung des Mathematikunterrichts (sowie auch für die konkrete Überprüfung der Anforderungen/Kompetenzen) und können so als Hilfe für die Unterrichtsplanung dienen. Je mehr Anforderungen formuliert sind und je konkreter diese ausfallen, desto weniger Freiraum bleibt dem Lehrer natürlich für die Umsetzung eigener kreativer Unterrichtsideen. Diesbezüglich sei allerdings bemerkt, dass die Lehrplaninhalte nur den obligatorischen Kern des Bildungsgangs darstellen sollen (genau deshalb werden sie aktuell vorwiegend als Kernlehrpläne oder Kerncurricula bezeichnet), daneben aber genau solche Freiräume für individuelle Schwerpunktsetzungen lassen sollen (vgl. [52], S. 141).

Wichtig ist dabei jedoch, dass dieser Freiraum auch den Lehrkräften bewusst ist, da sie nach wie vor die Schlüsselrolle bei der Realisierung der Lehrpläne spielen. Nur dann werden sie sich auch trauen, nicht im Lehrplan aufgeführte Inhalte zu behandeln oder Inhalte zu vertiefen. Die Umsetzung eigener Ideen scheitert aber sicher häufig daran, dass die Bildungsstandards – nicht zuletzt aufgrund des Begriffs „Standards" – leicht als *Standardisierung* missverstanden werden können. Begünstigt wird dieses Verständnis durch die durchaus begrüßenswerte Absicht, die Bildungsstandards auf Angemessenheit zu überprüfen und ggf. zu verbessern. Problematisch an dieser „Evaluation" ist jedoch die Tatsache, dass sie durch zentrale Lernstandserhebungen realisiert werden soll, was die große Gefahr einer Konzentration auf die Testvorbereitung birgt, d. h. die Reduktion auf die ausformulierten Lernziele im Sinne eines sogenannten *teaching to the test* (vgl. [237, 21], S. VII f.).

3.2 Kompetenzen, Inhaltsfelder, Anforderungsbereiche

Wie bereits in Abschn. 2.1 erwähnt, haben die KMK-Bildungsstandards aus dem Jahre 2004 [218] verbindlichen Charakter und stellen seitdem eine gemeinsame Basis für die Lehrpläne aller Bundesländer sowie auch die Basis für die zentral gestellten Lernstandserhebungen dar. Aus diesem Grund beziehen wir uns bei den weiteren Ausführungen zu den Kompetenzen trotz der beschriebenen und zum Teil erheblichen Unterschiede zwischen den einzelnen Lehrplänen hierauf.

In den Bildungsstandards sind die Kompetenzen formuliert, die Schüler bis zum Ende der Jahrgangsstufe 4 regulär erworben haben müssen. Es wurde herausgestellt, dass dabei die Unterscheidung zwischen *allgemeinen* (oder „prozessbezogenen") und *inhaltsbezogenen* mathematischen Kompetenzen zentral ist, wobei erstgenannte inhaltsübergreifend sind und sich dementsprechend durch sehr unterschiedliche Lerninhalte fördern lassen. Es wurde auch herausgestellt, dass diese Trennung nur zu Darstellungszwecken erfolgt, dass aber beide Kompetenzbereiche im Unterricht miteinander verwoben sind und geeignete Aufgabenstellungen bei entsprechender Organisation der Lernprozesse stets eine Förderung in beiden Bereichen ermöglichen. Durch ihre größere Allgemeinheit umrahmen die allgemeinen mathematischen Kompetenzen dabei quasi die inhaltsbezogenen mathematischen Kompetenzen, wie es in Abb. 2.1 entsprechend bereits dargestellt wurde.

Darüber hinaus macht es einen Unterschied, ob man Unterricht von den allgemeinen oder von den inhaltsbezogenen Kompetenzen ausgehend plant. Stehen die inhaltsbezogenen Kompetenzen im Vordergrund – wie es meist (noch) der Fall ist –, so geht die Überlegung dahin, an welchen Stellen sich die Förderung allgemeiner Kompetenzen gut anbietet. Geht es hingegen vordergründig um die Förderung der allgemeinen mathematischen Kompetenzen – wie es nunmehr stärker intendiert ist, sucht man im weiteren Verlauf nach Inhalten, mittels derer dies besonders gut möglich ist. Unabhängig vom Ausgangspunkt der Unterrichtsplanung bleibt, dass eine allgemeine Kompetenz nur an einem bestimmten Inhalt erworben werden kann. Bei den allgemeinen und inhaltsbezogenen Kompetenzen handelt es sich also um zwei zentrale Komponenten, die einen Unterrichtsinhalt charakterisieren. Die Bildungsstandards weisen darüber hinaus noch eine dritte Komponente aus, nämlich die *Anforderungsbereiche* (in Tab. 3.1 mit „AB" abgekürzt). Diese beziehen sich auf unterschiedlich hohe kognitive Ansprüche der Aufgaben bzw. Unterrichtsaktivitäten und bringen zum Ausdruck, dass mathematisches Lernen unterschiedliche Ausprägungen haben kann. So hat ein Schüler, der einen Würfel in der Umwelt erkennen und ihn benennen kann, zweifellos etwas über den Würfel gelernt. Das Wissen ist aber bei jenem Schüler ausgeprägter, der darüber hinaus auch weiß, dass ein Würfel ein spezieller Quader ist, der charakterisierende Eigenschaften (alle Kanten gleich lang, alle Flächen gleich groß) benennen und mit diesen auch begründen kann, weshalb ein bestimmter Körper ein Quader ist bzw. nicht ist.

Die Bildungsstandards unterscheiden zwischen drei hierarchisch geordneten Niveaus, die sich knapp wie in Tab. 3.1 ersichtlich charakterisieren lassen.

Diese Dreigliederung ist allerdings idealtypisch zu verstehen, da der Anforderungsbereich gerade bei der angestrebten Öffnung des Unterrichts nicht nur von der Aufgabe, son-

Tab. 3.1 Anforderungsbereiche laut der KMK–Bildungsstandards. [218]

AB	Bezeichnung	Das Lösen der Aufgabe erfordert …
I	**Reproduzieren**	Grundwissen und das Ausführen von Routinetätigkeiten
II	**Zusammenhänge herstellen**	Das Erkennen und Nutzen von Zusammenhängen
III	**Verallgemeinern und Reflektieren**	Komplexe Tätigkeiten wie Strukturieren, Entwickeln von Strategien, Beurteilen und Verallgemeinern

dern insbesondere auch von der (durchaus sehr unterschiedlichen) Art ihrer Bearbeitung abhängen kann, sodass eindeutige Zuordnungen von Aufgaben zu Anforderungsbereichen nicht immer möglich sind. So verdeutlicht Grassmann (vgl. [69], S. 5), dass es ein Unterschied ist, ob die Aufgabe $6 \cdot 8$ in der Klassenstufe 3 gelöst wird, wo das Einmaleins automatisiert verfügbar sein soll und es sich daher nur um ein Reproduzieren (AB I) handelt, oder ob das Ergebnis dieser Aufgabe bei der Erarbeitung des Einmaleins in Klassenstufe 2 *hergeleitet* wird, indem Zusammenhänge zu bekannten Aufgaben erkannt und zur Lösung genutzt werden (AB II). Im Grunde ist aber der Anforderungsbereich stets davon abhängig, wie die Schüler die Aufgaben lösen. So ist z. B. selbst bei strukturierten Päckchen, die auf das Erkennen und Nutzen von Zusammenhängen ausgerichtet sind, nicht gesichert, dass die Schüler dies tatsächlich tun:

$$14 - 4 =$$
$$14 - 5 =$$
$$14 - 6 =$$

In diesem Beispiel kann ein Schüler alle Aufgaben richtig lösen, indem er schlichtweg die Aufgaben nacheinander immer wieder von Neuem (zählend) löst. Ein anderer Schüler hingegen kann – wie intendiert – die Aufgaben auf die zuvor gelöste einfache bzw. bekannte Aufgabe zurückführen, indem er erkennt, dass das Ergebnis immer um 1 kleiner wird. Ein und dieselbe Aufgabe wäre hier auf zwei verschiedenen Anforderungsniveaus bearbeitet worden, im ersten Fall auf Niveaustufe I, im zweiten Fall durch das Nutzen von Zusammenhängen, also auf Niveaustufe II. Ebenso ist es beim richtigen Fortsetzen dieses strukturierten Päckchens höher einzustufen, wenn dies über eine inhaltliche Argumentation erfolgt (z. B.: „Es wird immer eins mehr abgezogen, daher muss das Ergebnis immer um eins kleiner sein."), als wenn ein Schüler nur Spalte für Spalte die Zahlenreihen erkennt und fortsetzt, ohne die Zusammenhänge zwischen den Spalten zu sehen (z. B. „Vorne immer 14, in der Mitte vorwärts zählen (4, 5, 6, 7, …), am Ende rückwärts zählen (10, 9, 8, 7, …)"). Dieses Beispiel verdeutlicht zugleich, dass auch bei den allgemeinen mathematischen Kompetenzen im Unterricht unterschiedliche Bearbeitungsniveaus auftreten. So können im Bereich Argumentieren beispielsweise leistungsschwächere Schüler Begründungen für Lösungswege erfahrungsgemäß häufig nicht von allein geben, jedoch die Argumentationen anderer verstehen und diese dann auch mit eigenen Worten wiederholen. Leistungsstärkere Schüler hingegen sind darüber hinaus zum Teil in der Lage, Verallgemeinerungen zu treffen, weitere Schlüsse zu ziehen, Ergebnisse zu bewerten o. Ä.

Tab. 3.2 Niveaustufen in unterschiedlichen Bereichen nach Ziener. [215]

	Stufe A (Mindeststandard)	Stufe B (Regelstandard)	Stufe C (Expertenstandard)
Kategorie I: Kognitiver Bereich	**Grundzüge wiedergeben** Reproduzieren der im Unterricht erhaltenen Informationen in wesentlichen Grundzügen	**Hintergründe benennen** Verknüpfen der im Unterricht erhaltenen Informationen und Herstellen von Bezügen	**Transfer leisten** Selbstständige Reorganisation von Informationen und Einordnung in einen neuen Zusammenhang
Kategorie II: Kommunikativer Bereich	**Gegenstandsbezogene Äußerung** Formulieren von Sachverhalten, eigenen Gefühlen, Einsichten oder Eindrücken aus der eigenen Perspektive	**Adressatenbezogene Äußerung** Einbringen einer eigenen sprachlichen Äußerung in den Dialog mit anderen und Sich-Beziehen auf andere	**Diskursive Reflexion** Wahrnehmen anderer Positionen und deren Berücksichtigung in eigenen Äußerungen
Kategorie III: Methodisch-kreativer Bereich	**Reproduktion (Vorlage wiederholen)** Durchführung von bereits erprobten Aufgabenstellungen mit veränderten Variablen	**Rekonstruktion (Durchdringung)** Bearbeitung strukturverwandter Aufgaben; Wahl angemessener Methoden	**Transformation (Übertragung)** Selbstständiges Bearbeiten fremder Aufgaben
Kategorie IV: Personaler und sozialer Bereich	**Reaktiv** Beteiligung an Problem- und Aufgabenlösungen nach Aufforderung	**Aktiv** Übernahme von Initiativen zur Bearbeitung von Aufgaben und Problemen	**Konstruktiv** Koordination zwischen eigenen Beiträgen und Beiträgen anderer zur Bearbeitung von Aufgaben und Problemen

Während sich die Bildungsstandards bei der Darstellung verschiedener Anforderungsniveaus auf den kognitiven Bereich beschränken, findet man z. B. bei Ziener [215] auch für den kommunikativen, den methodisch-kreativen sowie den personalen und sozialen Bereich verschiedene Niveaustufen (vgl. Tab. 3.2):

3.2.1 Allgemeine mathematische Kompetenzen

In diesem Abschnitt werden zunächst die allgemeinen mathematischen Kompetenzen der Bildungsstandards erläutert und teilweise anhand von Beispielen verdeutlicht, bevor wir in Abschn. 3.2.2 auf die inhaltsbezogenen Kompetenzen näher eingehen.

Problemlösen

In der mathematikdidaktischen Literatur ist man sich einig, dass das Problemlösen eine zentrale Kompetenz darstellt, obwohl es hier keine eindeutige Definition dieser Kompetenz gibt. Allerdings deutet die Bezeichnung „Problemlösen" darauf hin, dass die Anforderungen über eine korrekte mechanische Aufgabenbearbeitung hinausgehen. Grassmann et al. ([70], S. 24) nennen als wesentliches Charakteristikum das Vorhandensein einer Barriere, die überwunden werden muss, um vom Ausgangs- zum Zielzustand zu gelangen. Büchter & Leuders ([47], S. 28) sprechen vom Problemlösen, wenn es mit Transferleistungen verbunden ist, und zwar konkret, wenn Schüler aus einer Vielzahl von Verfahren auswählen, neue Ansätze entwickeln oder bekannte Verfahren modifizieren oder kombinieren müssen. Diese Anforderungen findet man auch in den Bildungsstandards wieder, wo es heißt:

- Lösungsstrategien entwickeln und nutzen (z. B. systematisch probieren).

  Beispiel ([70], S. 26):
  Auf einem Bauernhof leben Katzen und Enten. Max hat 36 Beine gezählt. Wie viele Katzen und Enten können es sein?

Bei dieser Aufgabe können die Schüler z. B. ausgehend von einer gefundenen Lösung mithilfe der Erkenntnis, dass zwei Enten jeweils durch eine Katze „ersetzt" werden können bzw. umgekehrt, alle weiteren Lösungen ableiten.

- Zusammenhänge erkennen, nutzen und auf ähnliche Sachverhalte übertragen

  Beispiel strukturierter Päckchen bzw. Aufgabenfolgen:
  $1 + 3 =$
  $2 + 5 =$
  $3 + 7 =$
  ...
  Wie geht es weiter? Wie lautet die 10. Aufgabe? Finde die Aufgabe mit dem Ergebnis 100. Gibt es auch eine Aufgabe mit dem Ergebnis 101? Begründe.

Hier können die Kinder entdecken, dass der erste Summand immer um 1 größer wird, der zweite Summand immer um 2 und das Ergebnis immer um 3. Diese Erkenntnis soll genutzt werden, um Aussagen zu weiteren Aufgaben bzw. Ergebnissen zu treffen, ohne dass alle Aufgaben bis zu diesem Punkt aufgeschrieben und ausgerechnet werden müssen.

Die Vorgehensweisen sollen auf andere Aufgabenfolgen (anderes Zahlenmaterial), ggf. auch andere Rechenoperationen oder eine andere Darstellungsform (z. B. Punktmuster) übertragen werden können.

Während diese beiden Anforderungen zweifellos zum intuitiven Begriffsverständnis des Problemlösens passen, ist dies bei der folgenden Kompetenz fraglicher, da nur von der Anwendung mathematischer Kenntnisse, Fertigkeiten oder Fähigkeiten die Rede ist:

- mathematische Kenntnisse, Fertigkeiten und Fähigkeiten bei der Bearbeitung problemhaltiger Aufgaben anwenden.

Dieser Einwand bleibt trotz des Zusatzes „problemhaltiger Aufgaben" (der wohl die Zugehörigkeit zum Problemlösen rechtfertigen soll, ohne jedoch diese weiter zu charakterisieren und von nicht problemhaltigen Aufgaben abzugrenzen) bestehen, weil sich die Aktivität der Schüler nach dieser Beschreibung dennoch auf reine Routinetätigkeiten beschränkt. Unklar bleibt zudem, was die Bildungsstandards unter diesen Aufgaben verstehen, da weitere Erläuterungen oder eine Abgrenzung zu „nicht problemhaltigen Aufgaben" fehlen. Weiterhin sei bemerkt, dass wir – anders als Blum et al. ([36], S. 39) und übereinstimmend mit z. B. Grassmann ([69], S. 5) – der Ansicht sind, dass sich Problemlösen und der Anforderungsbereich I („Reproduzieren"; vgl. Tab. 3.1) im Sinne des obigen Begriffsverständnisses ausschließen, da sich die Anforderungen hier genau auf das Ausführen von Routinetätigkeiten beschränken.

Argumentieren

„Wissen hat etwas mit Gewissheit zu tun." ([109], S. 94) Überprüfen, Begründen und Beweisen sind Mittel zur Erlangung von Gewissheit und spielen in der Mathematik eine wichtige Rolle. Denn wenn Argumentationen nicht schlüssig und Ergebnisse falsch sind, kann dies in der Lebenswelt fatale (z. B. wirtschaftliche) Folgen haben. Das Argumentieren stellt dementsprechend eine wichtige Kompetenz im Mathematikunterricht, aber auch in anderen Fächern dar. Es steht in engem Zusammenhang mit der Forderung nach entdeckendem Lernen, da das Beschreiben, das Begründen bzw. das Beweisen von Regelhaftigkeiten für mathematische Entdeckungen grundlegende Kompetenzen darstellen (vgl. [105], S. 89). Dabei stellt das Beschreiben eine einfachere Stufe dar, in der es zunächst darum geht, solche Regelhaftigkeiten zu erkennen und diesbezüglich Vermutungen zu entwickeln.

- mathematische Zusammenhänge erkennen und Vermutungen entwickeln.

  Beispiel Summe aufeinanderfolgender Zahlen:
  Die Schüler sollen beispielsweise erkennen, dass die Summe von drei (5, 7, …) aufeinanderfolgenden Zahlen immer das Dreifache (5-Fache, 7-Fache, …) der mittleren Zahl ist.

Auf einer höheren Stufe geht es um die Ursachen der zuvor gemachten Entdeckungen, wobei die Schüler zunächst versuchen sollen, Begründungen zu finden. Realistisch betrachtet werden gerade im Grundschulalter die Schüler die Begründungszusammenhänge häufig nicht von alleine durchschauen. Aus diesem Grund ist das Nachvollziehen vorgegebener Begründungen hier eine ebenso wichtige Kompetenz.

- Begründungen suchen und nachvollziehen.

  Beispiel Summe aufeinanderfolgender Zahlen (s. o.):
  Die Schüler sollen obige Beobachtung begründen, etwa wie folgt: Die erste Zahl ist um eins kleiner als die mittlere Zahl, die letzte Zahl um eins größer, was sich gegenseitig aufhebt.

Daher ist die Summe die gleiche, als wenn man dreimal die mittlere Zahl addiert und somit das Dreifache der mittleren Zahl.

Nicht alle „Entdeckungen" müssen von den Schülern selbstständig gemacht werden. Alternativ können auch mathematische Behauptungen aufgestellt werden, die von den Schülern überprüft werden sollen.

- mathematische Aussagen hinterfragen und auf Korrektheit prüfen.

  Beispiel Summe aufeinanderfolgender Zahlen:
  Leo behauptet: „Die Summe dreier aufeinanderfolgender natürlicher Zahlen kann niemals 100 ergeben." Hat er recht?

Solche Aufgaben empfehlen sich auch im Hinblick auf die Mündigkeit der Schüler, da sie eine kritische Grundhaltung fördern, bei der nicht jede Behauptung leichtfertig als wahr hingenommen, sondern kritisch hinterfragt wird. Dies ist im Bereich der Mathematik offenbar besonders wichtig, denn nach Grassmann (vgl. [69], S. 5) gibt es nichts in der Welt, was so ohne Kritik akzeptiert wird wie Zahlen.

Hinweise darauf, dass eine Aufgabe die Fähigkeit des Argumentierens anspricht, geben Formulierungen der folgenden Art (vgl. [36], S. 36):

- Begründe!
- Überprüfe!
- Kann es sein, dass …?
- Warum ist das so?
- Gilt das immer?
- Warum kann es keine weiteren Fälle geben?

Da das Argumentieren oft (wenngleich nicht zwingend) den Gedankenaustausch mit anderen beinhaltet, steht es in engem Zusammenhang mit dem Kommunizieren.

Kommunizieren

- eigene Vorgehensweisen beschreiben, Lösungswege anderer verstehen und gemeinsam darüber reflektieren.

Diese Anforderung lässt deutlich erkennen, dass hierbei die Interaktion mit anderen im Vordergrund steht: Eigene Vorgehensweisen sollen für andere nachvollziehbar dargestellt – und nach Möglichkeit auch begründet (Argumentieren!) werden, die Darstellungen und Begründungen der anderen sollen nachvollzogen werden. Das Kommunizieren beschränkt sich dabei nicht nur auf die gesprochene und geschriebene Sprache, sondern kann auch in bildlicher und symbolischer Form erfolgen bzw. hierdurch unterstützt werden. Dabei ist es sogar sehr günstig, wenn Vorgehensweisen z. B. auf einem entsprechend gestalteten Plakat visuell präsentiert werden, da dies die gemeinsame Reflexion vereinfacht.

Der Kompetenzbereich des Kommunizierens hat viel mit inhaltlichem Verständnis zu tun: Bei eigenen Darstellungen wird das eigene Vorgehen noch einmal reflektiert, beim Nachvollziehen lernen die Schüler gegebenenfalls andere sinnvolle Strategien und Vorgehensweisen oder durchaus auch andere Begründungen kennen, die sie von selbst nicht entdeckt hätten, und können diese adaptieren. Ziel ist dabei der flexible, situationsabhängige Einsatz verschiedener Verfahren bzw. Strategien, der durch die Reflexion verschiedener Lösungswege angebahnt werden soll. Dies geschieht oft in Form von sogenannten Rechenkonferenzen, wie sie in Schulbüchern an entsprechenden Stellen angeregt werden, indem z. B. verschiedene Lösungswege vorgestellt werden. Obwohl dabei natürlich die im Buch vorgestellten Lösungswege diskutiert werden können, ist es günstiger, wenn verschiedene Strategien und Lösungswege in der Lerngruppe selbst gefunden und anschließend diskutiert werden.

Um seinen Mitschülern das eigene Vorgehen verdeutlichen zu können, sind entsprechende sprachliche Fähigkeiten notwendig. Die Entwicklung der mündlichen und schriftsprachlichen Ausdrucksfähigkeit stellt in diesem Zusammenhang ein grundlegendes Unterrichtsziel dar. Dabei ist es wichtig, dass die Schüler mit den benutzten Begriffen die gleichen Vorstellungen verbinden, um anschließend gemeinsam über Vorgehensweisen, Strategien und Begründungen reflektieren zu können. Insofern ist die einheitliche und sachgerechte Verwendung von Begriffen wichtig für die Verständigung:

- mathematische Fachbegriffe und Zeichen sachgerecht verwenden.

Da Kommunizieren in der Regel den Austausch mit anderen bedeutet, wird hier zugleich eine soziale Komponente angesprochen, sodass dieser Kompetenzbereich oft auch unter dem Aspekt der Kooperation bzw. des sozialen Lernens gesehen wird. Hier liegt der Schwerpunkt dann nicht auf dem verständigen Erklären bzw. Nachvollziehen, sondern darauf, mit anderen zusammen kooperativ zu Lösungen zu gelangen, dabei Verabredungen zu treffen und einzuhalten:

- Aufgaben gemeinsam bearbeiten, dabei Verabredungen treffen und einhalten.

In sozialer Hinsicht werden die Schüler darin gefordert und gefördert, angemessen auf Fragen, Kritik und Äußerungen von anderen zu reagieren, Gesprächsbeiträge von anderen zu bewerten und sich in Diskussionen hierauf zu beziehen, konstruktive Kritik zu üben u. v. m.

Insgesamt spricht der Bereich des Kommunizierens also drei Typen von Kompetenzen an: inhaltliche, sprachliche und soziale. Kooperative Lernformen, wie sie im Exkurs Unterrichtsmethodik in Abschn. 4.2.5 näher beschriebenen werden, stellen hier eine hervorragende Möglichkeit dar, wie die Schüler zeitgleich in allen drei Teilkompetenzen sowie außerdem im selbstständigen Arbeiten gefördert werden können.

Modellieren

„Modellieren" ist ein gutes Beispiel für einen leicht missverständlichen Begriff, wird er doch intuitiv mit dem realen Bauen von Modellen verbunden und somit dem geometrischen Bereich zugeordnet. Der Begriff ist jedoch abstrakter zu sehen. Ein mathematisches Modell ist vielmehr ein Plan, bei dem ein reales Problem mithilfe der Übersetzung in mathematische Ausdrücke (Terme, Gleichungen etc.) innermathematisch gelöst wird. Weniger missverständlich ist der Ausdruck *„Mathematisieren"* (z. B. [208]), bei dem es sich jedoch – wie Büchter & Leuders (vgl. [47], S. 18 ff.) verdeutlichen – genauer nur um den ersten Schritt eines Modellierungsprozesses handelt, zu dem natürlich das innermathematische Lösen der Situation, weitergehend aber auch das *Interpretieren* der Lösungen sowie das *Validieren* der Ergebnisse gehören.

Beim Modellieren kommt die geforderte Anwendungsorientierung besonders deutlich zum Tragen, da hier oft reale Sachverhalte zugrunde liegen, die Fragen aufwerfen, welche mathematisch gelöst werden können. Allerdings werden die Problemstellungen dabei ggf. verkürzt oder vereinfacht dargestellt, sodass sie für die Schüler der entsprechenden Altersstufe zugänglich werden. Zur Klärung der Fragen muss der jeweilige Sachverhalt zunächst in die Sprache der Mathematik übersetzt, d. h. in ein mathematisches Modell abgebildet werden. Notwendige Voraussetzung für diesen Übersetzungsprozess ist es, dass die Schüler zunächst die relevanten Informationen aus dem Kontext herausfiltern und sie von den Informationen abgrenzen, die für die Problemlösung bedeutungslos sind.

* Sachtexten und anderen Darstellungen der Lebenswirklichkeit die relevanten Informationen entnehmen.

Neben Sachtexten, welche – je nach Textlänge – auch erhöhte Anforderungen an die Lesekompetenz stellen, geht es also auch um die Informationsentnahme aus anderen Darstellungen wie Schaubildern, Diagrammen, Informationstafeln etc. So müssen die Schüler beispielsweise bei einem Schwimmbadbesuch aus der Vielfalt der angeschlagenen Preise für verschiedene Personengruppen (Erwachsene, Kinder, Ermäßigte, …), für verschiedene Bereiche (Sportbad, Freizeitbad, Sauna, …) oder für weitere Leistungen (Solarium, Leihhandtuch, …) die für sie relevanten Preise herausfiltern können.

Das Mathematisieren stellt somit eigentlich erst den zweiten Schritt nach der Informationsaufnahme dar und ist Teil der folgenden Kompetenz:

* Sachprobleme in die Sprache der Mathematik übersetzen, innermathematisch lösen und diese Lösungen auf die Ausgangssituation beziehen.

Hier geht es zunächst darum, die relevanten Informationen mathematisch richtig in Beziehung setzen zu können. Genau dieser Schritt stellt für viele Schüler eine besondere Schwierigkeit dar, da es hier viele Fehlerquellen gibt, u. a. sprachliche Hürden wie beispielsweise bei dem unreflektierten Übersetzen des Wortes „mehr" in ein Pluszeichen: In einer Aufgabe wie „Leila hat 6 €. Sie hat 2 € mehr als Fatima." wird der Betrag von Fatima häufig fälschlicherweise bestimmt über die Rechnung: 6 € + 2 € = 8 €. Ähnliche Fehler kann auch die Reihenfolge verursachen. So müssen die Schüler beispielsweise erkennen, dass beim Abziehen von 185 € von 467 € zur Bestimmung des Restbetrages die Zahlen nicht in der gleichen Reihenfolge übernommen werden können; der zugehörige mathematische Term lautet 467–185 € und nicht etwa 185–467 €. Nach diesem Übersetzungsprozess erfolgt die Problemlösung dann zunächst auf dieser mathematischen Ebene, bevor das Ergebnis (oder auch Zwischenergebnisse) auf die Ausgangssituation bezogen, d. h. inhaltlich interpretiert bzw. rückübersetzt wird. Beim vorigen Beispiel müssen die Schüler also erkennen, dass das durch Subtraktion erhaltene Ergebnis den Betrag darstellt, der nach Abzug der 185 € noch zur Verfügung steht.

Durch die Tatsache, dass das „Mathematisieren" so fehlerbehaftet ist, wird das Interpretieren und Validieren der Ergebnisse umso wichtiger. Dabei muss nicht nur das Ergebnis inhaltlich gedeutet, sondern weitergehend auch geprüft werden, ob es der Situation angemessen und plausibel ist. Hierfür eignen sich besonders auch Aufgabenstellungen des Typs „Kann das stimmen?" etwa zu der Behauptung, eine Kindersendung, die seit zehn Jahren immer einmal pro Woche läuft, würde nun zum 1000. Mal ausgestrahlt (vgl. [183], S. 19). Hierbei wird neben dem Modellieren auch der Bereich des Argumentierens angesprochen (s. o.).

Herget zeigt an einem Schulbuchbeispiel (vgl. [82], S. 9), dass im Grunde nicht jeweils nur das Ergebnis, sondern auch alle Zwischenschritte überprüft werden müssen:

> Ein U-Boot befindet sich 1376 m über dem Meeresgrund. Es taucht erst 50 m tiefer, dann 179 m höher, dann 120 m tiefer, dann 67 m tiefer, dann 112 m höher und erreicht die Wasseroberfläche. Wie tief ist hier das Meer?

Zwar gelangt man hier rein rechnerisch zu einem Ergebnis, jedoch ist dies im Hinblick auf die Situation nicht realistisch, da sich im Nachhinein feststellen lässt, dass sich das U-Boot zwischenzeitlich über der Wasseroberfläche befinden müsste. Im Grunde müssen also nicht nur das Ergebnis, sondern auch sämtliche Zwischenschritte auf Plausibilität geprüft werden.

Zum Interpretieren und Validieren gehört es ferner auch zu erkennen, welche Genauigkeit abhängig von der jeweiligen Aufgabe sinnvoll oder umgekehrt auch nicht sinnvoll ist. Bei einigen Aufgaben ist ein exaktes Ergebnis wichtig, bei anderen Aufgaben geht es nur um das Vermitteln einer ungefähren Größenvorstellung, nicht um exakte Werte. Dies trifft besonders auf einen neueren Aufgabentyp zu, der nach ihrem Schöpfer Enrico Fermi als Fermi-Aufgabe bekannt ist und in besonderem Maße Modellierungskompetenzen anspricht. Es handelt sich um offene Sachsituationen mit hohem Lebensweltbezug, die dadurch charakterisiert sind, dass nicht alle zur Lösung benötigten Informationen gegeben sind, sondern von den Schülern (ggf. unter Nutzung des Internets oder anderer Medien) *begründet* abgeschätzt, gerundet oder überschlagen werden müssen. Auf diese Weise fördern und fordern sie adäquate Zahl- und Größenvorstellungen. Ein bekanntes Beispiel ist die Frage: „Wie viele Autos stehen in einem 3 km langen Stau?" ([138]) Für eine sinnvolle Antwort sind auf der Grundlage von Alltagserfahrungen realistische Abschätzungen zu treffen bezüglich der durchschnittlichen Wagenlänge (möglichst unter Einbeziehung der LKWs), der Abstände zwischen den Fahrzeugen sowie der Anzahl der Fahrspuren. Des Weiteren müssen diese Werte mathematisch richtig in Beziehung gesetzt werden, also z. B.: Länge des Staus dividiert durch die durchschnittliche Wagenlänge einschließlich des Abstandes, multipliziert mit der Anzahl der Fahrspuren. Fermi-Aufgaben bieten nahezu beliebige Variationsmöglichkeiten bezüglich der Schwierigkeit und der mathematischen Voraussetzungen. Die Schüler müssen im Unterricht allerdings ggf. an die Bearbeitung solcher Problemstellungen „mit fehlenden Zahlen" zunächst herangeführt werden (vgl. hierzu z. B. [33], [188]).

Neben dem Mathematisieren wird in den Bildungsstandards auch die umgekehrte Richtung, nämlich das *Kontextualisieren* verlangt, bei dem zu einem mathematischen Modell passende Situationen zugeordnet (bzw. selbst gefunden) werden sollen.

- zu Termen, Gleichungen und bildlichen Darstellungen Sachaufgaben formulieren.

Wir halten diese Kompetenz für ganz zentral, insbesondere auch für Plausibilitätsüberlegungen bei abstrakten Aufgaben: Rechenfehler, die eine falsche Größenordnung des Ergebnisses bewirken, werden häufiger entdeckt, wenn die Aufgabe in einem Kontext gedeutet wird: 484 als Ergebnis der (schriftlich gelösten Aufgabe) 453−69 (kein Übertrag in die leere Stelle) wird sicher schneller als falsch erkannt, wenn es als Restbetrag eines Einkaufes gedeutet wird.

Darstellen

Krauthausen ([105], S. 88) versteht unter dieser Kompetenz jegliche Art der „Veräußerung" des Denkens, sowohl in schriftsprachlicher als auch in mündlicher Form. Dies deckt sich nicht ganz mit der Verwendung des Begriffs „Darstellen" in den Bildungsstandards, da hier die mündliche und schriftliche Ausdrucksfähigkeit eher unter dem Aspekt des Kommunizierens (s. o.) gesehen wird. Dies deutet auf einen engen Zusammenhang zwischen diesen beiden Kompetenzbereichen hin, weil das Darstellen häufig auch auf die Interaktion mit anderen ausgerichtet ist.

Anders als man intuitiv meinen könnte, beschränkt sich das Darstellen im Sinne der Bildungsstandards nicht nur auf die bildliche („ikonische") Ebene, sondern bezieht sich auch auf die handelnde („enaktive") und symbolische Ebene. Ferner umfasst es nicht nur das eigenständige Konstruieren von Darstellungen mathematischer Sachverhalte, sondern auch umgekehrt den verständnisvollen Umgang mit bereits vorliegenden Darstellungen. Hiermit sind allerdings nur Darstellungen gemeint, die als Träger mathematischer Informationen fungieren und nicht nur illustrative oder motivierende Zwecke verfolgen (vgl. [36], S. 44).

Im Mathematikunterricht gibt es eine breite Palette gebräuchlicher Darstellungsformen, sowohl allgemeiner Natur (z. B. Alltagsgegenstände bzw. Bilder von Alltagssituationen, Skizzen, Tabellen, Diagramme etc.) als auch spezielle Darstellungsformen aus der Mathematik (z. B. Rechenrahmen, Hundertertafel, Zahlenstrahl, Quadrat-Strich-Punkt-

Darstellungen, Stellenwerttafeln, Ziffernschreibweise etc.). Die Schüler sollen in diesem Zusammenhang lernen, eine reflektierte, d. h. der Situation bzw. dem Zweck angemessene sinnvolle und begründete Auswahl zu treffen. Auf der anderen Seite geht es aber auch um das Entwickeln eigener sinnvoller Darstellungen, die beim Lösen bestimmter Probleme helfen. Auch dies muss gelernt werden, wie z. B. Grassmann et al. ([70], S. 42 ff.) an hilfreichen und nicht hilfreichen Darstellungen von Kindern zu folgender Kombinationsaufgabe verdeutlichen: „Petra hat für ihre Puppe zwei Rücke und drei Blusen. Wie viele Möglichkeiten hat sie, die Puppe unterschiedlich anzuziehen?" Zusammenfassend wird als Kompetenzerwartung in den Bildungsstandards formuliert:

- für das Bearbeiten mathematischer Probleme geeignete Darstellungen entwickeln, auswählen und nutzen.

Um Darstellungen reflektiert auswählen zu können, ist es jedoch wichtig, dass die Schüler verschiedene Darstellungen und vor allem auch deren Vor- und Nachteile sowie deren Unterschiede und Beziehungen kennen. Entsprechend werden in den Bildungsstandards der Vergleich und die Bewertung verschiedener Darstellungen gefordert sowie auch Übersetzungsprozesse zwischen diesen.

- Darstellungen miteinander vergleichen und bewerten und
- eine Darstellung in eine andere übertragen.

Die hiermit angeregten Transferprozesse sind von entscheidender Bedeutung für die kognitive Entwicklung, und zwar sowohl „intermodal" zwischen zwei Ebenen (handelnd, bildlich, symbolisch) als auch „intramodal" innerhalb einer Ebene. Die Schüler sollen also z. B. Materialhandlungen mit Mehrsystemblöcken (auch Zehnerblöcke genannt) in die Quadrat-Strich-Punkt-Darstellung übersetzen können und umgekehrt („intermodal") oder erklären können, wie die Notation in einer Stellenwerttafel und die der reinen Ziffernschreibweise zusammenhängen und welche Unterschiede es gibt – dass also z. B. Nullen in der Stellenwerttafel im Gegensatz zur Ziffernschreibweise nicht geschrieben werden müssen („intramodal").

3.2.2　Inhaltsbezogene mathematische Kompetenzen

Zahlen und Operationen

Dieser Kompetenzbereich bezieht sich im Wesentlichen auf die arithmetische Seite der Mathematik. Grundschüler lernen dabei die natürlichen Zahlen in ihrer ganzen Vielfalt kennen: unterschiedliche Zahlaspekte, verschiedene Darstellungsformen, vielfältige Beziehungen. Weitergehend lernen sie Grundoperationen mit diesen Zahlen kennen, um diese zum Beschreiben und Lösen von Sachverhalten aus der Lebenswelt zu nutzen. Konkreter

werden in den Bildungsstandards drei Teilkompetenzen formuliert, die nachfolgend erläutert werden.

• Zahldarstellungen und Zahlbeziehungen verstehen.

Für die Entwicklung eines guten Verständnisses über Zahlbeziehungen ist eine sichere
Orientierung im Zahlenraum bis 1.000.000 erforderlich, die wiederum ein gutes Verständnis für das dezimale Stellenwertsystem voraussetzt. Dies beinhaltet einen sicheren Umgang
mit den verschiedenen Zahldarstellungen, nämlich mit der Schreibweise mit Stellenwerten
(z. B. 2 Z 7 E), mit der Stellenwerttafel, mit der Summenschreibweise (hier: 20 + 7), mit der
Zahlwortschreibweise (siebenundzwanzig) sowie natürlich der Ziffernschreibweise (27)
(vgl. [12], S. 60). Diese Kompetenz bezieht sich aber auch auf den verständigen Umgang
mit Veranschaulichungsmitteln, die zum Aufbau tragfähiger Größenvorstellungen beitragen, so im Hunderterraum z. B. der Rechenrahmen, das Hunderterfeld, die Hundertertafel
oder der Zahlenstrahl. Zugehörige Orientierungsübungen verdeutlichen die Struktur der
Darstellungen und gleichzeitig des Zahlenraums und fördern auf diese Weise das Verständnis von Zahlbeziehungen. Neben vielfältigen Übungen zum Ablesen und Darstellen
von Zahlen sowie von Wegen auf der Hundertertafel, Sprüngen am Zahlenstrahl o. Ä. geht
es auch um Übertragungen zwischen den einzelnen Darstellungen (vgl. „Darstellen" als
allgemeine mathematische Kompetenz), die durch den Unterricht entsprechend gefördert
werden sollten.

• Rechenoperationen verstehen und beherrschen.

Bei dieser Kompetenz betonen die Bildungsstandards den Verständnis- und Anwendungs-
aspekt. Die verschiedenen Strategien des mündlichen und halbschriftlichen Rechnens sowie die Verfahren des schriftlichen Rechnens sollen nicht nur sicher ausgeführt, sondern
verstanden und sinnvoll eingesetzt werden, sodass der Verständnisaspekt für die Unterrichtsgestaltung eine leitende Funktion einnimmt. So empfiehlt sich vor diesem Hintergrund z. B. die Einführung der schriftlichen Subtraktion im Sinne der Entbündelungstech-
nik (vgl. [12], S. 240 ff.), da die Kernidee des Entbündelns naheliegt und sich gut mithilfe
von Rechengeld oder Zehner-Systemblöcken verdeutlichen lässt. Verständnis wird außerdem für die Zusammenhänge zwischen den Rechenoperationen (z. B. Multiplikation als
wiederholte Addition, Subtraktion als Umkehroperation der Addition) und für Rechengesetze gefordert. Auf der Seite der Anwendung spielt darüber hinaus auch der Vergleich
und die Bewertung verschiedener Rechenwege sowie die Ergebniskontrolle (durch Über-
schlag oder Umkehroperation) einschließlich des Findens und Korrigierens von Fehlern
eine wichtige Rolle.

- in Kontexten rechnen.

Das Rechnen in Kontexten stellt insbesondere Anforderungen an die allgemeine Kompetenz des Modellierens (s. o.), wobei in einfachen Sachaufgaben meist das Anwenden mathematischer Beziehungen (insbesondere Rechenoperationen) im Vordergrund steht (vgl. [62], S. 37). Im Sinne von Anwendungsorientierung sollte der Kontext dabei ernst zu nehmen und nicht nur schmückende Einkleidung sein. Das bedeutet auch, dass die Schüler prüfen sollen, ob für die Aufgabe ggf. eine Überschlagsrechnung ausreicht und ob ihre Ergebnisse im gegebenen Kontext plausibel sind: Möchte man mit einer Gruppe von 21 Personen Boote mit jeweils 4 Plätzen mieten, so sollten Schüler hier nicht mit „5 Rest 1", „5 und 1 Platz" o. Ä. antworten, sondern erkennen, dass man 6 ganze Boote mieten muss.

Bei komplexeren oder kniffligen Aufgaben wird darüber hinaus auch der Bereich des Problemlösens angesprochen. So sollen die Schüler Sachaufgaben durch Probieren oder systematische Vorgehensweisen lösen (z. B. bei kombinatorischen Aufgabenstellungen) sowie Sachaufgaben systematisch variieren. So können die Schüler z. B. bei systematischer Erhöhung der Gruppengröße in obigem Beispiel herausfinden, dass sich die Anzahl der Boote immer in Viererschritten erhöht, und dies über die Anzahl der Plätze begründen.

Einen guten Überblick über Sachaufgaben geben Krauthausen & Scherer ([9], S. 77 ff.), die zwischen acht verschiedenen Typen unterscheiden und diese an ausgewählten Beispielen verdeutlichen. Weitere Beispiele findet man u. a. bei Franke ([62], S. 36 ff.), die zwischen realen und fiktiven Kontexten (z. B. Aufgaben aus Märchenwelten oder Kinderbüchern) unterscheidet, wobei letztere den Vorteil haben, dass die Kontexte den Schülern erstens vertraut sind und zweitens einen hohen Aufforderungscharakter besitzen, da sich Schüler im Allgemeinen gern mit den Helden dieser Geschichten identifizieren.

Raum und Form

Dieser Kompetenzbereich umfasst im Wesentlichen das, was bislang der Geometrie zugeordnet wurde. Der Raum ist dabei von besonderer Bedeutung, weil wir von einem dreidimensionalen Raum umgeben sind und uns hierin zurechtfinden müssen. In der Umwelt kommen die Schüler häufig mit dreidimensionalen Körpern, aber auch zweidimensionalen Figuren in Berührung, deren Eigenschaften es vornehmlich auf der handelnden Ebene zu erkunden gilt. Die konkreteren Anforderungen der Bildungsstandards seien nachfolgend genauer dargestellt:

- sich im Raum orientieren.

Es geht vor allem um die Entwicklung des räumlichen Vorstellungsvermögens mit den zugehörigen Teilkomponenten (z. B. die Faktoren der Raumvorstellung nach Thurstone; vgl. [2], S. 55 ff.): räumliche Beziehungen richtig erfassen, sich räumliche Bewegungen gedanklich vorstellen bzw. sich selbst gedanklich im Raum orientieren können. Entsprechende Aktivitäten mit Plänen, Würfelgebäuden, Kantenmodellen und Netzen stellen diesbezüglich wichtige Unterrichtsinhalte dar. Bei Franke [2] findet man eine Fülle entsprechender Anregungen, so z. B. eine Unterrichtseinheit zum Finden und Systematisieren sämtlicher Würfelnetze ausgehend von Schnittmustern (vgl. [2], S. 158 ff.), wobei zum Herausfiltern deckungsgleicher Netze nebenbei auch die Dreh- und Spiegelsymmetrie Anwendung findet.

• geometrische Figuren erkennen, benennen und darstellen.

Wichtig ist hierbei, dass die Schüler Eigenschaften sowohl ebener als auch räumlicher Figuren kennen, anhand derer sie die Figuren (z. B. in der Umwelt) identifizieren und klassifizieren können. Angestrebt wird dabei eine tätige Auseinandersetzung, in der die Schüler die gesuchten Figuren auszählen, färben, sortieren, ordnen und insbesondere auch selbst herstellen (z. B. legen, zeichnen, spannen, schneiden, bauen) sollen. Hierbei sollen die Schüler zur Untersuchung der Formen und Figuren angeregt werden, um deren charakteristische Merkmale und Eigenschaften möglichst selbstständig zu entdecken. Dazu gehören neben der Anzahl von Seiten, Ecken, Flächen, Kanten auch Eigenschaften wie rechtwinklig, senkrecht und parallel verbunden mit den entsprechenden Fachbegriffen sowie auch Symmetrieeigenschaften.

• einfache geometrische Abbildungen erkennen, benennen und darstellen.

Konkret geht es im Bereich der Grundschule um Achsenspiegelungen, Verschiebungen und Streckungen (d. h. Vergrößerungen und Verkleinerungen). Diese Abbildungen sollen von den Schülern zum einen in entsprechenden Bildern erkannt und zum anderen selbst ausgeführt werden, wobei durch das Entwickeln symmetrischer Muster auch Kreativität verlangt wird. Bei der Achsensymmetrie wird darüber hinaus das Beschreiben und Ausnutzen der Symmetrie*eigenschaften* gefordert (z. B. die gleiche Entfernung von Punkt und Spiegelpunkt zur Symmetrieachse). Dieser Abbildung wird in der Grundschule das größte Gewicht beigemessen, u. a. bedingt durch die vielfältigen Behandlungsmöglichkeiten. So unterscheidet Franke (vgl. [2], S. 229 ff.) zwischen sechs verschiedenen Zugängen zur Achsensymmetrie (durch Legen, Falten, Falten und Schneiden, Spiegeln mit einem Spiegel, Klecksbilder, Zeichnen mithilfe von Gitterpapier) und beschreibt eine Reihe weiterer konkreter Unterrichtsaktivitäten zur Verdeutlichung von Symmetrien. Handelnd können die Schüler darüber hinaus aber auch erste Erfahrungen mit der Ähnlichkeit machen, indem sie z. B. am Geobrett durch das gleichmäßige Verändern von Dreiecken an zwei Nägeln ähnliche Dreiecke erzeugen (vgl. Franke [2], S. 209).

• Flächen- und Rauminhalte vergleichen und messen.

Auch in diesem Punkt geht es um eine handelnde und nicht um eine rechnerische Bestimmung von Flächen- bzw. Rauminhalten. So soll der Vergleich zwischen zwei Flächen direkt durch geschicktes Zerlegen und Umlegen von Teilflächen erfolgen. Eine gute Möglichkeit bietet hier beispielsweise das Herstellen eines Legespiels aus einer Grundfigur, z. B.

das Zerschneiden eines Quadrats in vier gleiche Dreiecke oder als komplexere Form das Tangram-Spiel. Abgesehen vom Erkennen und Benennen der entstehenden Formen (s. o.) geht es hierbei um die Veränderungen und Unterschiede zwischen den verschiedenen Legefiguren und insbesondere um das Erkennen der Flächengleichheit (vgl. [2], S. 271). Anknüpfend an das direkte Vergleichen von Flächen- bzw. Rauminhalten ist ein Auslegen geometrischer Figuren bzw. Körper mithilfe einheitlicher, jedoch nicht zwangsläufig standardisierter Flächen (z. B. nur Dreiecke einer bestimmten Größe) vorgesehen. Auf diese Weise lässt sich die Größe von Flächen- bzw. Rauminhalten durch die Maßzahl dieser Vergleichsgrößen bestimmen, wodurch sie indirekt vergleichbar gemacht werden.

Muster und Strukturen

Wie bereits in Abschn. 2.1 angedeutet, unterscheidet sich dieser Bereich von den anderen Inhaltsbereichen, da er übergreifend zu sehen ist und es Überschneidungen mit allen anderen Bereichen gibt. Das Wort „Muster" wird implizit oft mit dem Bereich Geometrie bzw. „Raum und Form" verbunden, und so findet man diesen Begriff auch in einigen Lehrplänen zum Teil nur im Bereich der Geometrie wieder. Dies ist jedoch keineswegs gerechtfertigt, da es gerade auch im Bereich Arithmetik bzw. Zahlen und Operationen viele Strukturen zu entdecken gibt, wobei zugleich allgemeine Unterrichtsziele umgesetzt werden. So bieten Zahlenmuster wie z. B. ANNA-Zahlen (vgl. [194]), Zahlenketten (vgl. z. B. [166]), strukturierte Aufgabenserien wie z. B. $1 \cdot 2, 2 \cdot 3, 3 \cdot 4$ usw. viel Raum für Entdeckungen, d. h. gute Möglichkeiten für problemlösendes und argumentierendes Lernen. Darüber hinaus werden aber auch funktionale Beziehungen wie z. B. die Abhängigkeit des Preises von der Menge diesem Bereich zugeordnet.

Dieser Anforderungsbereich zielt insbesondere auf die zugrunde liegenden Bildungsgesetze bzw. Strukturen ab, die von den Schülern erkannt und darauf aufbauend fortgesetzt bzw. genutzt werden sollen. Wer also beispielsweise das Bildungsgesetz eines Musters erfasst hat, muss keineswegs alle 100 Schritte (und auch nicht nur den 100. Schritt) zeichnen, um zu sagen, aus wie vielen Teilen das Muster besteht.

Umgekehrt sollen die Schüler auch in der Lage sein, solche Muster und Strukturen selbstständig zu entwickeln bzw. systematisch zu verändern. Das sprachliche Verbalisieren der Gesetzmäßigkeiten stellt in beiden Richtungen eine zusätzliche Anforderung dar, wodurch neben dem Problemlösen und Argumentieren auch der allgemeine Kompetenzbereich des Kommunizierens tangiert wird. Insbesondere bei den funktionalen Beziehungen spielt darüber hinaus auch das Darstellen in Form von Tabellen eine Rolle.

Konkret lauten die Anforderungen:

• Gesetzmäßigkeiten erkennen, beschreiben und darstellen.
• funktionale Beziehungen erkennen, beschreiben und darstellen.

Größen und Messen

Kinder erfahren an vielen konkreten Beispielen, dass Objekte bestimmte qualitative Eigenschaften (z. B. Länge, Fläche, Volumen, Gewicht) besitzen, die miteinander quantitativ verglichen werden können (vgl. [70], S. 8). Neben dem Messen besteht ein grundlegendes Unterrichtsziel in diesem Kompetenzbereich im Aufbau anschaulicher Vorstellungen von Größen aus den Bereichen Geldwerte, Längen, Zeitspannen, Gewichte und Rauminhalte. Entsprechend wird als erste Teilkompetenz formuliert:

- Größenvorstellungen besitzen.

Franke ([62], S. 247) bemerkt diesbezüglich zu Recht, dass im Alltag immer wieder Größen von Gegenständen oder Lebewesen auftreten, die zwar beeindrucken, aber nur wenig aussagen, solange man mit den Größenangaben keine Vorstellungen verbindet. Für den Aufbau dieser Größenvorstellungen ist es wichtig, dass die Schüler gegebene Größen vergleichen und ausmessen können. Für die Ausbildung dieser Fertigkeiten wird ein didaktisches Stufenmodell empfohlen, bei dem an erster Stelle Erfahrungen in Sach- und Spielsituationen stehen, bevor es von direkten Messvorgängen über indirekte Messvorgänge mit selbst gewählten Einheiten bis hin zum Messen mit standardisierten Maßeinheiten führt (vgl. [62], S. 201 ff.). Abgesehen von der Kenntnis der gebräuchlichen Maßeinheiten (und dem Wissen, für welche Größen diese (sinnvoll) eingesetzt werden) wird von den Schülern auch Wissen über deren Zusammenhänge erwartet. Diese Umwandlungen können im Unterricht in einer weiteren Stufe durch die Verfeinerung bzw. Vergröberung der Maßeinheiten verdeutlicht werden. Der Aufbau von Größenvorstellungen bedeutet für den Unterricht das Ausführen zahlreicher Messaktivitäten. Das vorrangige Ziel besteht darin, geeignete Repräsentanten für wichtige Standardmaße kennenzulernen, die als Stützpunkte eine wichtige Rolle für den Aufbau von Größenvorstellungen spielen (z. B. eine Tüte Mehl als Repräsentant für 1 kg, ein Atemzug als Repräsentant für 1 Sek., zwei Kästchen im Heft als Repräsentant für 1 cm etc.). Eine Sammlung gelungener Unterrichtsbeispiele findet man bei Franke ([62], S. 244 ff.), so z. B. die Fragestellungen, wie viele Erbsen/ Reiskörner/Fußballbilder/usw. 1 g wiegen oder wie viele Kinder so schwer wie ein erwachsener Eisbär sind. Nicht zuletzt fordern die Bildungsstandards auch das Verständnis für die Bruchschreibweise bei einfachen Brüchen, allerdings in anwendungsorientierter Sicht beschränkt auf im Alltag gebräuchliche Größen (z. B. ¾ h).

- mit Größen in Sachsituationen umgehen.

Diese Anforderung geht weit über das Lösen von Sachaufgaben, die im Kontext der oben genannten Größenbereiche stehen, hinaus. So wird wiederum unter dem Aspekt der Anwendungsorientierung insbesondere der *sinnvolle* Umgang mit Größen betont, indem Bezugsgrößen aus der Erfahrungswelt der Schüler zum Lösen von Aufgaben herangezogen werden sollen oder in entsprechenden Sachsituationen nur näherungsweise gerechnet werden soll. Das begründete Schätzen von Größen, das auf einer adäquaten Größenvorstellung (s. o.) aufbaut, stellt hierfür eine wichtige Voraussetzung dar. Neben einfachen Schätzaufgaben (z. B.: „Wie viele Erbsen passen in die Schachtel?") finden die beim Modellieren (im Abschn. 3.2.1) bereits beschriebenen sogenannten Fermi-Aufgaben zunehmend

Beachtung, bei denen die Schüler auf der Grundlage ihrer Erfahrungen Größen schätzen und mit diesen Vergleichsgrößen weiterarbeiten müssen (vgl. z. B. [62], S. 256 ff.). Die Komplexität der Schätzprozesse sei an dem bereits genannten Beispiel „Wie viele Autos stehen in einem 3 km langen Stau?" kurz skizziert: Hier geht es darum, Längen von (verschiedenen) Autos zu messen/schätzen sowie auch Abstände zwischen den Autos und hieraus insgesamt begründete Durchschnittswerte zu bilden. Auch die Anzahl der Fahrspuren sollte bei den Schätzungen berücksichtigt werden, wobei abhängig von Leistungsstärke bzw. Alltagserfahrungen bei den Schätzungen durchaus auch berücksichtigt werden kann, dass sich auf der rechten Fahrbahn in der Regel viele LKWs befinden. Implizit wird bei solchen Aufgaben schon eine weitere Kompetenz angesprochen, nämlich die Wahl geeigneter Maßeinheiten, sowohl beim Schätzen und Messen von Größen als auch beim Rechnen mit ihnen und nicht zuletzt auch bei der Interpretation von Ergebnissen. In Schulbüchern findet man in diesem Zusammenhang häufig Aufgaben, bei denen in Sachtexten die Zahl gegeben und die passende Größeneinheit gesucht ist (z. B.: „Eine Biene ist 15 __ lang." Oder: „Das Heft wiegt 80 __."). Zu einem sachgemäßen Umgang mit Größen gehört darüber hinaus auch das Wissen über eine sinnvolle Genauigkeit der Größengaben: Wer einen Zaun bauen will, sollte die benötigte Länge möglichst genau kennen, bei fußläufigen Entfernungen sind die Angaben hingegen in der Regel auf 100 m gerundet, bei Entfernungen zwischen Städten nur noch auf volle Kilometer. Für die Bearbeitung von Fermi-Aufgaben ist dies sogar ganz entscheidend, um Abschätzungen zu treffen, mit denen man leicht weiterrechnen kann.

Daten, Häufigkeit und Wahrscheinlichkeit

Daten treten in unserer Lebenswelt an vielen verschiedenen Stellen in unterschiedlichen Darstellungsformen auf und liefern vielfältige Informationen. Auch Schüler kommen bereits an vielen Stellen mit Daten und Häufigkeiten in Berührung. Im Bereich Wahrscheinlichkeit sind die Vorerfahrungen geringer, jedoch sollen die Kinder laut der Bildungsstandards bereits in der Grundschule erste Kompetenzen im Umgang mit zufälligen Ereignissen erwerben. Nachfolgend werden auch zu diesem Bereich die konkreten Anforderungen näher betrachtet.

• Daten erfassen und darstellen.

Das Erfassen der Daten zielt dabei auf eine möglichst selbstständige Datenerhebung aus Beobachtungen, Untersuchungen und kleinen Experimenten ab, z. B. das Erfassen von Würfelergebnissen beim mehrmaligen Würfeln mit einem oder zwei Würfeln. Als Darstellungsformen werden Tabellen, Schaubilder und Diagramme genannt, die die Schüler selbst erstellen sollen. Voraussetzung hierfür ist zunächst umgekehrt das Lesen solcher Darstellungen, d. h. die Datenentnahme.

- Wahrscheinlichkeiten von Ereignissen in Zufallsexperimenten vergleichen.

Da die systematische Wahrscheinlichkeitsrechnung Unterrichtsstoff der Sekundarstufe II ist, kann es hier nur um die Vermittlung eines *Vorverständnisses* gehen. Das bedeutet, dass die Schüler Wahrscheinlichkeiten von Ereignissen zwar nicht genau angeben, aber im Vergleich einschätzen können sollen. Im konkreten Durchführen von Experimenten machen die Schüler erste Erfahrungen und können diese dann auch in einem gewissen Grad auf ähnliche Ereignisse übertragen. So können die Schüler z. B. beim Würfeln mit zwei Würfeln erkennen, dass die Gewinnchancen für die Augensumme 7 größer sind als für die Augensumme 12, und weitergehend Erklärungen hierfür suchen. Anschließend können andere Augensummen mit zwei Würfeln auch ohne erneutes Würfeln eingeschätzt werden. Weitere Beispiele für einfache (jedoch auch komplexere) Zufallsexperimente findet man u. a. bei Kütting & Sauer [10].

Gefordert wird in diesem Zusammenhang auch die Kenntnis und Anwendung von Grundbegriffen aus diesem Bereich, wozu u. a. auch ein Verständnis für „sichere“ und „unmögliche“ Ereignisse gehört: Beim Würfeln mit zwei Würfeln ist die Augensumme 1 *unmöglich*, eine Augensumme größer als 1 hingegen *sicher*. Hilfreich für das Verständnis ist es dabei, wenn die Schüler zu einem bestimmten Experiment selbst Beispiele für mögliche, sichere und unsichere Ereignisse finden.

Zur Planung und Gestaltung von Unterricht 4

Die gut durchdachte Planung von Unterricht spielt in Praxisphasen des Lehramtsstudiums und ganz besonders in der zweiten Phase der Lehrerausbildung eine sehr wichtige Rolle. Die Qualität von Unterricht wird nämlich entscheidend durch die Güte seiner Planung und Vorbereitung mitbestimmt. Denn Unterricht ist ein sehr komplexer Prozess, der von vielen Faktoren abhängt und somit viele unterschiedliche – auch unerwünschte – Verläufe annehmen kann. Für die Lehrkraft kommt es daher darauf an, alle beteiligten Faktoren im Blick zu haben und bei der Planung zu berücksichtigen, um so die Gefahr von unerwünschten Unterrichtsverläufen möglichst gering zu halten bzw. – positiv ausgedrückt – um die Chance auf einen erwünschten Verlauf so gut wie möglich zu unterstützen.

Wie viel Zeit und Aufwand dieser Planungsprozess in Anspruch nimmt, ist sehr unterschiedlich und stark von der Erfahrung abhängig. So entwickelt sich mit zunehmender Unterrichtserfahrung immer mehr Erfahrungswissen. Entscheidungen werden zunehmend unbewusst getroffen, weil man aus Erfahrung „weiß", worauf es ankommt. Referendare/Lehramtsanwärter können in der Regel auf diese Erfahrungen (noch) nicht zurückgreifen. Für sie ist es daher wichtig, sich alle unterrichtsrelevanten Faktoren zu vergegenwärtigen, unter deren Berücksichtigung Entscheidungen zu treffen und diese im Nachhinein kritisch hinsichtlich Angemessenheit und Güte zu reflektieren, um diese Erkenntnisse für weitere Planungen zu nutzen.

In der Ausbildungsphase sind Referendare/Lehramtsanwärter verpflichtet, die Unterrichtsplanung für Lehrproben schriftlich darzulegen, was von ihnen häufig als unverhältnismäßig hoher Aufwand betrachtet wird und dessen Nutzen für sie nicht immer auf den ersten Blick offensichtlich ist. Weshalb sollte man z. B. noch weiter begründen, warum Umwandlungen in verschiedene Größeneinheiten wichtig sind, wenn es doch im Lehrplan gefordert wird? Die Antwort lautet: um Transparenz zu schaffen, und zwar sowohl für sich selbst als auch für die Schüler und ggf. weitere Personen (z. B. Eltern). Es geht darum, die Frage des *Warum* beantworten zu können, und zwar für alle unterrichtsrelevanten Aspekte, d. h. insbesondere für die Inhalte, die Ziele und die Methoden – und dadurch zu erkennen, wie diese miteinander verwoben sind! Es ist plausibel, dass Lern- und Lehrbereitschaft entscheidend davon abhängen, inwieweit dies gegeben ist. Wenn einem klar ist, wieso man etwas tut, weiß man zugleich auch, wo es hingehen soll. Insofern dient die Legitimation auch gleichzeitig der Orientierung. Während bei einer mündlichen Planung die Gefahr besteht, dass Entscheidungen unbewusst getroffen oder Aspekte gar nicht bedacht werden, zwingt die schriftliche Unterrichtsplanung dazu, sich bewusst und intensiv mit allen relevanten Faktoren zu befassen, sich Gedanken über verschiedene Alternativen zu machen und als Ergebnis bei jeder Entscheidung eine Antwort auf die Frage geben zu können: Warum so und nicht anders? Durch das Niederschreiben werden die Referendare/Lehramtsanwärter auch dazu gezwungen, sich zu entscheiden, was sie wirklich wollen – was beim bloßen Nachdenken gerne in der Schwebe gelassen wird (vgl. [88], S. 348). Sie müssen ihre Gedanken präzisieren, ordnen und in ein strukturiertes Konzept umsetzen. Die Funktion eines schriftlichen Unterrichtsentwurfs liegt also neben der *Vorbereitung* von Unterricht entscheidend auch in der *Auseinandersetzung* mit Unterricht. Hierzu gehört untrennbar auch die Reflexion von Unterricht. In diesem Zusammenhang erleichtert es die schriftliche Fixierung, im Nachhinein kritisch zu reflektieren, was sich bewährt hat und was ggf. modifiziert oder sogar gänzlich verändert werden sollte, um dies dann bei weiteren Planungsprozessen im Vorfeld beachten zu können. Auf diese Weise trägt die schriftliche Planung also grundlegend zur Weiterentwicklung der Planungskompetenz bei. Durch zunehmende Internalisierung erlangt man mehr und mehr Erfahrungswissen, sodass der Planungsprozess später auch nur noch gedanklich erfolgen kann.

Ziel dieses Kapitels ist es vor diesem Hintergrund, Hinweise für die Planung und Gestaltung von Unterricht und für seine schriftliche Planung zu geben, bei der die verschiedenen Einflussfaktoren des Unterrichts angemessen berücksichtigt werden. Dabei werden wir zunächst allgemeine Überlegungen aufzeigen, die für die Planung von Mathematikunterricht relevant sind (Abschn. 4.1), bevor wir konkreter auf inhaltliche sowie gestalterische Aspekte schriftlicher Unterrichtsentwürfe eingehen (Abschn. 4.2 und 4.3) und mit einem Ausblick auf offenere Unterrichtsplanungen (Abschn. 4.4) und einem Resümee (Abschn. 4.5) enden.

4.1 Grundlagen der Unterrichtsplanung

Die folgenden Abschnitte enthalten Basiswissen, das in die Unterrichtsplanung implizit mit hineinspielt, ohne jedoch im schriftlichen Entwurf explizit aufzutreten. Nach einem kurzen allgemeinen Abriss theoretischer didaktischer Modelle folgt ein Überblick über allgemeine Prinzipien, Stufen und Bereiche der Unterrichtsplanung sowie schließlich über Qualitätsmerkmale und den groben Aufbau von Unterricht.

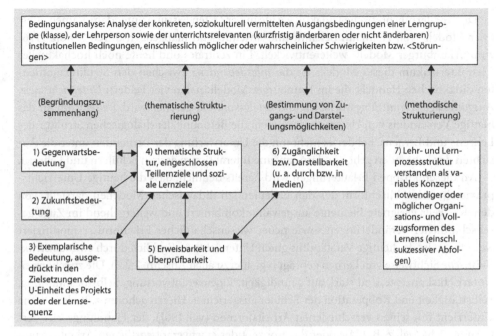

Bedingungsanalyse: Analyse der konkreten, soziokulturell vermittelten Ausgangsbedingungen einer Lerngruppe (klasse), der Lehrperson sowie der unterrichtsrelevanten (kurzfristig änderbaren oder nicht änderbaren) institutionellen Bedingungen, einschliesslich möglicher oder wahrscheinlicher Schwierigkeiten bzw. <Störungen>

| (Begründungszusammenhang) | (thematische Strukturierung) | (Bestimmung von Zugangs- und Darstellungsmöglichkeiten) | (methodische Strukturierung) |

1) Gegenwartsbedeutung

2) Zukunftsbedeutung

3) Exemplarische Bedeutung, ausgedrückt in den Zielsetzungen der U-Einheit des Projekts oder der Lernsequenz

4) thematische Struktur, eingeschlossen Teillernziele und soziale Lernziele

5) Erweisbarkeit und Überprüfbarkeit

6) Zugänglichkeit bzw. Darstellbarkeit (u. a. durch bzw. in Medien)

7) Lehr- und Lernprozessstruktur verstanden als variables Konzept notwendiger oder möglicher Organisations- und Vollzugsformen des Lernens (einschl. sukzessiver Abfolgen)

Abb. 4.1 Perspektivenschema zur Unterrichtsplanung nach Klafki. (© [72], S. 25)

4.1.1 Didaktische Modelle

Unter Didaktik versteht man die Wissenschaft vom Lehren und Lernen. Als didaktisches Modell bezeichnet man eine Theorie, die das didaktische Handeln auf allgemeiner Ebene analysiert und modelliert. Ziel ist eine Verbesserung des realen Unterrichts durch die Offenlegung der verschiedenen inhärenten Merkmale und deren Strukturen, sodass diese Modelle folglich einen großen Wert für die (schriftliche) Planung guten Unterrichts besitzen. In der Literatur findet man eine Vielzahl didaktischer Modellvorstellungen über das Lehren und Lernen im Unterricht. Eine Übersicht bieten z. B. Grunder et al. ([72], S. 23 ff.). Viele dieser Theorien sind allerdings nur noch von geringer Bedeutung. Unser heutiges Verständnis von gutem (Mathematik-)Unterricht wurde entscheidend von zwei Modellen geprägt: zum einen von der Didaktik Klafkis und zum anderen von der lehr-lern-theoretischen Didaktik nach Heimann und seinen Mitarbeitern (vgl. hierzu z. B. [140]).

Zentral für Klafkis Modell ist der Begriff der *Bildung*, womit das Bewusstsein für Schlüsselprobleme unserer Gesellschaft gemeint ist, an denen sich Allgemeinbildung festmachen lässt. Die ursprünglich als *bildungstheoretisch* bezeichnete *Didaktik* wurde von Klafki später zur sogenannten *kritisch-konstruktiven Didaktik* weiterentwickelt, die die Schüler einerseits zu wachsender Selbstbestimmung und Mündigkeit befähigen und andererseits zur Gestaltung und Veränderung anregen möchte. Genau wie diese Zielsetzungen an Aktualität nichts verloren haben, stellt auch das von Klafki entwickelte Perspektivenschema der Unterrichtsplanung (vgl. Abb. 4.1) heute immer noch eine wichtige Orientierungshilfe für die Gestaltung von Unterricht dar.

Die lehr-lerntheoretische Didaktik wurde in der ersten Fassung unter dem Namen „Berliner Modell" von Heimann bekannt und anschließend maßgeblich durch Schulz [176] zum „Hamburger Modell" weiterentwickelt. Ein zentrales und heute noch hochaktuelles Charakteristikum dieses Modells ist die *Interdependenz* zwischen den Strukturmomenten didaktischen Handels, die im Hamburger Modell in den vier Feldern *Unterrichtsziele, Ausgangslage, Vermittlungsvariablen* und *Erfolgskontrolle* gesehen wird. Bedeutsam für das heutige Verständnis von Unterricht ist zudem die Betonung der dialogischen Struktur des Lehrens und Lernens, bei der es nicht um die Unterwerfung der Lernenden unter die Absichten der Lehrenden geht, sondern um eine Interaktion zwischen Schülern und Lehrern.

An diesen knappen Erläuterungen wird bereits deutlich, dass die heutige Unterrichtspraxis eher eine Mischform aus den bedeutenden didaktischen Modellen darstellt, von denen jeweils geeignete Elemente ausgewählt, kombiniert und weitergehend im Zuge gesellschaftlicher Veränderungen sowie neuer wissenschaftlicher Erkenntnisse modifiziert werden. So ist das heutige Verständnis guten Unterrichts maßgeblich durch eine *konstruktivistische* Sichtweise von Lernen geprägt (vgl. hierzu auch Abschn. 2.2.2). Die zugehörigen Unterrichtskonzepte sind stark auf Mündigkeit, Eigenverantwortung, Selbstbestimmung, Selbsttätigkeit und Kooperation der Schüler ausgerichtet. Hierzu gehören z. B. der Offene Unterricht mit seinen verschiedenen Arbeitsformen (vgl. [90]), der Handlungsorientierte Unterricht (vgl. z. B. [74]) oder das Konzept des eigenverantwortlichen Arbeitens und Lernens (vgl. [96]). Unabhängig davon, welchem Konzept (in Rein- oder Mischform) man konkret folgt, sind bei der Planung gewisse Prinzipien zu beachten, die für eine gelingende praktische Umsetzung im Unterricht generell von großer Bedeutung sind und daher im folgenden Abschnitt dargestellt und erläutert werden.

4.1.2   Prinzipien der Unterrichtsplanung

Gute Unterrichtsideen sind notwendige, aber noch keine hinreichenden Voraussetzungen für guten Unterricht. Damit ihre Umsetzung gelingt, sind nach Peterßen ([140], S. 32 ff.) bei der Unterrichtsplanung fünf allgemeine Prinzipien zu berücksichtigen.

Das Prinzip der *Kontinuität* besagt, dass einmal getroffene Lehrerentscheidungen konsequent weiterverfolgt, also alle noch ausstehenden Entscheidungen systematisch aus den bereits gefällten heraus entwickelt werden müssen. Unterricht darf keine additive Aneinanderreihung von Einzelentscheidungen sein, sondern diese müssen sich gemäß dem Grundsatz der *Interdependenz* wechselseitig aufeinander beziehen.

Das Prinzip der Kontinuität bedeutet aber keineswegs, dass Entscheidungen nicht revidiert werden könnten. Im Gegenteil: Weil im voranschreitenden Planungsprozess immer neue Aspekte berücksichtigt werden, können sich zuvor getroffene Entscheidungen im Nachhinein als unangemessen erweisen und müssen – wieder im Sinne der Interdependenz aller Lehrerentscheidungen – korrigiert oder revidiert werden. „Planung bleibt ein bis zum Letzten offener Prozess" ([140], S. 127). Dies besagt das Grundprinzip der *Reversibilität*, das auch für den Unterricht selbst von entscheidender Bedeutung ist: Verläuft der Unterricht anders als geplant, sollten Entscheidungen auch hier noch revidierbar sein, um auf die konkrete Unterrichtssituation angemessen reagieren zu können.

Es reicht dabei nicht aus, wenn nur einzelne Entscheidungen gut aufeinander abgestimmt sind. Stehen diese im Konflikt mit anderen Entscheidungen, wird sich dies im Unterricht direkt als Bruch bemerkbar machen. Dementsprechend besagt das Prinzip der *Widerspruchsfreiheit*, dass *alle* Entscheidungen einen Gesamtzusammenhang bilden, der in sich schlüssig sein muss. Bei der Unterrichtsplanung ist daher auch immer der gesamte Wirkungszusammenhang zu betrachten, der sämtliche Aspekte umfasst.

Gemäß dem Prinzip der *Eindeutigkeit* ist jede Entscheidung auf eine eindeutige Handlungsabsicht ausgerichtet, d. h. dass die geplanten Unterrichtsaktivitäten klar definiert sind und keine anderen Interpretationen zulassen. Die Frage des *Warum* muss in jedem einzelnen Fall klar zu beantworten sein, wodurch sich dieses Prinzip leicht überprüfen lässt. Es bedeutet allerdings nicht den Ausschluss von alternativen Handlungsmöglichkeiten, die aufgrund der Unvorhersehbarkeit aller Unterrichtsmomente sogar äußerst sinnvoll sind. Wohl bedeutet dies aber, dass jede Alternative bewusst einzuplanen und ebenfalls auf eine eindeutige Handlung auszurichten ist.

Das Prinzip der *Angemessenheit* schließlich untergliedert sich in zwei Teilaspekte. Auf der einen Seite geht es um wissenschaftliche Aktualität in dem Sinne, dass alle Entscheidungen auf den neuesten wissenschaftlichen Erkenntnissen basieren müssen. Neben inhaltlicher Richtigkeit sind dabei besonders auch methodische Aspekte im Hinblick auf die Erkenntnisse der Lehr-Lernforschung zu beachten. So wurde z. B. im Abschn. 2.2.2 dargestellt, dass ein Unterricht, in dem die Schüler eine vorwiegend passiv-rezeptive Rolle einnehmen, nicht mehr zeitgemäß ist. Auf der anderen Seite ist Angemessenheit aber auch im Sinne von Zweckrationalität zu verstehen, womit gemeint ist, dass der Aufwand des Lehrers in einem angemessenen Verhältnis zum erwünschten Effekt stehen sollte. Als kritisch ist es daher zu betrachten, wenn in Lehrproben ein unangemessen hoher Materialaufwand betrieben wird, also z. B. spezielle Materialien für eine einzelne Unterrichtseinheit extra angeschafft werden. Als angemessen betrachten wir einen Aufwand, der auch später im normalen Berufsalltag – nicht für alle, aber für einzelne Stunden – noch umsetzbar ist.

4.1.3 Stufen der Unterrichtsplanung

Die (schriftliche) Planung einer Unterrichtsstunde steht im Grunde an letzter Stelle im Gesamtplanungsprozess von Unterricht, wie die an Peterßen (vgl. [140], S. 206) angelehnte (Tab. 4.1) verdeutlicht. Diese Stufe ist durch den höchsten Grad an Konkretheit gekennzeichnet, da der Unterricht hier so detailliert wie nur möglich geplant wird. Allerdings ist auch die vorige Stufe für den Unterrichtsentwurf von Belang, da die einzelne Unterrichtsstunde i. d. R. in eine Unterrichtsreihe eingebunden ist, die ihrerseits zumindest in ausführlichen schriftlichen Entwürfen zum Teil recht ausführlich[1] darzustellen ist. Die anderen Stufen spielen für die konkrete Planung einer Einzelstunde keine direkte Rolle, müssen jedoch implizit beachtet werden, weil (bereits getroffenen) Entscheidungen auf

---

[1] Im ZFsL Köln ([249], S. 77) wird als Richtwert für die Darstellung der längerfristigen Unterrichtszusammenhänge 5 Seiten angegeben – und damit der gleiche Wert wie für die schriftliche Planung des Unterrichts.

Tab. 4.1 Stufen der Unterrichtsplanung nach Peterßen. [140]

Stufe	Aufgaben	Beteiligte Personen
Bildungspolitische Programme	Organisation des Bildungssystems etc.	Politiker, Experten
Lehrplan/Curriculum	Schulformspezifische Inhalte, Lernziele und allgemeine Hinweise	Experten
Jahresplan	Themen und Lernziele für ein Schuljahr	Lehrer(-teams)
Arbeitsplan	Ordnung der festgelegten Themen und Lernziele mit Querverbindungen zu anderen Fächern	Lehrer(-teams)
Mittelfristige Unterrichtseinheit	Folge von Lernthemen und –zielen einer Unterrichtsreihe	Lehrer(-teams)
Unterrichtsentwurf	**Lernziele für eine Unterrichtsstunde und alle für ihre Erreichung erforderlichen didaktischen Aktivitäten**	**Lehrer**

diesen Stufen Folge zu leisten ist. Der Unterrichtsentwurf hat die kontinuierliche und konsequente Fortführung der Entscheidungen und deren endgültige Umsetzung in die Praxis zu gewährleisten. Wir konzentrieren uns im Folgenden auf jene Aspekte, die für die Planung von Unterrichtsentwürfen relevant sind, und verweisen für Strukturierungshilfen der darüber liegenden Planungsstufen auf Peterßen [140].

Der Unterrichtsentwurf ist ein Plan des kurz bevorstehenden Unterrichts. Er stellt jedoch nur eine von zahlreichen Gestaltungsmöglichkeiten dar, und zwar diejenige, die dem Lehrer unter allen gedanklich durchgespielten Möglichkeiten am besten erscheint. Wichtig ist das Bewusstsein, dass der Unterrichtsentwurf nur ein theoretisches Konstrukt ist. Da der Unterricht in der Zukunft liegt und zudem äußerst komplex ist, kann er kein Abbild der Realität sein, sondern nur eine gedankliche Vorausschau dessen, wie diese sein soll. Das bedeutet jedoch auch, dass Unterricht durchaus einen ganz anderen als den intendierten Verlauf annehmen kann, was häufig mit einer nicht angemessenen Berücksichtigung der spezifischen Lernvoraussetzungen zusammenhängt. Eine solche Erfahrung haben die meisten Lehrer in ihrem Berufsleben sicher schon einmal gemacht. Und genau diese Gefahr macht den Planungsprozess so bedeutend. Es geht darum, sich der zahlreichen Einflussfaktoren im Unterricht bewusst zu werden und dabei unterschiedliche Verläufe zu antizipieren, um auf möglichst viele potenzielle Geschehnisse vorbereitet zu sein. Eine gute Planung zeichnet sich genau hierdurch aus, wie es auch in allen anderen Lebensbereichen der Fall ist. Speziell für den Unterrichtsentwurf gilt, dass er nicht festlegen, sondern offenhalten muss (vgl. [140], S. 267). Dies bedeutet einerseits, dass er – gemäß dem Grundsatz der Reversibilität – bis zum letzten Moment an möglicherweise veränderte Bedingungen angepasst werden können muss, und andererseits, dass er flexibel im Hinblick auf verschiedene Unterrichtsverläufe sein muss. Es bedeutet nicht, dass jede Alternative auch schriftlich zu fixieren ist. An zentralen Stellen jedoch, die für den weiteren Verlauf des Unterrichts maßgeblich sind, kann ein kurzer Hinweis durchaus sinnvoll sein (z. B.:

Was geschieht, wenn die Schüler in der Erarbeitung nicht zu dem Ergebnis gelangen, das für die Weiterarbeit in der nächsten Phase notwendig ist?).

4.1.4 Bereiche der Unterrichtsplanung

Auch wenn das lerntheoretische Konzept, das ursprünglich unter dem Namen „Berliner Modell" bekannt und maßgeblich durch Heimann initiiert wurde, die heutige Unterrichtsplanung nicht mehr entscheidend bestimmt, bietet es doch einen guten Überblick über die Bereiche, in denen der Lehrer bei der Unterrichtsplanung tätig werden muss (vgl. Abb. 4.2).

Auf der ersten Ebene wird zwischen *Bedingungsfeldern* und *Entscheidungsfeldern* unterschieden, die auf zweiter Ebene jeweils in verschiedene Bereiche untergliedert werden. Bei den zugehörigen Fragen ersetzen wir den Begriff „Ziele" durch „Kompetenzen" und meinen damit im Sinne der Bildungsstandards Fähigkeiten mit einem höheren Allgemeinheitsgrad – und darunter auch solche, die auf das selbstständige Organisieren des eigenen Lernens gerichtet sind.

Bedingungsfelder	Zugehörige Fragen
Anthropologisch-psychologische Voraussetzungen	Welche unterrichtsrelevanten Dispositionen (z. B. Reifestand, Lernbereitschaft) besitzen die am Unterricht beteiligten Personen?
Soziokulturelle Voraussetzungen	Welche vorwiegend durch die Gesellschaft und Kultur geprägten Faktoren (z. B. Einstellungen, Wertorientierungen, finanzielle Aspekte) können in den Unterricht mit einwirken?

Entscheidungsfelder	Zugehörige Fragen
Intentionen	Welche Kompetenzen sollen die Schüler erreichen? (Wozu?)
Inhalte	Mittels welcher (relevanten) Inhalte sollen die Kompetenzen erreicht werden? (Was?)
Methoden	Auf welchem (günstigen) Weg sollen die Kompetenzen erreicht werden? (Wie?)
Medien	Welche Mittel können bei der Erreichung der Kompetenzen (am besten) helfen? (Wodurch?)

Die Trennung in Bedingungs- und Entscheidungsfelder hängt u. a. damit zusammen, dass der Lehrer hier grundsätzlich verschiedene Aufgaben erfüllt. Geht es in den Bedingungsfeldern um das Analysieren der vorliegenden Gegebenheiten, ist in den Entscheidungsfeldern gestalterische Tätigkeit gefragt. Dabei muss der Lehrer nicht nur die analysierten Voraussetzungen im Blick haben, sondern insbesondere auch die (soziokulturellen und anthropologisch-psychologischen) Auswirkungen verschiedener Unterrichtsverläufe hypothetisch antizipieren. Schließlich ist das Ziel des Unterrichts ja gerade eine (positive) Weiterentwicklung in diesen Feldern: Kompetenzen und Kenntnisse, die vorher noch nicht da waren, sollen aufgebaut, vorhandene Kompetenzen weiterentwickelt, Einstel-

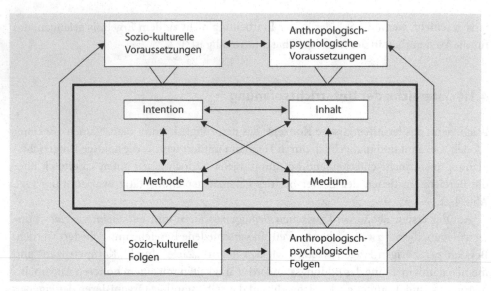

Abb. 4.2 Strukturgefüge des Unterrichts nach Heimann. (© [104], S. 84)

lungen in eine erwünschte Richtung gelenkt werden etc. Entscheidungen werden also im
Hinblick auf diese antizipierten Folgen getroffen, wobei die Analyse der Voraussetzungen
für deren realistische Einschätzung notwendig ist. Unterrichtsqualität hängt also stark mit
der Antizipationsfähigkeit zusammen, die sich natürlich mit zunehmender Lehrerfahrung
verbessert.

4.1.5   Merkmale guten Unterrichts

Guter Unterricht ist nach Grunder et al. (vgl. [72], S. 20) eine Veranstaltung, in der Lernende relevante Inhalte aufgrund effizienter Lehr- und Lernprozesse in einem lernförderlichen Klima erwerben. Die drei Kernbegriffe lauten *Relevanz*, *Effizienz* sowie *lernförderli-
ches Klima* und vermitteln eine allgemeine Vorstellung des angestrebten Zustands, aber nur
eine vage Vorstellung von dem Weg dorthin. Aufschlussreicher sind die von Meyer [122]
formulierten Merkmale guten Unterrichts. Der Autor subsumiert hierbei die Ergebnisse
verschiedener empirischer Untersuchungen, in denen bestimmte Unterrichtsmerkmale
daraufhin untersucht wurden, inwieweit sie das Gelingen des Unterrichts entscheidend
mit beeinflussen, und gelangt zu zehn Merkmalen guten Unterrichts. Diese sind *übergreifend* zu verstehen und haben eine unterschiedliche Tragweite. Nicht jedes Merkmal ist für
jede Unterrichtseinheit und damit auch nicht für jede Lehrprobe relevant, sondern zum
Teil nur für bestimmte Phasen des Lehr-Lernprozesses (z. B. intelligentes Üben). Bei ihrer
nachfolgenden Darstellung wird jeweils auch die Bedeutung für Lehrproben einschließlich
ihrer schriftlichen Planung herausgestellt.

Klare Strukturierung des Lehr-Lernprozesses

Eine klare Strukturierung – der berühmte „rote Faden" – ist grundsätzlich für jede Unterrichtseinheit wichtig. Hierbei geht es um Verständlichkeit, Plausibilität und Transparenz in Bezug auf alle Unterrichtsaspekte – besonders auch für die Schüler. Denn die Bereitschaft, etwas zu tun, hängt in hohem Maße davon ab, dass man den Sinn und Zweck versteht. Dazu gehört, dass die verschiedenen Unterrichtsphasen klar erkennbar sind und insgesamt eine plausible Gliederung der Unterrichtseinheit darstellen. Weiterhin gehören klare Erwartungen dazu: Jeder Schüler muss zu jedem Zeitpunkt genau wissen, was von ihm gerade erwartet wird. Dazu müssen die Aufgabenstellungen verständlich und klar formuliert und die Lernumgebung entsprechend vorbereitet (also z. B. alle benötigten Materialien bereitgestellt) sein.

Intensive Nutzung der Lernzeit

Eine intensive Nutzung der Lernzeit möglichst ohne Pausen, Unterbrechungen und Störungen sollte für jeden Unterricht selbstverständlich sein. Verständliche, klar formulierte Aufgabenstellungen sowie eine gut vorbereitete Lernumgebung sind auch vor diesem Hintergrund essenziell, da jede zusätzliche Erklärung oder organisatorische Maßnahme den Unterrichtsfluss unnötig behindert. Abgesehen hiervon sind aufgrund der (immer wieder festgestellten) großen Heterogenität in Schulklassen vor allem differenzierende Maßnahmen (siehe hierzu auch Abschn. 2.2.5) unerlässlich, damit alle Schüler die Lernzeit intensiv nutzen (können). Der Lehrer hat durch eine entsprechende Planung und Vorbereitung also dafür Sorge zu tragen, dass jeder Einzelne trotz unterschiedlichem Arbeits- und Lerntempo stets sinnvoll beschäftigt ist.

Individuelles Fördern

Wie gerade schon deutlich wurde, ergibt sich die Notwendigkeit individuellen Förderns bereits aus der Forderung einer intensiven Nutzung der Lernzeit. Um individuelle Maßnahmen für alle – leistungsstärkere wie auch leistungsschwächere – Schüler treffen zu können, muss der Lehrer die Bedürfnisse jedes Einzelnen kennen. Diagnostische Maßnahmen z. B. mittels Unterrichtsbeobachtungen, diagnostischer Tests oder Lerntagebüchern sind hierfür grundlegend. Für eine weiterführende Darstellung verschiedener Diagnosemöglichkeiten sei auf Leuders [109] verwiesen. Damit keine Missverständnisse entstehen: Diagnose ist keine punktuelle Vorbereitung auf bestimmte Unterrichtsstunden, sondern sollte ein fortlaufender beständiger Prozess sein. Die kontinuierliche Diagnose der Lernbedürfnisse erleichtert nicht zuletzt auch das schriftliche Festhalten der zugehörigen Überlegungen für Unterrichtsbesuche im Rahmen der Bedingungsanalyse (vgl. Abschn. 4.2.3).

Stimmigkeit der Ziel-, Inhalts- und Methodenentscheidungen

Dieses Kriterium ist für jeden Unterricht relevant und für Lehrproben und deren schriftliche Planung sogar von besonderer Bedeutung. Allgemein geht es darum, dass die Unterrichtsstunde eine abgeschlossene Einheit bildet und dabei insgesamt „rund" bzw. „stimmig" ist. Dies ist nur dann gegeben, wenn die angestrebten Ziele und die ausgewählten

Inhalte und Methoden zueinanderpassen. Aufgrund der unbegrenzten Fülle an spezifischen Zielen, Inhalten und Methoden sowie deren Kombination ist es schwer, dies weiter zu konkretisieren und Empfehlungen zu geben. Wichtig ist aber zunächst das Bewusstsein, dass sich nicht jede Arbeits- oder Sozialform (z. B. Gruppenarbeit) für jeden Inhalt und jedes Ziel (und auch nicht für jede Schülergruppe!) eignet und daher nicht zum Selbstzweck eingesetzt werden darf. Die Entscheidungen für oder gegen bestimmte Formen können jeweils nur auf der Grundlage einer gründlichen Analyse erfolgen, und zwar immer mit Blick auf den Gesamtzusammenhang. Hier kommt wieder der Begriff der Interdependenz (vgl. Abschn. 4.1.2) ins Spiel. Bei Meyer [122] geht dieses Unterrichtsprinzip aber noch darüber hinaus, denn eine Unterrichtsstunde wird nur bei einem guten „Timing" auch als „rund" wahrgenommen. Besonders wichtig ist es dabei, dass der Unterricht nicht nur durch die Pausenglocke beendet wird, sondern auch inhaltlich zu einem echten Abschluss kommt. Mit Abschluss ist allerdings nicht zwangsläufig die Beendigung der Beschäftigung mit dem jeweiligen Unterrichtsinhalt gemeint. Jeder Lehrer und Ausbilder weiß, dass es unmöglich ist, jedes Thema bzw. jeden Lernprozess exakt in die Länge einer Unterrichtsstunde (d. h. in der Regel in 45 min) zu zwängen. Vielmehr ist die Unterrichtsstunde in diesem Fall mit einer Etappe – ähnlich wie bei der Tour de France – vergleichbar. Für jede Unterrichtsstunde muss es eine Art Etappenziel geben, das diese Stunde beendet und die Ergebnisse so sichert, dass die nächste Stunde nahtlos und ohne große Verluste hieran anknüpfen kann. Je nach Inhalt kann dies auf unterschiedliche Weise geschehen, beispielsweise durch das Festhalten von Zwischenergebnissen und einen Ausblick auf die weitere Arbeit. Entscheidend ist, dass die Schüler in dem Bewusstsein aus der Stunde hinausgehen, dass sie zu einem Ergebnis geführt hat.

Das Erreichen von Stimmigkeit ist ein zentrales Qualitätsmerkmal für Lehrproben und somit auch für schriftliche Unterrichtsentwürfe. Eine gute Planung zeichnet sich dadurch aus, dass die Ziele, Inhalte und Methoden einen Begründungszusammenhang bilden. Jede Entscheidung in einem dieser Felder muss dabei durch die beiden anderen Felder, also durch unterrichtsinhärente Aspekte begründet sein und nicht etwa durch äußere Motive. Es reicht also beispielsweise als Begründung nicht aus, sich auf die allgemeine Bedeutung kooperativer Lernformen (vgl. hierzu auch Abschn. 4.2.5) zu beziehen. Passen diese nicht zu den konkreten Zielen und Inhalten (oder den gegebenen Voraussetzungen), so muss entweder die Methode verworfen werden oder es müssen Anpassungen in den anderen Feldern erfolgen, bis Stimmigkeit erreicht ist. Für den schriftlichen Entwurf empfiehlt es sich daher, bei jeder Entscheidung die Frage nach dem Warum zu stellen und dabei zu prüfen, ob man sich bei der Beantwortung immer auf die beiden anderen Felder bezieht.

Methodenvielfalt

Das Kriterium der Methodenvielfalt lässt sich sowohl auf die einzelne Unterrichtsstunde als auch auf längere Unterrichtszeiträume beziehen, wobei es allerdings jeweils unterschiedlich zu interpretieren ist. Für die einzelne Unterrichtsstunde ist der Begriff „Vielfalt" sicher etwas überzogen, jedoch verlangt ein allseits bekannter Grundsatz mindestens einen Methodenwechsel, womit im Wesentlichen ein Wechsel der Sozialform (Einzelarbeit, Partnerarbeit, Gruppenarbeit, Plenum) und/oder ein Wechsel in dem Grad der Schülerbzw. Lehreraktivität gemeint ist. Dieser Wechsel dient zum einen der Konzentration, zum anderen bietet eine geeignete Methodenwahl die Möglichkeit der Förderung allgemeiner Kompetenzen im sozial-kommunikativen Bereich (vgl. Abschn. 2.2.9).

Auf einen längeren Zeitraum bezogen geht es ebenfalls darum, Abwechslung zu schaffen und Ermüdungen vorzubeugen, die zwangsläufig entstehen, wenn der Unterricht immer nach dem gleichen Schema abläuft, selbst wenn innerhalb dieses Schemas methodische Wechsel stattfinden (wenn sich also z. B. nach einem fragend-entwickelnden Unterrichtsgespräch immer eine Einzelarbeit zur Einübung anschließt, wie dies oft zu beobachten ist). Hier geht es darum, das methodische Repertoire (vgl. hierzu Abschn. 4.2.5) auszuschöpfen.

Grundvoraussetzung für die Methodenwahl ist, dass das zuvor beschriebene Stimmigkeitskriterium erfüllt wird. Für Lehrproben sind darüber hinaus keine den Schülern unbekannte komplexere Methoden zu empfehlen, da diese zunächst selbst zum Thema des Unterrichts gemacht werden müssen und dies bei der ersten Einführung einen nicht unerheblichen (und vor allem nicht genau bestimmbaren) Teil der Unterrichtszeit kostet. Für einen reibungslosen inhaltlichen Ablauf empfiehlt es sich daher, neue Methoden bereits in vorhergehenden Unterrichtsstunden sorgfältig einzuführen.

Intelligentes Üben
Auch wenn das Üben nur in bestimmten Unterrichtsphasen eine Rolle spielt, ist die Automatisierung und Vervollkommnung der Lerninhalte insgesamt ein wichtiger Bestandteil des Unterrichts. Wie aber bereits in Abschn. 2.2.11 beschrieben, soll dies nicht durch reine Reproduktionen bewirkt werden, sondern durch anwendungsbezogene, problemorientierte und produktive Übungsformen. Die Bereitschaft zum Üben wird umso größer sein, je mehr es von den Lernenden als sinnvoll erlebt wird. Günstig ist es vor diesem Hintergrund auch, wenn die Übungsformen für die Schüler eine subjektive Bedeutung haben und wenn auch beim Üben das Prinzip der Methodenvielfalt durch abwechslungsreiche Übungsformen beachtet wird.

Lernförderliches Unterrichtsklima
Für Unterrichtsbesuche und deren schriftliche Planung ist dieses Merkmal kaum relevant, da es hierbei um eine unterrichtsübergreifende Grundhaltung von Schülern und Lehrern geht, die durch wechselseitigen Respekt, Authentizität und Gerechtigkeit gekennzeichnet ist. Der Aufbau eines lernförderlichen Klimas ist ein langfristiger Prozess. Allerdings ist es durchaus möglich und sinnvoll, soziale Verhaltensweisen bewusst zu einer Zielsetzung bestimmter Unterrichtsstunden zu machen (als *weiteres* wichtiges Lernziel; vgl. Abschn. 4.2.2), z. B. wenn in einer Klasse Konflikte bei dem Einsatz bestimmter kooperativer Unterrichtsmethoden aufgetreten bzw. zu erwarten sind.

Sinnstiftende Unterrichtsgespräche
Das Unterrichtsgespräch ist Untersuchungen zufolge die am häufigsten eingesetzte Methode. Umso bedeutender ist dieses Qualitätsmerkmal, das allerdings nur bedingt planbar ist, weil der Verlauf natürlich von den Gesprächsbeiträgen abhängig ist, die manchmal auch

ganz unerwartet sein können. Gut planbar sind dagegen jedoch die Fragestellungen und Aspekte, auf die im Unterrichtsgespräch eingegangen werden soll. Des Weiteren sollte bei den Planungsüberlegungen beachtet werden, dass die Schüler ihre Erfahrungen und Einstellungen einbringen können, dass das Wissen mit anderen Bereichen vernetzt wird und dass die Gesprächsbeiträge des Lehrers anschaulich gehalten werden.

Regelmäßige Nutzung von Schüler-Feedback

Auch dieses Merkmal ist nur für bestimmte Unterrichtsphasen relevant. Rückmeldungen der Schüler zum Unterricht können entweder in schriftlicher (anonymer) Form oder aber im Gespräch auf einer Meta-Ebene erfolgen. Ein solches Feedback bietet auf Schülerseite den Vorteil, dass sie sich ernst genommen und für den Unterricht mitverantwortlich fühlen. Auf Lehrerseite besteht die Chance zur Optimierung des Unterrichts, sofern die Rückmeldungen entsprechend gehaltvoll sind. Zu diesem Zweck empfiehlt es sich, mit den Schülern vorab Beurteilungskriterien, Regeln und Methoden zu vereinbaren, unter denen das Feedback erfolgen soll.

Aber nicht nur diese Art von Feedback ist ein entscheidendes Merkmal für guten Unterricht. So findet John Hattie in seiner Forschungsarbeit heraus, dass auch das Feedback durch den Lehrer einen der lernwirksamsten Faktoren darstellt. Damit ist jedoch kein Feedback zu den Ergebnissen im Sinne von „gut gemacht" gemeint, sondern vornehmlich prozessbezogenes Feedback zu den Lernwegen. Ziel ist dabei das Bewusstmachen von Lernstrategien, das Aufzeigen von Alternativen sowie auch die Hinführung zur Selbststeuerung des Lernens (vgl. [31], S. 19).

Klare Leistungserwartungen und -kontrollen

Gerade in Zeiten von internationalen Vergleichsuntersuchungen und nationalen Lernstandserhebungen muss man wohl oder übel akzeptieren, dass Leistungskontrollen einen wesentlichen Bestandteil des Unterrichts darstellen. Während Prüfungsstunden für Unterrichtsbesuche natürlich irrelevant sind, kann man aber sehr wohl – besonders als Vorbereitung für Klassenarbeiten – spezielle Stunden planen, in denen sich die Schüler selbst testen, eigene Schwächen (aber auch Stärken!) erkennen und im Weiteren hieran arbeiten. Nimmt man die Forderungen nach Eigenverantwortung und Mitbestimmung ernst, bietet es sich auch an, die Schüler bei der Wahl der Prüfungsaufgaben und deren Bewertung mitbestimmen zu lassen, weil hierdurch auf besondere Weise Transparenz bezüglich der Inhalte, Ziele und Bewertungskriterien geschaffen werden kann. Wichtig ist, dass die Schüler jederzeit wissen, was von ihnen erwartet wird.

4.1.6   Die Grobstruktur einer Unterrichtseinheit

Die klare Strukturierung des Lehr-Lernprozesses wurde im vorigen Abschnitt als erstes entscheidendes Kriterium für guten Unterricht formuliert. Zum sinnvollen Aufbau einer Unterrichtssequenz bzw. -stunde findet man in der didaktischen Literatur eine Reihe ver-

schiedener Stufen- und Phasenschemata, auch Artikulationsschemata genannt, wie beispielsweise folgende (vgl. hierzu [88], S. 156 ff.):

- Vorbereitung – Darbietung – Weiterführung – Verknüpfung – Zusammenfassung –
  Anwendung (Rein)
- Stufe der Motivation – Stufe der Schwierigkeiten – Stufe der Lösung – Stufe des Tuns
  und Ausführens – Stufe des Behaltens und Einübens – Stufe des Bereitstellens, der
  Übertragung und der Integration des Gelernten (Roth)
- Aneignung – Verarbeitung – Veröffentlichung (Scheller)
- u. v. m.

Diese Artikulationsschemata sind sehr abstrakt formuliert, weil sie einen hohen Anspruch
auf Allgemeingültigkeit für alle Fächer und Phasen erheben. Konkreter ist das folgende
Modell von Grell & Grell (vgl. [109], S. 263 f.), bei dem bereits methodisch-didaktische
Aspekte in die Phasen einfließen:

- Lernbereitschaft fördern – informierender Unterrichtseinstieg – Lernaufgaben für
  Lernerfahrungen in selbstständiger Arbeit – Hilfen zur Loslösung – Feedback, Weiter-
  verarbeitung, Evaluation

Dieses Modell liefert wichtige Anhaltspunkte dafür, wie ein sinnvoller Unterrichtsablauf
aussehen kann, jedoch passt dieses Schema nicht zu jedem Unterricht und muss ggf. modifiziert werden. Dabei ist es hilfreich, sich bewusst zu werden, in welchem der von Leuders
formulierten Prozesskontexte (vgl. Abschn. 2.2.8) man sich jeweils bewegt.

Obwohl sich die dargestellten Strukturierungen in Anzahl und Bezeichnung der einzelnen Phasen durchaus stärker unterscheiden, lässt sich im Grunde überall der gleiche „methodische Grundrhythmus" erkennen, nämlich die Dreierkette *Einstieg – Erarbeitung –
Ergebnissicherung* (vgl. [125], S. 121). Die einzelnen Phasen werden dabei mit Funktionen
belegt, die zum Teil weiter ausdifferenziert oder aber zusammengefasst werden. Insofern
soll die folgende Darstellung nur als grobe Richtschnur bei der Strukturierung des Unterrichts und keineswegs als pauschales Rezept für eine Verlaufsplanung dienen, denn: „Die
richtige Schrittfolge muss vielmehr für jedes Unterrichtsthema und für jede Schulklasse
neu und unter Beachtung der Handlungsspielräume des Lehrers bestimmt werden" ([125],
S. 108). Es ist also in Abhängigkeit von den spezifischen Inhalten, Zielen, Bedingungen
und Methoden jeweils aufs Neue zu entscheiden, wie eine sinnvolle Strukturierung des
Unterrichts aussehen könnte, ob der Verlauf also z. B. groß- oder kleinschrittig angelegt
sein oder sich eher am Thema oder eher an den Lernzielen orientieren sollte. Letztlich
kommt es darauf an, dass die Strukturierung in sich schlüssig ist und eine abgeschlossene
Einheit bildet.

Auch die nachfolgende Darstellung der einzelnen Unterrichtsphasen ist idealtypisch zu
verstehen. Es ist also durchaus unterschiedlich, wie groß die Relevanz der Funktionen für
bestimmte Stundentypen ist.

Einstieg

Obwohl der Einstieg nur einen geringen Teil der Unterrichtszeit in Anspruch nehmen sollte, ist seine Bedeutung umso größer, da er viele wichtige Funktionen erfüllt und besonderen Einfluss auf die weitere Mitarbeit der Schüler ausübt. Aus diesem Grund darf er keineswegs beliebig, sondern muss – gerade auch aufgrund seiner Kürze – sehr gut überlegt sein.

Der Einstieg zielt darauf ab, Transparenz und eine gemeinsame Orientierungsgrundlage für den zu erarbeitenden Sach-, Sinn- oder Problemzusammenhang zu schaffen. Den Schülern soll klar werden, worum es geht, worin das Ziel besteht und wie man dort hinkommt. Neben dieser informierenden und strukturierenden Funktion kommt es inhaltlich gesehen darauf an, zentrale Aspekte des Unterrichtsthemas (und keine Nebensächlichkeiten) herauszustellen:

> Ein gut gemachter Einstieg führt ins Zentrum, er ist so etwas wie eine Schlüsselszene, von der aus das ganze neue Lerngebiet erschlossen werden kann. ([125], S. 131)

In *emotional-affektiver* Hinsicht besteht das Ziel darin, bei den Schülern Interesse und Neugier zu wecken und sie zu einer selbstständigen und eigenverantwortlichen Auseinandersetzung zu motivieren. Auch wenn es aufgrund individuell verschiedener Interessen nahezu unmöglich scheint, alle Schüler zu gewinnen, sollten allgemeine Grundsätze beachtet werden. Zum einen sollte an das Vorverständnis der Schüler angeknüpft und ihre Denk- und Handlungsweisen berücksichtigt werden; der Einstieg sollte also eine Verknüpfung von altem und neu zu erwerbendem Wissen darstellen: „Eine sinnvolle Aktivierung beim Einstieg in ein neues Thema bieten Probleme, die für die Lernenden einerseits leicht zu erfassen sind, aber gleichzeitig ein Tor zu neuen mathematischen Aspekten eröffnen" ([27], S. 6). Wichtig ist darüber hinaus die Wahl eines geeigneten Einstiegsmediums, die vor dem Hintergrund der angesprochenen Funktionen gut reflektiert erfolgen sollte. Die Information sollte ganzheitlich und spontan aufgenommen werden können, wofür die Visualisierung eine große Rolle spielt. Lange Texte, komplexe Bilder und Grafiken sind zu vermeiden (vgl. [93], S. 151). Möglichkeiten für Einstiege sind u. a. das Zeigen eines Realobjektes, eines einfachen Bildes oder einer einfachen Grafik (z. B. aus Tageszeitungen), das Erzählen einer Geschichte, einer Anekdote oder eines Witzes. Ferner bieten sich Denk- oder Knobelaufgaben, gegebenenfalls auch die Durchführung eines Experiments oder andere Handlungen an. Die Aufmerksamkeit der Schüler lässt sich darüber hinaus gut wecken, wenn man den Unterricht mit einer Provokation beginnt oder bei den Schülern einen kognitiven Konflikt erzeugt. Beispiele zu diesen und anderen möglichen Einstiegen findet man z. B. bei Barzel [25] und Quak ([144], S. 133 ff.).

Schließlich sei bemerkt, dass der Einstieg auch eine Disziplinierungsfunktion erfüllt und die Schüler auf das Unterrichtsfach einstimmen und ihre Aufmerksamkeit fokussieren soll. Weil Lernprozesse nicht immer in 45-Minuten-Bündeln ablaufen, kann es durchaus sein, dass man zu Beginn einer Unterrichtsstunde an einen noch laufenden Lernprozess anschließen muss und noch nicht mit etwas „Neuem" anfangen kann. Der Einstieg kann somit ggf. auch in der Hausaufgabenkontrolle oder der übenden Wiederholung bestehen, vorausgesetzt allerdings, dass ein Bezug zum Thema der Stunde hergestellt werden kann.

Allerdings ist (für eine Lehrprobe) zu überlegen, ob dies unbedingt erforderlich oder auch ein alternativer Einstieg möglich ist.

Erarbeitung

Diese Unterrichtsphase sollte gemäß den heutigen Unterrichtsprinzipien überwiegend durch die Eigenaktivität der Schüler gekennzeichnet sein, die auf die zuvor formulierte Problemstellung ausgerichtet ist. Im Allgemeinen sollten die Schüler dabei ihren Fähigkeiten entsprechend eigene Lösungswege gehen können, nach Bedarf Arbeitsmittel nutzen und auch Fehler machen dürfen. Dies wiederum setzt eine entsprechende Aufgabenauswahl voraus, die verschiedene Bearbeitungen ermöglicht, insbesondere auch auf unterschiedlichem Niveau. Gegebenenfalls müssen weitere Maßnahmen (z. B. in Form von konkreten Hilfen oder kooperierenden Methoden) getroffen werden, die ein differenziertes Arbeiten ermöglichen. Individualisierung ist damit ein Kernaspekt der Unterrichtsplanung, wobei der Lehrer seine Schüler konkret vor Augen haben muss, um auf der Grundlage der bisherigen Unterrichtserfahrungen und -beobachtungen Annahmen über die jeweiligen Vorgehens- und Verhaltensweisen treffen zu können und nach ihnen zu handeln.

Ebenso wie der Einstieg verfolgt auch die Erarbeitungsphase nicht nur fachlich-inhaltliche Ziele. So geht es neben dem Aufbau von *Sach- und Fachkompetenz* auch um die Entfaltung von *Methodenkompetenz, sozialer* und *kommunikativer* Kompetenz (vgl. [125], S. 151). Gerade diese Kompetenzen sind in einem Unterricht, der auf Selbstständigkeit und Selbsttätigkeit der Schüler ausgerichtet ist und in dem kooperative Lernformen großgeschrieben werden, für die Organisation des eigenen Lernens von besonderer Bedeutung. So müssen die Schüler u. a. mit Arbeitsanweisungen umgehen, benötigte Informationen einholen, Arbeitsschritte sowohl allein als auch gemeinsam planen und realisieren können. Außerdem müssen sie die erforderlichen Arbeitstechniken erlernen wie beispielsweise das selbstständige Schreiben, Zeichnen, Üben, Zusammenfassen, Beobachten etc. Dies macht es erforderlich, bei der Unterrichtsplanung auch die methodischen, sozialen sowie kommunikativen Ziele im Blick zu haben und ggf. direkt zum Thema des Unterrichts zu machen.

Gerade weil sich der Lehrer in der Erarbeitungsphase selbst zurücknehmen sollte und eher im Hintergrund agiert (vgl. hierzu auch Abschn. 2.2.6), muss diese Phase sehr gründlich geplant werden. Für einen reibungslosen Arbeitsprozess ist es wichtig, dass die Arbeitsanweisungen präzise und verständlich auf dem Niveau der Schüler formuliert werden. Im Hinblick auf ein effizientes Arbeitsverhalten empfehlen Kliebisch & Meloefski (vgl. [93], S. 168) die Kürzung des Materials auf das unbedingt nötige Maß sowie klare Zeitvorgaben. Zudem sollte den Schülern bewusst sein, dass in der abschließenden Präsentations- bzw. Auswertungsphase jeder seine Arbeitsergebnisse vorstellen können muss. Zufallsmethoden bezüglich der Auswahl der Schüler in dieser Phase sind daher empfehlenswert.

Ergebnissicherung

Die Funktion des Schlussteils besteht darin, sich einerseits über die *Ergebnisse* und *Erfahrungen* aus der Arbeitsphase und andererseits über den *weiteren Verlauf* des Unterrichts zu verständigen (vgl. [125], S. 111). Da diese Reflexion natürlich abhängig vom konkreten Unterrichtsverlauf ist, kann sie hier nur sehr allgemein und idealtypisch dargestellt werden.

Generell wird bezüglich der *Arbeitsergebnisse* eine tief greifende Auseinandersetzung mit den verschiedenen Lösungswegen angestrebt, bei der die zugrunde liegenden Strategien verdeutlicht, Wege miteinander verglichen und im Hinblick auf Vollständigkeit und Richtigkeit bewertet, darüber hinaus aber z. B. auch hinsichtlich ihrer Effizienz und Aussagekraft beurteilt werden. Gegebenenfalls müssen auch Fehler aufgearbeitet, Wege optimiert oder wichtige (nicht entdeckte) Alternativen angestoßen werden. Wichtig bei der Ergebnissicherung ist dabei das *Protokollieren bzw. Dokumentieren* der zentralen Ergebnisse, um somit eine gemeinsame „Geschäftsgrundlage" für die weitere Unterrichtsarbeit zu schaffen, die verbindlich und jederzeit wieder abrufbar ist (vgl. [125], S. 166). Da diese Phase hochgradig von der Bearbeitung der Schüler abhängig ist, erfordert dies vom Lehrer ein hohes Maß an Flexibilität. Für ihn stellt sich die Aufgabe, trotz unterschiedlicher Ausgangslagen die Ziele der jeweiligen Unterrichtseinheit weiterverfolgen zu können. Für die Unterrichtsplanung bedeutet dies, möglichst viele Situationen gedanklich durchzuspielen, um im Unterricht auf (möglichst) alle Geschehnisse vorbereitet zu sein und jeweils entsprechende Impulse für ein Vorankommen geben zu können.

Die Verständigung über die *Erfahrungen* bedeutet hingegen eher eine Art Metakommunikation über den Unterricht. Durch das Sprechen über Erfolge und Misserfolge bzw. Schwierigkeiten sollen methodische Prozesse verdeutlicht und ggf. mit den Schülern zusammen weiter optimiert werden.

Weitergehend umfasst die Ergebnissicherung mehr als die Präsentation und Aufarbeitung der Arbeitsergebnisse.

> Erst eine Weiterverarbeitung der Informationen, also eine Vertiefung durch Anwendung und/oder Übertragung sichert den Lernerfolg und das Behalten des Gelernten. ([93], S. 171)

Es muss sich daher im weiteren Unterrichtsverlauf eine Phase der *Vernetzung* anschließen, in der das Gelernte übertragen, angewendet oder verarbeitet wird. Ziel ist die Integration des Gelernten in das bereits vorhandene Wissensgefüge, um es zu festigen und so die Chance auf ein langfristiges Behalten zu erhöhen. Naheliegend sind im Mathematikunterricht vor allem operative Übungsformen sowie Anwendungen aus der Erfahrungswelt der Schüler, die zugleich verdeutlichen, dass das neue Wissen einen praktischen Nutzen hat. Gegebenenfalls bieten sich auch kreativere Formen wie Streitgespräche, Ausstellungen oder das Erstellen eines Schülerbuches, einer Klassenzeitung o. Ä. an. Meyer (vgl. [125], S. 172 ff.) gibt diesbezüglich eine Reihe von Hinweisen, die allerdings für den Mathematikunterricht nur bedingt übertragbar sind. Fantasie und Kreativität der Lehrkraft sind hier gefragt. Daneben sind auch einige der von Barzel et al. ([26], S. 253) aufgeführten Methoden ebenfalls für den Mathematikunterricht der Grundschule geeignet.

4.2 Anforderungen an schriftliche Unterrichtsentwürfe

Wie im Abschn. 1.2 bereits beschrieben, ist die Verschriftlichung der Unterrichtsplanung ein notwendiges „Übel" im Referendariat, da sie einen großen Nutzen im Hinblick auf die Steigerung von Unterrichtsqualität hat. Sie zwingt zu wichtigen unterrichtspraktischen

Vorüberlegungen, fixiert diese und macht sie auf diese Weise für eine Reflexion zugänglich. Dies bietet wiederum die Chance, sowohl die gelungenen als auch die weniger gelungenen Aspekte des eigenen Unterrichts zu analysieren und hieraus zu lernen, indem Konsequenzen (z. B. Veränderungen, Alternativen) für die spätere Unterrichtspraxis abgeleitet werden.

Natürlich stellt diese Art der Unterrichtsplanung nicht die Alltagspraxis des Lehrers dar. Dies ist aufgrund des hohen Zeitaufwandes auch gar nicht möglich, wenn man bedenkt, dass ein vollbeschäftigter Lehrer bis zu 28 Stunden pro Woche unterrichtet und darüber hinaus vielen weiteren Pflichten (Klassenleitung, Konferenzen, Elterngespräche, Korrekturen etc.) nachkommen muss. Um mit den Worten von Meyer [121] zu sprechen, handelt es sich bei Unterrichtsbesuchen daher um eine *„Feiertagsdidaktik"*. Dessen sollte man sich beim Lesen der nachfolgenden Abschnitte stets bewusst sein, da selbst der routinierteste Lehrer den hohen Anforderungen an einen Unterrichtsbesuch, wie sie hier erörtert werden, nicht in jeder Stunde und im vollen Umfang gerecht werden kann. Diese „Feiertagsdidaktik" lässt sich dennoch rechtfertigen, da erst sie dem Referendar/Lehramtsanwärter als Berufsanfänger das Ausmaß von Einflussfaktoren für den Unterricht sowie deren Abhängigkeiten und Prioritäten richtig bewusst macht. Er lernt dadurch, unterrichtsrelevante Faktoren zu erkennen und seine Entscheidungen rational zu begründen, was für die Ausbildung von Planungsroutinen für die spätere Berufspraxis entscheidend ist.

Im Folgenden möchten wir auf die konstituierenden Bausteine eines schriftlichen Unterrichtsentwurfs eingehen, ohne jedoch eine feste Strukturierung vorgeben zu wollen, da sich die Elemente auf verschiedene Weise – auch abhängig von dem jeweiligen Unterrichtsvorhaben – zu einem stimmigen Konzept zusammensetzen lassen (vgl. hierzu auch Abschn. 4.3.2).

4.2.1 Unterrichtsthemen

Weil das Thema der Unterrichtsstunde quasi den Titel eines Unterrichtsentwurfs darstellt und als Rahmen für alle weiteren Ausführungen dient, wird allgemein viel Wert auf eine prägnante Themenformulierung gelegt. Dies ist umso schwieriger, als es gilt, kurz und knapp, aber präzise den Kern des Unterrichtsvorhabens zu treffen. Es handelt sich auch deshalb um eine wichtige Fähigkeit – eine Art „Handwerkszeug" – im Referendariat, weil im Unterrichtsentwurf in der Regel neben dem Thema der Besuchsstunde auch die Themen zu allen Stunden formuliert werden müssen, in die das Unterrichtsvorhaben eingebettet ist. Wichtiges Kriterium ist, dass die Einzelstunden sinnvoll aufeinander aufbauen und eine in sich geschlossene Einheit – die sogenannte „Unterrichtsreihe" – bilden. Eine Formulierung des Reihenthemas, das alle zugehörigen Unterrichtsstunden inhaltlich umfasst, wird dann i. d. R. ebenfalls erwartet. Es besitzt grundsätzlich die gleiche Struktur wie ein Stundenthema, nur auf einer abstrakteren Ebene.

Ein zentrales Merkmal von Unterrichtsthemen ist, dass sie sich nicht nur auf den Inhalt des Unterrichts – das Was – beziehen, sondern immer auch einen spezifischen Betrachtungsaspekt, eine pädagogische Intention erkennen lassen. „Längen" wäre beispielsweise noch kein Unterrichtsthema, da noch unklar ist, was mit den Längen gemacht werden und worin der Kompetenzzuwachs der Schüler bestehen soll. Geht es um das Schätzen von Längen? Geht es um das Messen und Zeichnen? Geht es um die Bestimmung/Zuordnung passender Längeneinheiten? Ein gut formuliertes Thema beantwortet diese Fragen, wobei zur Verdeutlichung der spezifischen Betrachtungsweise Formulierungen wie „unter besonderer Berücksichtigung von" oder „als Anlass zur" hilfreich sind. Das Thema könnte also beispielsweise lauten:

> Ist eine Tafelseite breiter als das Fenster? – Indirektes Vergleichen von Längen mit Händen, Stiften und Lineal als Anlass zur Hinführung zum Messen mit standardisierten Maßeinheiten.

Im Gegensatz zu dem Inhalt „Längen" oder auch „Längenvergleich" wird hier deutlich, dass der Schwerpunkt auf der Einführung des Messens mit standardisierten Maßeinheiten (Lineal) liegt, und zwar über den Vergleich des Messens mit nichtstandardisierten Maßeinheiten (Hand, Stift). Gleichzeitig wird klar, dass es sich um eine der ersten Stunden in diesem Inhaltsbereich handelt und die Schüler noch keine hohen (schulischen) Vorkenntnisse besitzen. Wie in diesem Beispiel findet man häufig vorangestellte Aufhänger („Ist eine Tafelseite breiter als das Fenster?"), die konkretere Hinweise auf die geplante Erarbeitung geben. So geht aus obigem Beispiel hervor, dass das indirekte Vergleichen motiviert wird über den Längenvergleich von Objekten, bei denen kein direktes Vergleichen durch Nebeneinanderlegen möglich ist. In diesem Beispiel werden außerdem konkret die verwendeten Medien/Materialien genannt, nämlich Hand, Stift und Lineal (statt allgemeiner standardisierte und nichtstandardisierte Einheiten). Wie konkret das Thema formuliert werden soll, kann je nach Seminar bzw. Ausbilder durchaus unterschiedlich sein. So findet man in den dargestellten Unterrichtsentwürfen von Kap. 5 eine große Spannbreite bezüglich der Ausführlichkeit der Themenformulierung, beginnend von sehr knapp (z. B. 5.12) bis zu sehr ausufernd (z. B. 5.16)

Für die Formulierung eines Unterrichtsthemas spielen der Lehrplan und das schulinterne Curriculum eine zentrale Rolle: einerseits als *Hilfe* bei der Themenfindung, andererseits aber auch für seine *Legitimierung* (vgl. hierzu Abschn. 4.2.5).

Merkhilfen zur Themenformulierung

- Das Stundenthema beinhaltet neben dem *Inhalt* immer auch eine *pädagogische Intention*.
- Hilfreich zur Verdeutlichung der pädagogischen Intention sind Formulierungen wie „… unter (besonderer) Berücksichtigung von …" oder „… als Anlass zur …".
- Lehrplan und schulinternes Curriculum *helfen* bei der Themenfindung und dienen gleichzeitig der *Legitimierung*.

4.2.2   Lernziele/Kompetenzen

Haben zu der Zeit Klafkis noch die Inhalte im Zentrum der Unterrichtsplanung gestanden, sind es nach gängiger Meinung heute die Zielsetzungen (vgl. [140], S. 24) bzw. neuerdings „Kompetenzen". Dieser Übergang vom Primat der Inhalte zum Primat der Intentionalität hängt stark damit zusammen, dass der Unterricht heute viel stärker auf die Schüler ausgerichtet ist. Im Mittelpunkt des Interesses stehen nicht länger die Inhalte selbst, sondern der Lern- bzw. Kompetenzzuwachs bei den Schülern. Die Entscheidung über diese Lernziele bzw. Kompetenzen ist entsprechend die wohl bedeutsamste von allen Unterrichtsentscheidungen und *richtungsweisend* für die gesamte Struktur des Unterrichts. Meyer ([121], S. 138) definiert Lernziele wie folgt:

> Ein Lernziel ist die „sprachlich artikulierte Vorstellung über die durch Unterricht […] zu bewirkende gewünschte Verhaltensdisposition eines Lernenden".

Charakteristisch für Lernziele ist demnach, dass sie bewusst gesetzt werden und ein erwünschtes Verhalten beschreiben, welches Lernende nach Abschluss eines Lernprozesses zeigen sollen. Bei der Lernzielformulierung ist daher vom angestrebten Ergebnis her zu denken. Sie ist präskriptiv, d. h. gibt einen Soll-Zustand an, der dem real erreichten Ist-Zustand am Ende des Unterrichts nicht immer in vollem Umfang entspricht. Die Verwendung des Wortes „sollen" verdeutlicht diesen wichtigen Unterschied.

Ein entscheidendes Charakteristikum von Lernzielen ist weiterhin, dass sie zwei Komponenten beinhalten, nämlich eine *Inhalts-* und eine *Verhaltenskomponente*. So lassen Zielformulierungen auf der Inhaltsebene das Was, also den Lerngegenstand erkennen, während sich die Verhaltenskomponente auf die Schüler bezieht und Auskunft über die Qualität des Erlernten gibt. So lässt sich auf dieser Seite unterscheiden, ob der jeweilige Inhalt „wiedergegeben", „angewendet", „selbst entdeckt", „selbstständig übertragen" o. Ä. werden soll.

In Abhängigkeit von den verschiedenen Kompetenzen in den Bildungsstandards lassen sich verschiedene *Typen* von Lernzielen unterscheiden, die alle abzudecken sind. Das bedeutet auch, dass Lernziele keineswegs immer bzw. ausschließlich auf *inhaltlich-fachliche* Kompetenzen ausgerichtet sein müssen, sondern gleichermaßen auch auf *allgemeine* Kompetenzen (Problemlösen, Argumentieren, Kommunizieren etc.) und überfachliche *Schlüsselqualifikationen* (z. B. Sozialkompetenz, Medienkompetenz, Präsentationskompetenz). Ebenso sollen sich die Lernziele nicht nur auf den *kognitiven* Bereich – also auf Denken, Wissen, Problemlösung, Kenntnisse, intellektuelle Fähigkeit – beschränken, sondern auch den *affektiven* und *psychomotorischen* Bereich ansprechen. Unterricht kann und soll auch auf die Veränderung von Interessenlagen, Einstellungen und Werthaltungen oder auf die Förderung (fein-)motorischer Fertigkeiten abzielen. Kliebisch & Meloefski (vgl. [93], S. 130 f.) weisen allerdings darauf hin, dass die an Bloom et al. [34] angelehnte gängige Trennung in diese drei Lernzielbereiche idealtypisch ist, weil i. d. R. Fähigkeiten aus allen drei Bereichen aktiviert werden und man somit nur von einer Akzentuierung eines Bereichs sprechen kann.

Lernziele können auf verschiedenen Abstraktionsniveaus formuliert werden. Diesbezüglich unterscheidet man bei der schriftlichen Unterrichtsplanung zwischen Reihen-, Haupt- und Teillernzielen (bzw. nach Möller zwischen Richt-, Grob- und Feinzielen; vgl. [128], S. 75 ff.). Das Ziel der Unterrichtsreihe ist dabei am abstraktesten zu formulieren, da es die Hauptlernziele von allen zugehörigen Unterrichtsstunden subsumiert. Das Hauptlernziel einer Unterrichtsstunde wiederum umfasst alle Teillernziele, die für das Erreichen dieses Ziels erforderlich sind. Es handelt sich im Grunde um eine Paraphrase des Stundenthemas, ergänzt um die spezifische Zielformulierung (vgl. [93], S. 141). Wie stark das Hauptlernziel allerdings in konkret formulierte Teillernziele ausdifferenziert werden soll, ist unterschiedlich. Häufiger ist dabei nach dem Motto „Weniger ist mehr" eine Konzentration auf wenige zentrale Stundenziele zu beobachten. Damit entgeht man der Gefahr, dass durch die Formulierung zu zahlreicher (weniger bedeutsamer) Teillernziele der eigentliche Schwerpunkt aus dem Blick gerät und man sich im Unterricht in weniger wichtigen Details verliert. Statt einer Ansammlung verschiedener Teillernziele werden diese inzwischen häufiger im Sinne von Interdependenz in ihrem Zusammenhang dargestellt und z. B. als „Schwerpunktziel" bezeichnet (vgl. z. B. Unterrichtsentwurf 5.7). Unterschiedlich ist außerdem, ob daneben noch (mindestens) ein „weiteres wichtiges Lernziel" ausgewiesen werden soll, das nicht in unmittelbarem Zusammenhang mit dem Hauptlernziel steht und zu dessen Erreichen beiträgt. Um den verschiedenen Typen von Lernzielen gerecht zu werden, bietet es sich hier an, ein weiteres Lernziel aus einem anderen Lernbereich zu formulieren und dies ggf. sogar in einer Überschrift wie „methodisches Ziel", „soziales Ziel" o. Ä. zu explizieren (vgl. Unterrichtsentwürfe 5.5 und 5.11). Die Formulierung „weitere Lernchancen" (vgl. z. B. Unterrichtsentwurf 5.3) ist bei den weiteren Lernzielen insofern geschickt, als ihr Erreichen optional ist und nicht von allen Kindern erwartet wird. Man kann dies einerseits als unverbindlich kritisieren, sollte aber andererseits bedenken, dass es angesichts der starken Leistungsheterogenität und der Betonung individueller Förderung im Grunde logisch und konsequent ist, wenn innerhalb einer Lerngruppe nicht alle Ziele (bzw. nicht in vollem Umfang) von allen Schülern erreicht werden können. Nimmt man die Forderung nach Individualisierung ernst, so kann es daher durchaus sinnvoll – wenn nicht sogar wünschenswert – sein, spezielle Lernziele für bestimmte Schüler oder Schülergruppen zu formulieren, etwa zusätzliche Ziele für „schnelle bzw. leistungsstarke SuS" (vgl. Unterrichtsentwürfe 5.5 oder 5.11) oder „weiterführende Ziele" (vgl. Unterrichtsentwurf 5.15).

Diese Ausführungen zeigen bereits einige Möglichkeiten auf, Teillernziele in einem Entwurf in verschiedene Bereiche zu ordnen. Möglich ist in Anlehnung an die Bildungsstandards zudem eine Unterscheidung in inhaltsbezogene und prozessbezogene Lernziele bzw. Kompetenzzuwächse. Fallen mehrere Lernziele in die gleiche Kategorie, ist weitergehend eine Hierarchisierung beispielsweise nach der zeitlichen Abfolge im Unterrichtsverlauf, nach Komplexitätsgrad, nach Typen etc. möglich (vgl. [121], S. 352). Die Ordnungsstruktur sollte in jedem Fall erkennbar und nachvollziehbar sein.

Neben der Festlegung der Lernziele ist in einem schriftlichen Entwurf auch deren Formulierung ein wichtiges Kriterium. Auch wenn Lernziele nicht ausschließlich operational beschreibbar sind, d. h. an beobachtbaren Verhaltensweisen der Schüler festgemacht werden können, sondern immer auch ein gewisses Maß an Interpretation erforderlich ist, sollten sie möglichst eindeutig und nachprüfbar sein. „Wer nicht genau weiß, wohin er will, braucht sich nicht zu wundern, wenn er ganz woanders ankommt" ([116], U1). In diesem Sinne sind präzise und konkrete Lernzielformulierungen Voraussetzung für eine adäquate Lernorganisation, d. h. für die Auswahl geeigneter Unterrichtsmittel, Lernstrategien sowie auch Lernkontrollen. Sie machen das Unterrichtsgeschehen transparent. Während das Festlegen der Lernziele am Anfang der Unterrichtsplanung steht, empfiehlt Meyer deren konkrete Ausformulierung (auf die in schriftlichen Unterrichtsentwürfen viel Wert gelegt wird) erst am Ende, da sie sich natürlich möglichst präzise auf die Unterrichtseinheit beziehen sollten und sich somit argumentativ aus dem Text ergeben müssen. Außerdem lässt sich so leichter prüfen, ob die Lernziele vollständig erfasst sind, wobei deren Anzahl sowie auch Genauigkeit situationsspezifisch sein können. Mit der Formulierung von Lernzielen tun sich Referendare/Lehramtsanwärter erfahrungsgemäß recht schwer. Die große Herausforderung besteht darin, den *Lern- bzw. Kompetenzzuwachs* zu beschreiben und nicht nur das, was die Schüler im Unterricht tun (sollen); gleichzeitig soll dies möglichst präzise geschehen und keinen großen Interpretationsspielraum lassen. Dies ist häufig aber nur indirekt möglich, nämlich mit der Beschreibung von beobachtbarem Verhalten, aus dem man mit möglichst großer Gewissheit (nie aber mit völliger Sicherheit!) auf einen entsprechenden Lernzuwachs schließen kann. Hilfreich für die Lernzielformulierungen ist zunächst ein Blick in die Bildungsstandards bzw. Lehrpläne, da dort nicht mehr wie früher Inhalte, sondern Kompetenzen als angestrebte Endzustände formuliert werden. In der Regel sind die Kompetenzen allerdings noch zu allgemein oder zu komplex formuliert und müssen insbesondere für die Teillernziele weiter konkretisiert und ggf. reduziert werden. Wie gerade erwähnt, sind dabei Verben zu vermeiden, die viele Interpretationen zulassen („wissen", „verstehen", „erfassen" etc.). Stattdessen sollten Verben verwendet werden, die das Schülerverhalten möglichst eindeutig beschreiben. Tabelle 4.2 zeigt mögliche Verben für Lernzielformulierungen in Anlehnung an Platte & Kappen ([142], S. 12 f.) auf, die gemäß der Bloom'schen Lernzieltaxonomie [34] ihrer Komplexität nach in sechs Stufen[2] geordnet sind (wobei für Lehrproben im Allgemeinen Unterrichtsstunden empfohlen werden, in denen mindestens ein Lernziel auf einer der höheren Stufen realisiert werden soll). Anzumerken ist jedoch, dass nicht alle Verben einer festen Stufe zugeschrieben werden können, sondern je nach Kontext durchaus auf mehrere Stufen zutreffen können.

Für Lernzielformulierungen ist die Einleitungsformel „Die Schüler sollen ..." gebräuchlich. Möchte man im Sinne eines konstruktivistischen Lernverständnisses betonen, dass Lernprozesse nur Angebotscharakter haben, könnte man stattdessen auch mit der Formel „Die Schüler erhalten die Gelegenheit ..." o. Ä. einleiten. Um zu vermeiden, dass Arbeitsschritte statt Lernzuwächse formuliert werden, empfiehlt das Studienseminar Recklinghausen [252] als Einleitungsformel für das Schwerpunktziel: „Mit dieser Stunde

---

[2] Die Hierarchisierung bezieht sich auf kognitive Lernziele, später wurden auch für affektive und psychomotorische Lernziele Hierarchisierungsvorschläge entwickelt (vgl. hierzu z. B. [140], S. 366 ff.).

Tab. 4.2 Mögliche Verben für Lernzielformulierungen in Anlehnung an Platte & Kappen ([142], S. 12 f.), geordnet nach Blooms Lernzieltaxonomie

Stufe	Bezeichnung	Kurzcharakterisierung	Mögliche Verben
1	Kenntnisse	Reproduktion des Gelernten	angeben, aufsagen, aufschreiben, aufzählen, benennen, beschreiben, darstellen, eintragen, nennen, rechnen, skizzieren, wiedergeben, zeichnen, zeigen, …
2	Verständnis	Erkennen und Nutzen von Zusammenhängen	ableiten, abstrahieren, charakterisieren, deuten, einsetzen, erläutern, erklären, fortsetzen, frei wiedergeben, interpretieren, ordnen, umstellen, variieren, vergleichen, …
3	Anwendung	Eigenständiges Übertragen auf andere Zusammenhänge	anpassen, anwenden, argumentieren, einordnen, konstruieren, korrigieren, modifizieren, nutzen, umwandeln, verknüpfen, verallgemeinern, …
4	Analyse	Zerlegung von Elementen/Erkennen von Strukturen	ableiten, abschätzen, analysieren, aufgliedern, entdecken, ermitteln, erschließen, herausfinden, klassifizieren, nachweisen, zerlegen, …
5	Synthese	Verknüpfen von Elementen zum Aufbau neuer bzw. übergeordneter Strukturen	entwerfen, entwickeln, erstellen, erzeugen, gestalten, herstellen, kombinieren, konstruieren, konzipieren, optimieren, verfassen, …
6	Beurteilung	Kritische Beurteilung von Sachverhalten auf Widerspruchsfreiheit, Brauchbarkeit etc.	begutachten, beurteilen, bewerten, einschätzen, einstufen, evaluieren, folgern, hinterfragen, Kriterien aufstellen, überprüfen, vereinfachen, vergleichen, widerlegen, …

möchte ich hauptsächlich erreichen, dass …". Hilfreich ist darüber hinaus die Verwendung der Konjunktion *„indem"*, mit der ein Lernziel im Fall eines zu großen Interpretationsspielraums konkretisiert bzw. an nachprüfbaren Verhaltensweisen der Schüler festgemacht werden kann. So wird im folgenden Beispiel konkretisiert, welche Kennwerte in welcher von verschiedenen möglichen Situationen angewendet werden sollen, und gleichzeitig, wie man diese Fähigkeiten messen bzw. woran man sie erkennen kann.

Beispiel
Die Schülerinnen und Schüler sollen die Wahrscheinlichkeit von Ereignissen beim Würfeln mit zwei Würfeln einschätzen, indem sie vorgegebenen Ereignissen die Begriffe „sicher", „möglich", „unmöglich" passend zuordnen und über die hierfür günstigen Würfelausgänge begründen.
Und/oder:
Die Schülerinnen und Schüler sollen die Begriffe „möglich", „sicher" und „unmöglich" voneinander unterscheiden, indem sie zu jedem Begriff ein passendes Ereignis zum Würfeln mit zwei Würfeln formulieren.

Wichtig ist schließlich die Einsicht, dass aufgrund der starken Heterogenität innerhalb einer Klasse nicht alle Lernziele (bzw. nicht in vollem Umfang) von allen Schülern erreicht werden können. Nimmt man die Forderung nach Individualisierung ernst, so kann es daher durchaus sinnvoll – wenn nicht sogar wünschenswert – sein, spezielle Lernziele für bestimmte Schüler zu formulieren.

Merkhilfen zur Formulierung von Lernzielen/Kompetenzen
- Ein Lernziel beschreibt einen Soll-Zustand.
- Ein Lernziel bezieht sich auf den Lern- bzw. Kompetenzzuwachs und beschreibt nicht den Arbeitsschritt.
- Lernziele sollten so formuliert sein, dass sie möglichst wenig Raum zur Interpretation lassen und möglichst nachprüfbare Verhaltensweisen der Schüler beschreiben.
- Es gibt bei Lernzielen eine Hierarchie mit zunehmender Konkretheit (Reihenziel, Hauptlernziel, Teillernziele).
- Hilfreich für Lernzielformulierungen ist die Konjunktion „indem".

4.2.3   Bedingungsanalyse

„Planung ist stets Planung für eine ganz bestimmte Lerngruppe in einer konkreten Situation" ([140], S. 64). Diese Aussage ist die logische Konsequenz eines Unterrichts, der der Individualität der Schüler Rechnung tragen will. Damit verbietet es sich, eine einmal gelungene Unterrichtsplanung unreflektiert auf eine andere Lerngruppe zu übertragen. Stattdessen muss sie immer wieder von Neuem an die speziellen Gegebenheiten angepasst werden. Die Wahl der Inhalte, Ziele und Methoden muss grundsätzlich unter Berücksichtigung der spezifischen Lernsituation erfolgen. Eine Analyse der vorliegenden Bedingungen ist somit unerlässlich für die konkrete Unterrichtsplanung, wobei alle Faktoren zu berücksichtigen sind, die das Lernverhalten der Schüler wesentlich beeinflussen bzw. mitbestimmen. Die Ergebnisse dieser Analyse bilden das Fundament für alle weiteren methodisch-didaktischen Entscheidungen. Entsprechend umrahmen in der Visualisierung der bedeutsamen didaktischen Modelle die Bedingungsfelder jeweils alle Entscheidungsfelder (vgl. Abb. 4.2). Diese Beziehung wird auch in Unterrichtsentwürfen zum Teil deutlich herausgearbeitet. So werden z. B. in der „Bedingungsfeldanalyse" im Entwurf 5.2 verschiedene Merkmale, deren Ausprägung (in der Lerngruppe) und Konsequenzen für den Unterricht tabellarisch dargestellt. In einer ganz anderen Struktur wird im Entwurf 5.6 in Aufzählungsform dargestellt, wie der Entwicklungsstand der Schüler hinsichtlich der in der Stunde angesprochenen Anforderungen an die Sach-, Methoden-, Sozial- und Selbstkompetenz eingeschätzt wird. Insgesamt wird in den Entwürfen auch an einem entsprechenden Umfang (vgl. z. B. die Entwürfe 5.6 und 5.8) deutlich, dass die Bedingungsanalyse einen sehr wichtigen Bestandteil der (schriftlichen) Unterrichtsplanung darstellt.

Bei den Merkmalen ist in Anlehnung an die lehr-lerntheoretische Didaktik nach Heimann et al. [78] eine Unterscheidung in *anthropologisch-psychologische* und *soziokulturelle* Voraussetzungen üblich, wobei erstere eher entwicklungs- bzw. reifebedingt (z. B. Sprachfähigkeit, Lernstand) und letztere eher durch gesellschaftliche Faktoren bedingt sind, die in den Unterricht hineinwirken (z. B. Einstellungen, finanzielle Aspekte). Obwohl im Zentrum der Überlegungen zweifellos die Schülergruppe steht, sind für die Unterrichtsplanung immer auch die Voraussetzungen seitens der Lehrkraft bedeutsam, da Unterricht stets durch das Wechselspiel zwischen Lehrer und Schüler gekennzeichnet ist. Auf personeller Ebene können neben diesen direkt betroffenen Personen aber auch andere Personengruppen (z. B. Schulleitung, Eltern) indirekt Einfluss nehmen und sollten daher immer mitbedacht werden. Darüber hinaus werden äußere Rahmenbedingungen und natürlich der Unterrichtsgegenstand selbst als weitere Einflussfaktoren wirksam.

Die verschiedenen Faktoren werden im Folgenden weiter ausdifferenziert, wobei jedoch für die konkrete (schriftliche) Unterrichtsplanung nicht alle Aspekte relevant sein müssen. Vielmehr kommt es darauf an, jene Faktoren zu erkennen, aus denen Konsequenzen für die Planung des Unterrichtsvorhabens gezogen werden können (vgl. [121], S. 252), und sich auf diese zu beschränken.

Schülergruppe

Bei der Analyse der Schülergruppe ist eine Vielzahl verschiedener Aspekte zu beachten, wobei zum einen die gesamte Klassensituation zu beschreiben ist, zum anderen aber auch Besonderheiten einzelner Schüler zu berücksichtigen sind, sofern diese Konsequenzen für die Unterrichtsgestaltung haben. Gegebenenfalls kann dies allerdings auch in Form eines kommentierten Sitzplans in den Anhang ausgelagert werden. Hier könnte beispielsweise aufgenommen werden, wenn ein Schüler aufgrund seines Leistungsstandes spezielle Hilfen bekommen soll oder ein anderer Schüler Probleme beim Einstieg in (Einzel-) Arbeitsphasen hat und hier besonderer Zuwendung bedarf. Oder wenn wieder ein anderer Schüler dazu neigt, Mitschüler in Plenumsphasen abzulenken, und daher einen speziellen Auftrag erhalten soll. Diese Beispiele verdeutlichen, dass in der Bedingungsanalyse ganz unterschiedliche Typen von Voraussetzungen eine Rolle spielen können, so z. B. das Arbeits-, Sozial- oder Lernverhalten.

Eine ganz wesentliche Grundüberlegung bezieht sich zweifellos auf die kognitiven Voraussetzungen der Schüler und hierbei zunächst auf die bereits erworbenen Kenntnisse, Fähigkeiten und Fertigkeiten. Denn um Probleme erfolgreich lösen zu können, muss man immer auch auf bereits vorhandenes Wissen zurückgreifen. Der Lehrer hat dafür Sorge zu tragen, dass die Schüler die benötigten Voraussetzungen mitbringen, dass also Neues immer auf Gesichertem aufbaut. Neben dieser Grundvoraussetzung sind in kognitiver Hinsicht aber auch die Denkweisen, Lern- und Aneignungsstrategien, Konzentrationsfähigkeit etc. zu berücksichtigen, die mitverantwortlich dafür sind, inwieweit der Schüler die Ziele erreichen kann. Grundlage für die Analyse dieser kognitiven Voraussetzungen bilden im Wesentlichen vorhergehende Unterrichtsbeobachtungen. Wichtige Anhaltspunkte (gerade bei neuen Schülergruppen, in denen man die einzelnen Schüler und die internen

Strukturen der Gruppe noch nicht hinreichend kennt) liefern jedoch auch allgemeine ent-
wicklungspsychologische, lernbiologische und didaktische Erkenntnisse – so zum Beispiel
die Einbeziehung möglichst vieler Sinne oder ein auf Selbstständigkeit und Selbsttätigkeit ausgerichteter Unterricht mit einem hohen Maß an Mitbestimmung und Eigenverantwortung der Schüler. Wichtige Namen sind hier u. a. Piaget und Bruner (vgl. z. B. [65],
S. 102 ff.), Aebli [18] und Gagné [66].

Wie im Abschn. 2.2.3 beschrieben, gilt es im Unterricht an die Vorkenntnisse und Vorerfahrungen der Schüler anzuknüpfen, wobei sowohl die schulisch vermittelten Kenntnisse, Fähigkeiten und Fertigkeiten (d. h. also der bisherige Unterrichtsverlauf) als auch
außerschulische Vorerfahrungen zu berücksichtigen sind. Neben den fachlichen Voraussetzungen ist in diesem Zusammenhang auch die Vertrautheit der Schüler mit bestimmten
Arbeits- und Sozialformen bedeutsam. So wird eine Gruppe, die kooperative Lernformen
gewohnt ist, ganz anders auf Lernspiralen, Gruppenpuzzles oder ähnliche Methoden (vgl.
Abschn. 4.2.5) reagieren als Lerngruppen, die solche Methoden nicht gewohnt sind. Diese
sind keineswegs Selbstläufer und müssen für einen reibungslosen Ablauf sorgfältig angebahnt werden, indem sie – zuvor oder in der Stunde selbst (dann jedoch mit entsprechenden Zielformulierungen!) – selbst zum Thema des Unterrichts gemacht werden. Gerade
in der Grundschule ist die sorgfältige Hinführung an solche Arbeitsformen eine wichtige
Aufgabe in Bezug auf das weitere Lernen.

Von großer Bedeutung für die Motivation bzw. Lernbereitschaft der Schüler sind deren
Interessen und Einstellungen, die wiederum häufig von Faktoren wie Geschlecht, Schicht-
oder Kulturgruppenzugehörigkeit (z. B. Sportvereine) abhängen. Besonders erwähnt seien
sprachliche Probleme, die nicht nur, aber auch bei Schülern mit Migrationshintergrund
zu Verständnisproblemen führen können und daher im Vorfeld z. B. bei Problemformu-
lierungen oder Erklärungen zu berücksichtigen sind. Die besondere Herausforderung im
Fach Mathematik besteht darin, im Spannungsfeld zwischen Verständlichkeit und mathematischer Exaktheit angemessen zu agieren. Die Unterscheidung der Begriffe „Flächen"
bzw. „Formen" und „Körper" ist beispielsweise wichtig, damit die Schüler z. B. nicht Kreis
und Kugel oder Dreieck und Pyramide verwechseln, die Eigenschaft „Viereck" sollte als
charakterisierende Eigenschaft aller ebenen Figuren mit vier Ecken erkannt werden und
nicht nur auf die vertrauten Vierecke (Rechteck und/oder Quadrat) beschränkt sein. Dagegen müssen die Begriffe „Aufteilen" und „Verteilen" bei der Division von den Schülern
nicht explizit unterschieden werden. Wichtig ist hier vielmehr, dass die Schüler tragfähige
inhaltliche Vorstellungen besitzen und solche Situationen als Divisionssituationen erkennen bzw. zu Divisionsaufgaben passende Aufteil- und Verteilsituationen angeben können.

Ein weiterer wichtiger Aspekt ist schließlich das Interaktions- bzw. Sozialverhalten in
der Schülergruppe (z. B. Freundschaften, Rivalitäten, Anführer-, Mitläufer-, Außenseiter-
rolle etc.), was insbesondere für Gruppenzusammenstellungen zu beachten ist. Auch wenn
es gute Gründe für zufällige Zusammensetzungen gibt, so kann es durchaus sinnvoll sein,
hier dem Zufall ein wenig „nachzuhelfen", um damit sehr ungünstige Konstellationen zu
vermeiden.

Lehrer

Nach Wittmann [207] ist der Lehrer die wichtigste Variable für den Schulerfolg eines Kindes, sodass eine kritische Analyse der eigenen Person und des eigenen Standpunktes unablässig ist. Evident ist, dass die Kompetenz des Lehrers Einfluss auf die Unterrichtsgestaltung nimmt, und zwar sowohl bezogen auf das Fachliche, den Unterrichtsgegenstand, als auch bezüglich der Unterrichtsmethoden. So wird ein methodisch versierter Lehrer mögliche Umsetzungsprobleme besser antizipieren und sich entsprechend hierauf vorbereiten können als ein Lehrer mit geringerer Methodenkompetenz. Im Hinblick auf motivationale Prozesse ist relevant, inwieweit der Lehrer am Lernerfolg der Schüler sowie auch am Unterrichtsgegenstand selbst interessiert ist und diesbezüglich eigene Erfahrungen mit einbringt. Die Übertragung der eigenen Einstellung auf die Schüler darf hierbei nicht unterschätzt werden: Der gleiche Unterricht kann bei einem Lehrer, der selbst von der Wichtigkeit eines Unterrichtsinhalts überzeugt ist, ganz anders verlaufen als bei einem Lehrer, der ihn nur aufgrund des Lehrplans behandelt.

Wichtig für die Unterrichtsplanung ist darüber hinaus, dass sich der Lehrer der eigenen Präferenzen, Stärken und Schwächen bewusst ist. Dies bezieht sich sowohl auf die eigenen kognitiven, sozialen und emotionalen Fähigkeiten als auch auf bevorzugte Lehrstile, Sozial- und Aktionsformen etc. In Lehrproben empfiehlt es sich natürlich, die eigenen Stärken zu nutzen und Schwächen nach Möglichkeit zu umgehen bzw. hierauf besonders gut vorbereitet zu sein.

Äußere Rahmenbedingungen

Da sich der Unterricht nach dem Lehrplan sowie dem schulinternen Curriculum – und ggf. in diesem Zusammenhang auch nach dem eingeführten Lehrwerk – zu richten hat, kommt diesen bei den äußeren Rahmenbedingungen eine besondere Bedeutung zu. Weiterhin muss das Unterrichtsvorhaben auf die organisatorischen Rahmenbedingungen abgestimmt sein, denn die besten Ideen können scheitern, wenn die erforderlichen zeitlichen, räumlichen oder materiellen Voraussetzungen nicht gegeben sind. Hier müssen ggf. Einbußen in Kauf genommen und das Vorhaben an die spezifischen Bedingungen angepasst werden. Bei den zeitlichen Bedingungen spielt neben der Unterrichtszeit selbst auch der übergreifende zeitliche Rahmen eine Rolle. So macht es im Hinblick auf das Lern- und Arbeitsverhalten der Schüler beispielsweise einen Unterschied, ob der Unterricht in der ersten oder letzten Stunde stattfindet, ob zuvor eine Klassenarbeit geschrieben wurde, ein besonderes Ereignis (z. B. ein Schul- oder Sportfest) ansteht o. Ä. Nicht zuletzt sind bei den äußeren Rahmenbedingungen Gewohnheiten bzw. spezielle Rituale einer Klasse zu beachten. (So kann es hier zu Unruhen, Irritationen und Nachfragen führen, wenn man diese nicht beachtet bzw. den Verzicht hierauf nicht erklärt.)

Unterrichtsgegenstand

Bezüglich des Unterrichtsgegenstands spielt der *bisherige Unterrichtsverlauf* einschließlich seiner Unterrichtsergebnisse und der hierbei gemachten Beobachtungen eine zentrale Rolle, um die schulisch vermittelten Kenntnisse, Fähigkeiten und Fertigkeiten der Schüler zu klären. Weitere Hinweise (insbesondere bei neuen Lerngruppen) erhält man aus dem Lehrplan bzw. dem schulinternen Curriculum, jedoch sollte man gerade vor wichtigen Stunden zusätzliche Informationen von ehemaligen Lehrpersonen einholen.

Im schriftlichen Entwurf erfolgt die Analyse des Unterrichtsgegenstands selbst im Rahmen der methodisch-didaktischen Analyse (vgl. Abschn. 4.2.5). Die Analyse aller Faktoren soll laut Meyer (vgl. [121], S. 248) in Antworten auf die beiden Fragen münden,

a. welche Handlungsspielräume man als Lehrer in der spezifischen Schülergruppe bei dem jeweiligen Thema hat und
b. mit welchen Interessen und welchem Alltagsbewusstsein die Schüler diesem Thema vermutlich begegnen.

Auf dieser Grundlage lassen sich im nächsten Schritt methodisch-didaktische Entscheidungen für die konkrete Unterrichtsgestaltung ableiten und begründen. Dies ist für den schriftlichen Unterrichtsentwurf von entscheidender Bedeutung, da es bei der Bedingungsanalyse im Wesentlichen um das Herstellen einer engen argumentativen Beziehung zu der didaktischen Strukturierung geht. Entscheidend ist dabei, neben den analysierten

Einige zentrale Fragen der Bedingungsanalyse

- Wie ist die Schülergruppe zusammengesetzt (Klassengröße, Alter, Geschlecht, soziale Herkunft, Lerntypen, Leistungsstand)? Wie ist das soziale Klima in der Klasse zu beurteilen? Gibt es gruppendynamische Prozesse, die relevant sein könnten?
- Was wissen die Schüler bereits aus dem Alltag und aus dem bisherigen Unterricht über den gewählten Unterrichtsgegenstand? Welche erforderlichen Fähigkeiten und Fertigkeiten bringen sie mit? Welche Arbeitsweisen und -techniken sind den Schülern vertraut? Welche Regeln und Rituale bestehen in dieser Klasse? Wie sind das Lerntempo und die allgemeine Lernbereitschaft einzuschätzen?
- Welche Schüler sind mit Blick auf die bevorstehenden Anforderungen bezüglich ihrer Fähigkeiten, ihres Arbeits- oder Sozialverhaltens auffällig und müssen bei der Planung besonders berücksichtigt werden?
- Welche Anknüpfungsmöglichkeiten zu der Lebenswelt der Schüler bestehen? Wie ist das Interesse an dem gewählten Unterrichtsinhalt zu beurteilen?
- Welche zeitlichen, räumlichen oder materiellen Rahmenbedingungen sind bei der Erarbeitung zu berücksichtigen?
- Welche Voraussetzungen, Qualifikationen, Interessen und Einstellungen des Lehrers bestimmen die Lernsituation der Klasse entscheidend mit?
- …

… und welche Konsequenzen ergeben sich hieraus jeweils für die Unterrichtsgestaltung?

Voraussetzungen auch Defizite und Probleme im Blick zu haben, um im Unterricht hierauf entsprechend vorbereitet sein zu können.

4.2.4 Sachanalyse

Grundvoraussetzung für jeden Unterricht ist die fachliche Richtigkeit. Es ist eine Selbstverständlichkeit für guten Unterricht, dass sich die Lehrkraft mit dem zu behandelnden Unterrichtsgegenstand – der „Sache" – auskennt. Dieses Wissen muss dabei über den eigentlichen Stundeninhalt hinausgehen. Der Lehrer muss den Inhalt als Ganzes verstehen und wissen, wie die einzelnen Aspekte zusammenhängen und welche Bezüge zu anderen Inhalten bestehen. Ziel der Sachanalyse ist es daher, sich der Strukturen und Beziehungen des Unterrichtsgegenstands bewusst zu werden und diese auf den didaktischen Planungsprozess beziehen zu können.

Diskussionen gibt es allerdings darüber, was genau in eine solche Sachanalyse gehört. So vertritt z. B. Roth die Position, dass der Unterrichtsgegenstand allein aus fachwissenschaftlicher Sicht beleuchtet werden müsse und dass diese Analyse den Ausgangspunkt für zunächst didaktische und anschließend methodische Entscheidungen darstelle (vgl. hierzu [140], S. 21 ff.). Anders wendet sich Klafki entschieden gegen eine solche vorpädagogische Sachanalyse und betont, dass die fachwissenschaftlichen Überlegungen von Beginn an in einen didaktisch-methodischen Begründungszusammenhang eingebunden sein müssen (vgl. Ebd.). Hierfür spricht auch, dass die Stimmigkeit von Ziel-, Inhalts- und Methodenentscheidungen ein empirisch gesichertes Merkmal für guten Unterricht darstellt (vgl. Abschn. 4.1.5). Außerdem merkt Meyer (vgl. [121], S. 255) an, dass der routinierte Lehrer beim Studieren der jüngsten fachwissenschaftlichen Literatur i. d. R. immer schon methodisch-didaktische Überlegungen im Hinterkopf hat. Es ist allerdings sicher auch eine Frage des geforderten Umfangs (der zwischen den verschiedenen Bundesländern oder auch zwischen verschiedenen Ausbildungsjahrgängen infolge sich ändernder Ausbildungs- und Prüfungsordnungen durchaus variiert) sowie studienseminarabhängig, ob und inwieweit die Sachanalyse (bzw. „Überlegungen zur Sache" o. Ä.) einen separaten Block im schriftlichen Entwurf bilden soll oder die zugehörigen Aspekte in methodisch-didaktische Überlegungen integriert werden. Auch wenn in letzterem Fall (sowie auch in Kurzentwürfen) die Sachanalyse nicht separat zu Papier gebracht werden muss, befreit dies nicht von entsprechenden Überlegungen. Gerade bei Unsicherheiten ist es besonders wichtig, sich intensiv mit der Sache auseinanderzusetzen, um im Unterricht die unterschiedlichen Fragen, Beiträge und Ergebnisse der Schüler richtig einordnen, bewerten und angemessen hierauf reagieren zu können.

In Anlehnung an Fraedrich ([60], S. 33 ff.) soll nachfolgend dargestellt werden, welche fachlichen Überlegungen für die Sachanalyse eine Rolle spielen können. Dabei merkt die Autorin selbst an, dass viele der Punkte (z. B. typische Lösungsverfahren oder Fehler, Fortsetzungsmöglichkeiten) nicht losgelöst von methodisch-didaktischen Überlegungen sind, was einmal mehr für den engen Zusammenhang zwischen der inhaltlichen und metho-

disch-didaktischen Analyse und insofern gegen eine strikte Trennung spricht. Die Auflistung dient vorrangig der Sensibilisierung für die Funktion der Sachanalyse, muss jedoch
im Grunde an jede Unterrichtsstunde individuell angepasst werden. Denn einerseits sind
nicht alle Aspekte für jede Unterrichtsstunde relevant, andererseits ist die Liste sicherlich
nicht für jedes Thema erschöpfend. So beschränkt sich die Auflistung beispielsweise auf
die mathematische Seite des Unterrichts, obwohl heutzutage daneben auch außermathematische Sachverhalte (z. B. Methodenkompetenz, Sozialkompetenz) wichtig und daher
ggf. ebenfalls zu beachten sind.

- **Einordnung**: Welcher allgemeine mathematische Sachverhalt wird vermittelt und zu
  welcher Disziplin (z. B. Arithmetik, Kombinatorik) gehört dieser?
- **Mathematischer Hintergrund**: Welcher mathematische Hintergrund verbirgt sich hinter dem Unterrichtsinhalt (z. B. Rechengesetze) und wie ist dieser strukturiert? Welche
  Definitionen, Beziehungen, Eigenschaften, Verknüpfungen, Begriffe, Gesetze, Verfahren o. Ä. sind dabei zentral?
- **Aufgabentypen**: Welche Beispiele/Gegenbeispiele sind charakteristisch? Gibt es Aus-
  nahmen, Spezial- oder Grenzfälle?
- **Anwendung**: Welche inner- und außermathematische Bedeutung besitzt der Unter-
  richtsinhalt (z. B. Beziehung zu anderen Unterrichtsinhalten, Umweltbezüge)? Welche
  Aufgabentypen und welche Darstellungen (z. B. Notationsformen, Veranschaulichun-
  gen) sind dabei gebräuchlich? Welche Fortsetzungsmöglichkeiten bieten sich an?
- **Voraussetzungen**: Welche fachlichen Voraussetzungen müssen die Schüler (und der
  Lehrer) mitbringen? Welche Fachbegriffe müssen bekannt sein oder ggf. eingeführt
  werden?
- **Ergebnis**: Welche verschiedenen Lösungsmöglichkeiten gibt es und wie sind diese zu
  bewerten? Welche typischen Fehler sind bekannt und welche Kontrollmöglichkeiten
  gibt es?
- **Transfer**: Welche Möglichkeiten bietet der Unterrichtsinhalt für Analogiebildungen,
  Übertragungen, Verallgemeinerungen?
- ...

Diese Analyse muss natürlich jeweils auf der Grundlage des aktuellen fachwissenschaftlichen Standes der Forschung erfolgen. Bei der Aufarbeitung der Sachkompetenz können
dabei neben der jeweiligen Fachliteratur auch der Lehrplan, das Schulbuch mit zugehörigen Lehrerkommentaren sowie das Internet helfen.

Da die Sachanalyse in der Regel in die methodisch-didaktische Analyse integriert ist,
empfiehlt sich darüber hinaus besonders die Befragung von Experten (Mentoren, Fachleiter und andere erfahrende Fachlehrkräfte), die häufig nützliche Hinweise für die praktische Umsetzung geben und auf wichtige Aspekte aufmerksam machen können, welche
man andernfalls aus Mangel an Erfahrung möglicherweise unterschätzt hätte.

4.2.5 Methodisch-didaktische Analyse

Das zentrale Anliegen der methodischen und didaktischen Analyse besteht darin, aus den unzähligen Möglichkeiten, Unterricht zu gestalten, diejenige auszuwählen, die verwirklicht werden soll. Bezüglich der äußeren Form gehen allerdings wie bei der Sachanalyse die Meinungen bzw. Erwartungen auseinander, ob bei der schriftlichen Unterrichtsplanung methodische und didaktische Überlegungen in getrennten Abschnitten oder im Zusammenhang dargestellt werden. Unberührt davon ist jedoch die Tatsache, dass hierbei die Zusammenhänge zwischen Methodik und Didaktik herausgestellt werden, weil sich eine gute Unterrichtsplanung gerade dadurch auszeichnet, dass sämtliche Entscheidungen in sich stimmig und den spezifischen Bedingungen angepasst sind (Kriterium „Stimmigkeit"; vgl. Abschn. 4.1.5). Die Entscheidungen in den verschiedenen Bereichen – bei den Zielen, Inhalten, Methoden, Medien – sind im Sinne von Interdependenz untrennbar aufeinander bezogen und bilden einen Begründungszusammenhang, d. h., eine Entscheidung in einem dieser Bereiche ist jeweils durch die Entscheidungen in den anderen Bereichen begründet. Aus diesem Grund werden – nach Exkursen speziell zur Auswahl von Methoden und Medien – methodische und didaktische Überlegungen in diesem Abschnitt integrativ betrachtet.

Exkurs Unterrichtsmethodik

Eine gute Aufgabe macht noch keinen guten Unterricht – die Wahl einer geeigneten Methode ist für die Qualität von Unterricht entscheidend mitverantwortlich. Die gleiche Aufgabe kann bei vergleichbaren Voraussetzungen in Abhängigkeit der gewählten Methode ganz unterschiedliche (auch ähnlich überzeugende) Lehr- und Lernprozesse mit ganz unterschiedlichen Zielen auslösen (vgl. [27], S. 6 f.). Zudem hängt es nach Peterßen ([140], S. 394) überwiegend von der Methodik ab, ob die Schüler Freude und Interesse am Unterricht haben und gerne in die Schule gehen. Auch wenn Barzel et al. [26] daher die große Bedeutung der Unterrichtsmethode neben der Aufgabenkultur als wesentlichen Teil der Unterrichtsgestaltung herausstellen, warnen sie davor, diese als Allheilmittel für die Unterrichts- und Schulentwicklung überzubewerten. Denn Methoden haben dienende Funktion. Sie stellen absichtsvoll angelegte Handlungsabläufe im Hinblick auf die jeweils bestimmten Ziele des Unterrichts dar, weshalb nicht jede Methode auch zu jedem Unterricht passt. Sie sollten daher nie zum Selbstzweck eingesetzt werden, sondern müssen in Einklang mit den anderen Planungsentscheidungen bezüglich der Ziele, Inhalte und Medien stehen. Methodenkompetenz des Lehrers zeichnet sich dadurch aus, jeweils geeignete Methoden auszuwählen bzw. diese gegebenenfalls situationsspezifisch anzupassen oder weiterzuentwickeln.

Auch wenn der Begriff „Unterrichtsmethode" im pädagogischen Alltag gebräuchlich und es einfach ist, Beispiele hierfür anzugeben, so ist seine Charakterisierung keineswegs eindeutig und klar. Denn der Begriff wird auf ganz verschiedenen Ebenen mit unterschiedlicher Reich- und Tragweite verwendet, beginnend mit übergeordneten Entscheidungen über den Aufbau des gesamten Curriculums bis hin zu ganz kurzfristigen Entscheidungen

Methodische Grundformen	Didaktische Schritte	Logische Verfahren	Kooperations- formen
Unterrichts- gespräch (Kreisgespräch, Debatte, Streitgespräch etc.) Gezielter Impuls Lehrerfrage Lehrervortrag Lob und Tadel Stillarbeit	Einstieg Erarbeitung Ergebnissicherung (oder andere Strukturierungen, vgl. 4.1.6)	Experimentieren Induzieren (vom Besonderen zum Allgemeinen) Deduzieren (vom Allgemeinen zum Besonderen)	Frontalunterricht Gruppen- unterricht (Partnerarbeit, Groß- oder Kleingruppen- arbeit) Einzelarbeit

Abb. 4.3 Strukturierung von Unterrichtsmethoden adaptiert nach Meyer [121]

z. B. über Lob oder Tadel. Mit Blick auf die heutigen Vorstellungen von Unterricht erscheint eine Anlehnung an Meyer ([121], S. 327) sinnvoll, der unter Unterrichtsmethoden „die Formen und Verfahren, mit denen sich Schüler und Lehrer[3] die sie umgebende natürliche und gesellschaftliche Wirklichkeit aneignen", versteht. Die Unterrichtsmethodik nimmt also quasi eine Vermittlerfunktion, die Rolle einer Art „Transportmittel" zwischen dem Unterrichtsgegenstand und dem Lernenden (und Lehrenden) ein. Der Überblick (Abb. 4.3[4]) über gängige Unterrichtsmethoden stammt von Meyer (vgl. [121], S. 337) in Anlehnung an Klingberg. Bei dieser Strukturierung wird auf der obersten Ebene zwischen der äußeren, beobachtbaren Seite (z. B. Gruppenunterricht) und der inneren, auf Interpretation beruhenden Seite (z. B. Einstiegsphase) des Unterrichts unterschieden. Statt der Oberbegriffe *Methodische Grundformen* und *Kooperationsformen* findet man in anderen Quellen auch die Begriffe *Arbeits-, Aktions- oder Handlungsformen* und *Sozial- oder Kommunikationsformen*. Unabhängig von der Begrifflichkeit beschreiben Erstere, in welcher Weise Lehrer bzw. Schüler im Unterricht tätig werden, während sich Letztere auf die Interaktions- und Kommunikationsstrukturen beziehen. Bei Meyers Strukturierung (vgl. Abb. 4.3) gibt es hierbei allerdings Überschneidungen, da einige methodische Grundformen (Unterrichtsgespräch, Stillarbeit) zugleich Auskunft über die enthaltenen Interaktions- und Kommunikationsmöglichkeiten geben und somit auch den Kooperationsformen zugeordnet werden können.

---

[3] Er wendet sich damit gegen eine typische Definition als „Art und Weise der Vermittlung des Unterrichtsinhalts", da diese nur auf die Handlungsspielräume des Lehrers und nicht der Schüler ausgerichtet ist.

[4] In dieses Schema nicht eingeordnet sind das Spiel und die Projektmethode.

Tab. 4.3 Grundformen der Lehr- und Lernmethoden nach Uhlig

Lehrerseite (Lehrmethode)	Schülerseite (Lernmethode)	Beispiele für Lehrtätigkeiten
Darbietend	Rezeptiv	Vortrag, Demonstration, Anschreiben/Anzeichnen
Anleitend	Geleitet-produktiv	Gesprächsführung, Richtigstellung, Beispiel geben
Anregend	Selbstständig-produktiv	Aufgabenstellung geben, Problem aufzeigen, Material bereitstellen

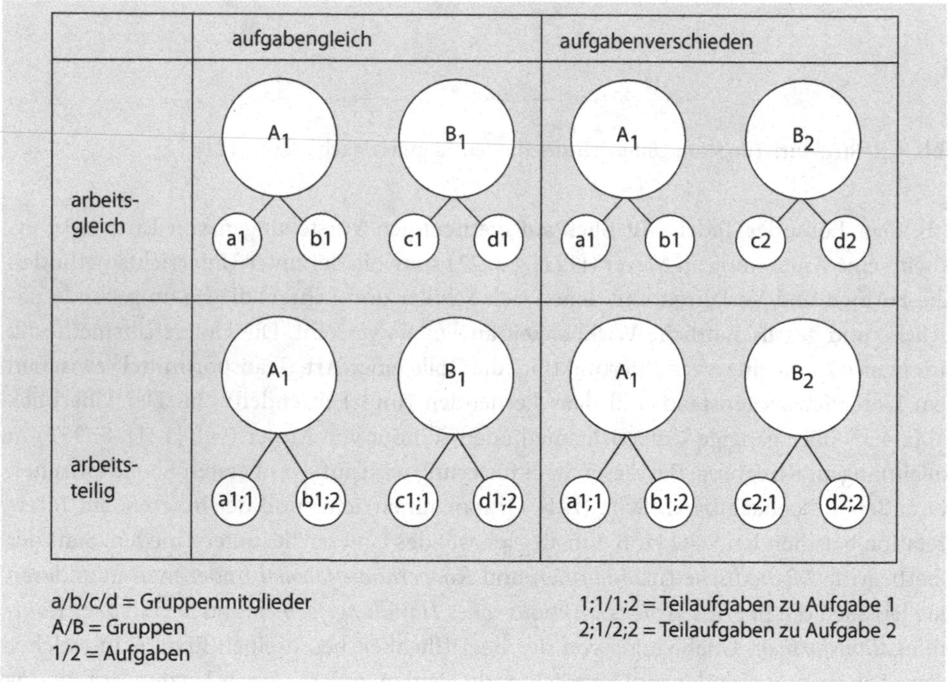

Abb. 4.4 Formen der Gruppenarbeit nach Klingberg. (© [140], S. 412)

Bei den Grund- bzw. Arbeitsformen ist in Anlehnung an Uhlig (vgl. [140], S. 400) auf oberster Ebene eine Unterscheidung zwischen drei Grundformen gebräuchlich, die nach dem Maß der Steuerung durch den Lehrer geordnet sind (vgl. Tab. 4.3).

Auch die wichtigsten Sozialformen des Unterrichts lassen sich nach abnehmender Steuerungsfunktion des Lehrers ordnen: *Frontalunterricht* bzw. Unterricht *im Plenum* (hier sind die wichtigsten Formen des Lehrervortrags und das fragend-entwickelnde Unterrichtsgespräch einzuordnen), *Einzel-, Partner- und Gruppenarbeit* bzw. *Gruppenunterricht*. Bei der Gruppenarbeit ist eine weitere Kategorisierung (vgl. Abb. 4.4) in Anlehnung an Klingberg (vgl. [140], S. 411 f.) nützlich, bei der einerseits bezüglich der *Aufgabenstellung* (Bearbeiten alle Gruppen die gleichen oder verschiedene Aufgaben?) und andererseits bezüglich der *Arbeitsteilung* innerhalb der Gruppen (Machen alle Gruppenmitglieder das Gleiche oder gehen sie arbeitsteilig vor?) differenziert wird.

Gruppenarbeit ist jedoch noch nicht gleichzusetzen mit *kooperativem Lernen*, das aktuell stark propagiert wird. So werden häufig zu beobachtende Umsetzungen von Gruppenarbeit gerne verspottet als TEAM-Arbeit im Sinne von: „Toll, Ein Anderer Macht's". Dies wird bei kooperativen Lernformen ausgeschlossen, welche in Anlehnung an Helmke ([79], S. 211 f.) durch folgende Merkmale gekennzeichnet sind:

- **Positive Interdependenz**: Die Gruppenmitglieder sind wechselseitig voneinander abhängig, sodass jedes auch für den Lernerfolg der gesamten Gruppe verantwortlich ist.
- **Individuelle Verantwortlichkeit**: Der individuelle Beitrag jedes Gruppenmitglieds bleibt erkennbar und schützt so unter anderem vor „Trittbrettfahrern".
- **Förderliche Interaktion**: Die Lernaufgabe soll soziale Interaktion fördern, d. h., die Schüler sollen diese Interaktionen (z. B. wechselseitiges Erklären, Fragen, Verändern) als vorteilhaft gegenüber individuellem Lernen wahrnehmen. Soziale Interaktionen sind damit zugleich Ziel und Bedingung kooperativen Lernens.
- **Kooperative Arbeitstechniken**: Auch kommunikative und soziale Kompetenzen wie z. B. die Bewältigung von Konflikten sind nicht nur Ziele, sondern auch Voraussetzungen für erfolgreiches Lernen in der Gruppe und werden in diesen Lernprozessen weiterentwickelt.
- **Reflexive Prozesse**: Die Gruppenarbeit selbst wird reflektiert, d. h., es findet ein Austausch über förderliche und beeinträchtigende Bedingungen statt und es wird geprüft, ob Regeln eingehalten und Ziele erreicht wurden.

Kooperative Lernformen haben auch deshalb eine große Bedeutung für den Unterricht, weil in ihnen eine Antwort auf die Frage gesehen wird, wie man der großen Heterogenität in Lerngruppen gerecht werden und alle Kinder individuell fördern kann. Denn durch den Austausch profitieren nicht nur die leistungsschwächeren Schüler, sondern auch die leistungsstärkeren Schüler im Sinne des reziproken Lernens (vgl. Abschn. 2.2.9).

Exemplarisch sei die methodische Form des *Gruppenpuzzles* beschrieben, die diese Merkmale gut verdeutlicht. Bei diesem methodischen Modell arbeiten die Gruppenmitglieder einer Stammgruppe an verschiedenen Aufgaben. Für die Bearbeitung finden sich die Schüler mit den gleichen Aufgaben in sogenannten Expertengruppen zusammen, bevor sie nach erfolgreicher, gemeinsamer Lösung in ihre Stammgruppen zurückkehren. Dort fungieren sie als Experten für die jeweils bearbeitete Aufgabe und vermitteln den anderen Gruppenmitgliedern nacheinander ihr Wissen, was abschließend in einer Evaluationsphase überprüft wird (vgl. Abb. 4.5). Hier muss jedes Gruppenmitglied ein hohes Maß an Verantwortung übernehmen, da sich die anderen Mitglieder seiner Stammgruppe nicht intensiv mit dem Teilproblem auseinandergesetzt haben, sondern von diesem Schüler (positiv) abhängig sind. Gleichzeitig wird kein Schüler mit seiner Aufgabe allein gelas-

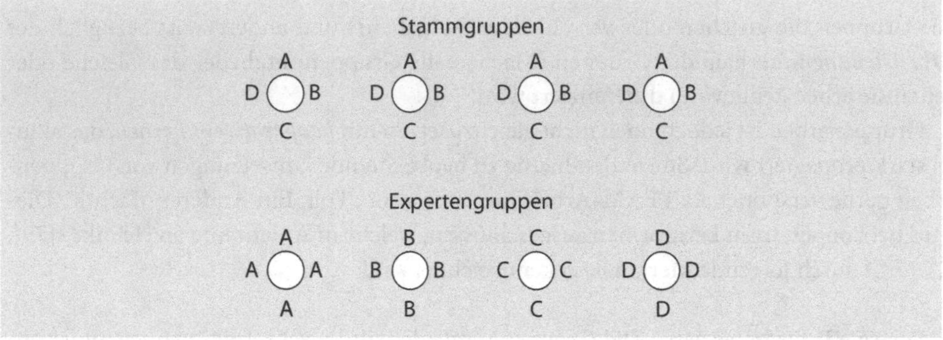

Abb. 4.5 Gruppenpuzzle

sen, weil sich in der Expertengruppe jeweils mehrere Kinder mit dem gleichen Teilproblem beschäftigen und hier zu einem gemeinsamen Ergebnis finden müssen.

Diese Unterrichtsmethode ist allerdings sehr komplex und setzt voraus, dass die Kinder kooperatives Arbeiten gewohnt sind und bereits sehr selbstständig arbeiten können.

Eine weniger komplexe und inzwischen weitverbreitete Form, die sich auch in vielen der ausgewählten Unterrichtsentwürfe in Kap. 5 wiederfinden lässt, ist die *Lernspirale* (vgl. z. B. [96], S. 63 ff.), auch unter dem Namen „Ich-Du-Wir" bekannt. Hierbei bearbeiten Schüler eine Aufgabe zunächst in Einzelarbeit, wodurch jeder Schüler aktiviert wird und sich eigene Gedanken zur Problemstellung macht oder eine Aufgabenstellung zunächst individuell bearbeitet. In der Du-Phase findet dann ein Austausch mit dem Partner oder der Gruppe statt mit dem Ziel, zu einem gemeinsamen Ergebnis zu gelangen, welches anschließend ins Plenum (Wir-Phase) eingebracht wird, wobei ein Schwerpunkt hierbei auf einer verständlichen Präsentation liegt. „Ich-Du-Wir" stellt ein Grundprinzip dar, welches organisatorisch auf verschiedene Weise ausgestaltet werden kann. So lassen sich etwa die Gruppierungen für die Du-Phase auf verschiedene Weise zusammensetzen, z. B. nach Zeit, indem ein Kind, welches mit der Bearbeitung fertig ist, ein bestimmtes Signal gibt (Hand heben, sich auf einen bestimmten Platz setzen o. Ä.) und mit dem Kind zusammenarbeitet, das als Nächstes fertig ist.

Eine große Rolle im Unterricht der Grundschule spielen auch die Formen des Offenen Unterrichts, zu denen die Freiarbeit, die Wochenplanarbeit, der Projektunterricht und das Stationenlernen gehören (vgl. hierzu z. B. [90]). Für Lehrproben ist jedoch zu bedenken, dass Fachleiter gegebenenfalls aktivere Parts des Lehramtsanwärters sehen wollen als in Phasen der Freiarbeit oder Wochenplanarbeit, sodass sich hierunter im Wesentlichen das *Stationenlernen* anbietet, bei dem unterschiedliche Aufgaben zu bearbeiten sind, die aus inhaltlicher Sicht möglichst verschiedene Aspekte eines Themas ansprechen und möglichst auch problemorientiert sein sollten. Aus organisatorischer Sicht werden diese Aufgaben an unterschiedlichen Stellen (Stationen) ausgelegt. Zentrales Charakteristikum des Stationenlernens ist ein individuelles Tempo bei der selbstständigen Bearbeitung der Aufgaben und folglich bei dem Wechsel zwischen den Stationen. Damit verbunden ist, dass auch die Aufgabenstellungen bzw. Instruktionen in einer Form gegeben werden müssen, in der sie von den Schülern selbstständig erschlossen werden können. Das Stationenlernen kann in verschiedenen Varianten auftreten, die man in der Literatur unter den Begriffen Lerntheke, Lernzirkel, Lernstraße, Lernzonen etc. wiederfindet. Abgesehen von teilweise verschiedenen räumlichen Anordnungen der Stationen bestehen wesentliche Unterschiede darin, ob die Reihenfolge der Aufgaben beliebig oder festgelegt ist (weil z. B. die Aufgaben aufeinander aufbauen) und ob es Wahl- und Pflichtstationen gibt.

Es sei bemerkt, dass im Kontrast zu den gerade beschriebenen Methoden aus Beobachtungen und Untersuchungen allerdings hervorgeht, dass in der Praxis (noch) ein Unterricht dominiert, bei dem der zu erschließende Unterrichtsinhalt fragend-entwickelnd erarbeitet wird *oder* eine Musterlösung zu einer neuen Aufgabenstellung ebenfalls fragend-entwickelnd erarbeitet wird und sich eine Stillarbeitsphase zur Einübung anschließt (vgl. [17], S. 205). Dies hängt vermutlich stark damit zusammen, dass viele Lehrer in ihrer Ausbildung kaum methodische Formen kennengelernt haben, die den aktuellen Grundprinzipien besser gerecht werden, wie sie mittlerweile in großer Fülle existieren. Diese Methoden werden inzwischen nicht nur in Fortbildungen an Lehrer, sondern in Ansätzen auch durch Unterrichtsmaterialien an Lehrer und Schüler herangetragen. Methodische Anregungen findet man dabei z. B. in Arbeitsaufträgen (z. B.: „Ein Partner zeigt eine Zahl am Hunderterfeld, der andere nennt sie.") oder in Lehrerhandreichungen. So werden beispielsweise bei Rinkens et al. ([154] bis [157]) kooperative Lernformen für konkrete Unterrichtssequenzen vorgeschlagen, die am Schluss jeweils noch einmal in einem Methodenglossar übersichtlich zusammengestellt sind. Für weitere Anregungen findet man eine sehr gelungene Zusammenstellung von Methoden speziell für den Mathematikunterricht – darunter auch kooperative Lernformen – mit Einsatzbeispielen und Varianten (allerdings aus dem Bereich der Sekundarstufe stammend) bei Barzel et al. [26]. Sehr hilfreich ist hierin auch die Zuordnung von passenden Unterrichtsmethoden zu verschiedenen Funktionen im Unterricht (Erkunden, Entdecken und Erfinden – Systematisieren und Absichern – Üben, Vertiefen und Wiederholen – Diagnostizieren und Überprüfen; vgl. [26], S. 252 f.).

Exkurs Medienauswahl
Genau wie für Unterrichtsmethoden gilt auch für Medien, dass ihr Einsatz nie Selbstzweck sein darf, sondern immer sorgfältig reflektiert und in Einklang mit den übrigen Planungsentscheidungen erfolgen muss. Ein geeignetes Medium erfüllt dabei folgende drei Anforderungen, die situationsabhängig und daher immer wieder aufs Neue zu prüfen sind (vgl. [140], S. 436):

- Es stimmt in seiner Struktur weitgehend mit der des Inhalts überein, d. h. repräsentiert den Inhalt möglichst isomorph.
- Es bezieht sich möglichst eindeutig auf das Lernziel und hilft bei dessen Verwirklichung (wobei auch wichtig ist, dass die Schüler das Medium in der vorgesehenen Art – und nicht anders – verwenden).
- Es besitzt ein hohes Maß an dauerhafter Attraktivität.

Optimal ist die Auswahl, wenn das vorgesehene Medium im Hinblick auf diese drei Kriterien besser geeignet ist als jedes andere Medium.

Typische Medien sind das Schulbuch und Arbeitsblätter mit den darin enthaltenen Texten, Zeichnungen und Bildern, des Weiteren reale Anschauungsobjekte und -modelle, Werkzeuge wie Zirkel und Geodreieck, Tafel oder Overhead-Projektor und – nicht zu vergessen – die gesprochene Sprache. Wie in Abschn. 2.2.1 dargestellt, ist hierbei die Beziehung zwischen Umgangs- und Fachsprache besonders zu beachten, um falschen Vorstellungen und Lernschwierigkeiten entgegenzuwirken. Im Zuge der technischen Weiterentwicklung treten neben Taschenrechnern und Computern mit spezieller Software weitere neue Medien wie das Whiteboard oder das Internet hinzu, die jeweils spezifische Vorteile bieten (vgl. auch Abschn. 2.2.10). So entlastet der Einsatz von Taschenrechnern von Kalkülen, schafft Kapazitäten für anspruchsvollere Tätigkeiten wie Analysieren und Argumentieren und vereinfacht somit mathematische Entdeckungen. Das Internet bietet insbesondere die Möglichkeit der schnellen Informationsbeschaffung und stellt somit u. a. organisatorisch eine große Erleichterung für die Bearbeitung offen gestellter Probleme dar (vgl. „Fermi-Aufgaben"). Aus diesen Gründen haben solche Medien auch bereits Eingang in aktuelle Lehrpläne gefunden. So heißt es etwa im Hamburger Bildungsplan ([217], S. 16) bei den didaktischen Grundsätzen zum Punkt Medien und Arbeitsmittel:

> Der Mathematikunterricht nutzt über ein Schulbuch hinaus weitere Informationsquellen und Hilfsmittel. Schülerinnen und Schüler werden bei geeigneten Inhalten an die Arbeit mit Taschenrechner und Computer herangeführt und verwenden geeignete Lernsoftware.

Im Lehrplan NRW ([222], S. 59) lautet eine Kompetenzanforderung aus dem Bereich Problemlösen:

> Die Schülerinnen und Schüler wählen bei der Bearbeitung von Problemen geeignete mathematische Regeln, Algorithmen und Werkzeuge aus und nutzen sie der Situation angemessen (z. B. Geodreieck, Taschenrechner, Internet, Nachschlagewerke).

Zusätzlich wird der Taschenrechner hier auch bei den inhaltsbezogenen Kompetenzen aufgeführt, und zwar als Rechenwerkzeug beim Erforschen von Zusammenhängen (vgl. [222], S. 63).

Besonders wichtig im Hinblick auf die kognitiven Voraussetzungen von Grundschülern ist die Auswahl geeigneter realer Objekte sowie Arbeits- und Veranschaulichungsmittel, die bei dem Aufbau innerer Vorstellungsbilder helfen sollen, welche wiederum Voraussetzung für das mentale Operieren sind. Konkrete Handlungen spielen bei diesem Prozess eine entscheidende Rolle (vgl. z. B. [110]). Bei der Auswahl dieser Lernmittel sollte man sich jedoch bewusst sein, dass der Umgang mit jedem Medium gleichzeitig auch eine zusätzliche Anforderung an die Schüler stellt (vgl. z. B. die Studie von Radatz [145]) und sich somit auch lernhemmend auswirken kann, wenn die zugrunde liegenden mathematischen Strukturen nicht erkannt werden. Denn es gibt – so Krauthausen & Scherer ([9], S. 215) – keinen direkten, zwingenden Weg vom „Anschauen" zur gewünschten Verinnerlichung des mathematischen Begriffs, weil die Verinnerlichung ein konstruktiver Akt des Lernenden ist und folglich auch zu der Entwicklung fehlerhafter oder weniger tragfähiger Vorstellungen führen kann. Aus diesem Grund müssen Arbeits- und Veranschaulichungsmittel wie z. B. das Hunderterfeld oder der Zahlenstrahl erstens sorgfältig ausgewählt und zweitens zunächst selbst zum Unterrichtsgegenstand gemacht werden. Dies geschieht auf der Grundlage konkreter Handlungen unter besonderer Berücksichtigung der Übersetzungsprozesse auf die ikonische und symbolische Ebene. Eine praktische Hilfe für die Auswahl geeigneter Arbeitsmittel und deren Einsatzmöglichkeiten findet man u. a. bei Radatz et al. ([147], S. 34–46) oder Floer [55, 57]). Oft ist man allerdings bereits durch vorangegangenen Unterricht und/oder das Schulbuch bei den Veranschaulichungsmitteln in gewisser Weise festgelegt.

Didaktische Analyse und didaktische Reduktion

Am Anfang der (methodisch-)didaktischen Analyse steht die sogenannte *didaktische Reduktion* oder auch *didaktische Schwerpunktsetzung*, die darauf abzielt, einen Inhalt auf die spezifischen Voraussetzungen der Lerngruppe abzustimmen und ihn auf diese Weise in einen „Lerninhalt" zu modifizieren. Es handelt sich um eine zentrale Aufgabe, da Inhalte im Allgemeinen zu komplex oder anspruchsvoll sind, um sie erschöpfend behandeln bzw. erarbeiten lassen zu können, bzw. Kompetenzerwartungen zu überdimensioniert sind, um sie im 45-Minuten-Takt einer Unterrichtsstunde erfüllen zu können. Hier bedarf es entsprechender Einschränkungen und Konkretisierungen, damit die angestrebten Ziele realistisch bleiben. Hilfreich hierfür ist die auf Klafki (z. B. [92]) zurückgehende „*Didaktische Analyse*". In ihr wird in einem ersten Schritt durch eine Kombination aus fachlichen Überlegungen (Sachanalyse) und Überlegungen bezüglich der Lerngruppe (Bedingungsanalyse) die Bedeutung des Unterrichtsgegenstands für die Lerngruppe geklärt, was eine zentrale Rolle bei der Legitimation der zu erreichenden Lernziele spielt. Klafki unterscheidet diesbezüglich zwischen drei Bedeutungsaspekten: der Gegenwarts-, der Zukunfts- und der exemplarischen Bedeutung.

Gegenwartsbedeutung

Analysiert wird die Bedeutung des gewählten Inhalts für die gegenwärtige Lebenssituation der Schüler etwa durch folgende Fragen:

- Welche Vorerfahrungen aus dem Alltag bringen die Schüler mit?
- Wie ist das Interesse an diesem Inhalt zu beurteilen bzw. welche Aspekte sind für die Schüler interessant?
- Welche Kenntnisse und Fähigkeiten bringen die Schüler bezogen auf den Inhalt mit?

Zukunftsbedeutung

Die zugehörigen Fragen beziehen sich auf die Bedeutung, die der Inhalt für das Leben haben kann, in das der Schüler hineinwächst. Dies betrifft zukunftsrelevante Qualifikationen, die durch die Behandlung des Inhalts erreicht werden können, und gesellschaftliche

Erwartungen, die hierdurch erfüllt werden können. Bei der Ergründung der Zukunftsbedeutung hilft oft ein Blick in Schulbücher in entsprechenden Anwendungssachsituationen.

Exemplarische Bedeutung

Es geht darum, ob bzw. inwieweit an dem speziellen Inhalt allgemeine Zusammenhänge,
Gesetzmäßigkeiten, Beziehungen, Widersprüche o. Ä. dargestellt werden können. Gerade
im Mathematikunterricht sind solche Transferleistungen von besonderer Bedeutung, nicht
nur bezogen auf den Austausch des Zahlenmaterials, sondern auch beim Erkennen struk-
turgleicher Anwendungen. Untersucht man im Unterricht beispielsweise verschiedene Ereignisse beim einmaligen Ziehen aus einer Urne mit verschiedenfarbigen Kugeln, so sollen
die Schüler die Erkenntnisse nicht nur auf andere Anzahlen und Farbzusammensetzungen
übertragen können, sondern auch auf andere strukturgleiche (nämlich einstufige) Zufallsexperimente.

   Bei der Allgemeingültigkeit von Gesetzmäßigkeiten können im Bereich der Grundschule aufgrund der kognitiven Voraussetzung natürlich keine echten Beweise erwartet
werden. Die Allgemeingültigkeit lässt sich aber häufiger durchaus mithilfe sogenannter
beispielgebundener Beweisstrategien begründen, in denen die Gesetzmäßigkeiten an einem
konkreten Beispiel so verdeutlicht werden, dass das allgemeine Prinzip und damit die
Übertragbarkeit auf alle entsprechenden Fälle hierbei erkannt wird, so z. B. das Kommu-
tativgesetz der Multiplikation durch die zeilen- bzw. spaltenweise Betrachtung von Punktmustern o. Ä. (vgl. z. B. [12], S. 135 f.). Die Einsicht, dass dieses Vorgehen prinzipiell bei
beliebigen, entsprechend angeordneten Punktmustern analog durchführbar ist, liefert den
„Beweis" der Allgemeingültigkeit. Daneben sind aber beispielsweise auch bei der Einführung eines Algorithmus (z. B. schriftliche Subtraktion) die Beispielaufgaben so zu wählen
und zu präsentieren, dass das zugrunde liegende Prinzip erkannt und entsprechend auf
beliebige Beispiele übertragen werden kann.

Nach Klärung dieser drei Fragenkomplexe geht es anschließend um die Aufbereitung des
Inhalts für den Unterricht. Klafki unterscheidet diesbezüglich zwischen Überlegungen zur
thematischen Strukturierung des Inhalts und dessen Zugänglichkeit und Darstellbarkeit,
wobei sich erstere eher auf den Umfang und letztere eher auf das Anforderungsniveau beziehen.

Thematische Strukturierung

Da Inhalte im Unterricht in der Regel nicht in ihrer ganzen Reichweite behandelt werden,
müssen innerhalb der thematischen Strukturierung zunächst Strukturen, Probleme oder
Fragestellungen ausgewählt werden, unter denen der Inhalt erarbeitet wird und die im
Hinblick auf die zuvor gefundenen Antworten nach der gegenwärtigen, zukünftigen und
exemplarischen Bedeutung für die Lerngruppe am angemessensten erscheinen. Sie bilden
den *didaktischen Schwerpunkt,* der wiederum den Ausgangspunkt für eine Reihe weiterer
methodisch-didaktischer Überlegungen zur „Zugänglichkeit" (s. u.) darstellt. (In engem
Zusammenhang mit der thematischen Strukturierung sieht Klafki außerdem die Frage

nach der Erweisbarkeit, bei der es um die Festlegung von Schülerleistungen geht, an denen man den Erfolg des Lernprozesses überprüfen kann.)

Zugänglichkeit und Darstellbarkeit

Die ausgewählten Elemente sind so aufzubereiten, dass sie von den Schülern auf einer verständnisbasierten Ebene möglichst ohne größere Schwierigkeiten und möglichst selbstständig erarbeitet werden können. Dies kann durch Vereinfachungen bzw. Veränderungen des Inhalts („Reduktionen"), durch geeignete Darbietungs- und Anwendungsformen oder durch den Einsatz sinnvoller Materialien und Medien geschehen. Ein und derselbe mathematische Sachverhalt kann unterschiedlich dargestellt werden: symbolisch-algebraisch, visuell-grafisch, numerisch-tabellarisch oder situativ-verbal mit jeweils spezifischen Vor- und Nachteilen, die es für die konkrete Lernsituation abzuwägen gilt (vgl. [27], S. 5 f.).

Didaktische Strukturierung

Aufgabe der didaktischen Strukturierung ist es, das vorläufig festgelegte Thema unter Berücksichtigung der spezifischen Voraussetzungen in ein sinnvolles didaktisches Konzept umzusetzen. Wie bereits mehrfach erwähnt, ist hierbei maßgeblich, dass alle Ziel-, Inhalts- und Methodenentscheidungen (einschließlich der Medien) aufeinander abgestimmt sind, da die Unterrichtsqualität von der Qualität der Wechselwirkungen zwischen diesen Entscheidungen abhängt (vgl. [121], S. 314 ff.). Im Rahmen der didaktischen Strukturierung ist folglich nicht nur eine Reihe methodisch-didaktischer Entscheidung zu treffen, sondern diese sind insbesondere in einen *Begründungszusammenhang* zu stellen. Eine gelungene didaktische Strukturierung zeichnet sich dadurch aus, dass sie zu jeder einzelnen getroffenen Entscheidung eine Antwort auf die Frage des *Warum* liefern kann:

Warum ...

- dieser Lerngegenstand?
- dieses Thema/diese didaktische Intention?
- diese Lernziele?
- diese Arbeits- und Sozialformen/Methoden?
- diese Medien/Materialien?
- dieser Einstieg?
- diese Differenzierungsmöglichkeiten?
- diese Problemfrage?
- diese Erarbeitung?
- diese Arbeitsaufträge?
- diese Ergebnissicherung?
- diese Anwendung/Vertiefung?
- diese Hausaufgabe?
- ...

In diesem Zusammenhang sollte man aber auch die Frage „*Warum nicht anders?*" beantworten können. Im Unterrichtsentwurf 5.5 nennt die Lehramtsanwärterin beispielsweise für jede Unterrichtsphase eine mögliche Alternative und begründet kurz, weshalb sie sich dagegen entschieden hat. Aber auch wenn man sich in der Regel auf die Darstellung der positiven Auswahl beschränkt, sollten solche Alternativen im Vorfeld unbedingt gedanklich durchgespielt werden. So ist man auf die in Nachbesprechungen sehr beliebte Frage „Wie hätte man es anders machen können?" gut vorbereitet und kann nicht nur die Alternativen nennen, sondern gleichzeitig auch die Nachteile gegenüber der gewählten Form anführen.

Wie das Wort „Begründungszusammenhang" bereits andeutet, geht es dabei um mehr als um das sukzessive Auflisten und Abarbeiten dieser Teilentscheidungen, nämlich insbesondere darum, dass diese in einem erkennbaren Gesamtzusammenhang stehen, dass also der berühmte rote Faden deutlich wird (vgl. [121], S. 313). Im schriftlichen Entwurf gilt es daher kausale Zusammenhänge aufzuzeigen (durch Satzverbindungen wie „deshalb", „wegen", „weil" etc.) und additive Aneinanderreihungen („und" etc.) zu vermeiden. Diese Anforderungen lassen sich im Grunde knapp in folgender Frage zusammenfassen, die es im Rahmen der didaktischen Strukturierung zu beantwortet gilt:

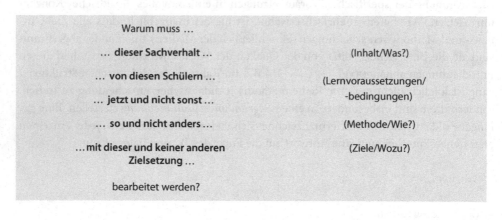

Die einzelnen Begründungen sollten dabei idealerweise mehreren Kriterien genügen, nämlich den Ansprüchen …

- der Schüler (Erfahrungen, Interessen, Bedürfnisse),
- der Lehrperson (Erfahrungen, Fähigkeiten, Qualifikationen),
- der Fachwissenschaft (Stand der Forschung mit den sich hieraus ergebenden gesellschaftlichen Forderungen)
- und der Gesellschaft (institutionelle Rahmenbedingungen, demokratische Grundsätze etc.; vgl. dazu insgesamt [121], S. 320 ff.).

In der Realität kann dieser Forderung jedoch kaum vollkommen entsprochen werden, da die verschiedenen Ansprüche hier zum Teil miteinander konkurrieren. So werden die Schüler beispielsweise im Unterricht angehalten, etwas zu tun, was sie von sich aus nicht tun würden, was für sie jedoch eine zukünftige Bedeutung besitzt. Meyer (vgl. [121], S. 307 ff.) unterscheidet in diesem Zusammenhang zwischen den unmittelbaren *subjektiven* und den *objektiven* Schülerinteressen als überindividuellen Handlungsmotiven.

Konkrete Fragestellungen

Nachdem im letzten Abschnitt allgemein beschrieben wurde, wie ein Inhalt für den Unterricht didaktisch fruchtbar gemacht wird, sollen nachfolgend konkrete Gesichtspunkte aufgeführt werden, die bei diesem Prozess helfen können. Auch für diese Auflistung gilt, dass sie keinen Anspruch auf Vollständigkeit erhebt und nicht jeder Aspekt für jeden Unterricht relevant sein muss. Entsprechend sind die nachfolgenden Fragestellungen nicht wie ein Katalog abzuarbeiten, sondern dienen mehr der Sensibilisierung für unterrichtsrelevante Aspekte. Sie demonstrieren, dass eine Vielzahl verschiedener Faktoren für das Gelingen bzw. Misslingen von Unterrichtsverläufen verantwortlich sein kann, und verdeutlichen auf diese Weise erneut die Komplexität des Unterrichtsgeschehens. Welche Faktoren mehr und welche weniger relevant sind, hängt jeweils von dem spezifischen Vorhaben (Thema, Ziele, Voraussetzungen) ab. Wichtig für den schriftlichen Entwurf ist es, alle relevanten Planungsentscheidungen im Hinblick auf die konkrete Lerngruppe in der konkreten Lernsituation unter den konkreten Zielsetzungen zu treffen und zu begründen, wobei auch die Antizipation der Schülerreaktionen eine wichtige Rolle spielt. In diesem Zusammenhang sei noch einmal betont, dass es falsch wäre, eine Arbeits- oder Sozialform, ein Medium o. Ä. allein zum Selbstzweck einzusetzen, wie es infolge der Begeisterung für eine neu kennengelernte Form zuweilen praktiziert wird. Stattdessen sollte die Wahl immer auf die Methode fallen, die unter den gegebenen Bedingungen am sinnvollsten scheint. Dabei sollten immer mehrere Alternativen (gedanklich) durchdacht werden, um die Vorteile der gewählten Handlungsmuster gegenüber diesen alternativen Möglichkeiten hervorheben zu können, wozu man in der anschließenden Reflexion einer Lehrprobe nicht selten aufgefordert wird.

Übergeordnete Felder, in denen verschiedene Möglichkeiten jeweils auf ihre Wirksamkeit geprüft und für den Unterricht entsprechend ausgewählt werden müssen, sind:

- **Allgemeine didaktische Grundprinzipien:** z. B. entdeckendes Lernen, produktives Üben, Anwendungsorientierung (vgl. Kap. 2)
- **Phasen des Unterrichts:** Strukturierung des Unterrichts in Phasen, die sinnvoll aufeinander aufbauen und insgesamt eine geschlossene Einheit bilden (z. B. Phasen des Einstiegs, der Erarbeitung, des Reflektierens, der Anwendung, der Verknüpfung des Gelernten; vgl. Abschn. 4.1.6)
- **Arbeits- und Sozialformen:** Konkretisierung der Lehrer- und Schüleraktivitäten sowie der Formen des Miteinanders in den einzelnen Unterrichtsphasen (z. B. Vortrag, Gespräch, Partnerarbeit) mit dem Ziel möglichst großer Selbstständigkeit und Eigenaktivität der Schüler
- **Medien und Materialien:** gut reflektierte Auswahl zur bestmöglichen Unterstützung des Lernprozesses

Diese zunächst noch sehr allgemeinen Aspekte sollen durch die nachfolgenden Fragestellungen konkreter mit Inhalt gefüllt werden, wobei die Liste auch hier nicht erschöpfend ist. Eine Systematisierung nach den aufgeführten Oberbegriffen ist dabei nicht sinnvoll, weil alle methodisch-didaktischen Entscheidungen gemäß dem Grundsatz der *Interdependenz* stets einen Begründungszusammenhang darstellen sollen und sich die genannten Aspekte daher überschneiden. Die Fragestellungen werden stattdessen nach ihren Zielsetzungen geordnet, nämlich dem Erreichen möglichst großer Motivation und Lernbereitschaft, einer sinnvollen Strukturierung des Unterrichtsablaufs und der Unterrichtsinhalte, dem Erreichen von möglichst viel Verständnis bezüglich der Inhalte und ihrer Darstellung sowie der Vorbereitung zweckmäßiger Unterrichtsaktivitäten.

Motivation und Lernbereitschaft

- Wie kann Transparenz bezüglich der Inhalte und Ziele geschaffen werden?
- Welcher Einstieg ist geeignet, um das Interesse der Schüler zu wecken und eine Fragehaltung aufzubauen? Welche Visualisierungsmöglichkeiten bieten sich dabei an?
- Wie lässt sich die Erarbeitung des Sachverhalts für die Schüler möglichst interessant gestalten (z. B. durch Einkleidung des Sachverhalts, durch Personifizierung, durch Spielformen)?
- Gibt es motivierende Anwendungen aus der Erfahrungswelt der Schüler?
- Gibt es Möglichkeiten der Vernetzung mit anderen Unterrichtsfächern?
- …

Strukturierung des Unterrichts und der Inhalte

- Welches Verfahren, welche Herleitung oder welche (beispielgebundene) Beweisstrategie scheint im Hinblick auf die spezifische Lernsituation am geeignetsten?
  Voraussetzung für diese Entscheidungen ist die Kenntnis gebräuchlicher Verfahren und Alternativverfahren, deren jeweilige Vor- und Nachteile es abzuwägen gilt. So lässt sich die schriftliche Multiplikation beispielsweise aus dem halbschriftlichen Rechnen ableiten, was vorteilhaft im Hinblick auf die Vorkenntnisse der Schüler ist. Jedoch lässt sich auch die Einführung als neues, „eigenständiges" Verfahren begründen, weil hierbei die andere Reihenfolge von Multiplikator und Multiplikand als beim mündlichen und halbschriftlichen Rechnen einfach festgelegt werden kann und nicht problematisiert werden muss. Ein mögliches Alternativverfahren wäre hier die Gittermethode (vgl. [12], S. 272 f.).
- Welche didaktische Stufenfolge des Unterrichtsinhalts ist günstig?
  Häufig erfolgt die Stufung im Mathematikunterricht nach dem Prinzip zunehmender Schwierigkeit/Komplexität. Bezogen auf das Beispiel der schriftlichen Multiplikation findet man somit häufig eine Stufung nach dem Prinzip der zunehmenden Schwierigkeit/Komplexität (einstelliger Multiplikator ohne Überträge, einstelliger Multiplikator mit Überträgen, Multiplizieren mit Vielfachen von Zehnerpotenzen usw.). Eine an-

dere Stufung wäre z. B. im Sinne der fortschreitenden Schematisierung der Start mit einer komplexen Aufgabe, wobei die informellen Lösungswege der Schüler schrittweise bis zum Normalverfahren formalisiert werden. Dieses Vorgehen ist im Hinblick auf Ganzheitlichkeit und Handlungsorientierung durchaus wünschenswert, erfordert aber entsprechende Voraussetzungen – besonders auch auf Lehrerseite –, denn dieser Weg erfordert eine gute Auffassungsgabe und hohe Flexibilität, um angemessen auf die Schülerbeiträge reagieren zu können!

Aber auch für die einzelne Unterrichtsstunde gilt, dass die einzelnen Phasen didaktisch sinnvoll aufeinander aufbauen müssen, wobei nicht nur die Reihenfolge, sondern insbesondere auch die inhaltliche Verbindung zu durchdenken ist. Soll z. B. ein Inhalt von den Kindern selbstständig erarbeitet werden, muss vorab überlegt werden, welche Verfahren, Informationen, Fachbegriffe o. Ä. hierfür notwendig sind und was ggf. erst bei der Bearbeitung entdeckt und dann im Anschluss reflektiert werden soll. Möchte man z. B. Folgen von Dreier-Zahlenmauern untersuchen, deren Grundsteine sich jeweils um 1 erhöhen (also z. B. 1, 2, 3 → 2, 3, 4 → 3, 4, 5 → …), so muss zu einem gewissen Zeitpunkt sichergestellt sein, dass die Kinder dieses Fortsetzungsprinzip erkennen. Andernfalls können die Kinder nicht entdecken und begründen, dass sich der Zielstein immer um 4 erhöht, womit eine gute Lernchance vergeben wird. Sinnvoll ist es sicher auch, den Kindern im Sinne eines Wortspeichers vorher Begriffe (Grundstein, Zielstein o. Ä.) an die Hand zu geben, mit denen sie ihre Entdeckungen verbalisieren können und die als gemeinsame Grundlage für die anschließende Reflexion dienen.

- Welche Impulse können die Kommunikation in Gesprächsphasen auf relevante Aspekte lenken?
- Welche Schwierigkeiten könnten auftreten und wie kann hierauf reagiert werden?
- Welche Möglichkeiten zur (Zwischen-)Sicherung von Arbeitsergebnissen gibt es? Sind Lernerfolgskontrollen bezüglich des Themas sinnvoll? Welche Möglichkeiten gibt es hierfür? Kann eine Selbstkontrolle durch die Schüler realisiert werden?
- Welche Hausaufgaben stellen eine sinnvolle Weiterführung der Unterrichtsstunde dar?
- …

Verständlichkeit der Inhalte

- Welche Grundvorstellungen zu dem mathematischen Inhalt sollen aufgebaut werden (z. B. bei der Division die Vorstellungen des Aufteilens oder Verteilens; vgl. [12], S. 152 ff.)?
- Durch welche Mittel schaffe ich ein für die Lerngruppe angemessenes Argumentationsniveau zur Gewinnung von Einsicht (Rückgriff auf einsichtige Konkretisierungen und Darstellungen, repräsentative Beispiele, formale Beweise)?
  In den jüngeren Jahrgangsstufen lassen sich beispielsweise Gesetzmäßigkeiten wie die Kommutativ- und Assoziativgesetze der Addition und Multiplikation oder das Distributivgesetz (vgl. z. B. [12], S. 98, 134 ff.) leicht mithilfe beispielgebundener Beweisstrategien einsichtig machen, während formale Beweise hier natürlich keinen Sinn haben.

Ebenso wenig wird eine allgemeine algebraische Schreibweise verlangt, sondern nur eine situationsangemessene Anwendung.

- Welche Beispielsituationen eignen sich für den Aufbau von Verständnis?

Hier ist besonders zu beachten, dass die Auswahl nicht zu fehlerhaften Generalisierungen führt, wie es Fraedrich (vgl. [60], S. 37) exemplarisch an der Einführung des Begriffs „Viereck" verdeutlicht, bei der eine Beschränkung auf Rechtecke oder Quadrate als Beispielvorrat die Schüler leicht dazu verleitet, den Begriff „Viereck" nur auf diese speziellen Typen von Vierecken zu beziehen.

- Welche Aufgaben sind im Hinblick auf den Erkenntnisprozess sinnvoll?

Es gilt im Grunde das Gleiche wie für die Beispielsituationen. Auch hier eignen sich längst nicht alle Aufgaben, insbesondere dann nicht, wenn wesentliche Schwierigkeitsmerkmale verdeckt werden. So wäre es z. B. bei Übungsformen zur schriftlichen Addition grundfalsch, bei den Aufgaben die Summanden bereits stellengerecht anzuordnen, da dann für eine erfolgreiche Bearbeitung keine Einsicht in das Stellenwertprinzip notwendig ist, was später zu Fehlern führen kann (etwa das linksbündige Anordnen der Zahlen oder das Einfügen von Leerstellen oder Nullen).

- Welche Lernschwierigkeiten, Fehlentwicklungen oder Verständnisprobleme (auch methodische) sind auf der Grundlage der analysierten Bedingungen sowie der Kenntnis typischer Schülerfehler zu erwarten? Wie kann ich diesen Entwicklungen im Unterricht – auch vorbeugend – entgegenwirken (also z. B. eben nicht, wie gerade verdeutlicht, durch den Verzicht auf fehleranfällige Aufgaben)?

- ...

Verständlichkeit der Darstellung

- Wie sind Erläuterungen, Arbeitsanweisungen, Merkregeln etc. sprachlich zu formulieren, sodass sie einerseits dem Unterrichtsinhalt und andererseits dem Niveau der spezifischen Lerngruppe gerecht werden?
- Wie können zentrale Aspekte des Unterrichtsinhalts gut strukturiert, übersichtlich und sprachlich angemessen fixiert werden (z. B. Tafelbild)?
- Welche Repräsentationsebene (handelnder Umgang, bildliche oder symbolische Darstellung) eignet sich und welche Sinneskanäle (visuell, akustisch, taktil) können gut einbezogen werden?
- ...

Unterrichtsaktivitäten

- Welche Möglichkeiten bestehen für handlungsorientiertes, selbsttätiges und eigenverantwortliches Lernen? Welche Voraussetzungen müssen dafür erfüllt sein und wie lassen sich diese sicherstellen?
- Welche Formen des Miteinander-Lernens sind in dieser Situation geeignet? Was machen dabei die Schüler, was der Lehrer?

- Welche Möglichkeiten zur Mitbestimmung der Schüler gibt es?
- Welche Möglichkeiten zur Differenzierung bieten sich an?
  Hier sind neben Formen der äußeren Differenzierung (z. B. Zusatzaufgaben, Lernhilfen) insbesondere Möglichkeiten der inneren Differenzierung zu erwägen (offene Aufgaben, die sich auf unterschiedlichem Niveau bearbeiten lassen und/oder verschiedene Handlungsmöglichkeiten bieten). Gegebenenfalls sollten auch spezielle Zusatzmaterialien oder individuelle Hilfen für spezielle Schüler bereitgestellt werden.
- Welche organisatorischen Maßnahmen müssen getroffen werden?
  Für einen reibungslosen Ablauf des Unterrichts ist z. B. an die Bereitstellung der Medien und Materialien (Arbeitsblätter, Veranschaulichungen, Overhead-Projektor etc.) zu denken, die im Unterricht benötigt werden, ferner aber auch ggf. an Besonderheiten der geplanten Arbeits- oder Sozialformen wie etwa die Veränderung der Sitzordnung o. Ä. Organisationsfähigkeit ist im besonderen Maße auch dann gefragt, wenn der Unterricht außerhalb des üblichen Klassenzimmers – z. B. im Computerraum oder an einem außerschulischen Lernort – stattfindet, wobei gegebenenfalls auch die rechtzeitige Information der Eltern und der Schulleitung erforderlich ist.
- …

Wie ausführlich methodische und didaktische Überlegungen in einem Unterrichtsentwurf zu verschriftlichen sind, kann abhängig von der jeweils gültigen Ausbildungs- bzw. Prüfungsordnung stark variieren. Auch wenn statt einer ausführlichen methodisch-didaktischen Analyse nur eine kurze Darstellung des didaktischen Schwerpunktes und möglicher Schwierigkeiten bei der Umsetzung erwartet wird, empfiehlt sich eine ausführliche (gedankliche) Analyse. Denn erstens bestimmt sie die Qualität des Unterrichts entscheidend mit und zweitens ist sie für die Begründung bzw. Rechtfertigung von Planungsdetails in der Nachbesprechung äußerst wichtig.

Abschließend sei bemerkt, dass in ausführlichen Entwürfen häufiger auch eine Einordnung der Stunde in den Unterrichtszusammenhang erwartet wird, in der die Stellung und Funktion der betreffenden Unterrichtsstunde in der Gesamtkonzeption der Unterrichtseinheit verdeutlicht werden soll. Diese Anforderung geht über eine bloße Aufzählung von Stundenthemen hinaus und erfordert eine – allerdings sehr knapp gehaltene und auf Schwerpunkte beschränkte – methodisch-didaktische Darstellung der gesamten Unterricht*seinheit*, bei der die Legitimation allerdings eine wichtige Rolle spielt.

4.2.6 Geplanter Unterrichtsverlauf

Der Verlaufsplan bildet gewissermaßen einen Kontrast zu den bisherigen Bestandteilen schriftlicher Unterrichtsentwürfe, da in ihm die Informationen auf das Wesentliche reduziert werden sollen. Er soll den geplanten Unterrichtsverlauf noch einmal knapp, aber prägnant skizzieren, da seine Funktion nicht darin besteht, methodisch-didaktische Entscheidungen transparent zu machen, sondern darin, eine einfache, klare *Übersicht* über

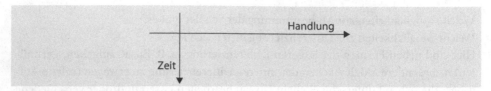

Abb. 4.6 Grundschema eines Verlaufsplans

den geplanten Unterrichtsverlauf zu geben. Diese Übersicht dient nicht nur Außenstehenden (insbesondere den Prüfern) zur besseren *Orientierung*, sondern auch der unterrichtenden Person selbst als *Erinnerungsstütze*, da jederzeit leicht ersichtlich ist, in welcher Unterrichtsphase man sich gerade befindet und welcher Schritt bzw. welche Aktion als Nächstes folgen soll.

Für die genaue Ausgestaltung der Verlaufspläne gibt es keine festen Normen; allerdings werden in den einzelnen Studienseminaren/Zentren für schulpraktische Lehrerbildung häufig konkrete Raster empfohlen bzw. manchmal auch für verbindlich erklärt. Die nachfolgenden Schemata sowie die Planungsraster in den Unterrichtsentwürfen aus Kap. 5 machen deutlich, dass sie sich neben dem Grad ihrer Ausführlichkeit oft nur in der äußeren Form unterscheiden, indem verschiedene Begrifflichkeiten verwendet und verschiedene Aspekte in Spalten zusammengefasst werden. (Fast) alle Schemata bauen dabei im Grunde auf den gleichen beiden „Dimensionen" auf, nämlich der *Zeit* bzw. der *Phase* und der *Handlung*, die i. d. R. in einem Methodenkreuz kombiniert werden (Abb. 4.6):

Aufseiten der Zeit ist die Abfolge der einzelnen Unterrichtsschritte festgelegt, wobei unterschiedliche Phasen des Unterrichts benannt und ihre Dauer geplant werden. Auf der Handlungsebene wird das geplante Vorgehen skizziert, wobei die vorgesehenen Aktivitäten des Lehrers und der Schüler konkret beschrieben werden sollen. Da das Verhalten der Schüler höchstens antizipierbar ist, wird hier häufiger zwischen *geplantem Lehrerverhalten* und *erwartetem Schülerverhalten* unterschieden – insofern ist auch die Verwendung der Einleitung „ich erwarte ..." empfehlenswert. Voneinander zu trennen ist außerdem ein Arbeitsschritt (Sachaspekt: *Was* tun die Schüler?) und seine Funktion/Bedeutung für den Lernprozess (Didaktischer Kommentar: *Wozu*?/Was können die Schüler dabei lernen?), sofern ein didaktischer Kommentar gegeben werden soll. In weiteren Spalten werden zudem oft die geplanten Sozial- und Aktionsformen (Einzel-, Partner- oder Gruppenarbeit, Unterrichts- oder Schülergespräch, Lehrer- oder Schülervortrag etc.) sowie die vorgesehenen Materialien und Medien (Tafel, Arbeitsblatt, Folie, Lehrbuch, Bild, Stichwort, Plakat, Text etc.) ausgewiesen. Gerade Letzteres hat einen großen Nutzen für die Lehrperson selbst, da die Angabe der benötigten Medien und Materialien unmittelbar erkennen lässt, welche organisatorischen Vorbereitungen (z. B. Kopie der Arbeitsblätter) vor dem Unterricht getroffen werden müssen. Ein neuer Trend scheint in Richtung des Ausweisens von Teil- oder Phasenzielen bzw. Kompetenzen zu gehen, wie es bereits in einigen Rastern zu finden ist (vgl. z. B. Tab. 4.7 und 4.8 sowie die Entwürfe 5.5, 5.13, 5.15, 5.16, 5.20). Einige Muster für Verlaufspläne, wie sie in diversen Quellen vorzufinden sind, seien im Folgenden skizziert (Tab. 4.4 bis 4.11).

Tab. 4.4 Muster eines Verlaufsplans nach Peterßen (vgl. [140], S. 274)

Zeit	erwünschtes Schülerverhalten/geplantes Lehrerverhalten	Mittel	inhaltliche Schwerpunkte

Tab. 4.5 Beispiel für einen möglichen Verlaufsplan aus dem Studienseminar Osnabrück. [245]

Phase	geplantes Lehrerverhalten oder Unterrichts- schritte	erwartetes Schülerverhalten	didaktisch- methodischer Kommentar (nur bei „kleinen" Entwürfen)	Medien/ Sozialform

Tab. 4.6 Möglicher Verlaufsplan aus dem Studienseminar Oldenburg. [244]

Uhr- zeit	Phase	Unterrichtsschritte/Lehrer- Schüler-Interaktion	Sozialform & Arbeitsform	Materialien

Tab. 4.7 Möglicher Verlaufsplan aus dem Studienseminar Cuxhaven. [242]

Zeit/ Phase	Lernziele (Teilziele)	Interaktionsformen Impulse/Arbeitsaufträge Lehrer–Schüler	Sozialform Medien Material	Methodisch- didaktischer Kommentar

Tab. 4.8 Struktur des Verlaufsplans im Studienseminar Buchholz. [241]

Zeit	Phase	Teil- ziele	Unterrichtsschritte/ Aufgabenstellung/ Arbeits- und Aktionsformen	Sozial- und Organisations- formen	Medien/ Materialien

Tab. 4.9 Vorschlag eines Rasters nach Meyer. Mit etwas anderen Begrifflichkeiten wird dieses Schema u. a. im Studienseminar Düsseldorf [248] als Möglichkeit vorgeschlagen. (vgl. [121], S. 62)

Zeit	Handlungsschritte	Methoden/Arbeitsformen/Medien

Tab. 4.10 Das Raster von Meyer mit anderen Begrifflichkeiten im Studienseminar Düsseldorf ([248])

Phase/Zeit	Unterrichtsgeschehen	Sozialform, Medien, …

Tab. 4.11 Offeneres Planungsraster nach Meyer (vgl. [125], S. 118 f.)

Zeit	Problem	Lösungsmöglichkeiten

Dieses offenere Planungsraster (Tab. 4.11) betont die Abhängigkeit des Unterrichtsverlaufs von dem Handlungsspielraum des Lehrers und den Lernvoraussetzungen der Schüler. Die Angabe von Handlungsalternativen und „Puffern" (vgl. hierzu Abschn. 4.3.1) empfiehlt sich jedoch nicht nur für dieses Planungsraster.

Neben dem üblichen Spaltenschema gibt es auch andere individuelle Formen, welche die gewünschte Orientierungsfunktion erfüllen und insofern eine geeignete Verlaufsplanung darstellen können, wie Meyer ([125], S. 118 ff.) an konkreten Beispielen verdeutlicht.

4.2.7   Literatur

In das *Literaturverzeichnis* ist grundsätzlich jede Literatur aufzunehmen, die für die Planung verwendet wurde. Dieser Grundsatz gilt nicht nur für gedruckte Literatur, sondern auch für sämtliche neue Medien wie CDs, DVDs, Software, Internetadressen o. Ä.

Obligatorisch ist die Berücksichtigung des Lehrplans des betreffenden Bundeslandes in der jeweils gültigen Fassung aufgrund seiner Legitimierungsfunktion für Lerninhalte und -ziele. Ferner sollten jedoch auch innerhalb des Begründungszusammenhangs Bezüge zur aktuellen fachdidaktischen Literatur hergestellt werden, wobei diese Bezüge selbstverständlich durch Quellenangaben kenntlich gemacht werden müssen. Einige Literaturhinweise findet man in Abschn. 2.2.7.

4.2.8 Unterrichtsmaterial

Grundsätzlich gehört in den *Anhang* eines Unterrichtsentwurfs jegliches Material, das in der geplanten Stunde verwendet werden soll, als Kopie. Zu nennen sind hier insbesondere Materialien zur Anleitung von Schüleraktivitäten wie Arbeitsblätter oder Stationskarten. Beizufügen sind daneben aber auch alle anderen Materialien, die beispielsweise für den Einstieg oder zu Demonstrationszwecken (Folien, Plakate etc.) Verwendung finden, auch wenn diese ggf. nur mündlich vorgetragen werden (Texte jeglicher Art). Alle Materialien müssen dabei natürlich passend zu der geplanten Stunde in fachlicher und methodischer Hinsicht aufbereitet sein.

Von großer Bedeutung ist des Weiteren das geplante Tafelbild, welches im Unterricht mit den Schülern gemeinsam entwickelt werden soll. Dies erfordert es vom Lehrer, so genau wie möglich vorzuplanen, welche Inhalte in welcher Form an der Tafel festgehalten werden sollen. Diese Überlegungen sind ganz entscheidend für den langfristigen Lernerfolg, weil schriftliche Aufzeichnungen als Grundlage für wiederholendes Lernen dienen und das Tafelbild daher ein möglichst großes Maß an Prägnanz und Übersichtlichkeit aufweisen sollte. Ein gut vorgeplantes Tafelbild bietet außerdem eine gute Orientierungsstütze im Unterricht, um Arbeitsergebnisse und Schülerbeiträge in die gewünschte Richtung zu lenken. Jedoch gilt wie für den Stundenverlauf auch hier: Man sollte sich immer bewusst sein, dass es sich um einen Entwurf handelt, an den man sich keineswegs halten muss – und dies auch nicht sollte, wenn der tatsächliche Unterrichtsverlauf Änderungen nahelegt.

Hilfreich ist darüber hinaus eine kurze Material- und Medienaufstellung (vgl. z. B. die Unterrichtsentwürfe 5.5 und 5.11), in der diese Materialien sowie weiterhin die benötigten Handlungsmaterialien und die jeweiligen Anzahlen aufgelistet werden. Dies bietet einen guten Überblick, speziell auch dem Lehramtsanwärter selbst in Bezug auf notwendige organisatorische Vorbereitungen. Speziell für die Prüfer kann des Weiteren ein kommentierter Sitzplan sehr hilfreich sein, sofern dies bei den gewählten Sozialformen sinnvoll ist.

4.3 Praktische Hinweise für die schriftliche Unterrichtsplanung

Nachdem in den vorigen Abschnitten die Frage nach den Inhalten eines schriftlichen Unterrichtsentwurfs geklärt wurde, sollen im Folgenden praktische Hinweise einerseits für eine sinnvolle Herangehensweise (4.3.1) und andererseits für die formale Gestaltung (4.3.2) gegeben werden.

4.3.1   Schritte bei der schriftlichen Unterrichtsplanung

Im Bewusstsein der wechselseitigen Abhängigkeiten von Zielen, Inhalten und Methoden erscheint es schwer, einen Anfang bei der Unterrichtsplanung zu finden. Daher soll in diesem Abschnitt eine sinnvolle Abfolge von Planungsschritten skizziert werden. In Anlehnung an Meyer (vgl. [121], S. 227 ff.) unterscheiden wir hierbei zwischen drei übergeordneten Schritten, nämlich der Bedingungsanalyse (1), der didaktischen Strukturierung (2) und den Vorüberlegungen zur Auswertung des Unterrichts (3), für die allerdings das Thema bzw. der Gegenstandsbereich bereits vorläufig festgelegt sein muss (0).

(0) Vorläufige Festlegung des Unterrichtsthemas

Obwohl man heutzutage von einem Primat der Zielsetzungen sprechen kann (vgl. Abschn. 4.2.2), wird man bei der praktischen Unterrichtsplanung nicht unbedingt mit der Festlegung von Lernzielen beginnen, sondern häufig mit der Bestimmung interessanter und bildungsrelevanter Inhalte. Dies geschieht meist auf der Basis von ersten methodisch-didaktischen Ideen (häufig auf der Grundlage entsprechender Literatur), was Wittmann ([207], S. 157) auch als „intuitive Vorarbeit" bezeichnet. Meyer (vgl. [121], S. 261) macht jedoch darauf aufmerksam, dass die Themenfestlegung fachwissenschaftlichen Vorgaben (insbesondere den Richtlinien und Lehrplänen) sowie auch der gegenwärtigen und zukünftigen Lebenssituation der Schüler Rechnung tragen muss, sodass zugehörige Überlegungen bereits in diesen Schritt mit einfließen.

(1) Bedingungsanalyse

Ziel der Bedingungsanalyse (vgl. auch Abschn. 4.2.3) ist es, sich Klarheit über mögliche Handlungsspielräume, Hindernisse und Interessen aller am Lernprozess beteiligten Personen zu verschaffen. Auf Schülerseite geht es darum, den Unterricht unter Berücksichtigung individueller Bedürfnisse bestmöglich auf die spezifische Schülergruppe abzustimmen, wozu im Vorfeld eine Reihe von Voraussetzungen geklärt werden muss. Wie bereits beschrieben, müssen diesbezüglich insbesondere die individuellen Lernvoraussetzungen (Alter, schulische und außerschulische Vorkenntnisse bzw. -erfahrungen, Lernstrategien etc.), aber auch das Sozialverhalten, Interessen, Einstellungen und alle weiteren Faktoren, die den Unterrichtsverlauf gegebenenfalls beeinflussen, berücksichtigt werden. Die Bedingungsanalyse umfasst darüber hinaus auch die äußeren Rahmenbedingungen und -vorgaben. Hier sind Vorgaben durch Richtlinien, Lehrpläne und das schulinterne Curriculum zu beachten. Zudem ist auf der Grundlage zugehöriger fachwissenschaftlicher Literatur der fachliche Hintergrund zu klären, um wichtige Aspekte, Strukturen bzw. Probleme berücksichtigen zu können. Zu beachten sind ferner natürlich auch die organisatorischen Rahmenbedingungen in zeitlicher, räumlicher und materieller Hinsicht. So muss zum Beispiel ein Unterrichtsvorhaben modifiziert werden, wenn mehrere Schüler(gruppen) zur gleichen Zeit Zugang zum Internet benötigen, aber nur ein PC-Arbeitsplatz vorhanden ist. Schließlich wurde dargelegt, dass auch der „Faktor Lehrer" nicht zu vernachlässigen ist, dessen Handlungsmöglichkeiten unter anderem von der eigenen Qualifikation, eigenen Interessen, der eigenen Belastbarkeit etc. mitbestimmt werden. Wenn der Lehrer es sich nicht zutraut, flexibel auf die Ergebnisse und Beiträge der Schüler zu reagieren, sollte er sehr offene Aufgabenstellungen vermeiden, auch wenn diese ansonsten äußerst vorteilhaft sind. Die Herausforderung besteht dann darin, den Unterricht so zu planen, dass die Ergebnisse möglichst vorhersehbar sind, und dabei wesentliche Unterrichtsprinzipien (Selbstständigkeit, Eigenverantwortung etc.) trotzdem so weit wie möglich zu erfüllen.

(2) Didaktische Strukturierung

Inhaltlich geht es um …

- … die Entscheidung über Lernziele und -inhalte,
- … die Entscheidung über Lern- und Lehrverfahren,
- … die Entscheidung über Sozialformen,
- … die Entscheidung über Lern- und Lehrmittel,
- … die Entscheidung über methodische Details.

Während Peterßen (vgl. [140], S. 278 ff.) diese Teilentscheidungen als eigenständige Planungsschritte in der obigen Reihenfolge darstellt, sieht Meyer (vgl. [121], S. 227 ff.) sie mit einer gewissen Ausnahme der Lernziele als einen Gesamtkomplex, die „Didaktische Strukturierung", was im Hinblick auf die Interdependenz aller Teilentscheidungen auch sinnvoll erscheint.

Die Bedingungsanalyse mündet in die *Festlegung der Kompetenzen bzw. Lernziele,* wobei Meyer ebenso wie bei den Lernvoraussetzungen zwischen Lehrer- und Schülerseite unterscheidet, indem er einerseits von den *Lehrzielen* des Lehrers und andererseits von den vermuteten *Handlungszielen* der Schüler spricht. Die Festlegung der Kompetenzen stellt ein entscheidendes Moment der schriftlichen Unterrichtsplanung dar, weil mit ein und demselben Lerngegenstand sehr verschiedene Ziele angestrebt werden können. Balkendiagramme können beispielsweise als neue Darstellungsform erarbeitet werden, sie können aber auch mit anderen Darstellungsformen (Strichlisten, Kreisdiagrammen) verglichen und bewertet werden. Der Schwerpunkt kann jedoch auch auf der Datenentnahme und -interpretation liegen, bei der ggf. die Werte aus zwei Balkendiagrammen verglichen werden u. v. m. Aus diesem Grund schafft auch erst die Zuordnung der Inhalte zu den angestrebten Kompetenzen eine didaktische Begründung für die Auswahl der Inhalte (vgl. [93], S. 147), die heutzutage Priorität vor einer fachwissenschaftlichen Begründung hat. Die Fragen nach der gegenwärtigen, zukünftigen und exemplarischen Bedeutung des Unterrichtsinhalts im Sinne der „Didaktischen Analyse" Klafkis (vgl. Abschn. 4.2.5) spielen hierbei eine wichtige Rolle.

Bei der sich anschließenden Ausgestaltung des Unterrichts gilt es, die Lehrziele des Lehrers und die vermuteten Handlungsziele der Schüler so weit wie möglich zu vereinen. Im Zentrum steht dabei zunächst die *Festlegung der Handlungsmuster,* für die zu überlegen ist, wie sich die angestrebten Lernziele am sinnvollsten in Handlungen umsetzen lassen, die für die Schüler gleichzeitig möglichst interessant und motivierend sind. Ein Blick in den Lehrplan und in Schulbücher bzw. in die zugehörigen Lehrerkommentare kann hier sehr hilfreich sein, weil darin häufiger methodische Anregungen für die Umsetzung zu finden sind. Es ist sinnvoll, verschiedene (unter den gegebenen Bedingungen mögliche) Handlungsmuster in Betracht zu ziehen und die jeweiligen Vor- und Nachteile abzuwägen. Dies liefert bereits wichtige Begründungen für die letztlich getroffene Entscheidung, mit der man sich auf einen Schwerpunkt und damit zugleich auf das Unterrichtsthema als Zentrum der Unterrichtsstunde festlegt. Diese Festlegungen stellen den Ausgangspunkt für die weitere Detailplanung dar. Zum einen geht es dabei um eine auf den Schwerpunkt der Stunde ausgerichtete *Festlegung und Ausgestaltung von Unterrichtsphasen*. Dazu sollte sich der Lehrer Gedanken darüber machen, welche Problemkontexte sich zur Einführung und Aufrollung des Lerninhalts eignen, welche Fragestellungen eine Reflexion oder eine Strukturierung der gewonnenen Erkenntnisse anregen und welche Übungs- und Anwendungsaufgaben das Verständnis festigen, vertiefen oder erweitern können (vgl. [207], S. 159). Folgeentscheidungen sind ferner zu treffen hinsichtlich der *Sozialformen, Aktionsformen bzw. Methoden*. Auch diese Festlegung sollte gut reflektiert unter der Fragestellung erfolgen, welche dieser Formen im Hinblick auf die bisherigen Planungsentscheidungen am angemessensten scheinen. Gleiches gilt für die Entscheidung über *Medien und Materialien*, die ebenfalls im Hinblick auf die bereits gefällten Entscheidungen ausgewählt werden müssen. Besonders bei den Medien und Materialien sind zudem die zugehörigen organisatorischen Vorbereitungen (z. B. Bereitstellung des Materials, Entwurf von Arbeitsblättern etc.) zu berücksichtigen.

Nach der Festlegung dieser zentralen Punkte steht schließlich noch die Entscheidung über *methodische Details* aus. Wichtig sind hier Überlegungen zur Gestaltung des Tafelbildes und über sinnvolle Hausaufgaben einschließlich deren Kontrolle. Ein besonderes Augenmerk liegt zudem auf differenzierenden Maßnahmen für bestimmte Schüler(gruppen) in Form von differenzierten Aufgabenstellungen, gestuften Hilfen, Bereitstellung von Handlungsmaterial, Organisation von Lernpartnern o. Ä.

Peterßen (vgl. [140], S. 280) weist ferner darauf hin, dass auch die kleinen Dinge, die zum Lehreralltag gehören und zwangsläufig irgendwo im Unterricht Platz finden müssen, nicht zu vergessen sind – wenngleich sie auch für Unterrichtsbesuche so weit wie möglich in andere Stunden ausgelagert werden sollten. Beispiele hierfür sind das Weitergeben wichtiger Informationen (Termine, mitzubringende Unterlagen etc.) oder das Ansprechen besonderer Schüler (z. B. beim Nachreichen vergessener Hausaufgaben oder Unterlagen, Gratulation zum Geburtstag o. Ä.).

Weitere Gesichtspunkte, die möglicherweise relevant sein könnten und daher zumindest kurz geprüft werden sollten, ergeben sich aus den konkreten Fragestellungen aus Abschn. 4.2.5.

(3) Vorüberlegungen zur Auswertung

Dieser letzte Schritt bezieht sich auf das, was am Ende als Ergebnis des Unterrichts dastehen soll. Die Bezeichnung „Vorüberlegungen" soll dabei verdeutlichen, dass in einem Handlungsorientierten Unterricht eine sinnvolle Auswertung von den konkreten Handlungsergebnissen der Schüler abhängt und damit vorab nicht eindeutig festgelegt werden kann. Jedoch kann und sollte der Lehrer auf der Grundlage seiner Kenntnisse über die Schüler Hypothesen zu verschiedenen möglichen Handlungsergebnissen aufstellen und bezogen auf diese Fälle Überlegungen zur Auswertung anstellen. Insbesondere wenn die Schüler nicht die vorgesehenen Ergebnisse präsentieren, sollte man im Vorfeld überlegen, wann und wie man trotzdem mit möglichst großer Schülerbeteiligung zu diesen gelangen kann (wünschenswert wäre jedoch, wenn dies bereits in der Arbeitsphase auffällt und dort entsprechend mit helfenden Maßnahmen darauf reagiert würde). Neben inhaltlichen sollten aber auch methodische Überlegungen zur Auswertung angestellt werden. Hierzu muss man sich erst darüber klar werden, was alle Schüler am Ende mitnehmen sollen: die richtigen Lösungen? Einen (effizienten) Lösungsweg? Verschiedene Lösungsvarianten? Hiervon ist es abhängig, ob eine oder mehrere Gruppen ihre Ergebnisse präsentieren, ob dies im Plenum oder in anderer Form erfolgt etc. In Abhängigkeit hiervon ist auch die Frage bedeutsam, wie eine Art „Erfolgskontrolle" aussehen kann, d. h. wie man überprüfen kann, ob bzw. inwieweit die angestrebten Lernziele verwirklicht werden konnten.

Bemerkungen

Die dargestellten Schritte sind mehr in einer kreisförmigen Anordnung zu verstehen, weil sich durch bestimmte didaktische Entscheidungen Änderungen bei der Festlegung des Themas oder der Lernziele ergeben können. So kann unter anderem die Wahl der Methode wesentliche Rückwirkungen auf zuvor getroffene Entscheidungen haben, nämlich wenn sich dadurch z. B. Veränderungen in der Schwerpunktsetzung bei den Zielen ergeben. Aus diesem Grund ist es wichtig, dass alle Schritte und Entscheidungen so lange vorläufigen Charakter haben und revidierbar sind, bis alles – Inhalte, Ziele, Methoden, Medien – zusammenpasst und somit keine Brüche im Unterrichtsverlauf zu erwarten sind. Um solche „Umplanungen" zu vermeiden, kann das Erstellen einer Mindmap am Anfang des Planungsprozesses hilfreich sein, da hier Unvereinbarkeiten gegebenenfalls bereits im Vorfeld erkannt werden.

Ein zusätzlicher, sehr zu empfehlender Planungsschritt besteht schließlich in der Planung von *Alternativen* bzw. *optionalen Phasen* (vgl. [93], S. 178 f.) für den Fall, dass der Zeitbedarf größer oder kleiner als geplant ist. Entsprechend wird im Studienseminar Darmstadt ([243]) beim Verlaufsplan zur Darlegung eines Minimal- und eines Maximalplans geraten, „um so bei Zeitproblemen sinnvoll nach bestimmten Phasen den Unterrichtsverlauf zu kürzen oder zu verändern". Denn dies kommt in der Unterrichtswirklichkeit nicht selten vor – gerade auch bei offeneren Aufgabenstellungen –, da sich die Handlungen der Schüler zwar antizipieren, nie aber genau vorhersagen lassen. Häufiger wird dabei der Zeitbedarf unterschätzt, was für Unterrichtsentwürfe die Angabe von *Kürzungen* oder *Sollbruchstellen* sinnvoll macht. Dabei wird angegeben, an welchen Stellen inhaltlich ggf. gekürzt werden kann oder wie man die Unterrichtsstunde an früherer Stelle zu einem (alternativen) Abschluss bringen kann, sodass sie dennoch eine abgeschlossene Einheit bildet (vgl. Abschn. 4.1.5). Jedoch sollte man auch auf den Fall, dass am Ende der Stunde noch Zeit verbleibt, vorbereitet sein und sinnvolle Erweiterungen in der Hinterhand haben. Es kann sich dabei um weitere Übungen zum Festigen und Vertiefen handeln, die ggf.

auch in der Hausaufgabe erbracht werden können. Wichtig ist, dass die entsprechenden Fragestellungen oder Materialien an den bisherigen Unterrichtsverlauf anknüpfen. Gegebenenfalls kann anknüpfend an das bisherige Thema auch schon ein neuer Lernprozess begonnen werden, wenn am Stundenende sinnvolle (Zwischen-)Ergebnisse erreicht und gesichert werden können.

4.3.2   Formale Ausgestaltung

Die Frage nach der formalen Ausgestaltung des schriftlichen Entwurfs lässt sich ebenso wenig pauschal beantworten wie die des Verlaufsplans (vgl. Abschn. 4.2.6). Auch hier findet man ortsabhängig sowie in Literaturquellen oft recht unterschiedliche Vorgaben bzw. Empfehlungen, die natürlich auch von der geforderten Ausführlichkeit abhängen. So gibt es nach einer Analyse Mühlhausens ([129], S. 66) „so viele unterschiedliche Empfehlungen zur Abfassung von Entwürfen wie Ausbildungsseminare". Die Bandbreite reicht von stark strukturierten bis hin zu sehr offenen Schemata.

Die Strukturierung eines Unterrichtsentwurfs wird gerade auch dadurch erschwert, dass die Sachanalyse und die methodisch-didaktische Analyse wechselseitig aufeinander bezogen sind und darüber hinaus von den Lernvoraussetzungen abhängen. Als allgemeiner Grundsatz lässt sich damit eigentlich nur festhalten, dass in einem Unterrichtsentwurf alle genannten Aspekte berücksichtigt werden, was sich knapp in folgendem Grundsatz festhalten lässt:

Es gilt also den inhaltlichen Verlauf des Unterrichts im Hinblick auf die Schüler, die situati-

> Der schriftliche Unterrichtsentwurf muss eine Antwort auf die Kernfrage geben: Warum muss dieser Sachverhalt von diesen Kindern jetzt und nicht sonst, so und nicht anders mit dieser Zielsetzung bearbeitet werden?

ven Bedingungen, die gewählte Methodik und die Lernziele zu begründen. Als praktische Hilfe dient der Fragenkatalog aus Abschn. 4.2.5.

Die nachfolgenden Planungsschemata (unter Fortlassen des Datenkopfes mit Namen des Referendars/Lehramtsanwärters, Datum, Ort, Zeit, Namen der Betreuungslehrer und Prüfer etc.) stellen nur eine kleine Auswahl aus der Vielzahl möglicher Gliederungen dar. Es handelt sich hierbei um Gliederungsschemata für ausführliche oder „besondere" Entwürfe, bei denen für Kurzentwürfe nach den Vorgaben des jeweiligen Seminars einzelne Teile entfallen können. Betont sei, dass alle aufgeführten Schemata nur Beispielcharakter haben, da wir mit Mühlhausen ([129], S. 68) darin übereinstimmen, dass es für den schriftlichen Unterrichtsentwurf keinen Königsweg, kein ideales Planungsschema gibt. In diesem Sinne sprechen wir uns gegen eine unreflektierte Übernahme eines vorgefertig-

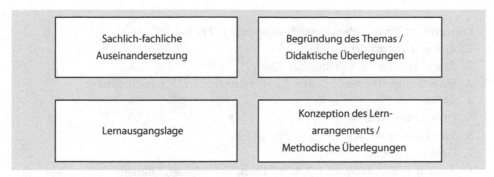

Abb. 4.7 Bausteine eines schriftlichen Entwurfs im Studienseminar Offenbach

ten Schemas und für die Entwicklung eines eigenen Konzepts für die jeweilige spezielle Unterrichtsstunde aus. Denn genau wie wir von unseren Schülern kreative Problemlösungen im Mathematikunterricht erwarten, so kann man dies auch von Lehrern bzw. Referendaren/Lehramtsanwärtern bei der Unterrichtsvorbereitung fordern. Entsprechend heißt es auch in einem Papier der rheinland-pfälzischen Studienseminare [238]: „Jeder Entwurf ist individuell. Für die Schwerpunktsetzung innerhalb des Entwurfes ist jeder Lehramtsanwärter/jede Lehramtsanwärterin selbst verantwortlich." Als Orientierungshilfe werden anschließend sechs zentrale Fragen formuliert, die innerhalb des individuellen Entwurfs zu beantworten sind, wobei die Fragen grafisch in zwei Dreierblöcken visualisiert werden:

- Mit wem arbeite ich in Bezug auf die angestrebten Kompetenzen?
- Welche Kompetenzentwicklung erwarte ich bei den Schülerinnen und Schülern?
- Warum sind diese Kompetenzen/ist dieses Thema für die Schüler wichtig?

- Was ist Unterrichtsinhalt in Bezug auf die angestrebten Kompetenzen?
- Wie gehe ich vor und warum wähle ich diese Schritte?
- Wozu wünsche ich Beratung und Rückmeldung?

Ähnlich werden im Studienseminar Offenbach [231] statt eines festen Schemas vier Bausteine eines schriftlichen Entwurfs aufgeführt, die in einem schriftlichen Entwurf vorkommen und untereinander verknüpft sein sollen (Abb. 4.7):

Im Unterschied zu diesen offen gehaltenen Vorgaben werden vielerorts (s. u.) konkretere Planungsraster vorgeschlagen, wobei oft ihr Beispielcharakter herausgestellt wird. Wie verbindlich diese Raster sind und wie viel Gestaltungsfreiraum tatsächlich bleibt, sollte im Zweifel vor Ort geklärt werden. Nachfolgend seien nun einige Vorschläge für konkretere Gliederungsschemata aufgeführt, die durch die Entwürfe im Kap. 5 ergänzt werden.

Konventionelles Stundenentwurfsraster (vgl. [121], S. 232)[5]
1. Ziel und Thema der Stunde
2. Anmerkungen zur Situation der Klasse
3. Einordnung der Stunde in den Zusammenhang der Unterrichtseinheit
4. Sachanalyse
5. Didaktische Analyse
6. Methodische Analyse
7. Geplanter Verlauf
8. Anhang (Tafelbildentwurf, Arbeitsblätter, Sitzordnung, Literatur)

Vorschlag eines Gliederungsschemas für einen Handlungsorientierten Unterricht nach Meyer (vgl. [125], S. 408)
1. Einordnung der Stunde in die Unterrichtseinheit
2. Bedingungsanalyse
   – Lernvoraussetzungen der Schüler
   – Fachwissenschaftliche Vorgaben und Problematik der Stunde
   – Handlungsspielräume des Lehrers
3. Didaktische Strukturierung der Stunde
   – Lehrziele der Stunde
   – Handlungsmöglichkeiten der Schüler im Unterricht
   – Der Begründungszusammenhang von Ziel-, Inhalts- und Methodenentscheidungen
   – Vorüberlegungen zur Auswertung und Ergebnissicherung
4. Geplanter Verlauf der Stunde
5. Literatur, Anhang

Sehr ausführliche Gliederung eines großen Entwurfs mit allen Planungskategorien aus dem Studienseminar Buchholz [241]
1. Zielsetzung
   – Kompetenzbereiche lt. Kerncurriculum (inhalts- und prozessbezogen)
   – Erwartete zentrale Kompetenz(en) lt. Kerncurriculum
   – Stundenziel
   – Teilziele

---

[5] Meyer kritisiert an dieser Strukturierung den Dreischritt „Sachanalyse – Didaktische Analyse – Methodische Analyse", der leicht eine Überbetonung der fachwissenschaftlichen Vorbereitung zur Folge habe.

2. Verlaufsplanung
3. Bemerkungen zur Lerngruppe
   - Eigenarten der Lerngruppe
   - Lernverhalten und Leistungsvermögen
   - Lernausgangslage
   - (ggf. Institutionelle Rahmenbedingungen)
4. Zur Sachstruktur des Lerngegenstands
5. Ziel-/Inhaltsentscheidungen
6. Analyse der zentralen Aufgabenstellung
7. Unterrichtsprägende methodische Entscheidungen
8. Anhang
   - Literaturverzeichnis
   - Sitzordnung
   - Dokumentation eingesetzter Medien

Gebräuchliches Gliederungsschema im Studienseminar Münster (vgl. z. B. Unterrichtsentwürfe 5.15 und 5.16)
1. Thema der Unterrichtsreihe
2. Ziele der Unterrichtsreihe
3. Aufbau der Unterrichtsreihe
4. Thema der Unterrichtsstunde
5. Ziele der Unterrichtstunde (allgemeines Ziel, weiterführendes Ziel)
6. Lernvoraussetzungen
7. Sachstruktur des Lerngegenstands
8. Didaktische Entscheidungen
9. Geplanter Unterrichtsverlauf
10. Medien/Materialien
11. Literatur
12. Anhang

Empfehlung zur Gliederung einer ausführlichen Unterrichtsvorbereitung aus dem Studienseminar Darmstadt [243]
1. Deckblatt
2. Gliederung/Inhaltsverzeichnis
3. Analyse der Lernbedingungen/Lernausgangslage
4. Sachanalyse
5. Einordnung der Stunde in die Unterrichtseinheit mit Ziel-/Kompetenzangabe

6. Zielorientierung/Kompetenzorientierung
7. Didaktische Überlegungen, Methoden und Medien
8. Verlaufsplanung
9. Literaturverzeichnis
10. Anhang

Empfohlenes Schema aus dem Seminar GHRS Oldenburg [244]

Thema der Unterrichtseinheit und Thema der Unterrichtsstunde (auf dem Deckblatt)

1. Einordnung der Stunde in die Unterrichteinheit
2. Informationen zur Lerngruppe und zur Lernausgangslage
3. Überlegungen zur Sache
4. Aufgabenanalyse
5. Didaktische Überlegungen
6. Kompetenzen und Ziele der Stunde
7. Methodische Überlegungen
8. Verlaufsplan
9. Literatur
10. Anhang

Hinweise zur Abfassung eines schriftlichen Unterrichtsplans aus dem Studienseminar Recklinghausen [250]

1. Thema der Reihe
   - Thema der Stunden
   - Ziele der Reihe
   - Ziele der Stunden
2. Zentrale didaktische Schwerpunkte
   - Funktion der Stunde für die Reihe
   - Zentrale methodische Schwerpunkte
   - Spezielle Bedingungen/konkrete Lernvoraussetzungen
3. Geplanter Unterrichtsverlauf mit Ausführungen zu
   - Handlungsabfolgen mit Angaben der konkreten Inhalte
   - Thematischen Repräsentanten (Aufgaben, Texte, Bilder)
   - Sozialformen
4. Literatur, Anhang

4.4 Offenere Unterrichtsplanungen

Unterricht soll heutzutage möglichst offen und schülerorientiert sein. Entsprechend sind vereinzelt Ansätze für die Konzeption offener bzw. schülerorientierter Unterrichts*planungen* zu finden (vgl. [140], S. 153 ff.). Dass diese Konzepte für Lehrproben bislang höchstens ansatzweise Anwendung finden, liegt vermutlich daran, dass diese Art der Unterrichtsplanung sehr anspruchsvoll ist. Je offener nämlich die Planung, umso schwieriger ist der (schriftliche) Entwurf, wie nachfolgend deutlich wird. Offenheit bei der Unterrichtsplanung bedeutet vor allem, dass der Plan nicht als Programm, sondern als Entwurf für mögliches Handeln zu verstehen ist. Folglich müssen ursprüngliche Planungsentscheidungen ohne große Schwierigkeiten an den sich ergebenden Unterrichtsverlauf angepasst, d. h. situativ verändert bzw. variiert werden können. Das bedeutet insbesondere auch, auf verschiedene bzw. alternative Unterrichtsverläufe vorbereitet zu sein. Gerade dies stellt hohe Anforderungen an den Lehrer, weil natürlich alle Optionen sorgfältig durchdacht und im Unterricht souverän gehandhabt werden müssen. Für den schriftlichen Entwurf hat dies zur Folge, dass in ihm Lernziele, Handlungen, Methoden und Interaktionen nicht festgeschrieben, sondern nur jeweils als Möglichkeiten dargestellt werden können, wobei das Aufzeigen mehrerer Alternativen sinnvoll sein kann. Da man hierdurch trotzdem nicht allen Unvorhersehbarkeiten gerecht werden kann, ist weiterhin eine gute Improvisationsfähigkeit erforderlich. Des Weiteren wird der Schüler bei dieser Art der Unterrichtsplanung nicht als Objekt, sondern als Subjekt des Unterrichts gesehen. Alle Planungen setzen beim Schüler an und haben ihn zum Maßstab (vgl. [140], S. 160). Das bedeutet insbesondere, dass der Schüler als Person ernst genommen wird. Dazu gehört auch, dass einerseits sämtliche Entscheidungen für die Schüler transparent gemacht werden sollen und andererseits die Schüler in den Planungsprozess einbezogen werden, dass also das Prinzip von Mitbestimmung und Eigenverantwortung in hohem Maße verwirklicht wird. Kooperation ist in diesem Sinne nicht nur ein wichtiger Grundsatz für die Beziehung zwischen den Schülern untereinander, sondern auch für die Beziehung zwischen dem Lehrer und seinen Schülern. Zusammenfassend lassen sich in Anlehnung an Peterßen (vgl. [140], S. 154 ff.) folgende fünf Prinzipien für eine offene Unterrichtsplanung festhalten, die an die Stelle eines festen Baumusters treten:

- Offenheit für Veränderungen
- Bereithalten von Alternativen
- Transparenz für die Schüler
- Kooperation von Lehrer und Schülern
- Betonung der Personalität der Beteiligten

Allerdings muss auch ein ausführlicher Stundenentwurf nicht im Widerspruch zu einer offenen Unterrichtsgestaltung stehen. Wir schließen uns der Meinung an, dass Lehrer erst dann gut darauf vorbereitet sind, flexibel und lernwirksam auf die Schüler zu reagieren, wenn sie sehr differenzierte Vorstellungen über den möglichen Ablauf des Unterrichtsgeschehens entwickelt haben – und dann in der Stunde allerdings auch dazu in der Lage sind, gegebenenfalls Distanz zu ihrer eigenen Planung einzunehmen [251].

4.5   Resümee: Qualitätskriterien für die Unterrichtsplanung

Zusammenfassend seien an dieser Stelle in Anlehnung an Kliebisch & Meloefski ([93], S. 183) zentrale Kriterien aufgelistet, die eine gute Unterrichtsplanung (und ihre Umsetzung im schriftlichen Entwurf) ausmachen. So hängt die Qualität der Planung davon ab, inwieweit …

- der Lehrplan und die schulspezifischen Vorgaben berücksichtigt werden,
- die Auswahl des Lerngegenstands und die didaktische Intention zueinanderpassen und die spezifische (gegenwärtige, zukünftige bzw. exemplarische) Bedeutung für die Lerngruppe erkennbar ist,
- die Inhalte, Ziele, Methoden und Medien aufeinander bezogen sind,
- die Besonderheiten der Lerngruppe berücksichtigt werden,
- die Schüler am Unterrichtsgeschehen beteiligt werden.

Meyer (vgl. [121], S. 254) macht jedoch zu Recht darauf aufmerksam, dass die Art der schriftlichen Unterrichtsvorbereitung immer auch vom Begutachter abhängt. Aus diesem Grund lautet der vielleicht wichtigste Hinweis für die schriftliche Unterrichtsplanung, sich zunächst mit dem Betreuer über die Erwartungen zu verständigen, und zwar weniger den formalen Aufbau als vielmehr inhaltliche Aspekte betreffend. Dazu gehört insbesondere ein Austausch über Beurteilungskriterien für guten und schlechten Unterricht.

Abgesehen von diesen Aspekten sollte der Entwurf in klarer Sprache formuliert, die Gliederung plausibel und einzelne Abschnitte angemessen lang sein. Die Länge eines Unterrichtsentwurfs ist keineswegs ein Kriterium für dessen Qualität, sondern vielmehr das Geschick, zügig auf den Punkt zu kommen. Das bedeutet auch die Beschränkung auf *die* Aspekte (z. B. bei der Bedingungsanalyse), aus denen Konsequenzen für die getroffenen didaktisch-methodischen Entscheidungen gezogen werden, mit der Formulierung dieser Konsequenzen.

Nachdem die hier skizzierten Qualitätskriterien in den vorhergehenden Abschnitten theoretisch ausführlich dargestellt und erläutert wurden, sollen im nächsten Kapitel Möglichkeiten für deren praktische Umsetzung aufgezeigt werden. Dies erfolgt durch eine Zusammenstellung konkreter Unterrichtsentwürfe aus verschiedenen Bereichen und verschiedenen Jahrgangsstufen des Mathematikunterrichts der Primarstufe, die von Fachseminarleitern als gut gelungen beurteilt wurden.

Beispiele gut gelungener Unterrichtsentwürfe

5.1 Einleitende Bemerkungen

Dieses Kap. 5 bietet

- *Studierenden* insbesondere in Praxis-/Schulpraxissemestern und bei Praktika,
- *Lehramtsanwärterinnen* und *Lehramtsanwärtern* während ihrer Ausbildung sowie
- *praktizierenden Lehrkräften*, die nach neuen Ideen für ihren täglichen Unterricht suchen,

vielseitige, innovative und dennoch praktikable Anregungen für die Planung und Realisierung ihres Mathematikunterrichts in der Primarstufe. Grundlage hierfür sind die folgenden 20 authentischen, gründlich durchdachten und sorgfältig ausgewählten Unterrichtsentwürfe. Diese spiegeln die aktuellen Anforderungen und Zielsetzungen des Mathematikunterrichts in der Primarstufe gut wider. Sie decken weitestgehend die *prozessbezogenen* und *inhaltsbezogenen* mathematischen Kompetenzen/Leitideen der neuesten Kernlehrpläne/Bildungsstandards ab. Die vorliegenden Planungen lassen sich ferner oft relativ leicht auf andere Unterrichtsstunden übertragen.

Die in jüngster Zeit *stark gewachsene* Bedeutung von **Praxisphasen im Lehramtsstudiengang** – hier konkretisiert am Beispiel der Universität Duisburg-Essen – kann sehr gut dem aktuellen Flyer (Stand Dezember 2012) des dortigen Zentrums für Lehrerbildung entnommen werden:

- *Eignungspraktikum*
  20 Tage plus Eignungsberatung, in der Regel vor oder zu Beginn des Studiums, von den Zentren für schulpraktische Lehrerausbildung verantwortet
- *Orientierungspraktikum*
  80 Stunden, 3. oder 4. Semester im Bachelor, in der Regel semesterbegleitend, von den Bildungswissenschaften verantwortet

K. Heckmann, F. Padberg, *Unterrichtsentwürfe Mathematik Primarstufe, Band 2*,
Mathematik Primarstufe und Sekundarstufe I + II,
DOI 10.1007/978-3-642-39745-5_5, © Springer-Verlag Berlin Heidelberg 2014

- *Berufsfeldpraktikum*
  80 Stunden, 4. oder 5. Semester im Bachelor, schulisch oder außerschulisch zu absolvieren, von den Fachdidaktiken verantwortet
- *Praxissemester*
  5 Monate, 2. Semester im Master, von der Universität verantwortet und mit den Zentren für schulpraktische Lehrerausbildung (ZfsL) durchgeführt

Hinweis
- Die Zentren für schulpraktische Lehrerausbildung hießen früher Studienseminare.
- Selbst an *den* Universitäten in Nordrhein-Westfalen, die zum *spätestmöglichen* Zeitpunkt (WS 2011/12) mit dem Bachelor/Master-Modell begonnen haben, sind die ersten Studierenden im WS 2013/14 im 5. Semester.

Wir stellen in diesem Kap. 5 ausschließlich **authentische Unterrichtsentwürfe** vor. Die *Hälfte* dieser Unterrichtsentwürfe – also zehn von den insgesamt 20 – sind besonders gründlich durchdachte und sorgfältig ausformulierte *Entwürfe für Examenslehrproben*, die andere Hälfte betrifft keine Examenslehrproben, gibt jedoch ebenfalls detaillierte und gründliche Einblicke in die Planungsüberlegungen und den unterrichtlichen Kontext der betreffenden Unterrichtsstunden.

Diese 20 Entwürfe haben wir aus einer größeren Anzahl besonders empfohlener, gut gelungener Unterrichtsentwürfe ausgewählt, die uns nach Rücksprache mit den Lehramtsanwärterinnen von folgenden **Fachleiterinnen** (Seminarausbilderinnen), Seminarleiterinnen und Seminarleitern sowie bei einer Lehramtsanwärterin von „ihrer" Professorin zur Verfügung gestellt wurden:

- Ute Alsdorf, Erfurt (5.6, 5.8, 5.19)
- Karin Anders, Münster (5.9, 5.15, 5.16, 5.21)
- Wolf-Dieter Beyer, Minden (5.4, 5.10, 5.18)
- Dr. Gabriele Loibl, Dingolfing (5.12, 5.14)
- Monika Müller, Köln (5.2, 5.3)
- Prof. Dr. Elisabeth Rathgeb-Schnierer, Weingarten (5.5, 5.11)
- Hildegard Thonet, Trier (5.13, 5.20)
- Grit Wittig, Leipzig (5.17)

Diese 20 Unterrichtsentwürfe wurden von Autorenseite (Friedhelm Padberg) redaktionell überarbeitet. Von ihm stammen auch die – verglichen mit den Unterrichtsstundenformulierungen – meist griffigeren und prägnanteren Abschnittsüberschriften bei den einzelnen Unterrichtsentwürfen. Unmittelbar danach folgt stets die Originalformulierung des Themas der Unterrichtsstunde, anschließend der Originalentwurf. Wir haben hier bei den Entwürfen bewusst *keine Vereinheitlichung* angestrebt – weder bezüglich des formalen Aufbaus oder des Schreibstils noch bezüglich der inhaltlich zu thematisierenden Gesichtspunkte. Dies hätte auch keineswegs der Realität in Deutschland entsprochen, wie schon ein erster Blick auf die folgenden Unterrichtsentwürfe unmittelbar erkennen lässt. So lernen die Leser verschiedene *Gestaltungsmöglichkeiten* und *Schwerpunktsetzungen* bei der Erstellung von Unterrichtsentwürfen kennen und können sich auf dieser Grundlage gezielt für die eine oder andere Form oder eine Mischform hieraus entscheiden – sofern nicht „vor Ort" anderslautende Vorgaben dies unmöglich machen. Diese Vielseitigkeit bei den Entwürfen bietet zusätzlich den großen Vorteil, dass so in der Gesamtheit aller hier vorgestellten Unterrichtsentwürfe *deutlich mehr Facetten* der Unterrichtsgestaltung *vertieft* sichtbar werden, als wenn wir alle Unterrichtsentwürfe einheitlich gleich gestylt hätten. Aus Rechtsgründen mussten wir allerdings auf einige der in den Originalunterrichtsentwürfen enthaltenen Abbildungen verzichten, aus Umfangsgründen bei einigen Entwürfen an einzelnen Teilen Kürzungen vornehmen.

Wir ordnen in diesem Band die ausgewählten Unterrichtsentwürfe nach **Jahrgangsstufen** an, und zwar zusammengestellt nach *inhaltsbezogenen* mathematischen Kompetenzen/Leitideen. Dies ist leichter und sinnvoller als eine Anordnung nach allgemeinen mathematischen/*prozessbezogenen* Kompetenzen, da die Unterrichtsentwürfe im Allgemeinen schwerpunktartig *einer* inhaltsbezogenen Kompetenz/Leitidee zugeordnet werden können, während sie üblicherweise gleichzeitig *mehrere* verschiedene allgemeine mathematische/prozessbezogene Kompetenzen zum Inhalt haben. Durch die ausgewählten Unterrichtsentwürfe decken wir nicht nur sämtliche inhaltsbezogene Kompetenzen/Leitideen ab, sondern auch sämtliche allgemeine mathematische/prozessbezogene Kompetenzen. Hierbei ist die Terminologie in den Bildungsstandards der Kultusministerkonferenz (KMK) für den Primarbereich ([218]) sowie in den hierauf basierenden Kernlehrplänen/ Bildungsstandards/Kerncurricula … der Länder durchaus nicht einheitlich – darum die Doppelformulierungen im vorhergehenden Text.

Wir wollen im Folgenden kurz auf die Frage eingehen, nach welchen **Kriterien** wir die hier vorgestellten Unterrichtsentwürfe ausgesucht haben. Es gibt eine große Anzahl von Aspekten, die bei der Planung und Durchführung von „gutem" Mathematikunterricht berücksichtigt werden müssen. Auf diese Fragestellung sind wir schon gründlich in Kap. 2 eingegangen. An dieser Stelle beschränken wir uns daher darauf, einige zentrale Gesichtspunkte knapp nach Barzel et al. ([26], S. 10) aufzulisten: „transparente inhaltliche Strukturierung des Unterrichtsablaufs, Aktivierung von Vorstellungen, Einbeziehen von Vorerfahrungen, sinnstiftendes und authentisches Mathematiktreiben, Herstellen von Vernetzungen/nachhaltigem Lernen, Gestaltung intelligenten Übens, Fordern und Fördern von Kooperation und Eigenverantwortung, effiziente Organisation der äußeren Abläufe, Herstellen eines lernförderlichen Unterrichtsklimas, Argumentationskultur und Umgang mit Fehlern, Variabilität der Handlungsmuster, Umgang mit Heterogenität durch Differenzierungs- und Förderangebote, transparente Leistungserwartungen und hilfreiche Rückmeldungen …". Die vorstehende, selbstverständlich unvollständige Auflistung von Gesichtspunkten zeigt, dass die Einschätzung, ob eine Unterrichtsstunde und der zugrunde liegende Unterrichtsentwurf „gut" sind, von *sehr vielen Variablen* abhängt, die sich zudem innerhalb relativ kurzer Zeitspannen *öfter mal verändern* – und dies nicht immer nur aus nachvollziehbaren, objektiven Gründen, sondern durchaus auch im Sinne von „Moden". Allein aus diesem Grund sind dann viele gelungene frühere Unterrichtsentwürfe *rein formal* nicht mehr als „gut" einzuschätzen, weil die dort behandelten Themen oder (inhaltlichen) Vorgehensweisen in den aktuellen Kernlehrplänen usw. nicht mehr vorkommen bzw. nicht mehr erwünscht sind. Oder in diesen Entwürfen werden die prozessorientierten Kompetenzen nur *implizit* – und nicht so explizit wie heute erwünscht – thematisiert. Aber auch bei so einfachen Sachverhalten wie der Frage der erwünschten *Länge* eines Unterrichtsentwurfs lassen sich deutlich ausgeprägte „**Moden**" beobachten, die Unterrichtsentwürfe der anderen Richtung rasch entwerten können: Mal ist „Kürze" angesagt und mal sind ausführliche, gründliche Planungsüberlegungen erwünscht.

Ein krasses Beispiel ist hier zurzeit Nordrhein-Westfalen. Hier sind für die Ausbildungsjahrgänge, die im November 2011 bzw. November 2012 beginnen, 10 Seiten als *Obergrenze* für den Unterrichtsentwurf der Examenslehrprobe vorgeschrieben – unter Androhung einer Notenminderung bei Überschreiten dieser Grenze! Von diesen 10 Seiten entfallen 5 Seiten(!) auf die schriftliche Planung der Unterrichtsstunde selbst und 5 Seiten auf die Reihenplanung („Darstellung der längerfristigen Unterrichtszusammenhänge"). Die *schriftliche Planung* geht mit 5 % in die Examenszensur ein. Die früher übliche Examensarbeit existiert nicht mehr (vgl. OVP-Hinweise [136], S. 4, S.10 ff.).

Offensichtlich lassen sich die vorstehend genannten Probleme nur vermeiden, wenn man sich auf **aktuelle Unterrichtsentwürfe** konzentriert. Die vielen im Kap. 2 dieses Bandes und bei Barzel et al. [26] genannten Variablen in ihrer aktuellen Ausprägung kann nur der fachlich versierte und erfahrene Fachleiter im Auge behalten, der zusätzlich mit dem realen Unterricht der Lehramtsanwärterin/des Lehramtsanwärters vertraut ist. Daher ist das positive Urteil von **fachlich versierten und erfahrenen Fachleiterinnen/Fachleitern** über einen aktuellen Unterrichtsentwurf für uns das entscheidende Kriterium für die Aufnahme in diesen Band. Zusätzlich kommt dann bei der Endauswahl dieser Unterrichtsentwürfe in ihrer Gesamtheit der Gesichtspunkt der – soweit möglich – weitestgehenden Abdeckung der prozess- und inhaltsbezogenen Kompetenzen/Leitideen des Mathematikunterrichts der Primarstufe ins Spiel.

Die Lektüre und Analyse *umfangreicherer* Unterrichtsentwürfe bleibt allerdings selbst in dem oben erwähnten krassen Fall dennoch *sehr sinnvoll*, denn die dort dokumentierten Überlegungen sind für die Realisierung von gutem Unterricht unverändert von großer Bedeutung. Sie müssen nur in diesem Fall sehr viel komprimierter aufgeschrieben werden. Ferner gilt generell, dass sich umfangreichere Entwürfe leicht kürzen lassen, während der umgekehrte Weg deutlich schwieriger ist.

Insbesondere bei der Dokumentation des geplanten Stundenverlaufs, die meist tabellarisch erfolgt, sind allein schon aus Platzgründen, aber auch zur Vermeidung monotoner Wiederholungen viele *Abkürzungen* üblich. Die in den folgenden Unterrichtsentwürfen benutzten Abkürzungen stellen wir hier alphabetisch angeordnet zusammen:

AA	Arbeitsauftrag
AB(s)	Arbeitsblatt (Arbeitsblätter)
BK	Bildkarte
EA	Einzelarbeit
GA	Gruppenarbeit
HA	Hausaufgabe
L	Lehrerin/Lehrer
LAA	Lehramtsanwärterin/Lehramtsanwärter
LB	Lehrbuch (Medien)
LSG	Lehrer-Schüler-Gespräch
LV	Lehrervortrag
OHP	Overhead-Projektor
PA	Partnerarbeit
PG	Partnergespräch
S	Schülerin/Schüler
SÄ	Schüleräußerung
SHK	Sitzhalbkreis
SK	Sitzkreis
SP(r)	Schülerpräsentation
SSG	Schüler-Schüler-Gespräch
SuS	Schülerinnen und Schüler
SV	Schülervortrag
TLP	Tageslichtprojektor
UG	Unterrichtsgespräch
WK	Wortkarten

Last, but not least folgen jetzt in alphabetischer Reihenfolge die **Lehramtsanwärterinnen**, welche die folgenden 20 Unterrichtsentwürfe in diesem Buch mit viel Energie und Aufwand erstellt haben und bei denen wir uns für die bereitwillige Überlassung ihrer Entwürfe herzlich bedanken. Die Ziffernkombinationen hinter dem Namen benennen jeweils die Abschnitte, in denen der oder die Unterrichtsentwürfe zu finden sind:

- Sabrina Brotzmann (5.8)
- Verena Dörfer (5.12, 5.14)
- Isabel Gamerus (5.10, 5.18)
- Anna Geißler (5.13)
- Kerstin Hager (5.5, 5.11)
- Annika Halbe (5.3)
- Christina Hörnlein (5.6)

- Alina Ißleib (5.21)
- Laura Korten (5.9, 5.15, 5.16)
- Stephanie Kott (5.19)
- Gloria Licht (5.7)
- Sonja Merod (5.20)
- Katharina Risse (5.17)
- Martha Rosa (5.2)
- Carolin Tölle (5.4)

5.2 Wie kommt Familie Müller über den Fluss? (Klasse 1/2)

5.2.1 Thema der Unterrichtsstunde

Flusswanderung – Eine aktiv handelnde Auseinandersetzung zur Förderung der logisch-strategischen Denkfähigkeit, Darstellungs- und Kommunikationsfähigkeit.

5.2.2 Thema der Unterrichtsreihe

Lernspiele– Ein problematischer Wanderausflug der Familie Müller.

5.2.3 Ziele der Unterrichtsreihe

Die Kinder sollen lernen, ein Problem aus der Lebenswirklichkeit durch Denken und Handeln zu **lösen**. Sie erfahren so eine positive Selbstbestätigung. Sie **erstellen** und verwerfen unter Einhaltung der aufgestellten Spielregeln **eigenständig** Handlungspläne und **präsentieren sie begründet** ihren Mitschülerinnen und Mitschülern.

5.2.4 Ziele der heutigen Unterrichtsstunde

Die Kinder lernen anhand der problemhaltigen Fragestellung „Wie kommt Familie Müller über den Fluss?" (vgl. auch [8]) eine operativ strukturierte Aufgabenstellung in Auseinandersetzung mit ihrem Arbeitsmaterial zu lösen.

Dabei lernen sie, ihre Vermutungen zu begründen, ihre Denkprozesse und Vorgehensweisen angemessen und nachvollziehbar darzustellen und sich darüber mit anderen auszutauschen (vgl. [3], S. 57 f.).

5.2.5   Verlauf der Unterrichtsreihe

Bemerkung Die einzelnen Sequenzen erfolgten in kurzen Abständen (1 bis 2 Tage dazwischen). Eine Sequenz entspricht einer, maximal zwei Doppelstunden.

Einheit – Inhalt	Erwarteter Lernzuwachs/didaktischer Schwerpunkt im Hinblick auf Kompetenzen
1. Sequenz Kennenlernen der Rahmengeschichte: Familie Müller macht einen Wanderausflug. Die Schülerinnen und Schüler (im Folgenden kurz SuS) durchlaufen ein Rollenspiel, um einen Bezug zum Problem zu bekommen. Sie erarbeiten die Regeln. Anschließend spielen die SuS dieses mit entsprechendem Arbeitsmaterial (Bild vom Fluss, Figuren, Boot) im Kreis gemeinsam nach und überlegen, wie die Verschriftlichung aussehen könnte und welche Symbole verwendet werden können. Abschließend erarbeiten die Kinder in Partnerarbeit ihren eigenen Lösungsweg. *(Vorerhebung)*	Die SuS sollen lernen, einen *Lebensweltbezug herzustellen*. Sie sollen ein erstes Problembewusstsein entwickeln und ihre Problemlösefähigkeit fördern. Sie lernen Notwendiges zu *erkennen*. *Sie lernen eine operative* Bewältigung der gestellten Aufgabe und ihre *Reproduktion* unter Beachtung der Spielregeln (*enaktiv*). Die SuS sollen lernen, *eigene Denkprozesse* oder Vorgehensweisen angemessen und nachvollziehbar darzustellen und sich darüber mit anderen auszutauschen (*ikonisch*). Sie sollen den Ablauf und das Erarbeitete *vertiefen* und *verinnerlichen*.
2. Sequenz Der weitere Verlauf der Geschichte wird vorgestellt. Ein neues Problem entsteht auf dem Wanderausflug: Der Jäger, sein Hund, sein Hase und sein Korb mit Kohl müssen auf die andere Seite vom Fluss. Auch hier müssen bestimmte Regeln und Symbole erarbeitet werden. Die Situation wird kurz im Kreis nachgestellt Die SuS gehen mit ihrem (festen) Partner (1 Erstklässler + 1 Zweitklässler) in die Partnerarbeit. (Diese Zusammensetzung wird in der ganzen Reihe so gehandhabt.) Sie versuchen eine schrittweise schriftliche Lösungsdokumentation für das Strategiespiel zu finden. Die SuS präsentieren ihre Ergebnisse im Kreis.	Die Kinder vertiefen ihre *Problemlösefähigkeit*. Sie sollen das neue Problem mit dem Wissen der letzten Sequenz *lösen* (*Assimilation*). Sie lernen bestimmte Vorgaben/Regeln zu beachten und einzuhalten. Sie lernen eine *operative* Bewältigung der gestellten Aufgabe und ihre *Reproduktion* unter Beachtung der Spielregeln (*enaktiv*). Die SuS sollen lernen, eigene *Denkprozesse* oder Vorgehensweisen angemessen und nachvollziehbar *darzustellen* und sich darüber mit anderen auszutauschen ([3], S. 58) (*ikonisch*). Die Kinder fördern hier die Kompetenz „Kommunizieren und Argumentieren" ([3], S. 57).

Einheit – Inhalt	Erwarteter Lernzuwachs/didaktischer Schwerpunkt im Hinblick auf Kompetenzen
3. Sequenz Der weitere Verlauf der Geschichte wird vorgestellt. Ein neues Problem entsteht auf dem Wanderausflug: Der Vater ist zur Familie dazugekommen. Die Familie möchte nun nach der Wanderung zurück zum Auto und muss dafür auf die andere Seite des Flusses. Auch hier müssen bestimmte Regeln und Symbole wiederholt und erarbeitet werden. Die Tandems gehen in die Partnerarbeit. Sie versuchen an dieser Stelle, eine schrittweise schriftliche Lösungsdokumentation für das Strategiespiel zu erstellen. Für schnelle Kinder gibt es zwei weitere Differenzierungsstufen. Es folgt die Präsentation der Ergebnisse im Kreis. In der Abschlussreflexion stellen ein bis zwei Tandems ihre Arbeit vor. Diese wird von den übrigen Kindern mit Hilfe der aushängenden Kriterien beurteilt. *(Nacherhebung)*	Die Kinder vertiefen ihre *Problemlösefähigkeit*. Sie sollen das neue Problem mit dem Wissen der letzten Sequenz *lösen* (*Assimilation*; [9]). Sie müssen lernen, bestimmte *Vorgaben/ Regeln zu beachten* und einzuhalten. Sie lernen eine *operative* Bewältigung der gestellten Aufgabe und ihre *Reproduktion* unter Beachtung der Spielregeln (*enaktiv*). Die SuS sollen lernen, eigene *Denkprozesse* oder Vorgehensweisen angemessen und nachvollziehbar auf einem Plakat *darzustellen* und sich darüber mit anderen auszutauschen ([3], S. 58) (*ikonisch*). (Neu) Als *Differenzierung* sollen die Kinder zuerst die Häufigkeiten der einzelnen Personen und Überfahrten auflisten. Als weitere Differenzierung sollen sie eine mathematische Operation ([3], S. 61) zum Lösen der Aufgabe „Wie viele Überfahrten braucht die Familie?" erstellen (*symbolisch*). Die Kinder fördern hier die Kompetenz „*Kommunizieren und Argumentieren*" ([3], S. 57).
4. Sequenz Zum Abschluss dieser Problemaufgaben „Typ: Überfahrten" (nach Wittmann) sollen noch andere Tandems ihre Lösungen aus der vorherigen Stunde präsentieren, um die Leistung aller zu würdigen. Danach sollen die Kinder, die dazu bereit sind, die Möglichkeit bekommen, die Differenzierungsaufgaben zu lösen. Anschließend gibt es die Möglichkeit, erweiterte Lösungen zu präsentieren oder eigene „Überfahrtprobleme" zu kreieren.	Die SuS sollen lernen, andere Lösungen nachzuvollziehen und *sinnvoll zu bewerten*. In Verbindung dazu sollen sie ihre *eigenen Lösungen* noch einmal *reflektieren*. Kinder, die eine Operation *entdeckt* haben, sollen die Möglichkeit bekommen, diese zu *präsentieren*. Kinder, für die das eine Überforderung darstellt, sollen sich ein *eigenes „Überfahrtproblem"* überlegen und aufstellen.
5. Sequenz Die SuS erarbeiten ein neues Strategie-/Lernspiel „Enge Straße".	Die Kinder vernetzen ihr erworbenes Wissen und erweitern ihre Problemlösekompetenz (*Akkommodation*; [9]).
6. Sequenz Einführung in die Kombinatorik.	Die Kinder sollen nun den Bereich der Kombinatorik erlernen.

5.2.6   Sachanalyse

Denkspiele ermöglichen unter Anknüpfung an Neugier und Kreativität der Kinder und ihr Bedürfnis zum Spielen eine Entwicklung kreativer Problemlösungsansätze in Verbindung mit kombinatorisch-logischem Denken als Grundlage zielgerichtet-logischen Denkens. Sie bieten vielfältige, materialbezogene Handlungsmöglichkeiten und erfordern eine Folge zielgerichteter Aktionen ohne Wettbewerbscharakter, die durch spürbare Fortschritte zur Wiederholung motivieren, denn ein Spiel für sich zu entscheiden und zu gewinnen bietet den SuS einen besonderen Reiz. Wenn Kinder spielen, ist ihnen oft nicht klar, dass sie dabei auch „spielerisch" lernen. Ihr Antrieb ist oftmals in dem Urinstinkt des Spieltriebs verwurzelt.

„Das Spiel ist für den Unterricht von Bedeutung, da die Spieler überwiegend im Unterbewusstsein lernen. Das Spiel kann ein positives, emotionales Erlebnis bieten und den Selbstzweck nach Unterhaltung befriedigen. Selbstständiges Wiederholen schmälert diese Freude nicht. In der Schule werden Spiele als ganzheitliche Handlungssituationen begriffen, in denen Kognition, Emotion, praktisches Tun und soziales Miteinander eine Rolle spielen" ([4], S. 12).

Durch Spielen werden Lernmotivation und zwischenmenschliche Kontakte gefördert. Zudem wird eine Handlungsbereitschaft bei den Kindern etabliert. Neben anderen konventionellen Lern- und Arbeitsmethoden hat daher auch der systematische Einsatz von Spielen seine Daseinsberechtigung im Klassenraum. Im Rahmen des Mathematikunterrichts bezeichnet man Spiele mit Lernzuwachs auch als Lernspiele (vgl. [4]).

Beim zentralen Problem dieser Stunde, wie Familie Müller (2 Erwachsene, 2 Kinder) über den Fluss kommt, sind folgende *Nebenbedingungen* zu beachten (vgl. [8], S. 1): In das Boot passen nur ein Erwachsener oder ein Kind oder zwei Kinder, nicht aber zwei Erwachsene und auch nicht ein Erwachsener mit einem Kind. Daher spielen die Kinder beim Übersetzen die zentrale Rolle. Ohne sie würden es die beiden Erwachsenen nicht schaffen, den Fluss zu überqueren. Die Kinder bringen nämlich das Boot jeweils wieder zurück.

Die Anzahl der Erwachsenen und Kinder kann variiert werden, es müssen jedoch immer mindestens zwei Kinder in der Gruppe sein (vgl. [8], S. 1). Bei diesem **„Überquerungsproblem"** müssen die Kinder ausprobieren, kombinieren und auch durch Fehlentscheidungen lernen. Sie entdecken ihre Wege durch handlungsorientiertes Arbeiten.

Strategie-/Lernspiele und das Ermitteln ihrer Lösungen ist ein Thema, das die SuS während ihrer Schullaufbahn immer beschäftigen wird. In den „Inhaltsbezogenen Kompetenzen" findet man diese Spiele hauptsächlich im Bereich „Größen und Messen" mit dem Schwerpunkt „Sachsituationen" (vgl. [3], S. 66), wo die SuS Bearbeitungshilfen wie Zeichnungen, Skizzen etc. zur Lösung von Sachaufgaben nutzen. Ebenfalls bezieht sich das erste Differenzierungsangebot auf den Bereich „Daten, Häufigkeiten, Wahrscheinlichkeiten" mit dem Schwerpunkt „Daten und Häufigkeiten", in dem die Kinder aus selbst erstellten Tabellen Daten entnehmen und sie zur Beantwortung von mathematikhaltigen Fragen heranziehen. Das zweite Differenzierungsangebot bezieht sich auf den Bereich „Zahlen und Operationen" mit dem Schwerpunkt „Operationsvorstellungen", in dem die

Kinder „Grundsituationen Plus- oder Minus- bzw. Ergänzungsaufgaben zuordnen" ([3], S. 61), und dem Schwerpunkt „Zahlenrechnen", wo sie „(eigene) Rechenwege für andere nachvollziehbar mündlich oder in schriftlicher Form beschreiben" ([3], S. 62).

Für die Lösung von Sachaufgaben, zu denen auch Strategie-/Lernspiele gehören, werden alle prozessbezogenen Kompetenzen von den Kindern gebraucht und gefördert. Die Kinder müssen viel miteinander kommunizieren, ihre Gedanken und Lösungen darstellen sowie sinnvoll argumentieren. Vor allem das Modellieren ist von entscheidender Bedeutung, da es maßgeblich zur Lösung von Sachsituationen beiträgt.

Modellieren: „Die Schülerinnen und Schüler wenden Mathematik auf konkrete Aufgabenstellungen aus ihrer Erfahrungswelt an. Dabei erfassen sie Sachsituationen, übertragen sie in ein mathematisches Modell und bearbeiten sie mithilfe mathematischer Kenntnisse und Fertigkeiten. Ihre Lösung beziehen sie anschließend wieder auf die Sachsituation." ([3], S. 57)

Auch die Bildungsstandards (vgl. [1]) beziehen sich beim Sachrechnen auf das Modellieren:

- „Sachtexten und anderen Darstellungen der Lebenswirklichkeit die relevanten Informationen entnehmen,
- Sachprobleme in die Sprache der Mathematik übersetzen, innermathematisch lösen und diese Lösungen auf die Ausgangssituation beziehen,
- zu Termen, Gleichungen und bildlichen Darstellungen Sachaufgaben formulieren" ([1], S. 8).

Ebenfalls sehr wichtig ist auch die **Problemlösekompetenz**, da es sich um Problemaufgaben handelt. Die Bildungsstandards zeigen sehr deutlich auf, welche Fertigkeiten damit verbunden sind und warum gerade diese Fertigkeiten für Sachaufgaben/Problemaufgaben wichtig sind.

Problemlösekompetenz

- „Mathematische Kenntnisse, Fertigkeiten und Fähigkeiten bei der Bearbeitung problemhaltiger Aufgaben anwenden,
- Lösungsstrategien entwickeln und nutzen (z. B. systematisch probieren),
- Zusammenhänge erkennen, nutzen und auf ähnliche Sachverhalte übertragen" ([1], S. 7).

Die prozessbezogenen Kompetenzen, die die Kinder in dieser Stunde benötigen und vertiefen, werden im nachfolgenden Kapitel näher erläutert.

In dieser Stunde wird die komplette Bandbreite der Anforderungsbereiche I bis III aus den Bildungsstandards (vgl. [1], S. 13) erfüllt. Der Zusammenhang zum Stundenverlauf wird ebenfalls im nächsten Kapitel verdeutlicht.

Einen **Überblick** über die angestrebten **Kompetenzen** zeigt Abb. 5.1.

Übergreifende Kompetenzen	Kompetenzerwartungen (inhalts- und prozessbezogene)	Vernetzung mit anderen Kompetenzbereichen
1. Wahrnehmen und Kommunizieren	Die Schülerinnen und Schüler …	**Musik:**
Die Kinder präsentieren Entdeckungen und Ergebnisse in der Teamarbeit.	**Bereich „Größen und Messen", Schwerpunkt „Sachsituationen"**	**Kompetenzbereich: Musik machen – mit der Stimme, Schwerpunkt: Lieder kennenlernen**
Während der Unterrichtsreihe haben die Kinder Gelegenheit, sich in Partnerarbeit über Phänomene auszutauschen.	„… entwickeln und nutzen … einen Grundbestand an Kenntnissen und Fertigkeiten beim Umgang mit der Bearbeitung von Sachproblemen aus der Lebenswirklichkeit."	„… singen Lieder auswendig, singen überlieferte und aktuelle Lieder zu verschiedenen Themenbereichen."
2. Analysieren und Reflektieren	Differenzierungsangebote:	
Die Kinder analysieren den Zusammenhang der Veränderung von den Strategie-/Lernspielen und ziehen Rückschlüsse.	**Bereich „Daten, Häufigkeiten, Wahrscheinlichkeiten", Schwerpunkt „Daten und Häufigkeiten"** ← Aus selbst erstellten „Tabellen Daten entnehmen und sie zur Beantwortung von mathematikhaltigen Fragen heranziehen". →	**Deutsch: Bereich: Sprechen und Zuhören, Schwerpunkt: Verstehend zuhören** … stellen Fragen, wenn sie etwas nicht verstehen.
3. Strukturieren und Darstellen	**Bereich „Zahlen und Operationen", Schwerpunkt „Operationsvorstellungen"**	**Bereich: Sprechen und Zuhören**
Die Kinder greifen zum Beschreiben Arbeitsmittel (Spielfeld, Spielfiguren, Regeln, Kriterien) auf und stellen ihre Ergebnisse verbal, bildlich oder schriftlich dar.	„Grundsituationen Plus- oder Minus- bzw. Ergänzungsaufgaben zuordnen"	**Schwerpunkt: Gespräche führen** … beteiligen sich an Gesprächen.
	Prozessbezogene Kompetenzen:	**Sport:**
4. Transferieren und Anwenden	Problemlösen/kreativ sein (Bearbeiten von Problemstellungen)	**Bereich: Gleiten, Fahren, Rollen – Rollsport, Bootssport, Wintersport, Schwerpunkt: Bewegungskönnen im Gleiten, Fahren und Rollen erweitern**
Die Kinder transferieren ihr Wissen bezüglich der Strategien auf erweiterte Aufgaben und entdecken Operationen. Sie entwickeln eigene Ideen.	Modellieren (wenden Mathematik an→ Aufgaben aus der Lebenswirklichkeit) Argumentieren (vermuten, erklären) Darstellen/Kommunizieren (Denkprozesse/Vorgehensweisen darstellen, mit anderen austauschen)	… erproben einfache Kunststücke mit verschiedenen Gleit-, Fahr- und Rollgeräten.

Abb. 5.1 Überblick über die angestrebten Kompetenzen

5.2.7   Methodisch-didaktische Überlegungen (unter Einbeziehung der Kompetenzen)

In der Reihe wurde von Beginn an durch das Probieren und Nachspielen (**enaktiv**) ein konstruktiver Umgang mit Fehlern und Schwierigkeiten unterstützt. Die Kinder forschen und verbessern eigenständig ihre Überlegungen auf der Grundlage der gemachten Erfahrungen, damit alle Kinder Zusammenhänge erschließen, Vermutungen anstellen sowie reflektieren und prüfen können.

In dieser Stunde sollen die Kinder zu Beginn einen Überblick über die Stunde bekommen, um ihnen eine Verlaufs- und Zeittransparenz an die Hand zu geben. Bevor es mit der eigentlichen Arbeit und Vertiefung der Stunde losgeht, sollen die SuS kurz die Geschichte von Familie Müller wiederholen und was sie bis jetzt gelernt haben, um ihr Vorwissen anzuregen (*Grundwissen, Reproduzieren*). Im Einstieg wird dann anschließend die Grundaufgabe („*Wie kommt Familie Müller über den Fluss?*") für diese Stunde vorgestellt. Hier geht es also um **operatives** Arbeiten. Damit sich die Kinder die Notlage der Familie besser vorstellen können, wird in der Einstiegsphase/*Problemstellung* die Szene mit Hilfe von zwei großen (Eltern) und zwei kleinen (Kindern) Playmobil-Figuren gespielt. Das Verständnis und die Einhaltung der Regeln nehmen einen zentralen Stellenwert für das Gelingen ein. Deshalb wird auf einem **Plakat** (erlaubt/verboten) festgehalten, welche Belegungen auf dem Schiff möglich und welche verboten sind. Das **Regelplakat** ist den Kindern von dem vorausgegangenen Strategiespiel bekannt. Die Kinder erarbeiten anhand der verbotenen Kombinationen die erlaubten Möglichkeiten, die durch Symbolbilder veranschaulicht werden. Damit die Kinder eine erste Idee von einer möglichen Lösung entwickeln können, werden die ersten Möglichkeiten (Hin- und Rückfahrt) gemeinsam durchgespielt. So kann man die Einhaltung der Regeln überprüfen. Auch wenn hier möglicherweise **Lösungsschritte** vorweggenommen werden, soll auch die Rückfahrt gespielt werden, damit auch schwächere Kinder eine Lösungsidee bekommen und sich motiviert an der Lösung beteiligen. Als **Reflexionsauftrag** wird den Kindern die Aufgabe gestellt, ihre Lösung gut vorzubereiten, um sie hinterher vorzustellen. Für diese Aufgabe benötigen sie somit in der Erarbeitungsphase vordergründig das Kommunizieren, um sich in der Partnerarbeit abzusprechen. Wichtig ist auch, dass sie an dieser Stelle den erarbeiteten **Wortspeicher** beachten und verwenden. Die Tandems bestehen jeweils aus einem Erstklässler und einem Zweitklässler, da sich die Kinder so gegenseitig unterstützen können. Man fördert so das jahrgangsübergreifende Prinzip. Zum Erstellen der Lösung hat jedes Tandem einen Spielplan und entsprechende symbolische Figuren für die Personen. Die realistischere Figur wurde im Einstieg genutzt, um jetzt den Abstraktionsschritt, den wir gemeinsam vorbereitet haben, zu einfachen farbigen Figuren durchzuführen. Sie müssen nun das Wissen der vorherigen Stunden nutzen und **eigenständig anwenden** (*gelernte Verfahren direkt anwenden*). An dieser Stelle vertiefen sie auch das **Darstellen und Modellieren**, indem sie die relevanten Informationen aus der Lebenswirklichkeit entnehmen müssen und geeignete Darstellungen entwickeln (**ikonisch**), auswählen und nutzen sollen. Gleichzeitig wird auch das Problemlösen gefördert: Sie müssen mathematische Kenntnisse, Fähigkeiten und Fertigkeiten gebrauchen, wodurch die Arbeitsphase **handlungsorientiert** aufgebaut ist *(Zusammenhänge erkennen und nutzen; Kenntnisse, Fertigkeiten und Fähigkeiten miteinander verknüpfen; Strukturieren)*. Die SuS arbeiten in dieser Stunde schon auf der **symbolischen Ebene** (vgl. [6], S. 87). Zur Reflexion trifft sich die Klasse im Sitzkreis. Dort werden dann noch mal ein bis zwei Tandems ihr Ergebnis vorstellen und die restlichen SuS überprüfen die Darstellung anhand der Kriterien. Hier sind besonders das Argumentieren und das gezielte Analysieren gefragt *(Beurteilen, eigene Lösungen, Interpretationen und Wertungen)*. An dieser Stelle wird die LAA eingreifen, falls die Kinder vom Thema abweichen, nicht mehr aufmerksam sind oder ohne einen externen Impuls nicht mehr weiterkommen.

Die **Differenzierung** in dieser Stunde ist offen, da jeder die Möglichkeit hat, seine Darstellung seinem Stand anzupassen. Ebenfalls hängen für die Schwächeren die gemeinsam erarbeiteten Plakate und der **Wortspeicher** in der Klasse aus. Für die SuS, die besonders schnell fertig sind, gibt es (das erste Mal in dieser Reihe) in der ersten Stufe die Möglichkeit, eine personenspezifische Überfahrtenanalyse durchzuführen, indem die Kinder die **Anzahl der nötigen Überfahrten** für einen Erwachsenen bzw. für ein Kind **zählen und notieren**. In der zweiten Stufe sollen die Kinder aus den gesammelten Daten aus Stufe 1 eine **Rechenoperation** zur Lösung der Grundaufgabe entwickeln. Die SuS sollten an dieser Stelle herausgefunden haben, dass ein Erwachsener jeweils vier Überfahrten benötigt, um die Flussseite zu wechseln und das Boot in Ausgangsstellung zu bringen, und dass für die zwei Kinder noch eine weitere Überquerung nötig ist. Die entsprechende mathematische Operation zur Lösung der Grundaufgabe (Gesamtzahl der Überfahrten für eine vollständige Überquerung der Familie) ergibt sich dann durch die einfache Addition der Daten aus den vorherigen Stufen ($4+4+1=9$) (vgl. [8], S. 8).

Zum Abschluss der Stunde werden die Kinder mit der Kreismusik in den Sitzkreis gebeten. Hier sollen ein bis zwei Tandems ihre Lösungsansätze für die Grundaufgabe (ohne Differenzierungsstufen) der restlichen Klasse **präsentieren**. Dabei achten die zuhörenden Kinder auf die Einhaltung der Kriterien/Spielregeln und sollen die Lösungswege auf Sinnhaftigkeit/Richtigkeit prüfen, indem ein Kind es während der Präsentation nachspielt. Im Zuge der Evaluation der Lösungsvorschläge soll die Klasse den Präsentationsgruppen positives Feedback und Tipps geben und es können weitere Fragen gestellt werden. Zur Klärung von Unklarheiten können die Kinder das Anschauungsmaterial verwenden. Im Anschluss sollen vor allem die Kinder, die noch nicht präsentieren konnten, die Möglichkeit erhalten, dieses zu tun. Die SuS sollen sich nun gegenseitig, mit dem Wissen aus der Reflexion, ihre Plakate präsentieren und Feedback geben. So soll die Leistung aller gewürdigt werden, aber auch als „Abschluss des Lernprozesses bei grundlegenden Wissenselementen und Fähigkeiten [...] eine Automatisierung angestrebt werden" ([7], S. 20).

Zum Ausklang hören und singen die Kinder das zur Geschichte passende Lied „Das Wandern ist des Müllers Lust".

5.2.8   Bedingungsfeldanalyse

Merkmal	Ausprägung	Konsequenz
Zusammensetzung der Klasse	Die Klasse 1/2h besteht aus 23 Schülerinnen und Schülern. Es sind 12 Mädchen und 11 Jungen. Viele Kinder haben einen Migrationshintergrund.	Zur Unterstützung dieser Kinder gibt es den Wortspeicher. Die Gruppenmitglieder und die LAA können ebenfalls helfen.
Lernverhalten insgesamt	Das Klassenklima in der 1/2h ist sehr gut und gemeinschaftlich. Die Kinder helfen sich gern, sind selbstständig und motiviert. Sie arbeiten auch jahrgangsübergreifend.	Die Zweitklässler können die Erstklässler unterstützen und ihnen beim Zählen und Interpretieren helfen.
Lernvoraussetzungen für diese Stunde	Die Kinder der Klasse 1/2h sind generell sehr aktiv und mögen offene Lernformen. Sie brauchen jedoch klare Regeln und Strukturen, da sie die verschiedenen offenen Lernformen noch einüben. Einige Kinder neigen hin und wieder dazu, sich durch Gespräche abzulenken. Anderen Kindern fällt es manchmal noch schwer, leise an ihrem Platz zu arbeiten. Sie laufen in der Klasse herum und lenken andere Kinder ab. Während der Gesprächsphasen schaffen es die meisten Kinder gut, dem Gesprächsverlauf zu folgen. Viele Kinder bringen sich durch gute Beiträge konstruktiv ein. Dennoch fällt es auch hier manchen Kindern hin und wieder schwer, sich an die Gesprächsregeln zu halten und dem Geschehen konzentriert zu folgen.	Die LAA weist bei Bedarf auf die Regeln hin. Die LAA gibt bei Bedarf ein Klangsignal ab. Sie benötigen dann eine Aufforderung zum konzentrierten Weiterarbeiten. Auch hier reicht jedoch meist ein Hinweis, um die Kinder wieder zum Arbeiten zu bringen. Hier wird ebenfalls auf die Regeln hingewiesen. Wenn die Konzentration überhaupt nicht funktioniert, wird der Rest der Präsentation auf den nächsten Tag verschoben, um den Kindern eine Pause zu gewähren.
Arbeits- und Sozialformen	Die SuS sind in verschiedenen Arbeitsmethoden geübt. Auch die für diese Stunde gewählte Arbeit im Tandem ist ihnen bekannt. Die SuS werden in offenen Arbeitsformen oft ziemlich unruhig, da sich die Klassengemeinschaft noch in ihren Anfängen befindet.	Die Kriterien und der Ablauf der Stunde hängen aus. Die LAA lässt im Fall von Unruhe das Klangsignal ertönen. Die LAA hat einen besonderen Blick auf einzelne Kinder.

Merkmal	Ausprägung	Konsequenz
Besondere Hinweise zu einzelnen Schülerinnen und Schülern	S ist sehr unruhig und lässt sich schnell ablenken. In Partnerarbeiten ist er sehr dominant. F hat Defizite in der deutschen Sprache. C hat eine verlangsamte Wahrnehmung und Defizite im kognitiven Bereich. N (1. Klasse) ist sehr leistungsstark und kann bereits lesen und teilweise schreiben.	Die LAA hat ein besonderes Auge auf den Schüler und beruhigt ihn gegebenenfalls. F ist absichtlich in einer Dreiergruppe untergebracht, um mehr Hilfestellung zu gewährleisten. Ebenfalls gibt die LAA, wenn nötig, Hilfestellung. C bekommt Unterstützung durch eine starke Partnerin während der Arbeitsphase. Die LAA unterstützt bei Bedarf zusätzlich. N unterstützt zusätzlich in der einzigen Dreiergruppe, wo F ist, da dort Hilfe benötigt wird.

5.2.9   Verlaufsplanung

Zeit U-Phase	Handlungsschritte	Medien/Sozialformen	Bemerkungen
Einstieg (ca. 12 Min.)	Begrüßen und Verlaufsplan präsentieren Die Kinder wiederholen kurz, was sie bis jetzt gelernt haben. Die Aufgabe und das Ziel der Stunde werden von der LAA vorgestellt (Rahmengeschichte „Der Wanderausflug der Familie Müller" wird erweitert). Die Regeln werden erarbeitet, und es findet ein kurzes Vorspiel im Sitzkreis statt.	Tafel Kreis	Die LAA spielt die Kreismusik.
Erarbeitungsphase (ca. 15 Min.)	Die Kinder arbeiten an den Aufgaben. Jedes Tandem erstellt ein Plakat für sein Ergebnis. Die SuS sollen die Kriterien/Regeln dabei beachten.	Partnerarbeit	Die LAA achtet auf die Einhaltung der Regeln. Sie gibt gegebenenfalls Hilfestellungen.

Zeit U-Phase	Handlungsschritte	Medien/Sozialformen	Bemerkungen
Reflexionsphase (ca. 10 Min.)	Ein bis zwei Tandems präsentieren ihr Ergebnis nacheinander. Dabei sollen sie ihre Lösung auch beschreiben (Wortspeicher). Die restlichen SuS bewerten das Plakat anhand der zuvor erarbeiteten Kriterien. Die Kinder sollen hier ebenfalls den Wortspeicher beachten.	Sitzkreis Informationswand	Die LAA spielt die Kreismusik als Zeichen zum Zusammenkommen.
Ausklang/ Vertiefung (ca. 8 Min.)	Die SuS haben die Möglichkeit, das in der Reflexion Gelernte zu vertiefen/ wiederholen. Sie singen zum Ausklang das Lied „Das Wandern ist des Müllers Lust".	Partnerarbeit	Die LAA spielt das Lied. (Abschlussritual).

5.2.10   Literatur

1. Beschlüsse der Kultusministerkonferenz: *Bildungsstandards im Fach Mathematik für den Primarbereich* (Beschluss vom 15.10.2004). Wolters Kluwer, München/Neuwied, 2005
2. Bobrowski, S./Forthaus, R.: *Lernspiele im Mathematikunterricht*. Lehrerbücherei Grundschule: Ideenwerkstatt. Cornelsen Scriptor, Berlin. 1998
3. Kultusministerium des Landes Nordrhein-Westfalen: *Richtlinien und Lehrpläne für die Grundschule in Nordrhein-Westfalen. Mathematik*. 2008
4. Niedermann, C./Schoch Niessner, R.: *Mathematische Lernspiele – Eine theoretische Abhandlung und vier didaktisch analysierte Würfelspiele*. Interkantonale Hochschule für Heilpädagogik, Departement 1/Schulische Heilpädagogik, 10/2007
5. Peterßen, W. H.: *Kleines Methoden-Lexikon*. Oldenbourg Verlag, München, 2009
6. Wittmann, E. Ch.: *Grundfragen des Mathematikunterrichts*. 6. neu bearbeitete Auflage. Braunschweig, 1981
7. Wittmann, E. Ch.: Aktiv-entdeckendes und soziales Lernen im Rechenunterricht. In: Müller, G. N./Wittmann, E. Ch. (Hrsg.): *Mit Kindern rechnen*. Frankfurt a. M., 1995, S. 10–41
8. Wittmann, E. Ch./Müller, G.: *Spielen und Überlegen – Die Denkschule Teil 1/2*. Ernst Klett Verlag, Stuttgart, 1997

Webadressen

http://www.uni-due.de/edit/lp/kognitiv/piaget.htm (zuletzt abgerufen 10.10.2012)

Abb. 5.2 Boot mit zwei Erwachsenen und zwei Kindern

5.2.11   Anhang

(1) Boot und Personen (Abb. 5.2)
(2) Plakat „Spielregeln"

> **Vorsicht!**
> Dieses Boot kann nicht schwer beladen werden. Achten Sie darauf, dass nur ein
> Erwachsener alleine hineinpasst oder ein Kind oder maximal zwei Kinder!
> Fahren Sie vorsichtig.
> Danke für Ihr Verständnis.

5.3   Wir erstellen Säulendiagramme zu unseren Umfragen (Klasse 1/4)

5.3.1   Thema der Unterrichtsstunde

Wir erstellen Säulendiagramme zu unseren Umfragen – Selbstständig erhobene Daten in
ein Säulendiagramm übertragen und dieses kriterienbezogen überprüfen

5.3.2 Thema der Unterrichtsreihe

Die Katzenklasse stellt sich vor – Daten erheben, strukturieren, in Diagrammen darstellen und Informationen aus Diagrammen entnehmen

5.3.3 Zielsetzung

In diesem Abschnitt werden die Lernziele der Unterrichtsreihe sowie der einzelnen Unterrichtsstunde vorgestellt.

Lernziele der Unterrichtsreihe
Die Kinder sollen in dieser Unterrichtsreihe …

- **Daten** als einen Bestandteil der Mathematik kennenlernen, ihre **Neugier** und ihr **Interesse** an statistischen Fragestellungen soll geweckt werden.
- eine **Umfrage** zu einer selbst ausgewählten Frage vorbereiten.
- Kompetenzen in der **selbstständigen Datenerhebung** entwickeln: eigenes Datenmaterial sammeln, strukturieren und Anzahlen durch **Strichlisten und Tabellen** erfassen.
- die **Darstellungsform Säulendiagramm** kennen und erstellen lernen und dadurch gesammelte Daten übersichtlich darstellen.
- **mathematisieren**, indem sie Informationen aus Darstellungsformen, insbesondere aus Säulendiagrammen, entnehmen und verbalisieren.
- **Fachbegriffe kennenlernen** und **anwenden**: Strichliste, Tabelle, Grundlinie, Rechenstrich, Säule, Diagramm.
- Darstellungen miteinander **vergleichen und bewerten** und auf Unterschiede, Vor- und Nachteile (Aussagekraft und Handhabbarkeit) unterschiedlicher Darstellungsformen aufmerksam werden.
- eine Darstellung in eine andere **übertragen**.
- **kreativ sein**, indem sie problemhaltige Situationen (hier: „Das möchten wir über unsere Klasse herausfinden.") erforschen.
- **argumentieren**, indem sie Daten erläutern und zueinander in Beziehung setzen.
- **kooperieren**, indem sie sich absprechen, Rücksicht nehmen, sich gegenseitig helfen und unterstützen.

Lernziele der Unterrichtsstunde

Die Kinder sollen ihre Darstellungskompetenz bezogen auf das Erstellen von Diagrammen erweitern, indem sie Säulendiagramme zu selbstständig erhobenen Daten erstellen und diese anhand von gemeinsam erarbeiteten Kriterien auf ihre Lesbarkeit überprüfen.

Weitere Lernchancen Die Kinder können ihre **Modellierungsfähigkeit** erweitern, indem sie Fragen zu Diagrammen stellen und Diagramme von anderen Kindern lesen, d. h. ihnen Informationen entnehmen.

5.3.4   Überblick über die Reihe

Die im Folgenden vorgestellten Unterrichtseinheiten setzen sich jeweils aus einer bis drei Unterrichtsstunden zusammen. Im Laufe der Unterrichtsreihe werden alle Anforderungs-bereiche angesprochen – eine Konkretisierung der Bereiche bezogen auf die Unterrichts-stunde befindet sich im Abschnitt *Planungsentscheidungen*. Für genauere Informationen zu den Kompetenzen vergleiche Lehrplan Mathematik ([4], S. 57 ff.).

	Thema	Inhaltlicher Schwerpunkt	Förderung im Hinblick auf fol-gende Kompetenzerwartungen
1	Wir lernen Säu-lendiagramme kennen.	Kennenlernen von Säulendiagram-men am Beispiel „Katzenklasse: Anzahl der Kinder in den Familien" • zunächst auf enaktiver Ebene (mit großen Steckwürfeln) • Überleitung zur ikonischen Ebene durch Zusammenstecken der Steckwürfel zu Säulen • Übergang zur symbolischen Ebene durch Färben von Kästchen in einem Koordinatensystem Vergleich von Säulendiagramm mit Strichlisten/Tabellen → Vor- und Nachteile (Aussagekraft, Handhabung)	**Inhaltsbezogene Kompetenzen** *Daten, Häufigkeiten, Wahrschein-lichkeiten, Schwerpunkt: Daten und Häufigkeiten* Die SuS sammeln Daten aus der unmittelbaren Lebenswirklich-keit und stellen sie in Diagram-men und Tabellen dar. Die SuS entnehmen Kalendern, Diagrammen und Tabellen Daten und ziehen sie zur Beantwortung von mathematikhaltigen Fragen heran.
2	Wir stellen Tipps für das Erstellen von Diagrammen auf.	Herstellen eines Säulendiagramms zum Thema „Katzenklasse: Länge der Namen" durch bildhafte Darstel-lung mit Hilfe von kleinen Zetteln Analyse von zwei Säulendia-grammen (richtige und falsche Darstellung) Entwicklung von Kriterien zur Les-barkeit von Säulendiagrammen. Erstes Zeichnen von eigenen Diagrammen	*Raum und Form* *Schwerpunkt: Zeichnen* Die SuS zeichnen Linien/zuei-nander senkrechte Geraden aus freier Hand und mit Hilfs-mitteln wie Lineal, Schablone, Gitterpapier. **Prozessbezogene Kompetenzen** *Problemlösen/kreativ sein* Die SuS überprüfen Ergebnisse auf ihre Angemessenheit.
3	Wir sammeln Fragen zu unse-rer Klasse.	Erstellung eines Fragenplakats „Das möchten wir über unsere Klasse herausfinden" Einteilung der Kleingruppen (Paten-kinder) und Zuordnung zu einer Frage zur Datenerhebung	*Modellieren* Die SuS übersetzen Problem-stellungen aus Sachsituationen in ein mathematisches Modell und lösen sie mithilfe des Modells.

	Thema	Inhaltlicher Schwerpunkt	Förderung im Hinblick auf folgende Kompetenzerwartungen
4	Wir machen eine Umfrage in unserer Klasse.	Vorbereitung einer Umfrage in Kleingruppen zu einer ausgewählten Frage: Umfragebogen mit Festlegung von Merkmalen, die erhoben werden sollen Durchführung einer Umfrage sowie Übertragen der Ergebnisse in eine Strichliste	Die SuS beziehen ihr Ergebnis wieder auf die Sachsituation. Die SuS entwickeln im Rahmen von Sachsituationen eigene Fragestellungen.
5	**Wir erstellen Säulendiagramme zu unseren Umfragen.**	**Anfertigen von Säulendiagrammen zu den selbstständig erhobenen Daten** **Überprüfen der eigenen Diagramme anhand von Kriterien und Lesen einiger Diagramme**	*Argumentieren* **Die SuS verständigen sich u. a. über die Einhaltung von Kriterien.**
6	Wir lesen unsere Säulendiagramme.	Lesen eigener Säulendiagramme Präsentieren der Ergebnisse in einem Museumsgang in der eigenen Klasse	*Darstellen/Kommunizieren* Die SuS verwenden bei der Darstellung mathematischer Sachverhalte Fachbegriffe. Die SuS stellen ihre Arbeitsergebnisse nachvollziehbar dar.
7	Wir präsentieren unsere Säulendiagramme.	„Die Katzenklasse stellt sich vor": Ausstellung der Ergebnisse für andere Klassen und Eltern	Die SuS übertragen eine Darstellung in eine andere.

5.3.5 Überlegungen zur Sache

„Daten zu erheben, anschaulich darzustellen sowie Tabellen und Diagramme zu interpretieren, gehört inzwischen zu den verpflichtenden Inhalten des Mathematikunterrichts in der Grundschule" ([9], S. 73). Dieser Bereich kann der **beschreibenden Statistik** zugeordnet werden – hier werden Messungen beschrieben.

Dieser Themenbereich spielt in den heutigen **Medien** eine zentrale Rolle. Silke Ruwisch hebt die Bedeutung einer frühzeitigen Auseinandersetzung mit dieser Thematik schon im Grundschulalter hervor. Die Grundvorstellungen, die in der Grundschule erlangt werden, können später weiterentwickelt und ausdifferenziert werden (vgl. [2], S. 4). Hier eignen sich insbesondere das Sammeln, Darstellen und Interpretieren von Zahlen aus der eigenen Klasse, der Schule oder des Heimatortes.

Im Rahmen meines Unterrichtsvorhabens habe ich mich in der begrifflichen Präzisierung an den Ausführungen von Silke Ruwisch orientiert. „**Daten** sind – in Form von Zahlen, Größen und Eigenschaften – Informationen" ([8], S. 4). Wenn mehrere Personen bezüglich dieser Eigenschaft befragt wurden, wird aus der Eigenschaft ein Datum. „**Datenerhebungen** beziehen sich auf die Grundgesamtheit, z. B. alle Kinder einer Klasse, und ein bestimmtes Merkmal, z. B. die Augenfarbe"([8], S. 5). Die verschiedenen Augenfarben wie Braun, Blau und Grün sind **Merkmalsausprägungen**.

Ein **Diagramm** (griechisch: diagramma = geometrische Figur, Umriss) ist allgemein eine grafische Darstellung von Daten, Sachverhalten oder Informationen. „Dabei werden quantitative Unterschiede deutlich und können bei maßgerechtem Zeichnen direkt abgelesen werden" ([1], S. 94). Es ermöglicht somit einen raschen Vergleich der erhobenen Daten.

Das **Säulendiagramm** ist einer der am häufigsten verwendeten Diagrammtypen. Auch in der Grundschule findet man vor allem (z. B. in Schulbüchern) das Säulendiagramm – andere Formen wie Baumdiagramm, Kreisdiagramm o. Ä. dagegen kaum. Es veranschaulicht durch auf der x-Achse senkrecht stehende Rechtecke die Ausprägung von Messwerten. Überdies soll das Säulendiagramm ein „vergleichendes Betrachten ermöglichen, das heißt [...] ein Erfassen von arithmetischen Beziehungen zwischen den einzelnen Datenmengen" ([9], S. 74).

Damit Säulendiagramme les- und interpretierbar sind, sind folgende **Kriterien** unabdingbar:

- Die Fragestellung muss klar erkennbar sein.
- x-Achse und y-Ache müssen beschriftet sein.
- Es muss ersichtlich sein, welche Population befragt wurde.
- Auf der y-Achse muss eine passende Einteilung gekennzeichnet sein.
- Die erhobenen Daten sind der Anzahl entsprechend als Säulen dargestellt.

5.3.6 Lernvoraussetzungen und Konsequenzen für den Unterricht

Die Katzenklasse ist eine **jahrgangsgemischte Klasse** und wird von Kindern des ersten und vierten Schuljahres besucht. Die Klasse setzt sich aus 24 Kindern – 9 Mädchen und 15 Jungen – zusammen. Es herrscht insgesamt eine positive Arbeitsatmosphäre und das Sozialverhalten ist als positiv zu bewerten. Die Viertklässler (11 Schüler/innen) zeigen sich hilfsbereit und freundlich im Umgang mit den Erstklässlern (13 Schüler/innen). Die Kinder beteiligen sich aufmerksam und gerne am Unterrichtsgeschehen. Verstärkt durch die Zusammensetzung aus Erst- und Viertklässlern ist die Katzenklasse eine sehr **heterogene Lerngruppe**.

Zu Beginn des Unterrichtsvorhabens haben die Kinder **Tipps für Diagramme** erarbeitet. Diese sind auf einem Plakat im Klassenraum sichtbar. Außerdem wurden die Tipps für die Kinder, deren Lesekompetenz noch nicht so weit ausgebaut ist, auf zwei Plakaten **visualisiert**: Auf einem grünen Plakat ist ein richtiges Beispiel – zum Thema „Katzenklasse: Länge der Namen" –, auf einem roten Plakat ist ein falsches Beispiel dargestellt. Dieser Unterschied soll den Kindern die Tipps für ein Diagramm verdeutlichen.

Nachdem die Klasse zusammen das **Plakat „Das möchten wir über unsere Klasse herausfinden"** erstellt hat, haben die Kinder bereits Daten zu einer selbst ausgewählten Fragestellung erhoben und diese Daten in einem **Umfragebogen** als Strichliste festgehalten. In der Unterrichtsstunde steht das Darstellen der Daten in Diagrammen auf der Grundlage der Umfragebögen im Vordergrund – es kommt somit zu einer **Vernetzung der Darstellungsformen**. Außerdem werden in der Reflexionsphase erste Diagramme gelesen, indem die Kinder Fragen zu den Diagrammen beantworten. Der Ausblick soll das Lesen weiterer Diagramme und das Präsentieren der eigenen Diagramme sein. Somit ist die **Stellung der Unterrichtsstunde innerhalb der Reihe** gesichert.

Da es einigen Kindern noch schwerfällt, sich in grafischen Veranschaulichungen zurechtzufinden, können diese (wenn sie möchten) zunächst auf **enaktiver Ebene** mithilfe von Steckwürfeln arbeiten. Auf diese Weise sollen die Kinder bei der Übertragung in die ikonische Darstellung des Säulendiagramms unterstützt werden.

Hinweise zu einzelnen Kindern und Konsequenzen für den Unterricht

A (4. Schuljahr)	Er hat Probleme damit, dem Unterricht konzentriert zu folgen und sich, wie in Unterrichtssituationen gefordert, zu verhalten. Ihm fällt es oft schwer, sich etwas zu merken und dieses abzurufen. → Konsequenz: Die Lehrperson hat ihn besonders gut im Blick und gibt ihm ggf. die Kriterien in kleinem Format bzw. den Arbeitsauftrag schriftlich an seinen Platz.
B (4. Schuljahr)	Er ist während des Unterrichts häufig unruhig. → Konsequenz: Die Lehrperson hat ihn gut im Blick und erinnert ihn ggf. an angemessenes Verhalten im Klassenraum.
C und D (1. Schuljahr)	In den ersten Schulwochen konnte beobachtet werden, dass C und D sehr leistungsstark sind. Sie besitzen eine schnelle Auffassungsgabe und ein hohes Lerntempo. → Konsequenz: Durch die natürliche Differenzierung können sie ihrem Leistungsstand und Lerntempo entsprechend arbeiten.
E und F (1. Schuljahr)	Sie brauchen bei neuen Lerninhalten oft Unterstützung. → Konsequenz: Die Lehrperson hilft den beiden ggf. verbal oder regt sie an, sich von ihren Paten helfen zu lassen; sie werden außerdem durch das differenzierte Material unterstützt. Sie können im Kreis nicht lange still sitzen. → Konsequenz: Die Lehrperson erinnert sie ggf. an die Regeln und bestärkt sie gleichzeitig positiv.

5.3.7 Didaktisch-methodische Begründungen in Bezug auf den Inhalt und die eingesetzten Arbeitsformen

Da es für Kinder wichtig ist, den gesamten **Prozess der Datenerhebung** zu erleben, stellt dieser die Grundlage für diese Unterrichtsreihe dar.

Von einer Fragestellung ausgehend wird die Datenerhebung geplant und durchgeführt. Die Daten werden dokumentiert, kodiert, verarbeitet und aufbereitet. Es werden Interpretationen vorgenommen, zusammenfassende Aussagen abgeleitet und dazu passende Darstellungen entwickelt. ([8], S. 4)

Folgende Punkte sind mir bei der Durchführung des Themas Datenerhebung im Unterricht wichtig:

- Die Daten sollen aus dem **Interessengebiet** der Kinder stammen.
- Das Verständnis für grafische Darstellungen soll konkret und handlungsorientiert aufgebaut werden – **von anschaulichen zu abstrakten Formen**.
- Die **Nützlichkeit** statistischer Methoden soll an den Daten erfahren werden.
- Es soll ein **sachangemessener Wortschatz** aufgebaut werden (vgl. [7], S. 10; [9], S. 74).

Das Unterrichtsvorhaben „Die Katzenklasse stellt sich vor" erschließt in der Auseinandersetzung mit authentischen, herausfordernden Aufgaben Aspekte der Lebenswirklichkeit mathematisch und fördert die **Selbstständigkeit** und **mathematische Mündigkeit** der Kinder (vgl. [6], S. 134). Überdies bietet das Thema den Kindern die Möglichkeit, die eigene Klasse und deren Zusammensetzung **aktiv-entdeckend** noch besser kennenzulernen. Dieser Zählanlass zur Datenerhebung kommt dem beschränkten Zahlenraum des ersten Schuljahres entgegen. Obwohl die Kinder des vierten Schuljahres über einen erheblich erweiterten Zahlenraum verfügen, arbeiten sie an dem gleichen Thema – die Unterrichtsreihe soll ein **gemeinsames Projekt** im Sinne des **jahrgangsübergreifenden Lernens** darstellen. Außerdem liegt der mathematische Schwerpunkt zunächst ganz bewusst auf dem Lesen, Erstellen und Interpretieren von Diagrammen.

Das Thema bietet vielseitige Anlässe, authentische Daten zu erheben und diese hinsichtlich arithmetischer Einsichten zu verarbeiten – es handelt sich demnach um eine **anwendungsbezogene Aufgabe**. Die Kinder setzen sich hierbei mit einer für sie bedeutungsvollen Sachsituation auf mathematischer und zugleich auch auf sachlicher und sprachlicher Ebene auseinander. Sie können „**eigenverantwortlich** und **auf eigenen Wegen** vorgehen, ihre Ideen dokumentieren und mit anderen austauschen und ordnen" ([6], S. 134).

Ein Austausch findet sowohl ganz nebenbei untereinander als auch in dem gemeinsamen Reflexionsgespräch statt. Die **Patenkinder** arbeiten an der gleichen Fragestellung, wobei die Kinder des vierten Schuljahres zusätzlich die Daten aus einer anderen Klasse erhoben haben und somit die Daten zweier Klassen in ihrem Diagramm darstellen. Die Kinder des ersten Schuljahres können in der Reflexionsphase durch die Kinder des vierten Schuljahres unterstützt werden, da sie ähnliche Diagramme erstellt haben – es wird ein **Von- und Miteinander-Lernen** gefördert.

Da bei diesem Thema vor allem für das erste Schuljahr einige Einschränkungen in Bereichen wie Zahlenraum, Rechenfertigkeiten, kindlicher Erfahrungsraum und Verständnis komplexer Sachsituationen, Lesekompetenz, Erfassen von Relationen sowie Kenntnis sachgerechter Begrifflichkeiten (vgl. [9], S. 73) zu berücksichtigen sind, muss ein Arbeiten

und Lernen auf **unterschiedlichem Niveau** möglich sein. Aufgrund der begrenzten Lese-
und Schreibkompetenz der Erstklässler werden sie durch zu ihren erhobenen Daten passende Bilder unterstützt, die sie in ihr Diagramm kleben können.

Durch die **natürliche Differenzierung** ist es allen Kindern möglich, ihren individuellen Fähigkeiten – ihrem Leistungsstand und individuellen Lerntempo – entsprechend
zu arbeiten. Zwar erhalten alle Kinder dieselbe Aufgabenstellung, diese kann jedoch auf
unterschiedlichem Niveau bearbeitet werden, da es sich um eine **ergiebige Aufgabe** handelt.

Durch folgende Elemente findet eine **Differenzierung** statt.

Die **Arbeitsblätter** sind differenziert:

- Die Viertklässler erhalten ein Arbeitsblatt, auf dem sich nur Rechenkästchen befinden.
  Auf diesem sollen sie ein Diagramm aus den Daten von zwei Klassen erstellen.
- Die Erstklässler erhalten ein Arbeitsblatt, auf dem sich Rechenkästchen und eingezeich-
  nete Achsen befinden, worauf sie die Daten von der Katzenklasse darstellen sollen. Zusätzlich wurde auch der Vorteil der Kraft der Fünf genutzt und auf die y-Achse übertragen. Außerdem befinden sich auf dem Arbeitsblatt freie Kästchen für die Überschrift
  sowie die x- und y-Achsenbeschriftung. Die Größe der Rechenkästchen entspricht
  genau der Größe der Steckwürfel. Somit wird das Verständnis für grafische Darstellungen konkret und handlungsorientiert aufgebaut – von anschaulichen zu abstrakten
  Formen – und die Übertragung ins Diagramm wird erleichtert. Für die Erstklässler
  kann somit ein Steckwürfel bzw. ein Rechenkästchen für ein gezähltes Kind stehen, es
  muss nur noch die entsprechende Anzahl angemalt werden.

Es gibt ein Differenzierungsangebot in Form eines **weiterführenden Arbeitsauftrages**:

- Die Modellierungsfähigkeit der Kinder wird angeregt, indem sie Fragen zu ihrem
  Diagramm stellen sollen. Durch die **Offenheit der Aufgabenstellung** kann dies auf
  unterschiedlichem Niveau stattfinden. Aufgrund der sehr unterschiedlichen Lese- und
  Schreibkompetenz der Erstklässler werden diese möglicherweise durch zielgeleitete
  Fragestellungen der Lehrperson unterstützt, die ihnen ggf. auch ihre Fragen schriftlich
  notiert.

5.3.8 Planungsentscheidungen

Eine Übersicht über die Planungsentscheidungen zeigt Abb. 5.3.

Planungsentscheidungen

Prozessbezogene Kompetenzen
(vgl. Lehrplan Mathematik, S. 57 ff)

Modellieren
- die Kinder wenden Mathematik auf konkrete Aufgabenstellungen aus ihrer Erfahrungswelt an, indem sie selbst erhobene Daten in Diagrammen darstellen und ihnen Informationen entnehmen

Argumentieren
- die Kinder erweitern ihre Argumentationskompetenz, indem sie sich mit anderen Kindern über die Einhaltung der Kriterien verständigen

Inhaltsbezogene Kompetenzen
(vgl. Lehrplan Mathematik, S. 58 ff)

Daten, Häufigkeiten, Wahrscheinlichkeiten
Schwerpunkt: Daten und Häufigkeiten
- die Kinder sammeln Daten aus der unmittelbaren Lebenswirklichkeit und stellen sie in Diagrammen und Tabellen dar

Raum und Form
Schwerpunkt: Zeichnen
- die Kinder zeichnen Linien/zueinander senkrechte Geraden aus freier Hand und mit Hilfsmitteln wie Lineal, Schablone, Gitterpapier

Thema

Wir erstellen Säulendiagramme zu unseren Umfragen – Selbstständig erhobene Daten in ein Diagramm übertragen und kriterienbezogen überprüfen

Unterrichtsziel

Die Kinder sollen ihre Darstellungskompetenz bezogen auf das Erstellen von Diagrammen erweitern,

indem sie Säulendiagramme zu selbstständig erhobenen Daten erstellen und diese anhand von gemeinsam erarbeiteten Kriterien auf ihre Lesbarkeit überprüfen.

Individuelle Förderung

durch folgende Differenzierungsansätze:
- Anspruch in der Diagrammerstellung
  - unterschiedlich stark vorstrukturierte Arbeitsblätter
  - mit/ohne Material (Steckwürfel)
- Auftrag zur Weiterarbeit
- Berücksichtigung von Daten aus einer/zwei Klasse/n
- Hilfe durch andere Kinder/Lehrperson

Anforderungsbereiche
(vgl. Bildungsstandards Mathematik, S. 13)

AB I: Reproduzieren
- die Kinder nennen die Kriterien zur Lesbarkeit von Diagrammen

AB II: Zusammenhänge darstellen
- die Kinder nutzen ihr Vorwissen bei der Erstellung eines kriterienbezogenen Säulendiagramms

AB III: Verallgemeinern und Reflektieren
- die Kinder überprüfen, ob die erarbeiteten Kriterien beachtet wurden und ob sie die Diagramme lesen können

Übergeordnete Kompetenzen
(vgl. Richtlinien und Lehrpläne, S. 13)

Wahrnehmen und Kommunizieren
- eigene Einschätzungen und Überlegungen in angemessener Weise anderen mitteilen
- Informationsaustausch, präzises Formulieren und Begründen

Strukturieren und Darstellen
- Erkenntnisse und Ergebnisse formulieren und angemessen festhalten

Transferieren und Anwenden
- gewonnene Erkenntnisse und Strategien auf andere Fragestellungen anwenden

Abb. 5.3 Planungsentscheidungen

Unterrichtsphase/ Zeit	Geplanter methodischer und inhaltlicher Ablauf	Kommentar	Medien
Einstieg 10 Min.	Begrüßung und Vorstellen des Besuchs Lehrperson weist auf das Stundenthema hin und stellt einen Bezug zur Vorarbeit her, indem sie das Vorwissen der Kinder aktiviert. Umfragebogen und dazugehöriges Diagramm aus der letzten Unterrichtsstunde werden aufgegriffen. → Warum zeichnen wir Diagramme zu den Strichlisten? • Vorteile von Diagrammen wiederholen. • Ziel: Ausstellung der Ergebnisse → für andere Kinder und Eltern sichtbar (ordentlich arbeiten) Kriterien zur Lesbarkeit von Diagrammen werden wiederholt. Lehrperson erklärt den Stundenverlauf. Arbeitsauftrag: Erstelle aus deinen Daten ein Diagramm, das alle Kinder lesen können. Arbeitsauftrag zur Weiterarbeit wird angesprochen. Viertklässler sollen darauf achten, dass der Unterschied zwischen den Klassen in ihren Diagrammen sichtbar wird. Erstklässler erhalten die Bilder, die sie für ihr Diagramm benutzen können, und können sich kleine Steckwürfel holen.	Überblick über die Reihe Lehrer-Schüler-Gespräch im Kreis

Verlaufstransparenz Zieltransparenz

Differenzierung in der Arbeitsphase | Reihentransparenz

Umfragebogen und Diagramm an der Tafel

Große Steckwürfel

Plakate zu den Kriterien zur Lesbarkeit von Diagrammen |
| **Arbeitsphase** 15 Min. | Kinder erstellen ein Diagramm zu ihren Daten Differenzierung: • mit/ohne Material (Steckwürfel): Ein Kind erhält immer eine Steckwürfelfarbe • Arbeitsblätter (differenziert) • eine/zwei Klasse(n) in einem Diagramm Arbeitsauftrag zur Weiterarbeit: Stelle Fragen zu deinem Diagramm, die von anderen Kindern beantwortet werden sollen | Kinder sitzen an Gruppentischen → können sich gegenseitig helfen. Manche Kinder erhalten die Kriterien im Kleinformat ggf. an ihren Platz. Die Erstklässler werden von den Viertklässlern und der Lehrperson unterstützt. | Umfragebögen Arbeitsblätter zum Erstellen der Diagramme Kleine Steckwürfel Bilder für die Diagramme Klebestifte Kriterien in klein Auftrag zur Weiterarbeit |

Unterrichtsphase/ Zeit	Geplanter methodischer und inhaltlicher Ablauf	Kommentar	Medien
Reflexionsphase 15 Min.	Ausgewählte Kinder bringen ihre Diagramme mit in die Reflexionsphase. Kinder überprüfen ihre Diagramme anhand der Kriterien zur Lesbarkeit von Diagrammen. → „Kannst du das Diagramm lesen?" Kinder geben sich ggf. gegenseitig Tipps zur Optimierung. Lehrperson gibt ggf. Impulse. Es werden Fragen gestellt, die aus dem Diagramm beantwortet werden sollen. Diagramme von Erstklässlern und Viertklässlern werden verglichen.	im Theaterkreis	Diagramme von den Kindern Fragen zu den Diagrammen (Auftrag zur Weiterarbeit)
Ausblick 5 Min.	kurze Rückmeldung zur Arbeitsphase durch die Lehrperson „Wie gut hat das Diagrammzeichnen bei dir geklappt?" → Daumenabfrage; bei Auffälligkeiten eventuell einzelne Kinder befragen Lehrperson gibt einen Ausblick. Kinder räumen ihren Platz auf.	Überblick über die Reihe	Aufräummusik

5.3.9   Literatur

1. Franke, M.: *Didaktik des Sachrechnens in der Grundschule*. Spektrum, Heidelberg, 2003
2. Kaufmann, S.: Daten, Häufigkeit, Wahrscheinlichkeit und Kombinatorik. Themen für die Grundschule? In: *Mathematik differenziert*, Heft 3/2010, S. 4–5
3. KMK: *Bildungsstandards im Fach Mathematik für den Primarbereich*. Beschluss vom 15.10.2004. Wolters-Kluwer, Luchterhand Verlag, München/Neuwied, 2004
4. Ministerium für Schule und Weiterbildung NRW (Hrsg.): *Lehrplan Mathematik für die Grundschulen des Landes NRW*. Entwurf vom 28.01.2008
5. Ministerium für Schule und Weiterbildung NRW (Hrsg.): *Richtlinien und Lehrpläne für die Grundschule in Nordrhein-Westfalen*. 1. Auflage 2008
6. Nührenbörger, M./Pust, S.: *Mit Unterschieden rechnen*. Lernumgebungen und Materialien für einen differenzierten Anfangsunterricht Mathematik. Kallmeyer Verlag in Verbindung mit Klett, Seelze, 2006
7. Rink, R.: Bekommst du vorgelesen? In: *Grundschule Mathematik*, Heft 21/2009, S. 10–13
8. Ruwisch, S.: Daten frühzeitig thematisieren. In: *Grundschule Mathematik*, Heft 21/2009, S. 4–5
9. Verboom, L.: Zählen und Werten. In: Quak, U./Sterkenburgh, S./Verboom, L.: *Die Grundschul-Fundgrube für Mathematik*. Unterrichtsideen und Beispiele für das 1. bis 4. Schuljahr. Cornelsen Verlag Scriptor, Berlin, 2006

5.3.10 Anhang

Kriterien zur Lesbarkeit von Diagrammen

> **Tipps für Diagramme**
> Das Diagramm braucht einen Rechenstrich und eine Grundlinie.
> Der Rechenstrich und die Grundlinie müssen beschriftet werden.
> Die Säulen müssen an der Grundlinie beginnen.
> Das Diagramm braucht eine Überschrift.

Fragen und Zuordnung zu den Kindern

Frage	Kinder
Guckst du noch Sandmännchen?	A, B
Was machst du in deiner Freizeit?	C, D, E
Was ist dein Lieblingsfach?	F, G, H, J
Was ist deine Lieblingssüßigkeit?	K, L
Was ist dein Lieblingsfilm?	M, N
Was ist deine Lieblingsfarbe?	O, P
Wie viele Zimmer hat euer Haus/eure Wohnung?	Q, R
Was ist dein Lieblingsessen?	S, T
Welches Haustier willst du von diesen Tieren am liebsten haben?	U, V, W
Wie kommst du zur Schule?	X, Y

Beispiel für einen Umfragebogen

Lieblingsfach	Anzahl der Kinder
Kunst	
Sachunterricht	
Mathe	
Sprache	
Sport	
Englisch	
Musik	
Religion	

Bemerkung Im Original stehen neben den Fächern kleine Bilder für die Erstklässler (z. B. Farbkasten für Kunst oder Blockflöte für Musik).

5.4 Wer trifft die 20? (Klasse 2)

5.4.1 Thema der Unterrichtsstunde

Wer trifft die 20? – Die Schülerinnen und Schüler suchen nach möglichst vielen viergliedrigen Zahlenketten mit der Zielzahl 20.

5.4.2 Thema der Unterrichtseinheit

Zahlenketten – Ein substanzielles Übungsformat zum aktiv-entdeckenden Lernen im Zahlenraum bis 20.

5.4.3 Ziel der Unterrichtseinheit

Die Schülerinnen und Schüler (im Folgenden kurz SuS) lernen das Übungsformat „Zahlenketten" kennen und festigen damit die Addition im Zahlenraum bis 20. Darüber hinaus werden die prozessbezogenen Kompetenzen des Problemlösens sowie des Argumentierens und Kommunizierens gefördert.

5.4.4 Überblick über die Unterrichtseinheit

1. **Stunde:** Wir lösen das Geheimnis der Zahlenkette. – Die SuS lernen die Rechenvorschrift für das Übungsformat „Zahlenketten" kennen und lösen erste Ketten mit vorgegebenen Startzahlen.
2. **Stunde:** Wir erfinden eigene Zahlenketten. – Die SuS wählen eigene Startzahlen und lösen die Zahlenketten.
3. **Stunde:** Wir erforschen die 1. Startzahl. – Die SuS untersuchen, wie sich eine Veränderung der 1. Startzahl um eins auf die Zielzahl auswirkt, und beschreiben ihre Entdeckungen.
4. **Stunde:** Wir erforschen die 2. Startzahl. – Die SuS untersuchen, wie sich eine Veränderung der 2. Startzahl um eins auf die Zielzahl auswirkt, und beschreiben ihre Entdeckungen.
5. **Stunde: Wer trifft die 20? – Die SuS suchen nach möglichst vielen viergliedrigen Zahlenketten mit der Zielzahl 20.**
6. **Stunde:** Wir suchen die Zielzahl x. – Die SuS wählen eine eigene Zielzahl, übertragen ihre Kenntnisse aus der vorherigen Stunde und suchen nach verschiedenen viergliedrigen Zahlenketten mit dieser Zahl.

5.4.5 Thema der Unterrichtstunde

Wer trifft die 20? – Die Schülerinnen und Schüler suchen nach möglichst vielen viergliedrigen Zahlenketten mit der Zielzahl 20.

5.4.6 Ziel der Unterrichtsstunde

Die SuS üben und festigen anhand des Übungsformats „Zahlenketten" die Addition im Zahlenraum bis 20. Darüber hinaus werden strategische Vorgehensweisen angebahnt, indem die SuS ihre Vorkenntnisse auf eine neue Problemstellung anwenden und das Sortieren als Strategie erkennen, um möglichst viele Lösungen zu finden.

5.4.7 Didaktischer Schwerpunkt

Im Mittelpunkt der heutigen Stunde steht das Üben der Addition im Zahlenraum bis 20 mithilfe des Übungsformats „Zahlenketten" in Verbindung mit dem „entdeckenden Lernen". Das Prinzip des entdeckenden Lernens wird als zentrale Leitidee des Mathematikunterrichts im Lehrplan genannt. So heißt es dort, dass „das Mathematiklernen durchgängig als konstruktiver, entdeckender Prozess verstanden wird" ([1], S. 5).

Eine **Zahlenkette** besteht aus vier (oder mehr) nebeneinanderstehenden Zahlen. Sie wird nach folgender Vorschrift gelöst: Zunächst werden zwei beliebige Startzahlen gewählt, die nebeneinander in die Kette geschrieben werden (1. und 2. Startzahl).

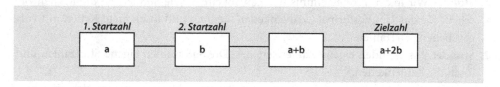

Die Summe der beiden Zahlen ergibt das dritte Kettenglied. Das vierte Glied ergibt sich aus der Summe der zweiten und dritten Zahl usw. Die letzte Zahl der Kette wird als Zielzahl bezeichnet (vgl. [4], S. 40).

In der heutigen Stunde sollen die SuS nach viergliedrigen Zahlenketten mit der Zielzahl 20 suchen. Für diese Aufgabe gibt es insgesamt **elf Lösungen**:

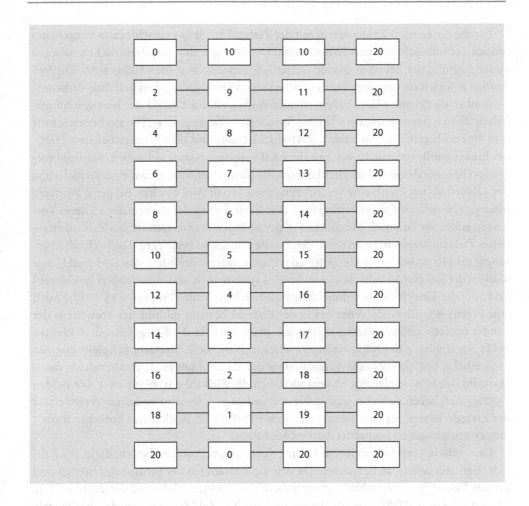

Bei den Zahlenketten handelt es sich um ein **„substanzielles Aufgabenformat"**, da es
neben den inhaltsbezogenen Kompetenzen auch die allgemeinen prozessbezogenen Kompetenzen fördert (vgl. [3], S. 34). Darüber hinaus wird es der zentralen Leitidee des „be-
ziehungsreichen Übens" im Lehrplan gerecht. Diese fordert problemorientierte, operative
und anwendungsbezogene Übungen im Mathematikunterricht (vgl. [1], S. 5).

Der Arbeitsauftrag ist eine Herausforderung für die SuS und soll sie motivieren, mög-
lichst viel zu rechnen. Dadurch schulen sie vor allem ihre Rechenfertigkeiten der Addition.
Im Lehrplan ist dies der inhaltsbezogenen Kompetenz „Zahlen und Operationen" mit dem
Schwerpunkt „Zahlenrechnen" zuzuordnen. Am Ende der Schuleingangsphase sollen die
SuS „Additions- und Subtraktionsaufgaben im Zahlenraum bis 100 unter Ausnutzung von
Rechengesetzen und Zerlegungsstrategien" lösen können ([1], S. 13). Darüber hinaus wird
der Schwerpunkt des „schnellen Kopfrechnens" geschult, da die SuS üben, die Zahlensätze
des kleinen Einspluseins zunehmend zu automatisieren (vgl. [1], S. 13).

Für die Suche nach Zahlenketten mit der Zielzahl 20 gibt es **verschiedene Vorgehensweisen** auf unterschiedlichen Niveaustufen. Die Strategie des unsystematischen Ausprobierens wird in der heutigen Stunde vermutlich zunächst von allen SuS genutzt. Die SuS werden jedoch dazu angeregt, bei der Suche systematisch vorzugehen und ihre Vorkenntnisse über die Struktur der Zahlenketten anzuwenden. Im Vorfeld der heutigen Stunde haben sie sich intensiv mit dem Übungsformat auseinandergesetzt. Die Rechenvorschrift und die Fachbegriffe (1. Startzahl, 2. Startzahl, Zielzahl) sind allen Kindern bekannt. Darüber hinaus wurde untersucht, was mit einer Zahlenkette passiert, wenn die 1. Startzahl vergrößert bzw. verkleinert wird. Hier konnten die Kinder entdecken, dass eine Veränderung der *1. Startzahl um 1* auch eine Veränderung der *Zielzahl um 1* bewirkt. Bei der *2. Startzahl* hingegen bewirkt eine Veränderung *um 1* eine Veränderung der *Zielzahl um 2*. Dieses Vorwissen sollen die SuS nach Möglichkeit in der heutigen Stunde nutzen, um Zahlenketten, deren Zielzahl bereits nahe an der 20 liegt, systematisch zu verändern. Dadurch wird vorrangig die prozessbezogene Kompetenz des Problemlösens gefördert. Am Ende von Klasse 4 sollen die SuS gemäß Lehrplan „zunehmend systematisch und zielorientiert [probieren] und [...] die Einsicht in Zusammenhänge zur Problemlösung" nutzen ([1], S. 10). Auch eine bereits gefundene Zahlenkette mit der Zielzahl 20 kann mithilfe des Vorwissens der Kinder operativ verändert werden. Wurde z. B. die Kette 16-2-18-20 gefunden, so können beide Startzahlen gleichzeitig verändert werden: Wird die 1. Startzahl beispielsweise um zwei erhöht, bewirkt dies eine Vergrößerung der Zielzahl um zwei. Wird zugleich die 2. Startzahl um eins verkleinert, so verändert sich die Zielzahl um minus zwei. Die beiden Operationen heben sich also gegenseitig auf, sodass es insgesamt zu keiner Veränderung der Zielzahl kommt. Es entsteht folgende Kette: 18-1-19-20. Auch dieses Vorgehen fördert die prozessbezogene Kompetenz des Problemlösens.

Eine weitere Vorgehensweise zur Lösung des heutigen Problems besteht darin, die Zahlenketten *„rückwärts"* zu berechnen. Da sich die Zielzahl aus der Summe des zweiten und dritten Kettengliedes errechnet, müssen diese Glieder eine Zerlegung der 20 sein (z. B. 14 und 6). Aus der Differenz der dritten und zweiten Zahl lässt sich wiederum die erste Startzahl bestimmen (vgl. [2], S. 20). Für diese Strategie müssen operative Beziehungen zwischen den Zahlen erkannt und genutzt sowie subtrahiert statt addiert werden. Ein Verständnis für dieses Vorgehen kann zu Beginn der 2. Klasse noch nicht bei allen SuS vorausgesetzt werden. Deshalb werde ich die Strategie in der heutigen Stunde nicht explizit an die SuS weitergeben. Für ein tieferes Verständnis der Struktur von Zahlenketten ist es sinnvoll, das Übungsformat in Klasse 3 noch einmal aufzugreifen und diese Strategie dann zu thematisieren. Sollte es jedoch Kinder geben, die die Strategie von selbst erkennen und anwenden, werde ich natürlich auf ihre Vorgehensweise eingehen.

Im Sinne des entdeckenden Lernens bietet die Aufgabenstellung viele Möglichkeiten des **Entdeckens von Beziehungen und Mustern**. Betrachtet man die elf Lösungen in sortierter Reihenfolge, so lässt sich Folgendes erkennen:

- Die Summe des 2. und 3. Kettengliedes ist immer 20.
- Vertikal betrachtet zeigen sich beim 2. und 3. Kettenglied auf- bzw. absteigende Zahlenfolgen von null bis zehn (2. Kettenglied) bzw. von zehn bis zwanzig (3. Kettenglied).

- Die 1. Startzahl vergrößert (bzw. verkleinert) sich von Kette zu Kette um zwei, die 2. Startzahl verkleinert (bzw. vergrößert) sich von Kette zu Kette um eins.
- Die 1. Startzahl ist immer eine gerade Zahl.

Die SuS werden in der heutigen Stunde dazu angeregt, ihre Lösungen zu sortieren. Damit soll die Erkenntnis angebahnt werden, dass das Sortieren eine sinnvolle Strategie ist, um festzustellen, ob man alle Zahlenketten gefunden hat, und um gegebenenfalls fehlende zu ergänzen. Die aus der Sortierung resultierenden Entdeckungen werden in den Reflexionsphasen verbalisiert. Folglich werden auch die prozessbezogenen Kompetenzen des Argumentierens und Kommunizierens gefördert. Der Lehrplan fordert hier, dass die SuS „Beziehungen und Gesetzmäßigkeiten an Beispielen [erklären] und [...] Begründungen anderer nach[vollziehen]" ([1], S. 11).

Die **Klasse 2b** besteht aus 20 Kindern, davon sind 13 Mädchen und 7 Jungen. Ich erteile in der Klasse seit Beginn des 1. Schuljahres gemeinsam mit der Klassenlehrerin den Mathematikunterricht. Die Klasse lässt sich als sehr motiviert und wissbegierig beschreiben. Es herrscht im Allgemeinen eine gute Arbeitsatmosphäre und die SuS arbeiten interessiert und aktiv mit. Die Zusammensetzung der Klasse ist sehr heterogen. Bei sechs Kindern besteht sonderpädagogischer Beratungsbedarf. Die Kinder werden im Unterricht regelmäßig durch eine Förderschullehrerin unterstützt, die zum „Kompetenzzentrum für sonderpädagogische Förderung" gehört. A wirkt im Unterricht häufig antriebslos und müde. Hin und wieder neigt er dazu, die Arbeit zu verweigern. Es ist motivierend für ihn, wenn individuelle Vereinbarungen bezüglich der Einhaltung eines Arbeitsziels getroffen werden. B ist schnell aufgebracht und reagiert beleidigt, wenn etwas nicht ihren Vorstellungen entspricht. Falls dies in der heutigen Stunde vorkommt, werde ich das persönliche Gespräch mit ihr suchen, um eine gemeinsame Lösung für das Problem zu finden. C gelingt es noch nicht immer, sich an die gemeinsamen Gesprächsregeln zu halten. Sollte er oder ein anderes Kind in der heutigen Stunde durch störendes Verhalten auffallen, werde ich das betreffende Kind zunächst durch ein nonverbales Signal an die gemeinsamen Regeln erinnern. In der Klasse sind darüber hinaus verschiedene Rituale und Konsequenzen eingeführt, die bei Verstößen gegen die Klassenregeln folgen. Falls nötig, werde ich die Kinder mit einer ihnen bekannten Verhaltensampel an die gemeinsamen Regeln erinnern. Außerdem gibt es für jedes Kind die Möglichkeit, sich einmal im Laufe des Vormittags eine „eigene Pause" während des Unterrichts zu nehmen. Dies muss allerdings in Absprache mit der Lehrerin passieren und soll nur in Ausnahmesituationen genutzt werden. Ich gehe davon aus, dass dies in der heutigen Stunde von keinem Kind in Anspruch genommen wird, werde aber bei Nachfrage eines Kindes individuell entscheiden, ob eine Pause sinnvoll ist.

D, E, F und G benötigen häufig zusätzliche Erklärungen oder Differenzierungsmaterialien, um den Arbeitsauftrag zu verstehen. In der heutigen Stunde werde ich deshalb zu Beginn der Arbeitsphasen auf diese Kinder besonders achten, um sicherzustellen, dass sie die Aufgabe verstanden haben und dementsprechend bearbeiten können. Vom Arbeitstempo her sind alle vier Kinder recht langsam und beim Rechnen im Zwanzigerraum zeigen sich noch Unsicherheiten. Deshalb greifen die Kinder bei Bedarf auf den Rechenrahmen zurück. Das Erkennen von Zusammenhängen, Mustern und Strukturen fällt ihnen noch sehr

schwer. Auch H, die bereits recht sicher im Zwanzigerraum rechnet, hat häufig Schwierigkeiten mit neuen Aufgabenstellungen und dem Erkennen von Zusammenhängen. Dahin-
gegen sind J, K, L, M und N leistungsstark. Sie bewältigen die an sie gestellten Aufgaben
meist zügig und gewissenhaft und zeigen ein gutes mathematisches Verständnis.

Das Übungsformat bietet sich für solch eine heterogene Gruppe in besonderem Maße
an, da es allen Kindern die Möglichkeit gibt, in ihrem Tempo und auf ihrem Niveau zu
arbeiten. Somit ergibt sich eine **natürliche Differenzierung**. Die leistungsschwächeren
SuS können vor allem durch Ausprobieren ihre Rechenfertigkeiten schulen. Die leistungsstarken SuS haben darüber hinaus die Möglichkeit, durch systematisches Vorgehen die
Struktur der Zahlenketten zu nutzen sowie Zahlbeziehungen und Muster zu entdecken.

In der 2. Arbeitsphase werden die SuS mit einem Partner arbeiten. Die Zusammensetzung der Partner wurde von mir bereits im Vorfeld der Stunde vor allem mit Blick auf
die soziale Kompetenz der Kinder festgelegt. B, die, wie bereits erwähnt, schnell aufgebracht ist, arbeitet beispielsweise mit O zusammen, die beruhigend auf sie einwirken kann.
A's Partnerin ist P, die sich gut mit ihm versteht, geduldig ist und außerdem zielstrebig
arbeitet. Ein weiteres Kriterium der Partnerzusammensetzung war bei einigen SuS die
Leistungsstärke. So arbeiten die leistungsschwachen Kinder mit einem leistungsstärkeren
Partner zusammen, der ihnen Unterstützung und Anregungen für die gemeinsame Arbeit
geben kann.

Die Stunde beginnt mit der Begrüßung der Kinder und der Gäste. Danach versammelt
sich die Klasse im Tafelkino, sodass alle Kinder einen guten Blick auf die Tafel haben. Um
das Vorwissen der Kinder zu aktivieren, wird als stummer Impuls eine Zahlenkette, welche bereits zwei eingetragene Startzahlen enthält, an die Tafel gehängt. Hieran werden die
Fachbegriffe wiederholt. Anschließend stelle ich das **Problem der heutigen Stunde** vor:
„Wir suchen heute Zahlenketten mit der Zielzahl 20." Um dies zu verdeutlichen und die
Bildungsregel der Zahlenkette zu wiederholen, wird das Beispiel an der Tafel gemeinsam
gelöst. Die Startzahlen werden dabei von mir bewusst vorgegeben, sodass als Zielzahl die
18 erreicht wird. Diese Entscheidung habe ich getroffen, um die Kinder dazu anzuregen,
ihre Vorkenntnisse auf das Problem der heutigen Stunde zu übertragen. Die Zahlenkette kann in diesem Fall systematisch durch Erhöhen der 1. Startzahl um zwei oder der 2.
Startzahl um eins verändert werden, sodass die Zielzahl 20 getroffen wird. Dieser **Tipp**
soll im Folgenden erarbeitet werden und wird durch eine zweite Zahlenkette, in die die
veränderten Startzahlen eingetragen werden, visualisiert. Das Ausrechnen der veränderten Kette soll in der anschließenden Arbeitsphase erfolgen. Ich teile den Kindern hierfür
folgenden Arbeitsauftrag mit: „Überprüfe nun, ob du mit diesen Startzahlen die Zielzahl
20 triffst. Versuche dann, weitere Zahlenketten mit der Zielzahl 20 zu finden, und denke
dabei auch an das, was du schon über Zahlenketten weißt." Um eine Zieltransparenz zu
gewährleisten, erfolgt außerdem ein Ausblick auf die Zwischenreflexion: „Wir treffen uns
gleich wieder und wollen schauen, wie du bei der Suche vorgegangen bist."

In der anschließenden **Arbeitsphase** suchen die Kinder in *Einzelarbeit* nach Zahlenketten mit der Zielzahl 20. Ich habe mich für diese Sozialform entschieden, damit sich
zunächst jedes Kind selbstständig mit der Aufgabenstellung auseinandersetzt und alle SuS
ihre Rechenfertigkeiten schulen. Auf jedem Tisch liegen für die SuS kleine Zettel mit je-

weils einer Kette darauf bereit. Dies hat im Vergleich zu einem Arbeitsblatt mit mehreren Zahlenketten verschiedene Vorteile. Zum einen ist nicht vorgegeben, wie viele Zahlenketten gelöst werden sollen, somit kann jedes Kind in seinem Tempo arbeiten, ohne sich unter Druck gesetzt zu fühlen. Zum anderen besteht die Möglichkeit, die Zahlenketten nach „Treffern" und „Nieten" zu sortieren bzw. zu einem späteren Zeitpunkt die „Treffer" untereinander zu ordnen. Wie bereits erwähnt, hilft dies den Kindern, Beziehungen und Muster zwischen den Ketten zu entdecken. Während der Arbeitsphase gelten folgende *Regeln*:

- Jede Zahlenkette wird zu Ende gerechnet (auch wenn schon klar ist, dass die Zielzahl 20 nicht mehr erreicht werden kann).
- Es wird keine Zahlenkette mit „falscher" Zielzahl wegradiert.

Diese Regeln sind wichtig, da auch die „Fehlversuche" beim Weiterarbeiten helfen können, indem sie systematisch verändert werden. Diese Strategie wurde, wie bereits erwähnt, im Einstieg der Stunde thematisiert. Darüber hinaus können die Kinder auch eigene Strategien entwickeln (wie z. B. das operative Verändern beider Startzahlen), um weitere Zahlenketten zu finden. Um die SuS während der Arbeitsphase an die bisherigen Entdeckungen (Auswirkungen der Veränderung der Startzahlen) zu erinnern, hängt ein Lernplakat bereit, welches in den vorherigen Stunden entstanden ist. Ich gehe davon aus, dass ein selbstständiges Anwenden der Vorkenntnisse auf das heutige Problem noch nicht von allen Kindern erfolgen wird. Dennoch gibt es, wie bereits erwähnt, für alle SuS die Möglichkeit, durch Ausprobieren zu richtigen Lösungen zu gelangen. Dabei werde ich darauf achten, dass alle SuS die Rechenvorschrift der Zahlenketten korrekt anwenden. Scherer berichtet von Unterrichtserfahrungen in einem 1. Schuljahr und beschreibt, dass bei manchen Kindern das Erreichen der Zielzahl 20 so dominant war, dass die Rechenvorschrift der Zahlenkette vernachlässigt wurde und zum Beispiel einfach alle drei Kettenglieder addiert wurden (vgl. [2], S. 22). Sollte dies in der heutigen Stunde ebenfalls bei einem Kind passieren, werde ich es mithilfe eines Lernplakats in der Klasse an die Rechenregel erinnern. Während der Arbeitsphase werde ich ein Kind bitten, die veränderte Zahlenkette des Einstiegs auf der Tafelvorlage zu vervollständigen. Um in der Zwischenreflexion auf eine Sortierung der Ketten eingehen zu können, werde ich weitere Lösungen von den Kindern auf die vergrößerten Tafelvorlagen schreiben lassen.

Die **Zwischenreflexion** wird durch ein akustisches Signal eingeleitet. Gemeinsam wird zunächst geschaut, ob die veränderte Zahlenkette aus dem Einstieg tatsächlich die Zielzahl 20 trifft. Gegebenenfalls äußern die SuS weitere Vorgehensweisen und Tipps zum Finden der Zielzahl 20. Bei der Suche nach allen Möglichkeiten ist es hilfreich, die Ergebnisse zu sortieren, da so Muster zwischen den Zahlenketten sichtbar werden. Diese helfen bei der Überlegung, welche Ketten noch fehlen. Die SuS sollen deshalb in der 2. Arbeitsphase ihre bislang gefundenen Ketten mit denen ihres Partners zusammenlegen, sortieren und bei Bedarf ergänzen. Um dies zu verdeutlichen, werden die an der Tafel hängenden Beispiele gemeinsam sortiert. Abschließend erfahren die Kinder den Arbeitsauftrag für die 2. Arbeitsphase: „Lege deine Zahlenketten mit denen deines Partners zusammen, sortiere sie und sucht dann möglichst alle Zahlenketten mit der Zielzahl 20." Außerdem erhalten die

SuS einen Ausblick auf die Endreflexion: „Wir treffen uns am Ende der Stunde hier wieder und ich bin gespannt, wie viele Zahlenketten ihr mit der Zielzahl 20 gefunden habt."

Schließlich werden die Kinder in die **2. Arbeitsphase** geschickt, in welcher sie gemeinsam mit ihrem Partner ihre Ergebnisse zusammenlegen, sortieren und gegebenenfalls um fehlende Zahlenketten ergänzen. Durch das Zusammenlegen der Ergebnisse beider Kinder wird voraussichtlich eine höhere Anzahl an Lösungen erreicht werden. Dadurch wird die Sortierung der Ketten gewinnbringender, als wenn jedes Kind nur seine eigenen Lösungen sortiert, da deutlich wird, wo noch „Lücken" sind, das heißt wo noch Ketten fehlen. Gemeinsam können die Kinder nun schauen, welche Zahlenketten sie noch ergänzen können. Dafür ist es nötig, dass sie sich mit dem Partner über die gefundenen Lösungen austauschen und erklären, wo noch eine Kette fehlt. Dadurch verbalisieren die Kinder an dieser Stelle bereits erste Entdeckungen. Um die Ergebnisse zu sichern, kleben die Partner ihre sortierten Zahlenketten auf ein großes Papier, sobald sie der Meinung sind, alle Lösungen gefunden zu haben. Anschließend sollen sie nach Entdeckungen suchen. Als Differenzierung liegt für die schnelleren Teams außerdem ein „Forscherbericht" bereit, auf den sie ihre Entdeckungen schreiben sollen. Ich werde während der Arbeitsphase zudem wieder einige Kinder darum bitten, ihre gefundenen Lösungen auf die großen Zahlenkettenvorlagen für die Tafel zu übertragen, um die Beispiele in der Endreflexion nutzen zu können.

Für die **Endreflexion** trifft sich die Klasse wiederum auf ein akustisches Signal hin im Tafelkino. An der Tafel wurden bereits während der 2. Arbeitsphase weitere Schülerlösungen von den Kindern aufgehängt. Diese werden nun wiederum gemeinsam sortiert. Sollten noch Zahlenketten fehlen, wird gemeinsam überlegt, welche Auffälligkeiten die an der Tafel hängenden Zahlenketten zeigen (z. B. ist die 2. Startzahl eine aufsteigende bzw. absteigende Zahlenfolge). Mithilfe dieser Entdeckungen werden gegebenenfalls fehlende Zahlenketten ergänzt. Anschließend wird gemeinsam festgestellt, wie viele Zahlenketten insgesamt gefunden wurden. Sollten alle elf Möglichkeiten an der Tafel hängen, werden die SuS dazu angeregt, zu überlegen, weshalb es keine weiteren Lösungen mehr gibt.

5.4.8 Verlaufsplan der Unterrichtsstunde

Unterrichtsphase	Inhalt/Aufgabenstellungen	Sozialform	Medien
Einstieg	Begrüßung der SuS und der Gäste	Plenum	
Einführung	Aktivierung des Vorwissens:	Tafelkino	Tafel, Zahlenketten, Folienstift, Lernplakat, Tippplakat
	→ Wiederholung der Fachbegriffe (1. Startzahl, 2. Startzahl, Zielzahl)		
	Vorstellen des Problems: „Wir suchen heute Zahlenketten mit der Zielzahl 20."		

Unterrichtsphase	Inhalt/Aufgabenstellungen	Sozialform	Medien
	Gemeinsam wird eine Zahlenkette mit vorgegebenen Startzahlen gelöst (Zielzahl = 18)		
	Präsentation einer zweiten leeren Zahlenkette:		
	→ Veränderung der Startzahlen, sodass 20 als Zielzahl entsteht.		
	1. Arbeitsauftrag und Ausblick auf die Zwischenreflexion:		
	„Überprüfe nun, ob du mit diesen Startzahlen die Zielzahl 20 triffst. Versuche dann, weitere Zahlenketten mit der Zielzahl 20 zu finden, und denke dabei auch an das, was du schon über Zahlenketten weißt. Wir treffen uns gleich wieder und wollen schauen, wie du bei der Suche vorgegangen bist."		
1. Arbeitsphase	Die SuS versuchen Zahlenketten mit der Zielzahl 20 zu finden	Einzelarbeit	Leervorlagen, Zahlenketten
	(Das veränderte Einstiegsbeispiel wird an der Tafel ergänzt, erste Schülerlösungen werden für die Zwischenreflexion an die Tafel gehängt.)		
Zwischenreflexion	Es wird überprüft, ob mit den veränderten Startzahlen die Zielzahl 20 erreicht wird.	Tafelkino	Tafel, Zahlenketten, Folienstift, Lernplakat, Bild Forscherjunge
	Ggf. werden weitere Tipps und Vorgehensweisen zum Finden von Zahlenketten mit der Zielzahl 20 geäußert.		
	Die bislang gefundenen Zahlenketten werden gemeinsam sortiert.		
	2. Arbeitsauftrag und Ausblick auf die Endreflexion:		
	„Lege deine Zahlenketten mit denen deines Partners zusammen, sortiert sie und sucht dann möglichst alle Zahlenketten mit der Zielzahl 20. Wir treffen uns am Ende der Stunde hier wieder und ich bin gespannt, wie viele Zahlenketten ihr mit der Zielzahl 20 gefunden habt."		

Unterrichtsphase	Inhalt/Aufgabenstellungen	Sozialform	Medien
2. Arbeitsphase	Die SuS legen ihre Ketten mit denen ihres Partners zusammen, sortieren sie und ergänzen ggf. fehlende Ketten	Partnerarbeit	Leervorlagen, Zahlenketten, Leeres Blatt, Forscherbericht
	Anschließend kleben sie ihre Lösungen als Ergebnissicherung auf ein großes Papier		
	Differenzierung für schnelle Teams:		
	Die Partner schreiben ihre Entdeckungen in Forscherberichten auf		
	(Weitere gefundene Schülerlösungen werden für die Endreflexion an die Tafel gehängt.)		
Reflexion	Die gefundenen Zahlenketten werden sortiert	Tafelkino	Tafel, Zahlenketten, Folienstift
	Ggf. fehlende Zahlenketten werden ergänzt		
	Die SuS äußern sich zu ihren Entdeckungen		
	Gemeinsam wird geschaut, ob alle Lösungen gefunden wurden		

5.4.9 Literatur

1. Ministerium für Schule und Weiterbildung des Landes Nordrhein-Westfalen: *Richtlinien und Lehrpläne für die Grundschule in Nordrhein-Westfalen*. Ritterbach Verlag, Frechen, 2008
2. Scherer, P.: Zahlenketten. Entdeckendes Lernen im 1. Schuljahr. In: *Die Grundschulzeitschrift*. Heft 96/1996, S. 20–23
3. Scherer, P: Substantielle Aufgabenformate – jahrgangsübergreifende Beispiele für den Mathematikunterricht. In: *Grundschulunterricht*. Heft 1/1997, S. 34–38
4. Uerdingen, M./London, M.: Das Übungsformat Zahlenketten in Klasse 1/2. In: *Die Grundschulzeitschrift*. Heft 195/196, 2006, S. 40–43

5.4.10 Anhang

Leere Zahlenkette, Vorlage für die Kinder.

Forscherbericht:

Unsere Namen: _____ _____

Wir haben _____ verschiedene Zahlenketten gefunden.

Wir haben entdeckt, dass _____

Habt ihr alle Zahlenketten gefunden? Woran erkennt ihr das?

5.5 Das Geheimnis der vertauschten Ziffern – eine Forscherstunde (Klasse 2)

5.5.1 Thema der Unterrichtsstunde

Das Geheimnis der vertauschten Ziffern – eine Forscherstunde

5.5.2 Sachanalyse

Da eine fachwissenschaftliche Abhandlung über die Bedeutung der Subtraktion den mathematischen Inhalt des Lernangebots nur teilweise erfassen würde, setzt sich meine Sachanalyse aus kurzen Bemerkungen zur Subtraktion, aus einem algebraischen Beweis und Bemerkungen zum mathematikdidaktischen Hintergrund zusammen.

Subtraktion

Unter der Subtraktion versteht man das Abziehen einer Zahl von einer anderen. Dabei wird die Zahl, von der abgezogen wird, *Minuend* genannt. Die Zahl, die abgezogen wird, wird als *Subtrahend* bezeichnet. Der Term, der den Minuenden, das Minuszeichen und den Subtrahenden umfasst, heißt *Differenz*. Das Ergebnis einer Subtraktion ist der *Differenzwert* bzw. der *Wert der Differenz*. Formuliert wird zum Beispiel 4–3 = 1: *Vier minus drei ist gleich eins.*

Algebraischer Beweis zum Lernangebot

Im Folgenden werde ich algebraisch beweisen, dass bei der Subtraktion zweier „Spiegelzahlen" im Hunderterraum (bspw. 87-78, 95-59) der Wert der Differenz immer ein Vielfaches von 9 ist. Dies ist deshalb sinnvoll, da ich aufgrund der eigenen Durchdringung des mathematischen Inhalts wertvollere Impulse geben und fundiertere Fragen stellen kann.

Bei der Ausgangszahl (Beispiel 87) sei x die Zehnerziffer, y die Einerziffer, dann lässt sich die *Ausgangszahl* darstellen als $10x + y$, die *Spiegelzahl* (Beispiel 78) als $10y + x$. Für die *Differenz* z gilt also:

$(10x+y) - (10y+x)$	$= z$
$10x+y - 10y - x$	$= z$
$9x - 9y$	$= z$
$9(x - y)$	$= z$

Beträgt der Wert der Differenz von x und y **1**, so beträgt der Differenzwert z des gesamten Terms **1** x 9.

Beträgt der Wert der Differenz von x und y **2**, so beträgt der Differenzwert z des gesamten Terms **2** x 9.

Beträgt der Wert der Differenz von x und y **3**, so beträgt der Differenzwert z des gesamten Terms **3** x 9.

Und so weiter.

Zahlenbeispiele

32–23	$(x=3; y=2); (x - y = 1)$
$32-23 = 9 (= 1 \times 9)$	
54– 45	$(x=5; y=4); (x - y = 1)$
$54-45 = 9 (= 1 \times 9)$	
86–68	$(x=8; y=6); (x - y = 2)$
$86-68 = 18 (= 2 \times 9)$	
97–79	$(x=9; y=7); (x - y = 2)$
$97-79 = 18 (= 2 \times 9)$	
41–14	$(x=4; y=1); (x - y = 3)$
$41-14 = 27 (= 3 \times 9)$	
63–36	$(x=6; y=3); (x - y = 3)$
$63-36 = 27 (= 3 \times 9)$	

Es gibt insgesamt …

- **neun** Aufgaben mit dem Ergebnis **9**,
- **acht** Aufgaben mit dem Ergebnis **18**,
- **sieben** Aufgaben mit dem Ergebnis **27**,
- **sechs** Aufgaben mit dem Ergebnis **36**,
- **fünf** Aufgaben mit dem Ergebnis **45**,
- **vier** Aufgaben mit dem Ergebnis **54**,
- **drei** Aufgaben mit dem Ergebnis **63**,

- **zwei** Aufgaben mit dem Ergebnis **72** und
- **eine** Aufgabe mit dem Ergebnis **81**.

Alles in allem handelt es sich um ein Lernangebot, das reichhaltig von arithmetischen Mustern und Strukturen durchzogen ist.

5.5.3 Fachdidaktischer Hintergrund

Um die Aufgabenwahl auch von der mathematikdidaktischen Perspektive her begründen zu können, führe ich *die* drei Bereiche auf, deren Beschreibung meines Erachtens hilfreich ist, um die Absicht des Lernangebots zu verstehen.

Aktiv-entdeckendes Lernen

Schülerinnen und Schülern (im Folgenden meist durch SuS abgekürzt) soll es ermöglicht werden, aktiv-entdeckend zu lernen, was voraussetzt, dass ihnen die Möglichkeit und die Zeit gegeben werden müssen, Inhalte durchdringen zu können. Kleinschrittiger Unterricht und das Arbeiten nach Musterlösungen sind schwer vereinbar mit aktiv-entdeckendem Lernen, weshalb eine ganzheitliche Behandlung von Themen erforderlich ist [10]. Mathematische Arbeitsweisen lassen sich durch das Erproben mit Zahlen und durch das Rechnen anbahnen, wobei die kindliche Neugier und der Drang nach Verstehen vergleichbar sind mit der Forscherhaltung des erwachsenen Wissenschaftlers [5].

Zahlenblickschulung

Der Begriff „Zahlenblickschulung" wurde von Schütte [6], [9] geprägt unter der Annahme, dass ein gewisser Blick auf Zahlen und die breite Erfassung von Zahl- und Aufgabenbeziehungen geschult werden kann. Durch eine Untersuchung von Rathgeb-Schnierer [3] wurde bereits belegt, dass ein gewisser Zahlenblick Voraussetzung für die Entwicklung einer flexiblen Rechenkompetenz ist, die auch laut Bildungsplan angestrebt werden muss. Da das **flexible aufgabenadäquate Rechnen** einen hohen Anspruch an die Schülerinnen und Schüler stellt, muss eine Zahlenblickschulung langfristig angelegt sein [4]. Aktivitäten zur Zahlenblickschulung werden insbesondere in den ersten drei Schuljahren, noch bevor halbschriftlich gerechnet wird, eingesetzt [9]. Übergeordnetes Ziel der Zahlenblickschulung ist es, dass Aufgaben auf Strukturen und Beziehungen zu anderen Zahlen beziehungsweise Aufgaben hin betrachtet werden sollen [4]. Mit Aktivitäten zur Zahlenblickschulung benötigt man somit „spezielle Anreize, den Rechendrang aufzuhalten und die Einordnung der Aufgabe zu üben" [4]. Hiermit wird beabsichtigt, dass Schülerinnen und Schüler eine reflektierte Haltung im Umgang mit Zahlen und Aufgaben entwickeln.

Verfügen SuS über einen sogenannten Zahlenblick, können sie erkannte Eigenschaften nutzen, indem sie Zahlen bzw. Aufgaben geschickt zerlegen, umgruppieren und wieder zusammensetzen [5]. Des Weiteren beinhaltet ein ausgeprägter Zahlenblick das Verfügen über metakognitive Kompetenzen (ebd.), was sich zumeist durch das Begründen-Können eines Lösungswegs, einer Vorgehensweise oder von Präferenzen zeigt. Ein ausgeprägter Zahlenblick soll Schülerinnen und Schülern helfen, Strukturähnlichkeiten erkennen und strategische Vorgehensweisen aufgabenadäquat einsetzen zu können [9].

Natürliche Differenzierung

Ein Lernangebot ist natürlich differenziert, wenn alle SuS an derselben Aufgabe arbeiten können, es jedoch den SuS unterschiedlicher Leistungsniveaus die Möglichkeit gibt, auf verschiedenen Levels einzusteigen. So kann ein Lernangebot beispielsweise durch die eigene Wahl des Zahlenmaterials differenziert sein. Auch beim Herausfinden und Beschreiben von Regeln und Strukturen werden die SuS unterschiedlich schnell sein und auch unterschiedlich tiefgründig arbeiten können.

5.5.4   Didaktische Analyse

Zur Bedeutung des Inhalts
Gegenwartsbedeutung und exemplarische Bedeutung
Das Lernangebot zum Entdecken des Geheimnisses der vertauschten Ziffern steht exemplarisch für das Forschen an Aufgaben mit mathematischen Inhalten, was Einblicke in die Muster und Strukturen der Arithmetik ermöglichen kann. Es handelt sich um ein Lernangebot struktureller Art, das dem natürlichen Forscherdrang von Grundschülerinnen und -schülern Rechnung tragen soll.

Zukunftsbedeutung
Das Entdecken und Beschreiben von Strukturen ist ein wesentlicher Teil der Mathematik und wird die SuS durch ihren gesamten Mathematikunterricht begleiten. Das Erkennen und Nutzen von Mustern und Strukturen sowohl im mathematischen als auch im außermathematischen Bereich kann zeit- und energiesparend sein. Im mathematischen Bereich kann dies beispielsweise teils das eigentliche Rechnen ersparen, wenn Ergebnisse bereits „gesehen" werden oder auf Ergebnisse aufgrund von Regelmäßigkeiten geschlossen werden kann.

Zugänglichkeit
Das mathematisch sehr spannende Phänomen, dass der Wert der Differenz zweier „Spiegelzahlen" immer durch 9 teilbar ist, wird altersadäquat aufbereitet. Die Ziffernkarten sollen die Benutzung derselben Ziffern sowohl im Subtrahenden als auch im Minuenden verdeutlichen. Da die SuS entdeckendes Lernen bereits gewohnt sind, wird die Aufgabenstellung so offen formuliert, dass alle SuS an der Aufgabe arbeiten können.

Bezug zum Bildungsplan Baden-Württemberg

In der gezeigten Stunde sollen wesentliche, laut Bildungsplan geforderte Prinzipien verfolgt werden. So wird sowohl ein verstehender Umgang mit Mathematik bei den SuS angestrebt als auch der Forderung nach dem entdeckenden Lernen nachgekommen. Das Lernangebot lässt sich sowohl der Leitidee *Zahl* als auch der Leitidee *Muster und Strukturen* zuordnen. Auch spielen das Kommunizieren, Darstellen sowie das Argumentieren eine wichtige Rolle in der beschriebenen Lernumgebung ([1], S. 56).

Didaktische Reduktion

Ich reduziere das Aufgabenangebot auf zweistellige Zahlen.

5.5.5   Kompetenzen und Lernziele

Sach- und Fachkompetenzen

(1) „In der Arithmetik können die Kinder mit Zahlen reflektiert umgehen, sie können zum Beispiel ordnen, vergleichen, strukturieren und Beziehungen entdecken."
(2) „Oberstes Ziel ist der aufgabenadäquate Einsatz flexibler Rechenstrategien."
(3) „Beim Forschen und Fragen, beim Untersuchen und Entdecken, beim Ordnen, Vergleichen, Analysieren und Dokumentieren erwerben die Kinder elementare mathematisch-naturwissenschaftliche Kompetenzen."
(4) „Treten bei der Lösungsfindung Fehler auf, dienen diese als Anreiz, neue Lösungsansätze zu überlegen. Diese kreative Denk-, Lern- und Arbeitshaltung der Schülerinnen und Schüler aufzubauen und zu pflegen ist zugleich Ziel und Profil des Mathematikunterrichts in der Grundschule." (Vgl. ([1], S. 54 f.)

Die hier genannten Kompetenzen (1), (2), (3) und (4) werden im Verlaufsplan den einzelnen Unterrichtsphasen zugeordnet, wodurch der konkrete Bezug zur gezeigten Unterrichtsstunde gesehen werden kann.

Stundenziele
Grobziel
Die SuS entdecken arithmetische Muster und Strukturen.

Feinziele
Die SuS …

(a) erkennen und nutzen Zahlbeziehungen,
(b) entdecken Muster und Gesetzmäßigkeiten in selbst produzierten Aufgabenserien,
(c) üben Subtraktionsaufgaben.

Schnelle bzw. **leistungs**starke SuS ...

(d) erlangen Einsicht in das Gesetz der Konstanz der Differenz ([2], S. 121),

(e) können Entdeckungen verbal, schriftlich oder zeichnerisch kommunizieren.

Methodisches Ziel

(f) Die SuS üben, sich Tipps in schriftlicher Form zunutze zu machen.

Soziales Ziel

(g) Die SuS hören zu, wenn MitschülerInnen ihre Ideen und Entdeckungen vorstellen.

5.5.6 Methodische Überlegungen

Einstieg/Problemstellung

Die Stunde führt schon mit der Eröffnung direkt in die Problemstellung, da die gesamte Unterrichtsstunde forschenden Charakter haben soll. Mit der gesamten Klasse wird die Bildung einiger Aufgaben mit Ziffernkarten durchgeführt. Hierzu werden die Ziffernkarten 0 bis 9 im Großformat verwendet und der tatsächliche Tausch der Ziffern vorgeführt. Anschließend wird die Aufgabe an die Tafel geschrieben. Es wird mehrmals darauf hingewiesen, dass die kleinere von der größeren Zahl abgezogen wird. Die Bildung einiger Aufgaben wird deshalb gemeinsam durchgeführt, da dadurch die Bildungsvorschrift klar wird, ohne jedoch etwas an Lern- und Entdeckungsinhalt vorwegzunehmen. Vor allem leistungsschwächeren SuS hilft eine strukturierte, gemeinsame Anfangsphase.

Alternative Es könnte vor Beginn des Lernangebots auch ein Kopfrechenspiel durchgeführt werden, bei dem unter anderem Subtraktionsaufgaben thematisiert werden können. Auch hätten die SuS zuerst Aufgaben bilden können. Das Kind, das das höhere Ergebnis hat, hätte die Runde gewonnen. Jedoch hätte ein Spiel den forschenden Charakter abgeschwächt, weshalb auf dieses Element verzichtet wird.

Gelenkstelle/Organisation

Alles Inhaltliche wird geklärt, bevor die Gruppen gebildet und die Materialien ausgeteilt werden, um die Aufmerksamkeit auf den eigentlichen inhaltlichen Auftrag zu lenken. Die Teambildung wird in dieser Stunde deshalb von der Lehrerin vorgenommen, da erfahrungsgemäß bei mathematischen Aufgabenstellungen nicht alle SuS-Paare gewinnbringend arbeiten, wenn die Tandems von den SuS selbst gebildet werden.

Erarbeitung I

Die Arbeit findet in Partnerarbeit statt, da ich hierdurch anstrebe, dass die SuS sich über die Merkmale der Aufgaben und eventuelle Entdeckungen unterhalten sollen. Ich habe mich zur Bearbeitung des vorliegenden Lernangebots gegen eine Bildung von extrem heterogenen Paaren entschieden, da ich davon ausgehe, dass schnelle und starke SuS den schwachen SuS Entdeckungen vorwegnehmen würden und langsame SuS somit den Inhalt nicht durchdringen könnten. Das Arbeitsblatt weist keine Karos auf, da es mir bei diesem Lernangebot nicht um das exakte Notieren von Aufgaben geht. Es bekommt nicht jedes einzelne Kind einen Satz mit Ziffern, da ich vermeiden möchte, dass die Sätze vermischt und somit auch Aufgaben wie bspw. „88–88" gebildet werden, was nicht der Regel entsprechen würde.

Differenzierung In dieser ersten Erarbeitungsphase werde ich zuerst beobachten, wie die SuS zurechtkommen. Wenn ich feststelle, dass sie Probleme beim Subtrahieren haben, werde ich diesen SuS das Zehnermaterial anbieten oder anbieten, zuerst nur mit den Ziffern 0 bis 4 zu arbeiten. Des Weiteren können sich die SuS, je nachdem, ob sie es für nötig erachten, selbstständig Tipps in Form von Zetteln holen. Diese Methode habe ich gewählt, da ich vermeiden möchte, dass viele SuS auf einmal meine Aufmerksamkeit fordern, weil sie Fragen haben und eventuell in der Zeit, in der ich noch nicht bei ihnen sein kann, nicht weiterarbeiten.

Alternative Diese Erarbeitungsphase hätte auch in Einzelarbeit stattfinden können. Jedoch hätten die SuS dann höchstwahrscheinlich nicht miteinander kommuniziert und keine Ideen untereinander ausgetauscht.

Die **Tipps** lauten folgendermaßen:

1. Rechne **viele** Beispiele.
2. Was fällt dir auf? Schau genau hin!
3. Schau dir die **Ergebnisse** genau an.
4. Hast du etwas entdeckt? Kannst du das erklären bzw. begründen?

Problemstellung II

Diese zweite Problemstellungsphase mit dem Auftrag, dass die Aufgaben nach der Größe der Ergebnisse geordnet werden sollen, wird eingeschoben, um den Blick der SuS auf die Struktur zu lenken.

Alternativ könnte die Entdeckerphase auch ohne Unterbrechung durchgeführt werden. Jedoch nehme ich an, dass einige SuS – vor allem die schwächeren – nach einer gewissen Zeit einen Impuls benötigen. Starke SuS, die die Struktur bereits entdeckt haben, müssen keine erneute Ordnung durchführen, sie können in ihrem Prozess fortschreiten.

Erarbeitung II

Wie bereits in der Problemstellungsphase II beschrieben, ist diese Phase eine Weiterführung der Erarbeitungsphase I mit einer Lenkung auf die Betrachtung der Ergebnisse. Diese Phase findet in Einzelarbeit statt.

Alternative Diese Phase könnte auch in Partnerarbeit durchgeführt werden. Jedoch arbeiten die SuS an Entdeckeraufgaben meiner Beobachtung nach lieber alleine, da Entdeckungen eine sehr individuelle Komponente haben.

Differenzierungen Es liegen auch weiterhin Karten mit Tipps und Impulsen aus, die von den SuS nach Bedarf geholt werden können. Für sehr schnelle und starke SuS halte ich folgende **Impulse** bereit:

1. Wähle Zahlenkarten mit dem Unterschied 1 (z. B. 45 und 54; 32 und 23 …) und rechne **mindestens drei Aufgaben.**
2. Wähle nun Zahlenkarten mit dem Unterschied 2 (3, 4, …) und rechne **immer mindestens drei Aufgaben**.
3. Was kannst du entdecken? Schreibe es auf.

Oder:

4. Und was passiert bei Plusaufgaben?

Reflexion

Mit der Reflexionsrunde wird sowohl der Wertschätzung der Arbeit des Einzelnen Rechnung getragen als auch die Kommunikation über mathematische Phänomene geübt. Ein weiteres Ziel dieser Phase ist es, dass SuS sich in die Hypothesen und Ideen der anderen Kinder hineinversetzen können. Die Reflexionsrunde findet im Sitzhalbkreis statt, da sich die SuS untereinander besser verstehen können und Aufgaben direkt an die Tafel geschrieben werden können, ohne lange Wege zurücklegen zu müssen.

Alternativ Es wäre für mich nicht denkbar, an eine Entdeckerstunde keine Reflexionsphase anzuschließen.

Abschluss

Da der sachliche Abschluss des Lernangebots bereits in der Reflexion geschieht, stellt sich diese Phase lediglich organisatorisch dar. Die Stunde beispielsweise durch ein Spiel abzurunden, hätte meines Erachtens auch hier wieder die Gesamtatmosphäre des Forschens aufgehoben.

5.5.7   Verlaufsplanung

Bemerkung Die Angaben (a) bis (g) beziehen sich auf die Stundenfeinziele, die Angaben (1) bis (4) auf die Sach- und Fachkompetenzen im weiter vorne stehenden Abschnitt *Kompetenzen und Lernziele.*

Thema der Stunde: Das Geheimnis der vertauschten Ziffern – eine Forscherstunde

Unterrichtspha-sen/Teilziele/Zeit	Lehreraktivitäten	Schüleraktivitäten	Sozialform/Medien/Kompetenzen
Einstieg/Problemstellung ca. 5–7 Min.	Begrüßung. Vorstellung des Stundenthemas. L initiiert das gemeinsame Bilden von Aufgaben. L erläutert anhand des Ablaufplans an der Tafel, wie vorgegangen wird. Auch wird das System mit den unterschiedlichen Tipps erklärt. L erläutert die Teambildung.	Begrüßung. SuS hören und schauen zu. SuS bilden im Plenum einige Aufgaben mit Hilfe der großen Ziffernkarten. Aufgaben werden an die Tafel geschrieben. SuS setzen sich mit ihren Partnern zusammen und nehmen ihr Mäppchen mit.	Plenum Große Ziffernkarten Folie mit AB OHP Ablaufplan Tafel Karten mit Tipps
Organisation ca. 3 Min.	L bittet Austeildienst, die Ziffernkarten und die ABs auszuteilen. (Jedes Team bekommt einen Satz Karten; jedes Kind bekommt einen AB.)		Plenum
Erarbeitung I ca. 10 Min. (a), (b), (c), (f)	L beobachtet, gibt Impulse und stellt Fragen.	SuS bilden unterschiedliche Aufgaben, unterhalten sich mit ihrem Partner darüber, untersuchen die Aufgabenserien auf Strukturen. Wenn nötig, holen sich die SuS Tipps und Fragen an der Tafel.	(1), (2), (3) PA AB und Ziffernkarten Differenzierung: Karten mit Tipps und Fragen
Problemstellung II ca. 2–5 Min.	„Nun hast du bereits sehr viele Aufgaben gebildet. Versuche jetzt die Aufgaben den Ergebnissen nach zu ordnen." Das Vorgehen wird anhand von drei, vier Aufgaben an der Tafel gezeigt. „Arbeite jetzt alleine."	SuS nennen einige ihrer Aufgaben	Plenum Tafel
Erarbeitung II ca. 10 Min. (a), (b), (c) bzw. (d), (e)	L beobachtet und gibt Impulse, wenn dies sinnvoll erscheint.	SuS ordnen ihre Aufgaben und entdecken dabei eventuell die Regelmäßigkeiten.	(1), (2), (3) EA AB Ziffernkarten

Unterrichtspha-sen/Teilziele/Zeit	Lehreraktivitäten	Schüleraktivitäten	Sozialform/Medien/Kompetenzen
Organisation ca. 3 Min.	L bittet die SuS, mit ihren ABs in einen Stuhlhalb-kreis zu kommen.	Ein Teil der SuS kommt mit Stuhl nach vorne, ein Teil der SuS ohne Stuhl.	Piktogramm
Reflexion ca. 8–10 Min. (b), (e), (g)	L fragt nach Entdeckungen der SuS. L moderiert die Entdeckerrunde. Strukturen werden farblich markiert Verabschiedung.	Einige SuS äußern sich und nennen ihre Vermu-tungen oder Entdeckun-gen. Gemeinsam werden einige Aufgaben, geordnet nach dem Ergebnis, an die Tafel geschrieben.	(1), (2), (3), (4) Plenum (Sitzhalbkreis) Tafel

5.5.8   Tafelbild

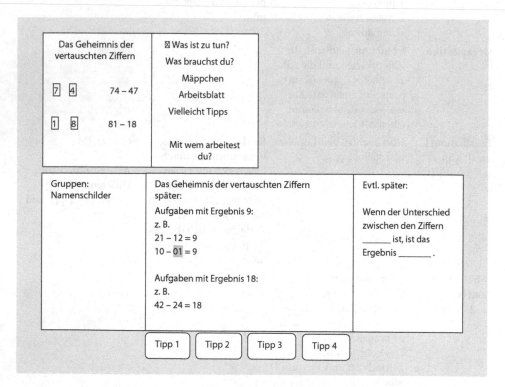

5.5.9   Material- und Medienaufstellung

- Tafel
- 12 x Ziffernkarten
- 23 x Arbeitsblatt

- OHP
- Folie Arbeitsanweisung (wie AB, jedoch größer)
- Tipp-Karten an der Tafel
- Ablaufplan an der Tafel
- Namenskarten für die Gruppenbildung
- Zehnermaterial

5.5.10   Literatur

1. |Ministerium für Kultus, Jugend und Sport Baden-Württemberg (Hrsg.): *Bildungsstandards für die Grundschule*. Ditzingen, 2004
2. Padberg, F./Benz, C.: *Didaktik der Arithmetik für Lehrerausbildung und Lehrerfortbildung*. Spektrum, Heidelberg, 2011
3. Rathgeb-Schnierer, E.: *Kinder auf dem Weg zum flexiblen Rechnen*. Verlag Franzbecker, Hildesheim/Berlin, 2006
4. Schütte, S.: Aktivitäten zur Schulung des „Zahlenblicks". In: *Grundschule*, 2/2002, S. 5–12
5. Schütte, S.: Den Mathematikunterricht aus der Kinderperspektive aufbauen. In: S. Schütte: *Die Matheprofis 1. Lehrermaterialien*. Oldenbourg, München/Düsseldorf/Stuttgart, 2004, S. 3–7
6. Schütte, S.: Rechenwegsnotation und Zahlenblick als Vehikel des Aufbaus flexibler Rechenkompetenzen. In: Hasemann, K./Hefendehl-Hebeker, L./Weigand, H.-G.: *Journal für Mathematik-Didaktik*, Jg. 25, 2/2004, S. 130–148
7. Schütte, S.: *Matheprofis 2. Lehrermaterialien*. Oldenbourg, München/Düsseldorf/Stuttgart, 2004
8. Schütte, S.: *Die Matheprofis*. Schulbuchwerk Klasse 2. Oldenbourg, München/Düsseldorf/Stuttgart, 2004
9. Schütte, S.: *Qualität im Mathematikunterricht der Grundschule sichern. Ein Arbeitsbuch für Lehrerinnen und Studierende*. Oldenbourg, München/Düsseldorf/Stuttgart, 2008
10. Wittmann, E. C./Müller, G. N.: *Das Zahlenbuch 1. Lehrerband*. Klett, Leipzig, 2004

5.5.11   Anhang

(1) **Das Geheimnis der vertauschten Ziffern** (Abb. 5.4).
(2) **Tipps, die auf Karten gedruckt sind:**

1. Rechne **viele** Beispiele.
2. Was fällt dir auf? Schau genau hin!
3. Schau dir die **Ergebnisse** genau an.
4. Hast du etwas entdeckt? Kannst du das erklären bzw. begründen?

Das Geheimnis der vertauschten Ziffern   107

Eine Aufgabe für Zahlenforscher

Nehmt eure Ziffernkarten (0 – 9). Zieht zwei Karten, z. B. 3 und 8.
Damit könnt ihr 2 Zahlen legen:

Zieht die kleinere von der größeren ab.
Macht dies noch ein paarmal. Fällt euch an den Ergebnissen etwas auf?

① Vertausche auch hier die Zehner- und Einerziffern und berechne
den Unterschied zwischen den beiden Zahlen. Fällt dir etwas auf?

53 91 82
65
62 74 83 92

② Wähle Zahlenkarten mit dem Unterschied 1 (2, 3, 4) und rechne immer
3 Aufgaben.

87   32   65

③ Findest du noch andere Aufgaben mit den Ergebnissen 27 oder 36?
Probiere es.

④ Kennst du jetzt das Geheimnis der vertauschten Ziffern?
Schreibe deine Entdeckungen in dein Lerntagebuch.

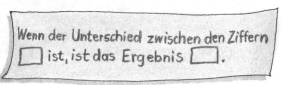

Wenn der Unterschied zwischen den Ziffern ☐ ist, ist das Ergebnis ☐.

Abb. 5.4 Das Geheimnis der vertauschten Ziffern. (© [7], S. 107)

5.6   Bau eines Fantasiezimmers für das Puppentheater (Klasse 2)

5.6.1   Thema der Unterrichtsstunde

Übungsstunde zum Beschreiben räumlicher Positionen und Lagebeziehungen von Gegenständen im Raum sowie Anordnen von Gegenständen nach räumlichen Positionen

5.6.2   Lernvoraussetzungen

Bild der Klasse
Besondere Hinweise:

- Die Klasse (23 Schüler) wird seit dem Beginn des Schuljahres von mir in Deutsch, Mathematik sowie Heimat- und Sachkunde unterrichtet.
- Der Unterricht ist überwiegend altershomogen. Zweimal wöchentlich findet im Rahmen der Ergänzungsstunden eine Altersmischung statt.
- Die Kinder sind mit den Sozialformen der Partner- und Gruppenarbeit sowie offenen Arbeitsformen in Form von Angebotslernen, Stationsarbeit und Tagesplanarbeit vertraut.

(Dieser Abschnitt wurde aus Umfangsgründen gekürzt.)

Entwicklungsstand der Schüler
Sachkompetenz

Anforderungen, die die Stunde stellt

a. mathematische Begriffe „oben – unten", „zwischen – neben", „links – rechts", „vorne – hinten" kennen
b. die räumliche Position/Lagebeziehung von Gegenständen unter Verwendung entsprechender Fachbegriffe exakt beschreiben
c. Objekte nach einer sprachlich dargestellten Handlungsanweisung anordnen

Die Mehrheit der Schüler

a. kennt die Begriffe aus dem vergangenen Schuljahr sowie aus dem Alltag; wenige Schüler verwechseln „rechts/links"; die Begriffe „vorne/hinten" kennen die Schüler überwiegend im Sinne von „vor mir" und „hinter mir" oder durch feste Bezugspunkte im Raum (Tafel vorne, Stehordner hinten).
b. kann Gegenstände, die anhand ihrer Lagebeziehung beschrieben werden, benennen und einfache räumliche Positionen/Lagebeziehungen von Gegenständen in Bildern beschreiben; eine völlig selbstständige Beschreibung der räumlichen Positionen und Lagebeziehungen in komplexem Umfang ist den Schülern neu.

c. kann Objekte nach sprachlicher Handlungsanweisung des Lehrers anordnen (Schulalltag); kann einfache Würfelgebäude mit Hilfe eines Bauplans anordnen.

Methodenkompetenz

Anforderungen, die die Stunde stellt
a. Handlungen in eine mündliche Handlungsanweisung übersetzen
b. Informationen aus mündlichen Handlungsanweisungen entnehmen
c. die eigene Leistung in schriftlicher Form auf einem vorbereiteten AB einschätzen

Die Mehrheit der Schüler
a. ist unsicher in der Lage, etwas selbst, genau und ausführlich zu beschreiben;
b. kann Informationen aus einer mündlichen Anweisung entnehmen und in eine handelnde Ebene überführen (bspw. im Rahmen von Schulalltagsaufgaben); in der folgenden Stunde bezieht sich die Informationsentnahme auf den Mitschüler und einen neuen Lerngegenstand.
c. kann die eigene Leistung anhand vorgegebener Kriterien einschätzen; sie kann einer Sprachanweisung des Lehrers folgen und die entsprechende Antwort ankreuzen.

Sozial- und Selbstkompetenz

Anforderungen, die die Stunde stellt
a. sich zielstrebig mit Aufgaben auseinandersetzen
b. mit einem Partner arbeiten
c. sich dauerhaft auf mündliche Handlungsanweisungen eines Partners konzentrieren
d. die Ergebnisse gemeinsam mit dem Partner kontrollieren und mögliche Unterschiede erkennen und benennen können
e. die eigene Leistung einschätzen

Die Mehrheit der Schüler
a. kann sich über einen längeren Zeitraum auf das Lösen gestellter Aufgaben konzentrieren; beim selbstständigen Arbeiten in offenen Arbeitsformen lässt bei wenigen Schülern die Zielstrebigkeit nach; in offenen Aufgaben zu arithmetischen Inhalten zeigen sich die Schüler stets motiviert.
b. kann mit festen oder frei gewählten Partnern arbeiten; wenige Schüler können nicht miteinander arbeiten; bei manchen Paarbildungen wird während der Arbeitsphase der Lerngegenstand vernachlässigt; bei Partnerarbeiten ist die Lautstärke meist höher.
c. kann sich auf kurze, mündlich gestellte Handlungsanweisungen des Lehrers oder der Mitschüler konzentrieren und diese umsetzen; die Schüler können einem Partner zuhören; Handlungsanweisungen eines Partners dauerhaft umzusetzen, erfordert das konzentrierte Zuhören und ist den Schüler in dieser Form neu.

d. kann eindeutige Ergebnisse mit einem Partner auf richtig und falsch kontrollieren; die Kontrolle der Ergebnisse der Stunde kann diesbezüglich im Sinne von „gleich" und „ungleich" erfolgen.

e. kann ihre Lernleistung nach vorgegebenen Kriterien mündlich einschätzen; einige Schüler unterschätzen sich, wenige überschätzen ihre Leistung.

Tabelle zu den Abweichungen vom allgemeinen Lernstand

Kompetenzen	Schüler/ Schülergruppe	Abweichung	Maßnahmen
Sachkompetenz	A, B, L, D	Verwechseln häufig rechts und links	Partner mit sicheren Begriffen, Nagelmarkierung der Schreibhand, Wortspeicher mit Abbildungen
	A	Im Heft auch in Verbindung mit oben/unten	
	E	Probleme beim Folgen mündlicher Anweisungen (Wortschatz)	Eindeutiges Material, Wortspeicher, PA
Methodenkompetenz	F	Stockt häufig beim Sprechen	Partner (Vorbild), Wortspeicher
	E	Verständnis wortschatzabhängig	Lernpartner, Wortspeicher
Sozial- und Selbstkompetenz	B, D	Nehmen sich beim selbstständigen Arbeiten zurück	Erinnerung an Aufgabenstellung, Lob
	F	Verweigert oft bei subjektiver Überforderung, setzt sich nicht immer mit Lerngegenständen auseinander	Zuweisung eines starken, ruhigen Partners
	H	Verweigert sich oft bei PA mit mündlichen Aufträgen	Jungen als Lernpartner, Beobachtung, Reflexion der Arbeitsweise
	J	Sucht häufig übermäßigen Körperkontakt zum Partner	Zuweisung eines entsprechenden Lernpartners
	K, L	Sind häufig in Gedanken	Zuweisung zu einem Partner, Erinnerung an Lerngegenstand

5.6.3 Begründung der didaktisch-methodischen Entscheidungen

Schwerpunkt der Stunde

Die folgende Unterrichtsstunde, als Übungsstunde zum Beschreiben von räumlichen Positionen und Lagebeziehungen von Gegenständen im Raum sowie zum Anordnen dieser entsprechend der mündlichen Handlungsanweisung konzipiert, ist im Thüringer Lehrplan für die Grundschule und für die Förderschule mit dem Bildungsgang der Grundschule im Lernbereich Geometrie im Abschnitt zur Raumvorstellung verankert. Ziel der Schuleingangsphase ist demnach, dass die Schüler in der Lage sind, räumliche Positionen und Lagebeziehungen an/von Körpern und ebenen Figuren real und in der Vorstellung unter anderem unter Verwendung von „oben – unten", von „zwischen – neben" sowie von „links – rechts" zu beschreiben und Objekte nach räumlichen Positionen anzuordnen (vgl. [10], S. 17).

Allgemeine didaktisch-methodische Aspekte

Kinder durchlaufen zur Entwicklung der Raumvorstellung eine Reihe von Stufen. Deshalb müssen auch die **räumlichen Beziehungen** schrittweise aufgebaut werden. Die Unterrichtseinheit zielt darauf ab, dass die Schüler Raumlagebeziehungen nicht nur passiv aufgrund von Wahrnehmung erlernen, sondern diese ausgehend vom konkreten Handeln mit räumlichen Gegenständen aktiv erschließen. Denn dadurch wird der Prozess der inneren Nachahmung, also des Handelns mit Vorstellungsbildern, vorangetrieben. Durch das sensomotorische Tun der Schüler erfolgt also die Abstraktion zum gedanklichen systematischen Operieren mit geometrischen Objekten. Die folgende Übungsstunde leistet einen Beitrag dazu, indem die Schüler angeregt werden, ausgehend vom konkreten Handeln mit räumlichen Gegenständen Lagebeziehungen von Objekten im Raum zu beschreiben und zu realisieren und dadurch ihre geometrischen Kenntnisse zu vertiefen und zu festigen.

Der **Übungserfolg** ist in diesem Zusammenhang stark von der Aufgabenstellung geprägt. Das Übungsmaterial muss gewährleisten, dass die Aufgabenstellung an die Schüler sprachlich klar formuliert und inhaltlich ansprechend gestaltet ist. Die Aufgabenstellungen in der folgenden Stunde werden deshalb durch einen Sachbezug unter Zuhilfenahme konkreter Materialien präsentiert. Dieser Handlungsrahmen erlaubt den Schülern ein gedankliches, zielgerichtetes Operieren mit Teilelementen innerhalb einer Gesamtfiguration. Sowohl das Beschreiben von räumlichen Positionen und Lagebeziehungen als auch das Anordnen von Objekten nach räumlichen Positionen wird somit gefordert und gefördert.

Vorgehensweise

Die *Hinführung* erfolgt durch eine kurze Geschichte, in der ein alter Bühnenmeister, der an einem Theater arbeitet und für die Bühnenbildherrichtung verantwortlich ist, eine Idee für eine neue Kulisse hat. Er beschreibt die Einrichtung seinem Handwerker, der daraufhin ein kleines Modell anfertigt, um sich zu vergewissern, dass alles seine Richtigkeit hat. Als der Bühnenbildner das Modell betrachtet, ist er enttäuscht. Die mündlich vorgetragene Anekdote, unterstützt durch das Zeigen beider Modelle, beinhaltet die Problemstellung – die nicht identische Anordnung des Inventars. Die Schüler werden aufgefordert Vermutungen zu äußern, warum der Bühnenbildner enttäuscht ist. Sie sollen aus der unterschiedlichen Anordnung der Möbel schließen, dass entweder der Handwerker das Modell nicht exakt nach der Beschreibung des Bühnenbildners hergestellt oder der Bühnenbildner seine Idee nicht exakt genug beschrieben hat.

Dem schließt sich eine *Wiederholung* der Begriffe an, die zur Beschreibung der Raumlage oder einer Lagebeziehung notwendig sind. Diese Begriffe wurden in der vorhergehenden Stunde zusammengetragen und in Form eines Wortspeichers festgehalten. Nachdem die Schüler die Begriffe benannt haben, folgt ein Beispiel anhand des Modells, indem ein Schüler aufgefordert wird, die Raumlage eines Gegenstands genau zu beschreiben.

Dem schließt sich die *Zielangabe* für die Stunde, das exakte Beschreiben und Anordnen von Gegenständen in einem Raum, an.

Die Hinführung und die Wiederholung erfolgen als lehrerzentrierter Plenumsunterricht, bei dem die Schüler im Kinositz sitzen. Die Sitzordnung in Form des Kinositzes ist für die Schüler relativ neu und wurde in der vorhergehenden Mathematikstunde erstmalig angewendet. Der Kinositz garantiert, dass die Schüler die Modelle aus derselben Perspektive betrachten und die Begriffe „rechts – links" sowie „vorne – hinten" allgemeingültig sind, was im Sitzkreis nicht der Fall ist. Es wäre möglich, die Hinführung/Einstimmung in der frontalen Sitzordnung zu gestalten. Hierbei ist jedoch davon auszugehen, dass die Schüler die bereitgestellten Modelle aus der Entfernung nicht erkennen und damit der Wiederholung nicht folgen können. Um einen reibungslosen Ablauf zur Bildung des Kinositzes zu gewährleisten, wird die Sitzordnung durch Bodenmarkierungen unterstützt.

In der sich anschließenden **Übungsphase** richten die Schüler jeweils ein Fantasiezimmer ein. Dies stellt eine herausfordernde Situation für die Schüler dar, in der sie angeregt werden, ein materielles Produkt im sozialen Miteinander zu schaffen. Die Form der Umsetzung soll das Interesse der Schüler wecken und dient der Motivation. Sie arbeiten in der Sozialform der Partnerarbeit mit verteilten Rollen.

Ein Schüler übernimmt die Rolle des *Bühnenbildners*. Er überlegt, wie er das Zimmer (Pappkarton) mit Hilfe der bereitgestellten Materialien (Schränke, Stühle, Tisch, Utensilien) einrichten möchte, und beschreibt sein Vorstellungsbild mit Hilfe der Sprache. Konkret richtet er sein Zimmer handelnd ein und beschreibt die räumliche Position und/oder Lagebeziehung des Gegenstands zeitgleich so exakt wie möglich unter Verwendung der mathematischen Begriffe. Durch das Beschreiben ist der Schüler aufgefordert, Beziehungen wie „rechts/links", „vorne/hinten", „zwischen/neben" zu benennen, je nach Komplexität zu verknüpfen und bezogen auf den Gegenstand sachgerecht anzuwenden. Je nach Leistungsstand des Schülers wird die Verwendung der Begriffe mehr oder weniger umfassend und damit mehr oder weniger präzise ausfallen. Sein Partner, der *Handwerker*, stellt denselben Gegenstand anhand der mündlichen Raumlagebeschreibung des Partners an den entsprechenden Platz im Fantasiezimmer. Diese Aufgabe erfordert volle Aufmerksamkeit und schult damit auch die Konzentration.

Da die Bühnenbildner alle nahezu gleichzeitig sprechen, ist die Lautstärke erwartungsgemäß höher. Deshalb werden die Schüler darauf hingewiesen, leise zu sprechen. Symbolisch wird dies durch ein Bild an der Tafel unterstützt. Ein Schüler wird zudem beauftragt, die Klassenlautstärke beim Lernen wahrzunehmen und am Ende der Stunde zu reflektieren.

Die Übungsphase ist durch die Rollenverteilung somit in zwei grundlegende Teile gegliedert. Während eine Übungsphase das exakte Beschreiben einer selbst gewählten und handelnd dargestellten Raumlage/Lagebeziehung verschiedener Gegenstände beinhaltet, fokussiert die zweite Übungsphase eine Übersetzung der mündlichen Anleitung in die handelnde Ebene. Beides baut damit auf einer sachgerechten Verwendung der mathematischen Begriffe auf. Die Übungsphase fordert somit sowohl die mathematische Kompetenz des Kommunizierens als auch des Darstellens. Da die Stunde vordergründig das Üben des Wechselns zwischen der handelnden und der symbolischen Darstellungsebene beinhaltet, bildet die allgemeine mathematische Kompetenz **„Darstellen"** den Schwerpunkt der Stunde. Die Übungsphase setzt für beide Rollen die Kenntnis der mathematischen Begriffe und die Zuordnung zu einer entsprechenden Raumlage oder Lagebeziehung voraus. Die Mehrheit der Schüler hat ein sicheres Begriffsverständnis von „rechts/links", „oben/unten" und „zwischen/neben". Nur wenige (A, B, C, D) verwechseln häufig „links" und „rechts". Die Begriffe „vorne/hinten" kann die Mehrheit der Schüler in Bildern bestimmen. Im Raum beziehen sie sie auf ihre Person und verwenden sie demzufolge im Sinne von „vor/hinter mir". Die Bedeutung wurde jedoch in der vorhergehenden Stunde besprochen.

Beide Schüler sitzen während der Übungsphase nebeneinander am Tisch. Damit das Anordnen der Gegenstände ausschließlich aufgrund der *sprachlichen* Anweisung erfolgt und die *visuelle* Orientierung am Ergebnis des Partners ausgeschlossen wird, ist der Arbeitsplatz durch einen Sichtschutz (Stehordner der Schüler) getrennt. Die einzuräumenden Gegenstände jedoch befinden sich in einem gemeinsamen Kartondeckel in der Mitte des Tisches (vor der Trennwand). Dies soll verhindern, dass die Schüler Schwierigkeiten bei der Bezeichnung der Möbel haben und somit durch die Beschreibung der Gegenstände anhand ihrer Merkmale vom eigentlichen Stundenziel, der Beschreibung der räumlichen Position und Lagebeziehungen der Gegenstände, abgelenkt werden. Die bereitgestellten Materialien wurden so aufbereitet und gewählt, dass eine eindeutige Bezeichnung (bspw. Schrank, Tisch, Stuhl, Kastanie) unterstützt wird.

Die Übungsphase unterstützt, dass die Schüler die Lagebeziehungen von Objekten bewusst wahrnehmen und herausgefordert sind, sich die Objekte vorzustellen, also gedanklich mit ihnen zu operieren. Sowohl die Aufgabe des Bühnenbildners als auch die des Handwerkers tragen dazu bei, die Raumvorstellung weiterzuentwickeln. Damit wird das räumliche Vorstellungsvermögen geschult, intellektuelle Fähigkeiten weiterentwickelt, geometrisches Wissen wiederholt und vertieft sowie sprachliche Kompetenzen verbessert.

Die Übungsphase umfasst zunächst vier Minuten und wird anschließend für einen *Vergleich* beider Einrichtungen in Partnerarbeit unterbrochen. Die Schüler sind hierfür aufgefordert, die räumliche Lage der Gegenstände zu vergleichen und gegebenenfalls auftretende Unterschiede zu benennen. Hier zeigt sich, ob ein Partner bei der Bedeutung der Begriffe unsicher ist, indem er beispielsweise rechts und links verwechselt, oder die Raumlage sprachlich nicht sachgerecht oder nicht genau genug beschreibt, weil dadurch eine unterschiedliche Anordnung der Gegenstände entsteht.

Dem schließt sich eine *Zwischenreflexion* im lehrerzentrierten Plenumsunterricht an. Dem Lehrer gibt diese Phase eine quantitative Rückmeldung darüber, ob und wie viele Teams Schwierigkeiten beim Beschreiben und Zuordnen der Raumlage/Lagebeziehung von Gegenständen haben. Sollte die Mehrheit der Schüler mit der Anforderung nicht zurechtkommen, kann hier eine gemeinsame Wiederholung durch ein Beispiel zusätzlich eingeflochten werden. Darüber hinaus ist diese Phase eine qualitative Rückmeldung hinsichtlich der Ursache der aufgetretenen Unterschiede. Anhand eines Teams kann beispielhaft deren Problem im Plenum besprochen werden, indem die beiden Schüler das unterschiedlich angeordnete Möbelstück benennen sowie jeweils die räumliche Position des Gegenstands beschreiben. Die Klasse wird dabei aufgefordert, beiden Beschreibungen zuzuhören und zu überlegen, ob der Fehler auf eine ungenaue oder unterschiedliche Beschreibung zurückzuführen ist. Sollten beide Schüler die Raumlage des Gegenstands identisch beschreiben, ist die Ursache womöglich eine fehlerhafte Begriffsvorstellung (bspw. das Verwechseln von rechts und links). Nach dem Vergleich und der anschließenden Zwischenreflexion haben die Schüler noch einmal vier Minuten Zeit zum Üben. Auch dieser Phase schließt sich ein gemeinsamer Vergleich an, bei dem möglicherweise aufgetretene Unterschiede diskutiert werden.

Schließlich tauschen die Partner ihre Rollen und demzufolge die Aufgabenstellung. Die **Übungsphase** verläuft zeitlich und inhaltlich identisch zur vorhergehenden. Bevor der Partner mit dem Beschreiben eines Fantasiezimmers beginnen kann, müssen die Gegenstände ausgeräumt werden. Es wäre hier möglich, das Ausräumen mit einer sprachlichen Anweisung zu koppeln. Da der zeitliche Anteil der Aufgaben zwischen den Partnern dadurch unterschiedlich wäre und die Motivation der Schüler erwartungsgemäß eher gering, erfolgt das Herstellen der Ausgangslage ohne besondere Aufgabenstellung und damit schlicht und zeitnah. Das Ausräumen des Zimmers bedingt, dass die Fantasieeinrichtung zerstört wird. Um jedem Schüler sein Ergebnis zu gewährleisten, könnte den Schülern alternativ ein weiterer Karton („Kontrollzimmer") zur Verfügung gestellt werden. Aufgrund des noch höheren Materialbedarfs wurde davon jedoch Abstand genommen.

Die Übungsphase beinhaltet eine **natürliche Differenzierung**, da jeder Schüler entsprechend seiner Fähigkeiten die Aufgabenstellung bewältigt. Die Aufgabenstellung und das zur Verfügung gestellte Materialangebot erlauben eine quantitative Differenzierung, da die Schüler mehr oder weniger Gegenstände verwenden können, und eine qualitative Differenzierung, da sie diese an unterschiedliche Stellen im Raum platzieren können, was je nachdem einfache oder komplexere Raumlagebeschreibungen erfordert. Der Zusatzauftrag kommt dann zum Tragen, wenn ein Paar alle Gegenstände eingeräumt hat. Der Auftrag erfordert ein Umräumen des Zimmers, sodass das Beschreiben der Raumlagebeziehungen und das gedankliche Mitverfolgen dieser noch umfangreicher und damit qualitativ anspruchsvoller sind. Die Schüler sollen den Auftrag lesend erschließen.

Die *Auswertung* und *Reflexion* der Stunde erfolgt schriftlich. Das vorbereitete Arbeitsblatt liegt bereits unter dem Arbeitsplatz der Schüler. Jeder Schüler wird angehalten, sich selbst in der Rolle des Bühnenbildners – und damit seine Fähigkeit zur exakten Beschreibung zur räumlichen Anordnung der Gegenstände unter Verwendung der mathematischen Fachbegriffe – sowie in der Rolle des Handwerkers – und damit sein handelndes Zuordnen eines Gegenstands zu einer mündlichen Handlungsanweisung – zu reflektieren. Das Arbeitsblatt ist so gestaltet, dass die Schüler eine Antwort aus vorgegebenen Möglichkeiten ankreuzen. Die Fragen geben keinen gesicherten Aufschluss über den Übungserfolg der Stunde. Sie können eine Tendenz zum Übungserfolg hinsichtlich des Beschreibens der Raumlage durch mathematische Begriffe und das inhaltliche Verständnis dieser aufzeigen.

Den Abschluss der Stunde bildet ein *Rückblick* im Plenumsunterricht, wobei die Schüler wiederum im Kinositz sitzen. Die Problemstellung des Stundenbeginns wird wieder aufgegriffen. Zunächst sollen die Schüler Gegenstände benennen, deren Raumlage im Vergleich beider Modelle differiert. Sie beschreiben zunächst die Raumlage des Gegenstands im Modell des Bühnenbildners und anschließend die Raumlage im Modell des Handwerkers. Ausgehend von der Idee des Bühnenbildners wird der Gegenstand an die exakte Position gerückt.

5.6.4 Übersicht über die Unterrichtseinheit

Stunde der Einheit	Thema der Unterrichtsstunde/Inhalt der Stunde
1.	Einführungsstunde: Erarbeitung der Begriffe für räumliche Positionen und Lagebeziehungen von Objekten im Raum
2.	**Übungsstunde zum Beschreiben räumlicher Positionen und Lagebeziehungen von Gegenständen im Raum sowie Anordnen von Gegenständen nach räumlichen Positionen**
3.	Erarbeitungsstunde: Raumlage und Lagebeziehungen unter dem Aspekt des Perspektivwechsels
4.	Übungsstunde: kopfgeometrische Übungen zur Raumlage und Lagebeziehung unter dem Aspekt des Perspektivwechsels
5.	Erarbeitungsstunde: Wege durch unsere Stadt – Beschreiben und Nachvollziehen von Wegen
6.	Übungsstunde: Wege durch unsere Stadt – Beschreiben und Nachvollziehen von Wegen

5.6.5 Lernziele

Lernbereich Geometrie – in Raum und Ebene arbeiten (Raumvorstellung)

Hauptziel Der Schüler kann räumliche Positionen und Lagebeziehungen von Körpern unter Verwendung mathematischer Fachbegriffe beschreiben und Objekte nach räumlichen Positionen anordnen. ([10], S. 17)

Allgemeine mathematische Kompetenz: Darstellen
Der Schüler kann

- (TZ 1) ... die selbst gewählten räumlichen Positionen verschiedener Gegenstände in einem vorgegebenen Raum zunehmend sicherer unter sachgerechter Verwendung mathematischer Fachbegriffe beschreiben.
- (TZ 2) ... vom Partner gewählte Gegenstände nach dessen mündlicher Handlungsanweisung zur räumlichen Position in einem vorgegebenen Raum sachgerecht anordnen.
- (TZ 3) ... seine eigene Leistung schriftlich in Form des vorgegebenen Arbeitsblattes zunehmend sicherer einschätzen.

5.6.6 Verlaufsplanung

Artikulation/Zeit	Lehrer-/Schülertätigkeit	Didaktisch-methodischer Kommentar	Medien und Materialien
Begrüßung (2 Min.)	Begrüßung der anwesenden Gäste	S sitzen an Schülertischen.	Computerraum
	Bildung des Kinositzes	S kommen reihenweise nach vorn.	
Hinführung (2 Min.)	Vor langer Zeit gab es einen kreativen Mann. Er war Bühnenbildner im Puppentheater. Sein Beruf war es, Kulissen für Theateraufführungen zu erschaffen. Vor allem die Einrichtungen von Zimmern. Eines Tages hatte er wieder eine tolle Idee im Kopf. Er hat auch gleich seinen Handwerker kommen lassen und ihm beschrieben, wie das Fantasiezimmer aussehen soll. Am nächsten Tag kam ein Bote mit einem Päckchen und einem Brief, in dem der Handwerker schrieb: „Ich habe ihnen ein kleines Modell zu ihrem beschriebenen Zimmer erstellt. Schreiben Sie mir bitte, ob alles seine Richtigkeit hat. Dann beginne ich mit der Arbeit." Als der Ideenfinder das Modell betrachtete, war er ganz enttäuscht.	Lehrervortrag, Kinositz	Bild Bühnenbildner, Bild Handwerker 1. Modell zeigen 2. Modell zeigen
	„Was meinst du? Warum war er wohl enttäuscht?" SuS äußern Vermutungen. „Genau. Das Zimmer sah ganz anders aus, als er es sich vorgestellt hatte."	Plenumsunterricht	
Problemstellung (2 Min.)	„Schau dir beide Zimmer an. Was stellst du fest?" SuS beschreiben, dass die Anordnung der Möbel unterschiedlich ist. „Was vermutest du? Woran könnte das liegen?" SuS äußern ihre Vermutungen und begründen diese. „Genau. Es gibt zwei Möglichkeiten. Entweder hat der Handwerker das Fantasiezimmer nicht so eingeräumt, wie es ihm der Bühnenbilder beschrieben hat, oder der Bühnenbildner hat dem Handwerker nicht genau genug beschrieben, wo er die Möbel und die Zimmereinrichtung platzieren soll."	Plenumsunterricht	2 Kartons (Zimmer), identische Gegenstände, unterschiedliche Anordnung

Artikulation/Zeit	Lehrer-/Schülertätigkeit	Didaktisch-methodischer Kommentar	Medien und Materialien
Wiederholung (2 Min.)	„Welche wichtigen Wörter kennst du, um die Position von Gegenständen in einem Raum zu beschreiben?" SuS nennen Begriffe (vorne/hinten, rechts/links, oben/unten).	Plenumsunter-richt	2 Kartons (Zimmer), identische Gegenstände, unterschiedliche Anordnung
	„Wie würdest du dem Handwerker beschreiben, wo dieser Schrank (L zeigt auf einen Schrank im Karton) platziert werden soll?" S beschreibt die räumliche Position des Schranks. „Kennst du weitere Wörter?" (Hinweis: „Erinnere dich, was du sagen kannst, wenn du einen Gegenstand im Vergleich zu einem anderen beschreiben möchtest.") „Genau. Merke dir die Begriffe gut. Setze dich zurück an deinen Platz."	Beispiel	
	S geht an seinen Platz.	Wechsel der Organisations-form	
Zielangabe (1 Min.)	„Damit es dir nicht so ergeht wie unserem Bühnenbildner und seinem Handwerker, hast du heute die Gelegenheit, das genaue Beschreiben und das Anordnen von Gegenständen in einem Raum zu üben."	Lehrervortrag	
Übungsphase 1 (4 Min.) Arbeitsauftrag (1 Min.) Übungsphase (3 Min.) TZ 1, TZ 2	„Dazu darfst du dir ein Fantasiezimmer ausdenken und einrichten." „Ihr arbeitet zu zweit. Einer von euch ist der Bühnenbildner." Zum Bühnenbildner: „Überlege, wie du dein Zimmer einrichten möchtest. Räume die Möbel nacheinander in dein Fantasiezimmer. Beschreibe dabei dem Handwerker exakt, welche Möbel du in deinem Zimmer haben möchtest und wo diese stehen." Zum Handwerker: „Handle genau nach der Anweisung deines Partners. Nimm das entsprechende Möbelstück und räume es an den beschriebenen Platz im Zimmer." „Ihr habt Zeit, bis ich die Glocke läute. Gibt es Fragen?"	Lehrervortrag Partnerarbeit	1 Karton pro Schüler, 1 Deckel mit verschiedenen Möbeln (je 2-mal), Box mit kleinen Gegenständen (Inventar), Hilfsmittel: TB-Plakat, Wortspeicher der Schüler, Kartons mit Gegenständen und entsprechender Lagebezeichnung

Artikulation/Zeit	Lehrer-/Schülertätigkeit	Didaktisch-methodischer Kommentar	Medien und Materialien
Vergleich (1 Min.)	Es sind schon einige Gegenstände im Zimmer. Vergleicht eure Zimmer. Stehen alle Sachen an der gleichen Stelle im Raum oder gibt es Unterschiede?	Partnerarbeit	
Zwischenreflexion (2 Min.)	Bei welchem Team sind beide Zimmer genau gleich eingerichtet? (SuS melden sich.) Bei welchem Paar gab es Unterschiede? (SuS melden sich.)	Plenumsunterricht	
	Wenn Unterschiede auftreten: → Welches Möbelstück ist unterschiedlich eingerichtet worden?" Hörauftrag: „Höre genau zu, mit welchen wichtigen Wörtern der Bühnenbildner beschreibt." → Bühnenbildner: „Beschreibe, wohin der Handwerker das Möbelstück stellen soll." Hörauftrag: „Höre genau zu, mit welchen wichtigen Wörtern der Handwerker die Lage in seinem Zimmer beschreibt." → Handwerker: „Beschreibe, wohin du es gestellt hast." → Wo steckt das Problem für die unterschiedliche Anordnung? (Ist die Beschreibung genau? Sind die Beschreibungen identisch? Begriffskenntnis)	Beispiel	
Übungsphase II TZ 1, TZ 2 (4 Min.)	„Ihr habt nun weitere vier Minuten Zeit, um euren Raum zu vervollständigen." Bühnenbildner: „Überlege, wohin du die Gegenstände in dein Zimmer räumen möchtest. Beschreibe genau." Handwerker: „Handle genau nach Anweisung." L zeigt auf Bilder des Bühnenbildners und des Handwerkers.	Partnerarbeit	Dose mit Kastanien/Eicheln/Würfeln/Spielsteinen/Muggelsteinen, Stoffreste
Vergleich (1 Min.)	Vergleicht die beiden Zimmereinrichtungen. Stehen die Möbel am selben Ort?	Partnerarbeit	

Artikulation/Zeit	Lehrer-/Schülertätigkeit	Didaktisch-methodischer Kommentar	Medien und Materialien
Zwischenreflexion (3 Min.)	Bühnenbildner: Wie gut ist es dir gelungen zu beschreiben, wohin der Gegenstand im Raum soll? (Vorgehensweise?) Handwerker: Wie gut konntest du den Anweisungen des Bühnenbildners folgen? (Tempo angemessen, Rückfragen gestellt?) Bist du dir bei der Bedeutung der Wörter rechts/links, vorne/hinten, oben/unten sicher?	Lehrerzentrierter Plenumsunterricht, Daumenmethode	
Übungsphase II (4 Min.) Bereitstellen der Materialien (1 Min.) Arbeitsauftrag TZ 1, TZ 2	„Räumt die Gegenstände zurück in den Kartondeckel." „Nun dürft ihr die Rollen tauschen." „Überlege, wie du dein Fantasiezimmer einrichten möchtest. Räume auch du zuerst die großen Möbel ein. Beschreibe genau." „Handle genau nach Anweisung." L zeigt auf das entsprechende Bild.	Partnerarbeit	
Vergleich (2 Min.)	„Zeit für eine kurze Kontrolle." „Vergleicht die beiden Zimmereinrichtungen. Stehen die Möbel am selben Ort?"	Partnerarbeit	
Übungsphase II TZ 1, TZ 2 (4 Min.)	„Gut, dann kann es weitergehen. Räume dir dein Zimmer weiter ein. Beschreibe genau. Handle genau." L zeigt auf Bilder des Ideenfinders und des Handwerkers.	Partnerarbeit	
Auswertung/ Reflexion TZ 3 (5 Min.) Bereitstellen der Arbeitsmaterialien	„Nun ist die Zeit zu Ende. Schiebt euer Zimmer an den Tischrand." „Nun möchte ich wissen, wie gut euch das Beschreiben und Anordnen von Gegenständen in einem Raum gelingt. Dazu habe ich unter euren Bänken ein Arbeitsblatt versteckt."	Lehrervortrag	
	„Nimm das Arbeitsblatt vor. Schreibe deinen Namen darauf." „Ich lese euch die Fragen und die Antworten vor. Kreuze eine Antwort an." Auswertung Leisewächter	Einzelarbeit	AB

Artikulation/Zeit	Lehrer-/Schülertätigkeit	Didaktisch-methodischer Kommentar	Medien und Materialien
	„Jetzt habt ihr die gesamte Stunde das Beschreiben und Anordnen von Gegenständen im Raum geübt. Ich bin gespannt, wer von euch unserem alten Bühnenmeister und seinem Handwerker helfen kann." „Nimm dein AB mit nach vorne und lege es in die Ablage." SuS werden reihenweise in den Kinositz gebeten.	Schülervortrag, Lehrervortrag	
Rückblick (5 Min.)	„Erinnert euch an den Stundenbeginn, als ich euch von dem alten Bühnenbildner erzählt habe. Welche Möbel stehen im Modell des Handwerkers nicht so, wie der Bühnenbildner es sich vorgestellt hat?" „Wer kann dem Bühnenbildner helfen, die Lage exakt zu beschreiben?"	Plenumsunterricht, Kinositz	
Ausblick/ Verabschiedung (1 Min.)	„Ihr habt heute fleißig mitgearbeitet. Morgen dürft ihr eure Fantasiezimmer von allen Seiten betrachten. Damit beende ich die Stunde. Denkt daran, dass ihr in der kommenden Stunde Sportunterricht habt."	Lehrervortrag, Kinositz	

5.6.7   Literatur

1. Eichler, K.-P.: Würfelbauwerke im Anfangsunterricht. In: *Mathematik differenziert – Zeitschrift für die Grundschule* (Heft 2/Juni 2012): Geometrie des Würfels – Raumvorstellung entwickeln.

2. Franke, M.: *Didaktik der Geometrie in der Grundschule*. 2. Auflage. Spektrum Akademischer Verlag, Heidelberg, 2007

3. Häring, G.: Der Klebepunkt-Würfel – ein Verwandlungskünstler. In: *Grundschule Mathematik* (Nr. 18, 3. Quartal 2008): Kopfgeometrie: Vorstellen und Beschreiben. Kallmeyer Verlag

4. Kounin, J. S.: *Techniken der Klassenführung*. Waxmann-Verlag, Münster, 2006

5. Meyer, H.: *Was ist guter Unterricht?* 1. Auflage. Cornelsen-Verlag Scriptor, Berlin, 2004

6. Möller, A./Woita, S.: Raumvorstellungen – Drittklässler entdecken Zusammenhänge zwischen Würfelbauten, Bauplänen und Schrägbilddarstellungen. In: *Grundschulunterricht Mathematik* (01/2012): Kompetenzorientiert unterrichten – Geometrie. Oldenbourg Verlag

7. Radatz, H./Schipper, W./Dröge, R./Ebeling, A.: *Handbuch für den Mathematikunterricht. 2. Schuljahr*. Schroedel, Hannover, 1998

8. Scherer, P./Wellensiek, N.: Ein Würfelbauwerk: verschiedene Ansichten – verschiedene Materialien. In: *Grundschulunterricht Mathematik* (01/2012): Kompetenzorientiert unterrichten – Geometrie. Oldenbourg Verlag
9. Senftleben, G.: Hab' ich doch gemeint. In: *Grundschule Mathematik* (Nr. 18, 3. Quartal 2008): Kopfgeometrie: Vorstellen und Beschreiben. Kallmeyer Verlag
10. Thüringer Ministerium für Bildung, Wissenschaft und Kultur: *Lehrplan für die Grundschule und für die Förderschule mit dem Bildungsgang der Grundschule. Fach: Mathematik.* Erfurt 2010
11. Thüringer Ministerium für Bildung, Wissenschaft und Kultur: *Thüringer Bildungsplan für Kinder bis 10 Jahre.* Verlag das Netz. (unter: http://www.thueringen.de/imperia/md/content/tmbwk/kindergarten/bildungsplan/th_bp_2011.pdf; letzter Stand: 24.10.2012)
12. Walther, G./van den Heuvel-Panhuizen, M./Granzer, D./Köller, O. (Hrsg.): *Bildungsstandards für die Grundschule: Mathematik konkret.* Cornelsen-Verlag Scriptor, Berlin, 2008

5.6.8 Anhang

(1) Zusatzaufgabe Partnerarbeit

- Das Zimmer gefällt dir nicht. Räume dein Zimmer um. Beschreibe genau.
- Der Bühnenbildner ist unzufrieden. Er räumt um. Handle genau nach Anweisung.

(2) AB zur Selbsteinschätzung
(Aus Umfangsgründen nicht abgedruckt.)
(3) Foto der bereitgestellten Materialien
Im Foto (Abb. 5.5) sind zu sehen:

- hinten links Tisch und Stühle.
- hinten rechts vier Schränke in unterschiedlichen Farben: Ein Schrank verfügt über „Schubladen"; der blaue Schrank (rechts ganz außen) wird stärkeren Paaren zugewiesen.
- vorne links Uhr und Wandbild, die mittels Haftpunkten angebracht werden können.
- vorne in der Mitte Kleinmaterialien (Würfel, Spielfigur, Steckwürfel, Muggelstein).
- vorne rechts Naturmaterialien (Blätter, Kastanie, Eichel).

5.7 Bauen nach einem echten Bauplan (Klasse 2)

5.7.1 Thema der Unterrichtsstunde

Du baust nach einem echten Bauplan – Erschließen eines klassischen Bauplans und Anwendung des erworbenen Wissens durch Nachbauen und Zeichnen von einfachen klassischen Bauplänen zur Förderung der Raumorientierung und -vorstellung

Abb. 5.5 Bereitgestellte Materialien

5.7.2   Thema der Unterrichtsreihe

Bauen mit Würfeln – Handelnde Auseinandersetzung mit dem geometrischen Körper Würfel und Sammeln von Grunderfahrungen mit Raumvorstellung anhand von einfachen Würfelgebäuden

Schwerpunktziel der Unterrichtsreihe

Die Kinder lernen den geometrischen Körper Würfel und seine Eigenschaften näher kennen, schulen ihre Raumorientierung und -vorstellung, indem sie sich handelnd mit dem Würfel auseinandersetzen und Aktivitäten des Bauens mit Hilfe von Bauplänen und Schrägbildansichten reflektieren.

Weitere wichtige Lernziele der Unterrichtsreihe

- Die Kinder erweitern ihre zeichnerischen Fertigkeiten, indem sie selbst Baupläne zu Würfelgebilden erstellen.
- Die Kinder entwickeln ihre Kommunikationsfähigkeit, indem sie eigene Erfahrungen aus der Handlungsebene für Mitschüler/innen versprachlichen.
- Die Kinder schulen ihre kooperativen und sozialen Fähigkeiten, indem sie sich gemeinsam mit einem Partner austauschen und Rückmeldung geben.

5.7.3 Aufbau der Unterrichtsreihe

1. Sequenz: *Du lernst geometrische Körper kennen* – Aktivierung des Vorwissens hinsichtlich geometrischer Körper anhand von Alltagsgegenständen; Erarbeitung grundlegender Eigenschaften zur Förderung der visuellen Wahrnehmung.
2. Sequenz: *Du baust einen Würfel* – Haptische Auseinandersetzung mit dem Würfel. Formen eines Knetwürfels und Bauen eines Kantenmodells des Würfels zur Erarbeitung und Verinnerlichung wesentlicher geometrischer Eigenschaften des Würfels zur Förderung der haptischen Wahrnehmung.
3. Sequenz: *Du experimentierst mit Holzwürfeln* – Freie Bauphase mit Holzwürfeln und Festlegung wichtiger Bauregeln für nachfolgende Stunden zur Förderung des zielgerichteten Umgangs mit den Holzwürfeln als mathematische Objekte.
4. Sequenz: *Du baust Gebäude nach* – Nachbauen von Schrägbildansichten und Würfelgebäuden in Partnerarbeit. Nutzung individueller Bau- und Merkstrategien zur Förderung der visuellen Wahrnehmung und Raumorientierung.
5. Sequenz: *Du zeichnest einen Bauplan* – Dokumentation des eigenen Würfelgebäudes in Form einer individuellen Bauanleitung für ein Partnerkind unter Berücksichtigung wichtiger Informationen zum Nachbauen zur Förderung der Raumorientierung und der mathematischen Kooperation.
6. **Sequenz: *Du baust nach einem echten Bauplan* – Erschließen eines klassischen Bauplans und Anwendung des erworbenen Wissens durch Nachbauen und Zeichnen von klassischen Bauplänen zur Förderung der Raumorientierung und -vorstellung.**
7. Sequenz: *Unsere Würfelgebäude-Kartei* – Zeichnen von Bauplänen zu eigenen Würfelgebäuden und Dokumentation mit der Digitalkamera zur Kontrollmöglichkeit in der Würfelgebäude-Kartei zur Förderung des räumlichen Vorstellungsvermögens und der zeichnerischen Fähigkeiten.
8. Sequenz: *Wir bauen Quader* – Produktive Übung zum Bauen. Finden verschiedener Möglichkeiten, einen Quader aus zwölf Würfeln zu bauen, zur Förderung des räumlichen Denkens.

5.7.4 Thema der heutigen Unterrichtsstunde

Du baust nach einem echten Bauplan – Erschließen eines klassischen Bauplans und Anwendung des erworbenen Wissens durch Nachbauen und Zeichnen von einfachen klassischen Bauplänen zur Förderung der Raumorientierung und -vorstellung.

Schwerpunktziel der heutigen Unterrichtsstunde

Die Kinder verknüpfen ihre Orientierungsfähigkeit in der Ebene mit ihrer Raumvorstellung und entwickeln diese weiter, indem sie zu einem klassischen Bauplan ein dreidimensionales Würfelgebilde erstellen, und beginnen erste einfache Baupläne zu zeichnen.

5.7.5   Geplanter Unterrichtsverlauf

1. Phase: Einstieg

Intentionaler Schwerpunkt: Die SuS sind über das Unterrichtsgeschehen informiert, indem sie eine Transparenz über den Inhalt der Stunde erhalten.

Handlungsfolge	Methodisch-didaktischer Kommentar
Begrüßung und Vorstellung der Gäste	
LAA gibt den SuS Transparenz über Reihe und Inhalt der Unterrichtsstunde.	Kinder erhalten so eine Transparenz und kennen den Inhalt der Unterrichtsstunde. SuS fühlen sich in die Planung der Stunde einbezogen.

2. Phase: Hinführung

Intentionaler Schwerpunkt: Die Kinder haben Klarheit über den Arbeitsauftrag, indem eine Problemstellung gegeben ist.

Handlungsfolge	Methodisch-didaktischer Kommentar
Bauanleitungen der Kinder aus der vergangenen Stunde hängen exemplarisch an der Tafel.	Durch das Anknüpfen an Arbeitsergebnisse der vergangenen Stunde sind die Kinder auf das Thema eingestimmt.
LAA weist auf Würfelgebäude-Kartei hin, für die noch ein gut geeigneter Bauplan benötigt wird. LAA gibt Transparenz über das Lernziel. Der Bauplan, den Kind M in der vergangenen Stunde gezeichnet hat, wird den Kindern präsentiert.	Die Kinder haben Klarheit über das Lernziel der Stunde.
LAA gibt Transparenz über Ablauf der Stunde. LAA fordert die Kinder auf, das Gebäude zu diesem Bauplan zu bauen.	Kinder sind über Ablauf der Stunde informiert.
Forscherauftrag: „Überlegt genau, was die Quadrate und die Zahlen bedeuten könnten."	Die Kinder wissen, worauf sie achten müssen, und sind so für die Reflexion bereit.

3. Phase: Arbeitsphase 1

Intentionaler Schwerpunkt: Die Kinder entwickeln ihre Raumvorstellung weiter, indem sie den klassischen Bauplan deuten und ein Gebäude dazu erstellen.

Handlungsfolge	Methodisch-didaktischer Kommentar
Auf den Tischen der Kinder liegen Holzwürfel, Bauunterlagen und verkleinerte Baupläne bereit.	
S bauen in Zweierteams das zum Bauplan gehörige Würfelgebäude und nutzen dabei die Quadrate auf der Bauunterlage. (Partnergruppen sind auf Tische und den zusätzlichen Förderraum verteilt, um die Lerngruppe in dieser handlungsorientierten Phase zu entzerren.)	Kooperatives Lernen – Kinder beraten sich gemeinsam, wie der Bauplan zu lesen ist, und lösen gemeinsam ein Problem. Kind C arbeitet gemeinsam mit seinem Partnerkind (A) *Qualitative Differenzierung*: Es gibt eine Tippkarte 1 mit dem Hinweis, sich vorzustellen, von oben auf das Gebäude zu schauen, und eine Tippkarte 2 mit einem Hinweis auf die Anzahl der Würfel. *Quantitative Differenzierung*: Kinder, die schnell fertig sind, können sich einen weiteren Bauplan nehmen und nach der erkannten Regel nachbauen. (Individueller Hinweis)
M und N (Baupartner) beraten sich kurz über den Forscherauftrag und gehen dann als Bauplan-Experten in der Klasse herum.	Die Kinder sind in der vergangenen Stunde mit dem klassischen Bauplan in Berührung gekommen, weil Kind M so seine Bauanleitung für N gezeichnet hat. N konnte den Bauplan gut lesen und verstehen. Für M und N ist die Aufgabe des Experten eine zusätzliche Herausforderung, um ihre Sozialkompetenz weiterzuentwickeln.
LAA beendet die Arbeitsphase durch ein akustisches Signal.	

4. Phase: Zwischenreflexion

Intentionaler Schwerpunkt: Die Struktur des klassischen Bauplanes wird gefestigt, indem die Kinder ihre Ideen austauschen und verbalisieren und den Zusammenhang zwischen Würfelgebäude und Bauplan erkennen.

Handlungsfolge	Methodisch-didaktischer Kommentar
SuS kommen in den Theaterkreis. An der Tafel hängt das Lernplakat.	Bessere Gesprächsatmosphäre und gute Sicht auf die Tafel und Kreismitte
Gemeinsam wird der Bauplan des Architekten interpretiert. Welche Bedeutung haben die Quadrate und die Zahlen?	Kinder kommen zu Wort und tauschen ihre Ideen aus. Erkenntnisse, die auf Handlungsebene gewonnen wurden, werden verbalisiert; Vorgehensweisen werden erklärt.
Die Erkenntnisse werden auf dem Lernplakat festgehalten.	Das neue Wissen wird auf diese Weise gesichert.

Handlungsfolge	Methodisch-didaktischer Kommentar
Ein Kind wird aufgefordert, das entsprechende Gebäude nach Bauplan der Bauunterlage auf dem Tageslichtprojektor zu bauen und sein Vorgehen zu erklären. Um von oben auf das Gebäude zu schauen, schaltet LAA den Tageslichtprojektor an und auf der weißen Tafelfläche erscheint die Draufsicht auf das Würfelgebäude. Zur Demonstration wird die Draufsicht mit Papierquadraten als Grundriss dargestellt und mit den richtigen Zahlen versehen. Der unmittelbare Vergleich mit dem echten Bauplan aus der Arbeitsphase ist möglich.	Alle Kinder können auf diese Weise aus der Vogelperspektive auf das Gebäude schauen. Auf diese Weise wird der Zusammenhang zwischen dem zweidimensionalen Bauplan und dem dreidimensionalen Würfelgebäude noch besser verinnerlicht.
LAA gibt Aufgabenstellung für die zweite Arbeitsphase: Du kannst an zwei Aufgabenwäscheleinen arbeiten. Hier musst du Baupläne nachbauen und kannst auf der Rückseite mit dem Schrägbild kontrollieren. Dort baust du das Würfelgebäude mit Hilfe des Schrägbildes nach, zeichnest einen Bauplan auf Kästchenpapier und kannst auf der Rückseite kontrollieren.	Die Kinder sind über die folgende Arbeitsphase informiert und können individuell und frei mit dem klassischen Bauplan arbeiten.

5. Phase: Arbeitsphase 2

Intentionaler Schwerpunkt Die Kinder wenden das erarbeitete Wissen an, indem sie verschiedene Baupläne nachbauen und erste einfache Baupläne zu zeichnen beginnen.

Handlungsfolge	Methodisch-didaktischer Kommentar
Zwei Aufgabenwäscheleinen sind im Klassenraum angebracht: eine für das Nachbauen von Bauplänen, eine zweite für das Zeichnen von Bauplänen. Auf den Tischen der Kinder liegt Kästchenpapier zum Zeichnen bereit.	Das Arbeiten an Aufgabenwäscheleinen ist den Kindern bekannt. Sie sind dadurch für die Arbeitsphase motiviert und kommen in Bewegung.
Kinder nehmen sich Aufgabenkarten zum Nachbauen oder Zeichnen, bearbeiten die Karte und können auf der Rückseite kontrollieren. Anschließend hängen sie die Karte zurück und nehmen sich eine neue.	Die Kinder haben die Möglichkeit, ihre Leistung selbst zu kontrollieren, und bekommen so eine direkte Rückmeldung. Differenzierung durch das Angebot zweier verschiedener Aufgabenwäscheleinen *Qualitative Differenzierung*: Wahl zwischen grünen und roten Aufgabenkarten *Quantitative Differenzierung*: Jedes Kind kann nach individuellem Tempo arbeiten und eine entsprechende Anzahl an Aufgaben bearbeiten.
Während dieser Arbeitsphase läuft Musik. Bei Beendigung der Musik versammeln sich die Kinder im Theaterkreis.	

6. Phase: Abschlussgespräch

Intentionaler Schwerpunkt: Die Stunde findet einen runden Abschluss, indem sich alle noch einmal im Theaterkreis treffen und über ihren Lernzuwachs austauschen.

Handlungsfolge	Methodisch-didaktischer Kommentar
SuS kommen in den Theaterkreis. LAA gibt eine kurze Rückmeldung über die Stunde.	Bessere Gesprächsatmosphäre
„Haben wir heute neue Wörter gelernt, die wir in unseren Wortspeicher schreiben können?"	Ritual in der Reihe: Am Ende jeder Stunde überlegen die Kinder, ob es neue Wörter für den Wortspeicher gibt.
LAA fragt Kinder nach ihrem Lernzuwachs. „Was hast du heute gelernt?" Ausblick auf die nächste Stunde	Dient der LAA als Rückmeldung und gleichzeitig als Bestätigung für die Lernenden

5.7.6   Medien

Material für die Kinder

- Baupläne
- Holzwürfel
- Bauunterlage
- Kästchenpapier
- zwei Aufgabenwäscheleinen und Klammern
- Aufgabenkarten mit Bauplänen und Schrägbildansichten der Gebäude auf der Rückseite
- Aufgabenkarten mit Schrägbildansichten von Gebäuden und Bauplänen auf der Rückseite

Demonstrationsmaterial

- klassischer Bauplan, vergrößert
- Lernplakat Bauplan
- Holzwürfel, Bauunterlage auf Folie, Tageslichtprojektor, Papierquadrate

Lernumgebung

- Lernplakate (Würfel, Bauregeln, Tipps zum Nachbauen)
- Tippkarten
- Wortspeicher
- Tipps zur Aufgabenwäscheleine

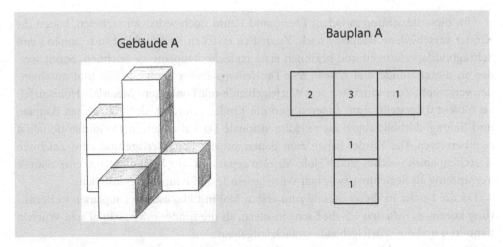

Abb. 5.6 Beispiel für einen klassischen Bauplan

5.7.7 Begründungen

Die heutige Unterrichtsstunde ist Teil einer Reihe zum geometrischen Körper Würfel und zu Aktionen zum Bauen. Im ersten Schuljahr setzten sich die Kinder bereits mit ebenen Figuren und deren Eigenschaften am Mini-Tangram auseinander. Im zweiten Schuljahr sollen sie Gelegenheit bekommen, Raumerfahrung in Bezug auf visuelle Wahrnehmung, Raumvorstellung und räumliches Denken zu sammeln. Das Handeln an und mit Materialien ist eine grundlegende Voraussetzung für die Ausbildung dieser Fähigkeiten (vgl. [5]) und stark an der Lebenswirklichkeit und den Bedürfnissen der Kinder orientiert. Kinder mit Lernschwierigkeiten im arithmetischen Bereich erhalten die Möglichkeit, Kompetenzerfahrungen zu machen, die sich positiv auf ihre Lernentwicklung auswirken (vgl. [5]).

Laut Lehrplan ist die heutige Stunde inhaltsbezogen im Bereich „*Raum und Form*". Die Kinder lesen und erstellen Baupläne zu einfachen Würfelgebäuden und entwickeln ihre Raumvorstellung, indem sie zweidimensionale mit dreidimensionalen Darstellungen verknüpfen. Im Sinne des Spiralprinzips halte ich es für angemessen, bereits im zweiten Schuljahr einfache Baupläne zu lesen und zu zeichnen. Auch in der aktuellen Fachliteratur [5], [6] wird dies empfohlen. In Klasse 3 würde ich Baupläne im Zusammenhang mit komplexeren Würfelgebäuden und dem Somawürfel erneut aufgreifen. Außerdem werden die prozessbezogenen Kompetenzen Problemlösen und Darstellen/Kommunizieren angesprochen.

In der heutigen Stunde werden die Kinder mit einem *klassischen Bauplan* zu Würfelgebäuden konfrontiert und sollen in Partnerarbeit selbstständig die Struktur dieser Baupläne erfassen.

Unter klassischen Bauplänen wird eine Grundrisszeichnung verstanden, die aus Quadraten besteht und mit Zahlen beschriftet ist, die angeben, wie viele Würfel jeweils übereinandergebaut werden (vgl. Anhang, Abb. 5.6).

Um diese Beziehung zwischen Ebene und Raum noch weiter zu vertiefen, bauen die Kinder verschiedene Baupläne nach. Zusätzlich erstellen sie Würfelgebäude anhand von Schrägbilddarstellungen und beginnen erste einfache Baupläne zu zeichnen. Somit werden in dieser Stunde *drei verschiedene Darstellungsebenen* berücksichtigt und miteinander verknüpft. Zum einen werden Würfelgebäude mit konkretem Material (Holzwürfel) als Objekt dargestellt. Zum anderen sind die Kinder gefordert, den klassischen Bauplan und Schrägbildabbildungen als zweidimensionale Darstellungen in Dreidimensionalität zu übersetzen. Die Kinder haben zum Bauen auf der Bauunterlage und zum Zeichnen Kästchenpapier, welches an die Holzwürfel angepasst ist, zur Verfügung, um eine visuelle Verbindung als Beziehung zwischen Würfelgebäude und Bauplan herzustellen.

Da die Kinder in dieser Stunde zum ersten Mal mit klassischen Bauplänen in Berührung kommen, *reduziere* ich die Sache insofern, als die Kinder mit maximal acht Würfeln hantieren und die Würfelgebäude einfach aufgebaut sind.

Die Kinder erschließen sich die Struktur des Bauplanes in *Partnerarbeit*. Diese Form des kooperativen Lernens ist den Kindern bekannt und bietet ihnen die Möglichkeit der gegenseitigen Beratung und des produktiven Austauschs. Gemeinsam interpretieren sie den dargestellten Bauplan, geben den Zahlen und Quadraten eine Bedeutung und erstellen das zugehörige Würfelgebäude.

In der zweiten Arbeitsphase arbeiten die Kinder an *zwei* Aufgabenwäscheleinen. Auch diese offene Methode ist den Kindern bekannt und trägt stark zur Motivation der Kinder bei. Die Kinder kommen neben dem handlungsorientierten Umgang mit den Holzwürfeln in Bewegung, indem sie sich nach individuellem Arbeitstempo und Leistungsvermögen neue Aufgaben von der Aufgabenwäscheleine holen und wieder anklammern. Die Aufgabenkarten sind überschaubar an der Leine aufgereiht und bieten so die Möglichkeit des gezielten Auswählens.

In der Klasse 2a lernen derzeit neun Mädchen und 15 Jungen. Davon wachsen fünf Kinder mit Deutsch als Zweitsprache auf. Außerdem lernt ein Kind mit Förderbedarf in der Klasse, nämlich C mit dem Förderschwerpunkt Sprache.

C hat aufgrund sprachlicher Defizite noch Schwierigkeiten, sich im Unterrichtsalltag zurechtzufinden und seinen Arbeitsplatz zu organisieren. Das zeigt sich auch im Mathematikunterricht. Er hat in der heutigen Stunde A als festes Partnerkind an seiner Seite, die ihn bei Verständnisproblemen unterstützen kann. J hat im arithmetischen Bereich große Lernschwierigkeiten und kann im Bereich Geometrie Lernerfolge erzielen, die sich positiv auf ihre Lernentwicklung auswirken. Cs und Js Ziel für diese Stunde ist es, einfache Baupläne zu lesen und das dazugehörige Würfelgebäude zu bauen.

Der Leistungsstand der Klasse ist im Fach Mathematik sehr heterogen, wobei die Kinder großes Interesse für den Bereich Geometrie zeigen und gern mit handlungsorientierten Materialien arbeiten. Zu den leistungsstarken Kindern, die sich häufig aktiv im Unterricht beteiligen, gehören L, F, K, N, T, P und M. Zu den leistungsschwächeren Kindern zählen J, C, O und R.

Im Laufe der Unterrichtsreihe haben die Kinder schon geometrische Körper, insbesondere den Würfel und seine Eigenschaften, näher kennengelernt. Außerdem haben sie haptische Erfahrungen im Umgang mit dem Würfel gesammelt. In der Phase des freien

Bauens erarbeiteten die Kinder wichtige Bauregeln: „Fläche an Fläche", „Kante an Kante" und „Alle Würfel berühren sich". Die Kinder haben außerdem Erfahrung darin, Schrägbildansichten von Würfelgebäuden nachzubauen. Diese bekannten Darstellungsformen (konkretes Material und Schrägbildansichten) werden heute um eine Darstellungsform, den klassischen Bauplan, erweitert und damit verknüpft. M hat seine Bauanleitung für seinen Baupartner N schon in Form des klassischen Bauplans dargestellt. Da sie die Struktur schon verstanden haben, werden sie in der ersten Phase die Rolle von Bauexperten zur Beratung anderer Kinder einnehmen. Während der Unterrichtsreihe waren die Kinder gefordert, ihre Handlungen am konkreten Material immer wieder zu versprachlichen und beim Nachbauen und Anfertigen von Bauanleitungen in Austausch miteinander zu treten.

In der ersten Arbeitsphase erfolgt eine qualitative *Differenzierung* durch die Tippkarten und eine quantitative Differenzierung durch das Angebot zusätzlicher Baupläne. In der zweiten Arbeitsphase erfolgt die Differenzierung zum einen quantitativ, indem jedes Kind entsprechend seinem Lerntempo Aufgaben von der Aufgabenwäscheleine wählen kann. Zum anderen erfolgt eine qualitative Differenzierung durch die zwei verschiedenen Aufgabenwäscheleinen sowie die roten und grünen Aufgabenkarten. An der einen Aufgabenwäscheleine lesen die Kinder den Bauplan und bauen das Gebäude nach, an der anderen bauen sie das Gebäude nach der Schrägbilddarstellung und zeichnen anschließend einen Bauplan; die Kinder sind hier doppelt herausgefordert.

5.7.8   Literatur

1. Franke, M.: *Didaktik der Geometrie in der Grundschule*. Spektrum, Heidelberg, 2007
2. Gubitz-Peruche, H./Posmik, R.: Rund um den Würfel. Einrichtung einer Werkstatt zur Geometrie. In: *Grundschulunterricht*. Heft 3/1999, S. 4–8
3. Hoffmann, B.: Würfelhäuser und ihre Schrägbildansichten. Die Bilder der Architekten. In: *Grundschulmagazin*. Heft 9–10/2001, S. 55–59
4. Ministerium für Schule und Weiterbildung NRW (Hrsg.): *Lehrplan Mathematik für die Grundschulen des Landes NRW*. Entwurf vom 28.01.2008
5. Nührenbörger, M./Pust, S.: *Mit Unterschieden rechnen. Lernumgebungen und Materialien für einen differenzierten Anfangsunterricht Mathematik*. Kallmeyer, Seelze, 2006
6. Radatz, H./Schipper, W./Dröge, R./Ebeling, A.: *Handbuch für den Mathematikunterricht. 2. Schuljahr*. Schroedel, Hannover, 1998

5.7.9   Anhang (Auswahl)

(1) **Unsere Bauregeln** (hier komprimiert)

- Fläche an Fläche
- Kante an Kante

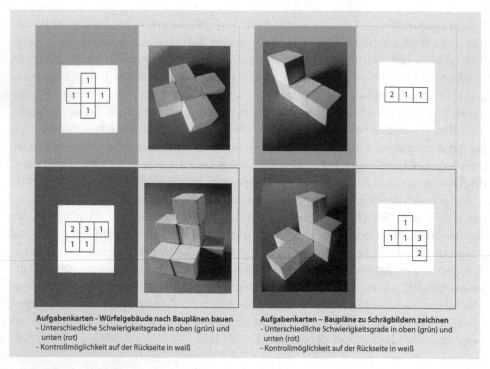

Aufgabenkarten - Würfelgebäude nach Bauplänen bauen
- Unterschiedliche Schwierigkeitsgrade in oben (grün) und
  unten (rot)
- Kontrollmöglichkeit auf der Rückseite in weiß

Aufgabenkarten – Baupläne zu Schrägbildern zeichnen
- Unterschiedliche Schwierigkeitsgrade in oben (grün) und
  unten (rot)
- Kontrollmöglichkeit auf der Rückseite in weiß

Abb. 5.7 Vier Beispiele für Aufgabenkarten

- Bauunterlage benutzen
- Alle Würfel müssen sich berühren.

(2) **Tipps zum Nachbauen** (hier komprimiert)

- Gebäude/Bild *genau* anschauen
- Wie viele Würfel wurden verbaut?
- Das Gebäude im Kopf zerlegen

(3) **Klassischer Bauplan** (Abb. 5.6)
(4) **Aufgabenkarten exemplarisch** (Abb. 5.7)

5.8   Zeitforscher schätzen und messen die Zeitdauer (Klasse 2)

5.8.1   Thema der Unterrichtsstunde

Weiterführung zum Thema „Zeit" – Schätzen und Messen der Zeitdauer mit nicht genormten Messgeräten.

5.8.2   Lernvoraussetzungen

Allgemeine äußere Voraussetzungen – Bild der Klasse

In die Klasse 2a gehen 19 Kinder, davon acht Jungen und elf Mädchen. Die Altersstruktur der Klasse ist weitgehend homogen.

Die gesamte Klasse ist leistungsstark und kann den Unterrichtsstoff in vielen Fächern gemeinsam wie auch individuell gut bewältigen. Wie das bei den einzelnen Schülern aussieht, möchte ich an späterer Stelle erläutern. (Text aus Umfangsgründen stark gekürzt)

Allgemeine innere Voraussetzungen
Voraussetzungen der Schüler bezüglich ihrer bereits erworbenen Selbst- und Sozialkompetenz

Die Schüler und Schülerinnen der Klasse 2a haben eine hohe Lern- und Arbeitsbereitschaft. Gestellte Aufgaben erledigen sie meist gewissenhaft. Im Allgemeinen sind sie in Stunden mit neuen und unbekannten Inhalten motiviert, schnell das neue Wissen zu erfassen. Oft versuchen sie, bekannte Raster oder Inhalte miteinander zu verknüpfen. Sie versuchen Zusammenhänge herzustellen, um sich das Lernen so zu erleichtern. Gerade in Mathematik ist diese Fähigkeit ausgeprägt.

Das *Leistungsvermögen* der Klasse ist insgesamt mit gut einzuschätzen. Bekannte Aufgaben bewältigt sie, ohne dass der Lehrer noch weitere Erklärungen geben muss. Wurde das Prinzip einer Aufgabe einmal erfasst, bedarf es keiner Erklärung mehr.

Bei unbekannten Aufgaben oder Problemstellungen benötigen die SuS Erläuterungen durch den Lehrer. Verbindet man neue Inhalte mit motivierenden Lernsituationen, steigert sich das Leistungsvermögen der Klasse und sie zeigt reges Interesse am Lernen.

Generell ist das *soziale Klima* in der Klasse sehr angenehm. Vereinzelt gibt es Unstimmigkeiten, die vom Befinden einzelner Schüler abhängig sind. Das ist aber nichts Ungewöhnliches, wenn so viele verschiedene Kinder aufeinandertreffen. Die Beziehungen der Schüler und Schülerinnen untereinander basieren auf Respekt und Akzeptanz. Es gibt kein Kind, das von einzelnen Schülern oder der gesamten Klasse ausgeschlossen wird.

Das Verhältnis von Schülern und Lehrern ist ebenfalls sehr entspannt und basiert auf einer gegenseitigen respektvollen Behandlung. Bei Problemen bezüglich des Lernverhaltens an einem Tag oder des Auftretens der Schüler in der Klasse werden Gespräche geführt.

(Text in diesem und dem folgenden Abschnitt aus Umfangsgründen stark gekürzt.)

Angaben zu einzelnen Schülern oder Schülergruppen bezüglich ihrer Sozial- und Selbstkompetenz (Abweichungen vom allgemeinen Stand der Klasse)

Schüler/-gruppe	Merkmal/Ursache	Handlungsoption
N	Leichte Probleme in der Zusammenarbeit mit Schülern in der Gruppenarbeit	Arbeit in der Gruppe mit gesonderter Belobigung für positives Arbeitsverhalten – Gruppenchef
T	Leichte Probleme in der Zusammenarbeit mit Schülern in der Gruppenarbeit	Arbeit in der Gruppe mit gesonderter Belobigung für positives Arbeitsverhalten
A, L, J, M	Langsames Arbeitstempo, hoher Bedarf an Hilfestellung	Arbeit in der Gruppe – Austausch mit Gruppenmitgliedern, Hilfestellung durch diese
B, R, J	Gewissenhaftes, zügiges Arbeiten	Übernehmen Helferfunktion in ihrer Gruppe
P	Unruhiges Verhalten im Unterricht	Übernimmt Funktion des Lautstärkechefs während der Gruppenarbeit

5.8.3 Stofflich-inhaltliche Voraussetzungen für die Mathematikstunde

Die Schüler der Klasse 2a arbeiten in Mathematik mit dem „Zahlenbuch". Dieses Lehrwerk spiegelt die Leitprinzipien des Projekts *mathe 2000* wider. Aktiv-entdeckendes und soziales Lernen, Lösen von Aufgaben auf eigenen Wegen, produktives Üben, Umwelterschließung, Fächerüberschreitung gelten als Inhalte des Lehrwerks. Kinder mit unterschiedlichem Lern- und Leistungsstand können durch das Zahlenbuch gemeinsam gefördert werden. Kinder mit Lernschwierigkeiten profitieren sogar in besonderer Weise, da ihnen der klare Aufbau, die schlichte Sprache und die durch das Buch ermöglichte „Differenzierung vom Kind aus" sehr entgegenkommen.

Die Schüler der Klasse 2a kennen bereits die Zahlen bis 100 und deren Ordnung und haben in mehreren Mathematikstunden Übungen zu Additions- und Subtraktionsaufgaben, auch mit Zehnerüberschreitung, im Zahlenraum bis 100 bearbeitet.

Zum Thema **Zeit** haben sie bereits eine Einführungsstunde erlebt, in der der Schwerpunkt der Stunde auf dem direkten Vergleich von Zeiten lag. Die Schüler arbeiteten in leistungsgemischten Gruppen an verschiedenen Stationen, führten verschiedene Tätigkeiten aus und verglichen mittels eines Pfeildiagramms die zeitliche Dauer ihrer Aktivitäten. Eine Art Wettstreit war die Grundlage. Durch das Pfeildiagramm konnten die Schüler schnell einen Gruppensieger ermitteln.

Aus dem Heimat- und Sachkundeunterricht kennen die Schüler die Jahreszeiten, Monate und Tage. Die Uhrzeit und ihre Messung ist den Schülern im Alltag schon begegnet. Im Unterricht haben sie aber noch keine Erfahrungen damit gesammelt. Das Schätzen von Größen kennen die Schüler aus dem Bereich „Längen". Während der Unterrichtseinheit zu den Längen spielte das Schätzen eine Rolle. Die Längen von Gegenständen wurden geschätzt. Im Anschluss daran fanden dann Messungen mit Körpermaßen und später mit genormten Maßen statt.

In einer Gruppenarbeit sollen die Schüler verschiedene Tätigkeiten mit unterschiedlichem Material ausüben. Die Materialien wie Steckwürfel und Geo-Clix kennen die Schüler bereits aus vorangegangenen Stunden. Das Bauen von Körpern wie Quadern und Würfeln beherrschen die Kinder. Die Eigenschaften dieser Körper wurden bereits im Geometrieunterricht untersucht und erarbeitet. Mit dem Halbieren von Zahlen haben sich die Schüler Ende des ersten Schulhalbjahres der Klasse 2 beschäftigt. Auch das Zählen in Zweierschritten ist den Schülern bekannt.

Das **Messen** mit den Messgeräten Sanduhr, Wasseruhr, Kniebeuge, Locher drücken und Metronom ist den Schülern nicht bekannt. Sie sollen die Messgeräte nutzen, um die Zeitdauer der vorgegebenen Aktivitäten zu messen.

Das Arbeiten mit **Tabellen** und deren anschließendes Ausfüllen fällt den Schülern nicht schwer und ist ihnen bekannt. Da die Tabelle während der Gruppenarbeit ausgefüllt wird, können sie sich dabei gegenseitig helfen. Das Lernen in der Gruppe kennen die Schüler ebenfalls. In Mathematik, aber auch in anderen Fächern arbeiten sie oft in dieser Sozialform. Geltende Regeln wie leises Arbeiten und gute Absprachen untereinander (ohne Streit) sind den Schülern bekannt. Bei Nichteinhalten der Regeln ertönt der Klangstab, der signalisiert, dass zu laut gearbeitet wird. Bei zweimaligem Ertönen dieses Klangstabs wissen die Schüler, dass ihre Arbeitszeit vorbei ist. Beim Aufräumen des Arbeitsplatzes wird zusätzlich Musik eingespielt. All diese Rituale sind den Schülern bekannt.

Die gewählten Aufgaben und Tätigkeiten entsprechen dem Lernstand der Klasse.

Positive und negative Abweichungen vom allgemeinen Lernstand der Schüler

Lernvoraussetzungen bezüglich der Sach- und Methodenkompetenz, die die Schüler für die Bewältigung der Unterrichtsinhalte haben müssen	Positive Abweichungen vom allgemeinen Lernstand Schüler – Inhalt	Negative Abweichungen vom allgemeinen Lernstand Schüler – Inhalt	Handlungsoption/ Differenzierung	Konkret erwarteter Lernzuwachs
Gruppenarbeit, Sicherheit beim Arbeitsverlauf, Verstehen der Aufgabenstellung, Zusammenarbeit mit Mitschülern	A, B, C, D: zielstrebiges, fleißiges und zügiges Arbeiten; keine Schwierigkeiten, Aufgabenstellung zu verstehen; hoher Grad an Selbstständigkeit; gute Auffassungsgabe		Quantitative Differenzierung: freigestellte Wahl zusätzlicher Tätigkeiten; ggf. Helferfunktion bei Gruppenarbeit oder Gruppenchef	Sicherheit und Routine beim Ablauf der Gruppenarbeit; Förderung der Zusammenarbeit; Förderung der Selbsteinschätzung durch quantitative Differenzierung

Lernvoraussetzungen bezüglich der Sach- und Methodenkompetenz, die die Schüler für die Bewältigung der Unterrichtsinhalte haben müssen	Positive Abweichungen vom allgemeinen Lernstand Schüler – Inhalt	Negative Abweichungen vom allgemeinen Lernstand Schüler – Inhalt	Handlungsoption/ Differenzierung	Konkret erwarteter Lernzuwachs
		E, F, G, H, I: Schwierigkeiten, Aufgabenstellungen allein zu erfassen; meist geringer Grad an Selbstständigkeit und Zielstrebigkeit	Hilfe von leistungsstarken Schülern; Vorstellen der Messgeräte und Aufgabe vor Beginn der selbstständigen Arbeit; kurzer, klarer Arbeitsauftrag; individuelle Hilfe während des Unterrichts, wenn verlangt	mehr Sicherheit beim Ablauf der Gruppenarbeit; Förderung der Zusammenarbeit; Förderung der Selbsteinschätzung durch quantitative Differenzierung
Kenntnisse über das Schätzen und Messen einer Zeitdauer	K, L: können direkte Vergleiche von Zeitdauern anstellen		unterschiedliche Tätigkeiten, bei denen die Zeitdauer indirekt gemessen werden soll; freie Wahl anderer Tätigkeiten	Übung, Routine und Sicherheit beim Schätzen und Messen von Zeitdauern (indirekter Vergleich)
		J, H, F: Probleme beim Schätzen von Zeitdauern	Übung durch Gruppenarbeit; ggf. Hilfen durch Mitschüler oder Lehrer	sicherer werden beim Schätzen und Messen von Zeitdauern (indirekter Vergleich)
Kenntnisse zum Zählen in Zweierschritten und Halbieren	B, M, N: beherrschen das Zählen in Zweierschritten und das Halbieren ohne Probleme		frei wählbare Aktivitäten aus der Mathematik; ggf. Helfer für Gruppenmitglieder	Routine und Sicherheit beim Zählen in Zweierschritten und Halbieren; evtl. Übung anderer mathematischer Inhalte, wenn Zusatzaktivitäten gewählt und bearbeitet werden
		I, H, F: langsames, fehlerhaftes Zählen in Zweierschritten und Halbieren	ggf. Übung durch Gruppenarbeit; ggf. Hilfen durch Mitschüler oder Lehrer	mehr Sicherheit beim Zählen in Zweierschritten und Halbieren

Beobachtungsschwerpunkte

- K: Arbeitsweise in der Gruppe
- I: Bewältigung der Aufgabe in der Gruppe

5.8.4   Begründung der didaktisch-methodischen Entscheidungen für die Unterrichtsstunde

Der **Einstieg** in die Stunde soll als Hinführung zum Schätzen einer Zeitdauer dienen. Die Schüler schätzen, wie lange eine Minute sein könnte. Wichtig hierbei ist, dass die Schüler erkennen, dass es einen Unterschied zwischen der gefühlten und der tatsächlichen Zeitdauer gibt. Eine Minute kann sehr lang erscheinen.

Eine **Motivation** für das gewissenhafte Arbeiten in dieser Stunde ist der „Zeitforscher-Orden". Wer genau misst, erhält den Orden.

Die Übungsstunde dient der Festigung des Schätzens und Messens von Zeitdauern mit Hilfe des indirekten Vergleichs. Aufgrund des neuen und schwierigen Themas bietet die vorgesehene **Gruppenarbeit** die Möglichkeit zum Austausch der Schüler untereinander. Das Lernen in der Gruppe vermittelt gerade schwachen Schülern ein Gefühl der Sicherheit, weil sie nicht allein diese Aufgabe bewältigen müssen. Einsichten in das Thema können durch den Austausch auch aufseiten der lernschwachen Schüler gewonnen werden. Das aktiv-entdeckende Lernen mit handlungsorientierten Elementen soll im Mittelpunkt der Stunde stehen.

Das Ziehen von Losen mit den jeweiligen Messgeräten soll eine Zuordnung durch den Lehrer vermeiden. So ist es der Gruppenchef, der das Messgerät durch Zufall wählt. Dadurch will ich vermeiden, dass die Schüler demotiviert sind, weil sie vielleicht gern ein anderes Messgerät gehabt hätten. Die Schüler akzeptieren diese Form der Entscheidung.

Während der Gruppenarbeit sind viele Absprachen notwendig. Die Aufgaben sollten innerhalb der Gruppe arbeitsteilig vergeben werden. Falls eine Gruppe alle Tätigkeiten zügig messen konnte, hat sie die Möglichkeit, das Messen der Zeitdauer eigener gewählter Tätigkeiten vorzunehmen. Dies bietet innerhalb der Gruppe eine quantitative Differenzierung und beinhaltet gleichzeitig eine offene Lernaufgabe. Jeder Schüler soll durch die Anzahl der Tätigkeiten (vier) die Möglichkeit haben, aktiv in die Arbeit integriert zu werden. Das heißt, jeder Schüler sollte einmal schätzen, messen, die Tätigkeit ausführen oder die Ergebnisse schriftlich festhalten.

Die **auszuführenden Tätigkeiten** sind: mit 20 Steckwürfeln einen Turm bauen, in Zweierschritten bis 100 zählen, einen Körper mit dem Geo-Clix-Material bauen und das Halbieren der Zehnerzahlen bis 100. Die Arbeit mit den Steckwürfeln dient dem mathematischen Geschick. Ein einfaches Gebilde soll gebaut werden. Dazu braucht jeder Schüler die Vorstellung, wie ein Turm aussieht. Motorische Fähigkeiten werden ebenfalls geschult. Das Zählen in Zweierschritten beinhaltet das Zählen mit geraden Zahlen. Den Schülern ist diese Form des Zählens vertraut. Als der Hunderterraum erarbeitet wurde und die Schüler sich in diesem Raum orientieren sollten, lernten sie dieses Zählen in Schritten kennen. Die Schüler üben das Zählen und Anwenden der geraden Zahlen. Das Bauen von Körpern mit dem Geo-Clix-Material soll handwerkliche Fähigkeiten der Schüler fordern. Zusätzlich ist Vorstellungsvermögen von Körpern gefragt. Die Schüler müssen Kenntnisse aus der Geometrie anwenden. Das Halbieren der Zehnerzahlen dient der Übung und Festigung bereits bekannten Unterrichtsstoffs. Die Tätigkeiten sind sehr unterschiedlich und verlangen motorische Fähigkeiten, aber auch das Anwenden bekannten Wissens. Die Verschiedenheit der Tätigkeiten soll alle Lerntypen ansprechen und als Motivation dienen.

Für die Arbeit in der Gruppe nutze ich **verschiedene Messgeräte**: Sand- und Wasseruhr, Metronom, Kniebeugen und einen Locher drücken. Die Schüler sollen durch die verschiedenen Messgeräte zur Erkenntnis kommen, dass nur ein genormtes Messgerät genaue Messergebnisse bringt. Diese Erkenntnis ergibt sich aber erst am Ende der Stunde, wenn die Ergebnisse der Arbeit mittels Plakaten an der Tafel ausgewertet werden. Die Plakate in Tabellenform dienen der Übersichtlichkeit und sollen helfen, schnell die gewünschte Erkenntnis durch Vergleichen der Ergebnisse zu erreichen. Durch die farbliche Unterscheidung der einzelnen Tätigkeitsfelder wird den Schülern eine optische Hilfe gegeben, Messergebnisse schnell zu finden.

Die Gruppenarbeit umfasst den Großteil der Stunde. So kann eine effektive Lernzeit der Schüler gewährleistet werden. Die anschließende Auswertungsphase im Sitzhalbkreis dient der Erkenntnisgewinnung und bedarf ebenfalls eines größeren Zeitaufwandes. Der Sitzhalbkreis vor der Tafel soll helfen, alle Ergebnisse auf den Plakaten zu erkennen. Er schafft eine veränderte, lockere Arbeitsatmosphäre und bringt die Schüler aus ihren Gruppen heraus. Nun ist wieder die gemeinsame Arbeit der Klasse gefragt.

Diese Abschlussphase dient zum einen der Erkenntnisgewinnung, dass die Ergebnisse von unterschiedlichen Messgeräten nicht miteinander verglichen werden können, da jedes Messgerät unterschiedliche Ergebnisse liefert. Nicht genormte Messgeräte liefern ungenaue Ergebnisse, auch innerhalb der Gruppe.

Sachlich-organisatorische Voraussetzungen

Diese Mathematikstunde findet an einem Donnerstag in der zweiten Stunde statt. Der Raum der Klasse 2a ist sehr groß und bietet viel Platz für Bewegung. Die Schüler sitzen an Gruppentischen. Lediglich T hat einen Einzelplatz, weil ihm das längerfristige Arbeiten an einem Gruppentisch schwerfällt. Im hinteren Bereich des Raumes befinden sich noch einmal extra Tische, an denen oft Angebote ausgestellt sind. Über diesen Tischen befindet sich unter anderem die Korkwand, an die die Schüler ihre Namen heften können, wenn sie Hilfe benötigen. Die Tafel – als ein Medium – ist für alle Schüler gut sichtbar. Alle benötigten Materialien wie Messgeräte und Tabelle erhalten die Schüler vor Beginn der Arbeitszeit.

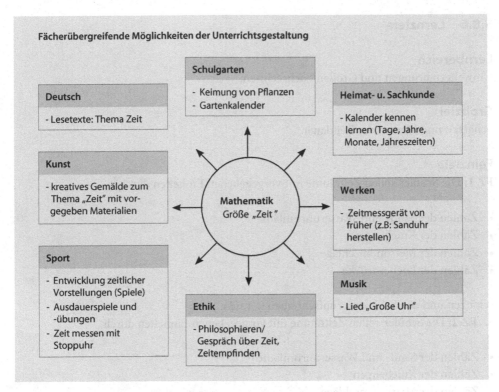

Abb. 5.8 Fächerübergreifende Möglichkeiten der Unterrichtsgestaltung

5.8.5   Stellung des Unterrichts im größeren Zusammenhang

Stellung der Stunde innerhalb der Unterrichtseinheit

Stunde	Inhalt der Stunde
1./2. Stunde	Einführung des Themas „Zeit" – direkte Vergleiche (Doppelstunde)
3. Stunde	**Weiterführung zum Thema „Zeit" – Schätzen und Messen der Zeitdauer mit nicht genormten Messgeräten (indirekte Vergleiche)**
4. Stunde	Schätzen und Messen von Zeitspannen mit der Stoppuhr
5./6. Stunde	Ablesen und Einstellen der Uhr
7. Stunde	Zeitpunkt und Zeitdauer unterscheiden
8. Stunde	Abschluss der Unterrichtseinheit

Fächerübergreifende Möglichkeiten der Unterrichtsgestaltung

Einen Überblick über fächerübergreifende Möglichkeiten der Unterrichtsgestaltung gibt Abb. 5.8.

5.8.6　Lernziele

Lernbereich

Umwelterfahrungen und Größen/Sachrechnen.

Grobziel

Schätzen und Messen der Zeitdauer.

Feinziele

FZ 1: Die Schüler sollen Zeiträume mit vorgegebenen Einheiten durch

- Zählen der Sand- und Wasseruhrumläufe
- Zählen der Kniebeugen
- Zählen der Metronomschläge
- Zählen der Locherdrücke

schätzen und den Schätzwert aufschreiben können.

　　FZ 2: Die Schüler sollen Zeiträume mit vorgegebenen Einheiten durch

- Zählen der Sand- und Wasseruhrumläufe
- Zählen der Kniebeugen
- Zählen der Metronomschläge
- Zählen der Locherdrücke

messen und feststellen, ob ihre Schätzung richtig war, indem sie mit den Messgeräten – *Sand- und Wasseruhr, Kniebeuge, Locher drücken und Metronom* – die Schätzung überprüfen.

　　FZ 3: Die Schüler sollen weitgehend selbstständig den Umgang mit Messgeräten üben und lernen, auf Messgenauigkeit zu achten.

　　FZ 4: Die Schüler sollen durch Vergleichen der Ergebnisse innerhalb der Gruppe und durch Vergleichen der Gruppenergebnisse miteinander erkennen, dass man Messergebnisse von nicht genormten Messgeräten nicht miteinander vergleichen kann.

　　FZ 5: Die Schüler sollen durch das zeitliche Messen der Tätigkeiten erkennen, dass man zum Vergleichen von Ergebnissen genormte Messgeräte braucht.

Erziehungsziel

Die Schüler sollen während der Gruppenarbeit leise reden und sich gut absprechen, um für eine ruhige Arbeitsatmosphäre zu sorgen.

5.8.7   Stundenprotokoll

Thema: Schätzen und Messen der Zeitdauer mit nicht genormten Messgeräten

Artikulation	erwartetes Lehrer-/Schülerverhalten	Medien/Kommentar
Einstieg (5 Min.)	LAA: begrüßt SuS SuS: grüßen zurück	
Hinführung/ Problemstellung	LAA: Lege deinen Kopf auf die Bank und schließe die Augen. Schätze, wie lange eine Minute dauert.	Klangstab mit Startsignal
	Wenn du denkst, eine Minute ist vorbei, setze dich wieder auf.	
	Der Gong signalisiert dir den Beginn der Minute.	
	SuS: legen Kopf auf den Tisch und richten sich je nach ihrer Schätzung wieder auf	
	LAA: gongt, wenn eine Minute vorbei ist	
	(vermutlich sind alle Kinder mit dem Kopf oben)	
	SuS: erkennen, dass sie sich zu früh aufgerichtet haben	
Zielangabe	LAA: Sicher kannst du erahnen, womit du dich heute beschäftigen wirst.	*Klassengespräch* Zeitforscher-Orden „Die goldene Uhr"
	SuS: vermuten	
	LAA: gibt evtl. Hinweise oder nennt Zielangabe, wenn keine Vermutungen kommen	
	Jeder ist in der Gruppe ein Zeitforscher. Wer genau misst, bekommt den Zeitforscher-Orden.	
Arbeitsphase (5 Min.) Erklärung der Aufgaben	LAA: erklärt Aufgaben und Messgeräte in den einzelnen Gruppen, teilt notwendiges Material aus	
Aufbau des Begriffs	Versuche, so genau wie möglich zu messen. Denke daran, du brauchst vor Beginn jeder Tätigkeit ein Startsignal („Auf die Plätze, fertig, los"). Am Ende der Stunde werden alle Ergebnisse verglichen.	Lose: Gruppenchef zieht Los mit Messgerät für die Gruppe
EZ	Denke beim Arbeiten daran, dass du dich leise mit deinen Mitschülern unterhältst. Du sollst aber auch darauf achten, dass du dich mit deinen Gruppenmitgliedern gut absprichst, denn sonst verlängert sich eure Arbeitszeit.	

Artikulation	erwartetes Lehrer-/Schülerverhalten	Medien/Kommentar
	Wenn der Gong einmal ertönt, signalisiert dir das, du sollst leiser sein. Wenn der Gong zweimal ertönt, ist die Arbeitszeit vorbei.	
Erarbeitung qualitativer Aussagen (20 Min.) Mittelbarer Vergleich mit willkürlichen Maßeinheiten FZ 1, 2, 3 (4, 5)	SuS: arbeiten in ihren Gruppen LAA: gibt Hilfestellungen, wo es notwendig ist	*Gruppenarbeit* Messgeräte: Sanduhr, Wasseruhr, Metronom, Locher, Kniebeuge Beobachtung: K, J
	SuS: beenden nach zweimaligem Ertönen des Gongs ihre Arbeit und räumen Arbeitsplatz mit Musik im Hintergrund auf	
	Gruppenchef bringt Material auf Tische im hinteren Bereich des Raumes.	
Abschluss/Reflexion (15 Min.)	LAA: kontrolliert gemeinsam mit allen Gruppen die Aufgaben LAA: macht Lernzuwachs deutlich	*Sitzhalbkreis* vor der Tafel Stuhllied
Kontrolle FZ 4, 5	Auswertung der Ergebnisse in der Gruppe, Vergleich der Gruppenergebnisse miteinander	
	Erst jede Gruppe: *Zusammenarbeit, Messgeräte, schätzen und messen,* dann Vergleich der Gruppenergebnisse	
Erarbeitung qualitativer Aussagen	Evtl. Fragen: Gab es Probleme mit den Messgeräten? Habt ihr alle gleich gut gemessen? (Vielleicht wurde zu schnell oder zu langsam gelocht?…) Wieso gibt es so viele unterschiedliche Ergebnisse? Waren manche Gruppen schneller als andere? Waren manche Messgeräte genauer als andere?	
	Erst „Schätzen" auswerten	
	Überlege, wo du im Alltag schätzen musst. Denke dabei an Hausaufgaben oder den Wochenplan in der JM.	
	Erkenntnis: Schätzen ist gute Hilfe im Alltag (zum Zeiteinteilen).	
	Man muss viel Übung haben, damit Schätzungen annähernd genau sind.	
	„Messen" auswerten	
	Hast du denn genau gemessen? (Messungen einbeziehen, Zahlen hervorheben) Jetzt hast du dich so angestrengt und trotzdem haben wir so unterschiedliche Ergebnisse. Du hast dich beim Messen nicht angestrengt. (Provokation) Wozu nutzt uns das denn? Was lernst du daraus?	

Artikulation	erwartetes Lehrer-/Schülerverhalten	Medien/Kommentar
genormte Einheit notwendig	*Erkenntnis*: Messgeräte sind auch in Gruppen ungenau – z. B. Locher zu schnell oder zu langsam gedrückt. Es ist kein Vergleich der Messungen miteinander möglich, weil die Messgeräte so unterschiedlich sind.	
	Man braucht ein einheitliches (genormtes) Messgerät – die Uhr (Stoppuhr, Armbanduhr etc.).	
	Ausblick auf Folgestunden: Schätzen und Messen von Zeitspannen mit der Stoppuhr	
	LAA wertet EZ aus: Beobachtungen nennen	
	Nach Auswertung erhalten Schüler den Zeitforscher-Orden „Die goldene Uhr".	

5.8.8 Literatur

1. Bairlein, S.: *Freiarbeit in der Mathematik, Grundschule 2. Jahrgangsstufe*. Verlag Ludwig Auer, Donauwörth
2. Greving, J./Paradie, L.: *Unterrichts-Einstiege. Ein Studien- und Praxisbuch*. Cornelsen Verlag Scriptor, Berlin, 1996
3. Meyer, H.: *Unterrichtsmethoden. 2. Praxisband*. Cornelsen Verlag Scriptor, Berlin, 1987
4. Meyer, H.: *Was ist guter Unterricht?* Cornelsen Verlag Scriptor, 2004
5. Radatz, H./Schipper, W./Dröge, R./Ebeling, A.: *Handbuch für den Mathematikunterricht 2. Schuljahr*. Schroedel Verlag, Hannover, 1998
6. Radatz, H./Schipper, W.: *Handbuch für den Mathematikunterricht*. Schroedel Verlag, Hannover
7. Thüringer Kultusministerium (Hrsg.): *Lehrplan für die Grundschule und für die Förderschule mit dem Bildungsgang der Grundschule – Mathematik*. 1999

5.8.9 Anhang

(1) **Beispiel für einen Arbeitsbogen**

Name:

<u>Wir schätzen und messen die Zeitdauer</u>
Messgerät: **Sanduhr**

Schätzt und messt die Zeit, indem ihr zählt, wie oft ihr die Sanduhr umdrehen müsst.

Tragt eure Ergebnisse in die Tabelle ein.

♥ Findet selbst noch Tätigkeiten, die ihr schätzen und messen könnt.

Tätigkeit	geschätzt	gemessen
Mit 30 Steckwürfeln einen Turm bauen		
In Zweierschritten bis 100 zählen		
Körper mit Geo-Clix bauen		
Halbiere alle Zehnerzahlen bis 100. Sprich: „Die Hälfte von ____ ist ___."		
♥		
♥		
♥		

Bemerkung Die *anderen Arbeitsbogen* sind völlig analog aufgebaut, nur steht dort statt Sanduhr jeweils Wasseruhr, Kniebeuge, Locher drücken und Metronom.

5.9   Wir suchen alle Zahlengitter mit der Zielzahl 20 (Klasse 3)

5.9.1   Thema der Unterrichtsstunde

„Finde alle Zahlengitter mit der Zielzahl 20!" – Ein 3×3-Zahlengitter mit der Startzahl 0 und der vorgegebenen Zielzahl 20. Eine problemstrukturierte Anwendungssituation der bekannten Aufgabenvorschrift als Anlass für eine weiterführende Auseinandersetzung mit den arithmetischen Strukturen eines Zahlengitters

5.9.2   Thema der Unterrichtsreihe

„Zahlengitter" – Ein substanzielles Aufgabenformat als Anlass für eine produktive Auseinandersetzung mit ausgewählten arithmetischen Strukturen eines additiven Zahlengitters

5.9.3   Ziele der Unterrichtsreihe

Die Schülerinnen und Schüler sollen …

- die zugrunde liegende Aufgabenvorschrift von 3×3- und 4×4- Zahlengittern verstehen, diese auf vielfältige Weise anwenden und dabei auf operative Zahlenbeziehungen
  zwischen Gliedern eines Gitters aufmerksam werden,
- für eine erste Auseinandersetzung mit Problemlösungstechniken sensibilisiert werden,
- an kooperatives Arbeiten herangeführt werden und lernen, über Lösungswege und Lösungen zu kommunizieren.

5.9.4   Aufbau der Unterrichtsreihe

1. „Wir lernen Zahlengitter kennen" – Verschiedene 3×3-Zahlengitter als Anlass für die
   Einführung und Anwendung der Aufgabenvorschrift additiver Zahlengitter. Erstellen
   eines Klassenplakats mit Fremdwörtern zum Thema Zahlengitter
2. „Wir untersuchen 3×3-Zahlengitter" – Vertiefende Auseinandersetzung mit 3×3-Zah-
   lengittern (Startzahl 0) als Anlass für die Entdeckung von Strukturen und Zahlenbeziehungen innerhalb der Gitter
3. „Unser erster kleiner Beweis" – Plättchen im Zahlengitter als Ausgangspunkt für
   einen altersgemäßen Beweis (auf ikonischer Ebene) zur Allgemeingültigkeit unserer
   Entdeckungen
4. **„Finde alle Zahlengitter mit der Zielzahl 20!" – Ein 3×3-Zahlengitter mit der Startzahl 0 und der vorgegebenen Zielzahl 20. Eine problemstrukturierte Anwendungssituation der bekannten Aufgabenvorschrift als Anlass für eine weiterführende
   Auseinandersetzung mit den arithmetischen Strukturen eines Zahlengitters**
5. „Wir untersuchen 4×4-Zahlengitter" – 4×4-Zahlengitter als Anlass für die Erweiterung
   der bekannten Aufgabenvorschrift und für die Entdeckung von Strukturen der erweiterten Zahlengitter

5.9.5   Thema der Unterrichtsstunde

„Finde alle Zahlengitter mit der Zielzahl 20!" – Ein 3×3-Zahlengitter mit der Startzahl 0
und der vorgegebenen Zielzahl 20. Eine problemstrukturierte Anwendungssituation der

bekannten Aufgabenvorschrift als Anlass für eine weiterführende Auseinandersetzung mit den arithmetischen Strukturen eines Zahlengitters

5.9.6   Ziele der Unterrichtsstunde (differenziert)

Allgemeines Ziel
Die Schülerinnen und Schüler sollen …

*   unter Vorgabe der Startzahl 0 und der Zielzahl 20 verschiedene Lösungen für die Bestimmung der Pluszahlen und der fehlenden Glieder finden, sich dabei der bekannten Struktur und Zahlenbeziehungen innerhalb eines Zahlengitters bewusster werden und ihre eigenen Problemlösestrategien beschreiben können,
*   die gefundenen Lösungen für die Pluszahlen in eine Tabelle eintragen können.

Weiterführendes Ziel
Die Schülerinnen und Schüler sollen …

*   anhand der Tabelle beschreiben können, was die Lösungen gemeinsam haben, und altersgemäß begründen können, warum es alle möglichen Lösungen sind.

5.9.7   Lernvoraussetzungen

Die **Klasse 3c** besteht aus sieben Mädchen und 15 Jungen. Sowohl die LAA als auch die Fachlehrerin kennen die Kinder und ihre Kompetenzen im Fach Mathematik erst seit Beginn des Schuljahres. In dieser relativ kurzen Zeit hat sich aber gezeigt, dass die Kinder in der Regel gut mitarbeiten, sowohl bei offenen als auch bei geschlossenen Aufgabenformaten. Besonders bei problemorientierten Aufgaben und solchen, bei denen es etwas zu entdecken gibt, arbeiten sie interessiert und motiviert mit. Dabei wurde allerdings offensichtlich, dass es bei der Gruppenarbeit oft zu Auseinandersetzungen kommt und dass es viele Kinder gibt, die alleine arbeiten möchten. Die Form des freiwilligen Austauschs mit einem Tischnachbarn hat sich am besten bewährt. Es handelt sich bei der Klasse um eine sehr heterogene Lerngruppe in Bezug auf das Fach Mathematik. Die Schüler L, M und Y sind als sehr leistungsstark einzuordnen. Die Schülerinnen N, T, R und der Schüler D brauchen manchmal Hilfe beim sinnerfassenden Lesen von Arbeitsanweisungen und beim Lösen von komplexeren Aufgaben. Es ist vor allem wichtig, N und R im Auge zu behalten und sie ggf. persönlich zu motivieren, weil sie manchmal dazu neigen, mit Arbeitsverweigerung zu reagieren, wenn sie nicht auf Anhieb eine Idee haben. Außerdem gibt es ein paar Schülerinnen und Schüler in der Klasse, deren Arbeits- und Sozialverhalten des Öfteren störend auffällt und die sich nicht an Gesprächsregeln halten können. (Dieses fällt aber verstärkt in der 5. und 6. Stunde auf.) Ein Junge namens K hat aus gesundheitlichen Gründen eine

Wiedereingliederungshilfe an seiner Seite. Sie ist während des Unterrichts dabei und sitzt in der Regel neben K. Während Arbeitsphasen geht sie manchmal durch die Klasse und unterstützt die Lehrkraft.

In Bezug auf den **Lerngegenstand** der Stunde (Zahlengitter) hatten die Kinder vor Beginn der Reihe im Grunde genommen keinerlei Vorerfahrungen. Vor der heutigen Stunde haben sie bereits einige Erfahrungen sammeln können. Durch vielfältige Anwendungen der Aufgabenvorschrift sind sie sicher, wenn es um das Lösen von Zahlengittern geht. Außerdem haben sie bereits Strukturen und Zahlenbeziehungen entdecken, und einen kleinen ikonischen Beweis versuchen können. (Die Ergebnisse dieser Stunden wurden auf einem Plakat visualisiert und bilden eine Grundlage für die heutige Stunde. Sie werden ggf. mit in die Reflexion integriert und die Kinder haben die Chance, beim Problemlösen und Strategienentwickeln auf die Plakate zurückzugreifen.) Problemorientierte Aufgaben sind noch relativ neu für sie, aber nicht unbekannt. Mit Mathekonferenzen und dem Mathetisch in der Klasse, auf dem weiterführende Aufgaben und Hilfen bereitstehen, sind die Kinder seit einiger Zeit vertraut.

5.9.8 Sachstruktur des Lerngegenstands

Der Lerngegenstand „Zahlengitter" ist der Arithmetik zuzuordnen. Additiven Zahlengittern liegt folgende **Aufgabenvorschrift** zugrunde: Die sog. *Startzahl* steht im oberen linken Feld. Man schreibt fortlaufend in die benachbarten Felder die um die *linke* bzw. um die *obere Pluszahl* vermehrte Zahl. Die Zahl rechts unten heißt *Zielzahl*, die mittlere *Mittelzahl* und die anderen *Randzahlen*. Die Verwendung zweier gleicher Zahlen ist ebenso möglich wie die der Null (vgl. [5]). An dieser Stelle sei darauf hingewiesen, dass die Bezeichnungen im Unterricht von den Bezeichnungen in der Literatur abweichen, um den Lerngegenstand der Zielgruppe anzupassen und verständlichere Begrifflichkeiten zu benutzen. So wird die *obere Pluszahl* durch den Terminus *rechte Pluszahl* ersetzt, weil der Pfeil nach rechts zeigt, und die *linke Pluszahl* wird im Unterricht dementsprechend *untere Pluszahl* genannt.

Allgemeine Form des 3 x 3-Zahlengitters mit der *Startzahl* 0:

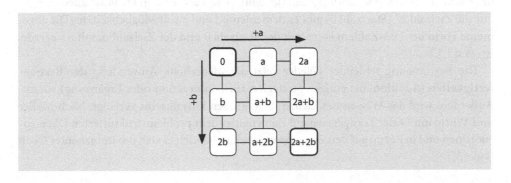

Dieses Beispiel wurde an dieser Stelle ausgewählt, weil in der Unterrichtsreihe nicht aus-schließlich, aber schwerpunktmäßig mit dieser Form des Zahlengitters gearbeitet wird. Ebenso kann man allgemein Formen für größere Zahlengitter (z. B. 4 x 4-Zahlengitter) und andere *Startzahlen* aufstellen. (So hat bei einem Zahlengitter n x n mit der *Startzahl* x und den *Pluszahlen* a und b die *Zielzahl* die Form x + (a + b) (n − 1).)

An dieser allgemeinen Form wird deutlich, dass besondere Strukturen und **Zahlen-beziehungen** am 3 x 3-Zahlengitter mit der Startzahl 0 (unabhängig von den *Ziel-* und *Pluszahlen*) entdeckt werden können. Hierzu gehören zum Beispiel:

* Die *Zielzahl* ist doppelt so groß wie die *Mittelzahl*.
* Die *Zielzahl* und die *Eckzahlen* sind immer gerade Zahlen.
* Die Summe der *Pluszahlen* ergibt die *Mittelzahl*.
* Die Summe der Diagonalen ist immer durch drei teilbar und dreimal bzw. sechsmal so groß wie die *Mittelzahl*.

Der Stundeninhalt ist in Bezug auf die Sache zudem eine **Problemsituation.** Das Ziel, also die *Zielzahl*, ist bekannt, aber nicht der Weg dorthin (die *Pluszahlen* und die restlichen Glieder). „Eine Problemlöseaufgabe (auch kurz: ein Problem) ist die Aufforderung, eine Lösung zu finden, ohne dass ein passendes Lösungsverfahren auf der Hand liegt" (vgl. [1]). Es gibt verschiedene Lösungswege und Strategien unter Beachtung der Aufgaben-vorschrift, um das Ziel zu erreichen. Hilfreich hierfür können die in der Stunde zuvor entdeckten Zahlenbeziehungen sein.

Strategien, um möglichst alle Zahlengitter mit der Zielzahl 20 zu finden, sind:

* (scheinbar) unsystematisches Probieren,
* Ableiten von *Pluszahlen* aus *Tauschpaaren*,
* Zerlegen der *Mittelzahl* in zwei Summanden
* und operatives Variieren der *Pluszahlen* (vgl. [5]).

In der oben dargestellten allgemeinen Form ist auch die Begründung zu erkennen, warum es genau elf Zahlengitter mit der Zielzahl 20 (Startzahl 0) gibt. Es gibt nämlich genau elf unterschiedliche additive Zerlegungen der Mittelzahl 10, die dann als Pluszahlen dienen. Für die Zielzahl 22 (Startzahl 0) gibt es dementsprechend zwölf Möglichkeiten. (Die allge-meine Form bei 3 x 3-Zahlengittern mit der Startzahl 0 und der Zielzahl n, mit n = gerade, ist: ½ n + 1.)

Die Bestimmung fehlender Glieder setzt die wiederholte Anwendung der **Rechen-fertigkeiten** (Addition, bei einigen Strategien auch Subtraktion oder Ergänzung) voraus. Außerdem wird das **Wissen** des kleinen bzw. großen Einspluseins verlangt. Nach Müller und Wittmann ist der Lerngegenstand Zahlengitter dem problemstrukturierten Üben zu-zuordnen und in Bezug auf den Zugang zur Struktur handelt es sich um immanentes Üben (vgl. [3]).

5.9.9 Didaktische Entscheidungen

Im Mittelpunkt der heutigen Stunde steht das Finden aller 3 x 3-Zahlengitter mit der Startzahl 0 und der Zielzahl 20 sowie das Erklären und Reflektieren der eigenen Problemlösestrategie. Des Weiteren stehen das Sammeln von Ergebnissen in einer Tabelle und das Begründen der Vollständigkeit – vor dem Hintergrund der in der Stunde zuvor entdeckten Merkmale – im Mittelpunkt der Stunde. Letzteres wurde als differenziertes Ziel der Stunde definiert, weil davon ausgegangen werden kann, dass nicht alle Kinder die Begründung entdecken und auf Anhieb verstehen werden. Die vorliegende Unterrichtsstunde ist damit im Lehrplan schwerpunktmäßig dem *prozessbezogenen Bereich Problemlösen/kreativ sein* und *Darstellen/Kommunizieren* zuzuordnen ([4], S. 59 ff.) und trägt daher vor allem zum Lernzuwachs in diesen Bereichen bei (u. a. Problemlösen, Reflektieren, Begründen, Kommunizieren). Wie dem vorherigen Kapitel *Sachstruktur des Lerngegenstands* zu entnehmen ist, werden allerdings auch andere Fertigkeiten, Fähigkeiten und weiteres Wissen angesprochen. Die Veränderungen der Fachtermini, die aus didaktischen Gründen vorgenommen wurden, sind dort ebenfalls bereits erläutert worden.

Alle Zahlenoperationen finden im *Zahlenraum bis 100* statt, damit einerseits der Rechenaufwand nicht zu hoch ist und andererseits auch leistungsschwächere Kinder zu strukturellen Einsichten gelangen. Das Aufgabenformat Zahlengitter und die offene Aufgabe dazu eröffnen Möglichkeiten der natürlichen Differenzierung vom Kind aus. Eine weitere Differenzierung wird mit Hilfe der Tipps (kleiner und großer Tipp) und der Aufgabentruhe, die weiterführende Aufgaben enthält, möglich. Für diese Stunde sind das:

- **Kleiner Tipp:** Probiere: Nutze Pluszahlen, die kleiner als 10 sind. Fällt dir an deinen gefundenen Zahlengittern etwas auf, was dir helfen könnte, noch weitere Zahlengitter zu finden?
- **Großer Tipp:** Eine Schablone, die den Kindern hilft, sich an die Strukturen zu erinnern und sie zu Hilfe zu nehmen.
- **Aufgabentruhe:** In der weiterführenden Aufgabe soll eine Vermutung angestellt werden, wie viele Zahlengitter es mit der *Zielzahl 22* (*Startzahl 0*) gibt. Anschließend soll die Vermutung überprüft werden.

5.9.10 Geplanter Unterrichtsverlauf

Unterrichtsgeschehen	a) Phasenziel b) Sozialform
Begrüßung	a) Einstimmung, Motivation, Ziel- und Stundentransparenz sollen hergestellt werden.
Verlauf der Stunde mitteilen und visualisieren	
	b) frontal

	Unterrichtsgeschehen	a) Phasenziel b) Sozialform
Einstieg	Hinführung:	a) Der Arbeitsauftrag, der Arbeitsprozess und das Ziel sollen von allen SuS verstanden werden. b) frontal
	LAA knüpft an die letzte Stunde an.	
	LAA erteilt und visualisiert den heutigen Ermittlerauftrag: *Finde möglichst viele Zahlengitter mit der Zielzahl 20* usw. (siehe Anhang M1 und M2).	
	LAA stellt Zieltransparenz und Prozesstransparenz her.	
	SuS bekommen Gelegenheit, Fragen zu stellen.	
Erarbeitung	Erarbeitung:	a) Die SuS sollen sich selbstständig (alleine oder mit dem Tischnachbarn) mit der problemorientierten Aufgabe auseinandersetzen.
	SuS beginnen in Einzel- oder Partnerarbeit (freigestellt) mit der Bearbeitung des Arbeitsblattes. Sie suchen Zahlengitter mit der Startzahl 0 und der Zielzahl 20, erklären – als Ermittlungen des Tages – ihre Strategien und versuchen die Vollständigkeit ihrer Lösung zu begründen. (Tipps und ein weiterführendes Aufgabenblatt in der Aufgabenruhe, s. o., liegen am Mathetisch bereit.)	b) Einzelarbeit/Partnerarbeit
	LAA steht den SuS beratend zur Seite und gibt ggf. individuelle Hilfestellungen.	
	LAA beendet die Arbeitsphase auf ein bekanntes Zeichen hin (Klangschale).	
Reflexion	*Präsentations-/Sammlungsphase:*	a) Die SuS sollen die Lösungen zusammentragen und ihre Strategien erklären. b) Theaterkreis
	Gemeinsam werden die Lösungen gesammelt und in der Tabelle festgehalten. Ein bis zwei Beispiele werden noch einmal in der Form des Zahlengitters gerechnet (Impulskarte: Welche Zahlengitter hast du gefunden?).	
	LAA wählt einzelne SuS aus, die über ihre Problemlösestrategien berichten. Die SuS treten in einen kurzen Austausch über ihre Strategien. (Impulskarte: Wie bist du vorgegangen?)	
	Reflexion:	a) Die SuS sollen entdecken, dass alle Pluszahlen eine Zehnerzerlegung darstellen, dieses mit ihrem Vorwissen verbinden und damit begründen, warum es genau elf Lösungen gibt. b) Theaterkreis
	LAA lenkt die Aufmerksamkeit nun auf die gesammelten Ergebnisse in der Tab. (Impulskarte: Was kannst du entdecken?)	
	Unter Berücksichtigung der gesammelten Ergebnisse und der bekannten Zahlenbeziehungen in den Zahlengittern, die in einer Stunde zuvor entdeckt und gesichert wurden (auf einem Plakat visualisiert), treten die SuS in einen kommunikativen Austausch über ihre Entdeckungen und die Vollständigkeit der Lösungen. (Ggf. werden dabei die Lösungen in der Tabelle geordnet.)	

Unterrichtsgeschehen	a) Phasenziel b) Sozialform
Abschluss:	a) Die SuS erhalten eine Würdigung ihrer Arbeit und werden über das Thema der nächsten Stunde informiert sowie für die Weiterarbeit motiviert.
LAA würdigt die SuS-Leistungen und gibt einen Ausblick auf die nächste Stunde.	
LAA erteilt die Hausaufgaben (4 x 4-Zahlengitter).	
	b) Theaterkreis

5.9.11   Medien/Materialien

- Arbeitsblätter M1 und M2 (siehe Anhang)
- Plakate (Tabelle, Zahlengitter mit der großen Schablone, Aufgabenstellung)
- Impulskarten für die Reflexion
- Tipps (siehe vorne)
- Differenzierungsaufgabe (siehe Aufgabentruhe vorne)
- Hausaufgaben (siehe vorne)

5.9.12   Literatur

1. Büchter, A./Leuders, T.: *Mathematikaufgaben selbst entwickeln – Lernen fördern – Leistung überprüfen*. Cornelsen, Berlin, 2005
2. Hoppius, C.: *Mathe-Detektive entdecken Muster und Strukturen*. Auer, Donauwörth, 2008
3. Müller, G. N./Wittmann, E. C.: *Handbuch produktiver Rechenübungen 2*. Klett, Stuttgart, 1992
4. Ministerium für Schule und Weiterbildung des Landes Nordrhein-Westfalen (Hrsg.): *Richtlinien und Lehrpläne für die Grundschule in Nordrhein-Westfalen*. 08/2008
5. Selter, C.: Zahlengitter – eine Aufgabe, viele Variationen. In: *Die Grundschulzeitschrift*, 177/2004

5.9.13   Anhang

(M1) Finde *möglichst viele* Zahlengitter mit der Zielzahl 20.

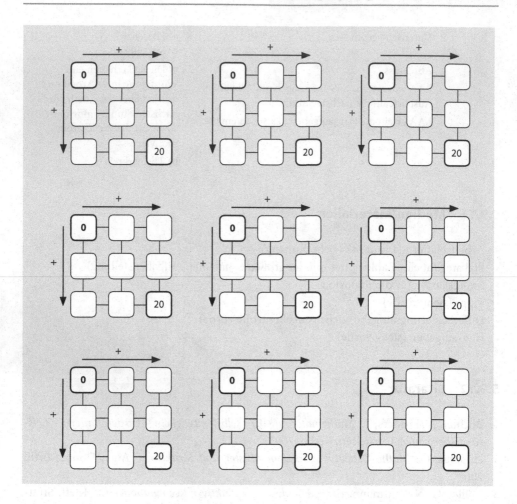

(M2) Ermittlungen des Tages

- Wie bist du vorgegangen?
- Welche Lösungen hast du gefunden? Trage die Pluszahlen, mit denen du die Zielzahl 20 erreichen kannst, in die Tabelle ein.
- Sind das alle Zahlengitter? Versuche deine Antwort zu begründen.

5.10   Über sieben Brücken musst du gehen ... (Klasse 3)

5.10.1   Thema der Unterrichtsstunde

Noch einmal: Eulers Frage.

5.10.2 Thema der Unterrichtseinheit

Das Königsberger Brückenproblem – Wir als Mathematiker.

Ziel der Unterrichtseinheit

Die Schülerinnen und Schüler sollen im Verlauf der Unterrichtseinheit ihre Kompetenzen im Bereich „Raumorientierung und Raumvorstellung" ausbauen.

Des Weiteren sollen sie durch die Bearbeitung problemhaltiger Aufgaben und Fragestellungen ihre prozessbezogenen Kompetenzen im Bereich „Problemlösen" und „Argumentieren" festigen.

Auch das Verwenden geeigneter Fachbegriffe bei der Darstellung mathematischer Sachverhalte soll geübt werden.

Durch die Reflexionsmethode der „Mathekonferenz" (vgl. [6]), die die Einheit begleitet, werden auch die Kompetenzen im Bereich „Kommunizieren und Darstellen" gestärkt.

5.10.3 Thema der Unterrichtsstunde

Noch einmal: Eulers Frage.

Ziel der Unterrichtsstunde

Die SuS sollen versuchen, die in den vorangegangenen Stunden gewonnenen Erkenntnisse auf eine Fragestellung zu übertragen und anzuwenden. Dabei sollen sie möglichst geeignete Fachbegriffe verwenden.

Die Kommunikationsfähigkeit wird sowohl durch die gewählte Sozialform der Partnerarbeit als auch durch die Reflexionen ausgebaut.

5.10.4 Aufbau der Unterrichtseinheit

1. Sequenz (1 Unterrichtsstunde)

„Königsberg und Eulers Frage"

Die SuS erfahren etwas über die Biografie des Mathematikers Leonhard Euler und lernen die Stadt Königsberg mit ihren Besonderheiten kennen. Anschließend wird die zentrale Fragestellung der Einheit („Kann man in Königsberg einen Spaziergang machen, bei dem man alle sieben Brücken nacheinander überquert, ohne eine Brücke auszulassen oder über eine Brücke doppelt zu gehen?"; vgl. [1]) offengelegt.

Des Weiteren erfolgt eine Einführung in die Arbeit mit dem Forscherheft, welches begleitend zur Einheit genutzt wird.

2. Sequenz (1 Unterrichtsstunde)

„Wege in Königsberg – Wir probieren aus"

Handelnd probieren die SuS, mit Hilfe von Stadtplänen der Stadt Königsberg die Frage von Euler auf der phänomenologischen Ebene zu beantworten. Dabei formulieren sie Vermutungen zur Beantwortung der Frage.

3. Sequenz (2 Unterrichtsstunden)

„Netze und Wege in Netzen"

Die SuS lernen in dieser Sequenz grundlegende Begrifflichkeiten kennen und übertragen den Stadtplan Königsbergs in ein Netz. Anschließend lernen sie weitere Netze kennen und sollen diese durch handelnde Auseinandersetzung damit auf ihre Durchlaufbarkeit hin überprüfen. Dabei versuchen sie erste Zusammenhänge zwischen der Struktur eines Netzes und den darin möglichen Wegen herzustellen.

4. Sequenz (3 Unterrichtsstunden)

„Wann ist ein Netz durchlaufbar?"

Durch die vertiefende Betrachtung eines durchlaufbaren und eines nicht durchlaufbaren Netzes sollen die SuS erkennen, dass es einen Zusammenhang zwischen der Anzahl der Kanten, die in einem Knoten enden, und der Durchlaufbarkeit dieses Knotens gibt. Des Weiteren wird der Fachbegriff der „Knotenordnung" eingeführt und die SuS stellen durch Untersuchungen der Knotenordnungen in durchlaufbaren und nicht durchlaufbaren Netzen fest, wann ein Netz durchlaufbar ist.

5. Sequenz (1 bis 2 Unterrichtsstunden)

„Königsberg und eine Lösung"

1. Stunde: **In dieser Stunde sollen die SuS ihre im Laufe der Einheit erworbenen Kenntnisse auf die ursprüngliche Problemstellung anwenden, um die Fragestellung möglichst mathematisch begründet zu beantworten. Eventuell verändern sie außerdem das Netz von Königsberg so, dass es durchlaufbar ist, und können dies ebenfalls auf der Grundlage der erworbenen Kenntnisse begründen.**

2. Stunde: Sollte die erste Stunde dieser Sequenz nicht ausreichen, wird die Veränderung des Netzes von Königsberg hin zu einem durchlaufbaren Netz in diese Stunde verlagert.

6. Sequenz (1 bis 2 Unterrichtsstunden)

„Wie Mathematiker – Unsere eigenen Netze"

In dieser abschließenden Sequenz fertigen die SuS nach bestimmten Vorgaben eigene Netze an. Dadurch sollen abschließend die erworbenen Kenntnisse und Kompetenzen gesichert und vertieft werden.

5.10.5   Didaktischer Schwerpunkt

Ich habe mich entschieden, diese ausgewählten Sachaspekte …

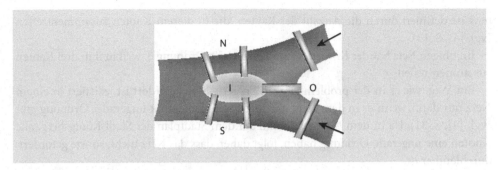

Abb. 5.9 Die sieben Brücken von Königsberg

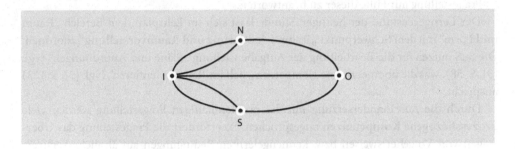

Abb. 5.10 Vereinfachung von Abb. 5.9 zu einem Graphen

Der Lerngegenstand der heutigen Stunde stammt aus dem Bereich der Topologie. Zu den wohl bekanntesten topologischen Problemen zählt das „Königsberger Brückenproblem", das im Jahre 1736 von dem Mathematiker Leonhard Euler bearbeitet wurde ([2], S. 32).

Dabei ist folgende **Ausgangslage** gegeben:

In der Stadt Königsberg fließen der Alte und der Neue Pregel zusammen. Hinter dem Zusammenfluss liegt eine Insel. Über die verschiedenen Flussarme führen sieben Brücken, die den Ostteil (O), den Nordteil (N) und den Südteil (S) von Königsberg sowie die Insel (I) miteinander verbinden (Abb. 5.9). Leonhard Euler wurde 1736 die Frage gestellt, ob es möglich sei, einen Spaziergang zu machen, bei dem man über jede der sieben Brücken *genau einmal* geht.

Da es bei dieser Fragestellung offenbar nicht auf die Länge der Wege, die Winkel zwischen den Wegen, ja nicht einmal auf die genaue Lage der Brücken ankommt, lässt sich Abbildung 5.9 folgendermaßen zu einem **Graph** vereinfachen (Abb. 5.10):

In diesem Graphen sind die einzelnen Stadtgebiete durch Knoten dargestellt und die Brücken und Wege durch Kanten. Da in diesem Graphen alle Knoten durch Kanten verbunden sind, wird ein solcher Graph auch „Netz" genannt (vgl. [7]).

Um zu sagen, ob ein Netz, bezogen auf die obige problemhaltige Fragestellung, durchlaufbar ist, ist die **Ordnung der Knoten** im Netz entscheidend. Die Ordnung eines Knotens ist definiert durch die Anzahl der Kanten, die in diesem Knoten zusammentreffen (vgl. [4], S. 13).

Im obigen Netz hat der Knoten S zum Beispiel die Ordnung 3, weil in ihm drei Kanten zusammentreffen.

Ein Weg, wie er in der problemhaltigen Fragestellung gefordert ist, existiert in einem Netz nur dann, wenn es in dem Netz maximal zwei Knoten mit ungerader Ordnung gibt (vgl. [4], S. 31). Da in dem Netz, basierend auf dem Stadtplan der Stadt Königsberg, alle Knoten eine ungerade Ordnung haben, folgt daher, dass das Netz nicht, so wie gefordert, durchlaufbar ist.

Da die SuS im Laufe der Einheit die eben beschriebenen topologischen Mittel und Begriffe kennengelernt und entdeckt haben, könnte es ihnen möglich sein, die problemhaltige Fragestellung mit Hilfe dieser zu beantworten.

Der Lerngegenstand der heutigen Stunde lässt sich im Lehrplan dem Bereich „Raum und Form" mit dem Schwerpunkt **„Raumorientierung und Raumvorstellung"** zuordnen. Die SuS nutzen für die Bearbeitung der Aufgabenstellung „Pläne und Anordnungen" (vgl. [3], S. 58), was die übergeordnete Kompetenz „sich im Raum orientieren" (vgl. [5], S. 123) anspricht.

Durch die Auseinandersetzung mit der problemhaltigen Fragestellung werden viele **prozessbezogene Kompetenzen** angesprochen. So erfordert die Fragestellung das Übertragen von Vorgehensweisen bzw. kennengelernten Bedingungen auf ähnliche Sachverhalte (vgl. [3], S. 59; Kompetenz „Problemlösen"). Des Weiteren sind Kompetenzen im Bereich „Darstellen/Kommunizieren" gefordert, da die SuS zum einen für die Darstellung des Sachverhaltes geeignete Fachbegriffe verwenden sollen, zum anderen sollen sie ihre Arbeitsergebnisse festhalten und diese auch für andere SuS nachvollziehbar erklären (vgl. [3], S. 60). Außerdem benötigen die SuS Kompetenzen im Bereich des „Argumentierens", da sie die „Beziehungen und Gesetzmäßigkeiten an Beispielen" (vgl. [3]) erklären und die Begründungen anderer Mitschüler/innen nachvollziehen sollen.

… zu diesem Zeitpunkt mit diesen Kindern …

In der Klasse 3c werden momentan 19 SuS, davon neun Mädchen und zehn Jungen, unterrichtet.

Das Leistungsvermögen der Klasse ist im Mathematikunterricht sehr heterogen. So bearbeiten drei Schüler in den Mathematikstunden regelmäßig schon Stoff der 4. Klasse. Jedoch ist auch für diese drei Schüler das Thema der Einheit und somit die Beschäftigung mit einer topologischen Fragestellung neu. Es wird sich also zeigen, ob sie auch in der Lage sind, schneller Inhalte auf ähnliche Sachverhalte zu übertragen und diese mit geeigneten Fachbegriffen erklären zu können.

Das Arbeits- und Sozialverhalten der Klasse ist größtenteils positiv. Zu Unruhen kommt es gelegentlich durch Zwischenrufe oder Privatgespräche. Hierauf werde ich in der heutigen Stunde mit Ermahnungen reagieren.

Die für die Arbeitsphase gewählte Sozialform der **Partnerarbeit** ist den SuS bekannt und wird von ihnen relativ gut umgesetzt. Während der Partnerarbeitsphasen ist teilweise noch zu beobachten, dass die SuS nicht gemeinsam an der Sache arbeiten. Sollte dies in der heutigen Stunde der Fall sein, werde ich die entsprechenden Paare darauf hinweisen, dass es wichtig ist, dass beide Partner am Ergebnis beteiligt sind und dies auch verstehen. Ein erhöhter Lärmpegel während der Partnerarbeitsphase ist bis zu einem gewissen Maß legitim, da sich die SuS mit ihrem Partner austauschen müssen. Sollte es allerdings zu laut werden, werde ich durch ein akustisches Signal auf mehr Ruhe hinweisen.

Die Reflexionsmethode der „**Mathekonferenz**" (vgl. [6]) wurde von mir im Zuge der Einheit wiederholend aufgegriffen und weiter vertieft. Um den Unterrichtsverlauf auf die individuellen Arbeitstempi der SuS anzupassen, melden sie sich nun eigenständig zu einer Mathekonferenz an, wenn sie meinen, eine Lösung gefunden zu haben und diese kommunizieren zu können.

Die Klasse hat sich vor Beginn der Einheit mit der schriftlichen Addition im Tausenderraum beschäftigt. Um den SuS eine gewisse inhaltliche Abwechslung zu bieten und das allgemein große Interesse der Klasse am Mathematikunterricht durch eine besondere Einheit weiter auszubauen, bot sich die Beschäftigung mit dem „Königsberger Brückenproblem" an. Die SuS können durch dieses besondere Themengebiet bestimmte, bisher eher selten angesprochene prozessbezogene Kompetenzen ausbauen.

… unter dieser vorrangigen Zielsetzung …

Vorrangig soll in der heutigen Unterrichtsstunde neben dem inhaltlichen Ziel, dem Ausbau der Kompetenzen im Bereich „**Raum und Form**", das Anwenden und Übertragen kennengelernter topologischer Zusammenhänge angebahnt werden. Außerdem sollen die SuS in den Reflexionsphasen ihre eigenen Lösungsideen mit denen anderer vergleichen und diese auch bewerten. Dadurch werden Kompetenzen im Bereich „**Problemlösen**" ausgebaut (vgl. [3], S. 59).

Durch die für die 1. Reflexionsphase gewählte Methode der „Mathekonferenz" wird die Kompetenz im Bereich „**Kommunizieren**" ausgebaut. Die SuS sollen ihre Ideen – möglichst mit Fachbegriffen – für andere nachvollziehbar darlegen und erklären (vgl. [5], S. 30). Diese Kompetenz wird auch durch die gewählte Sozialform der Partnerarbeit gestärkt, da sich die SuS mit ihrem Partner über Lösungsideen austauschen müssen.

Da die problemhaltige Fragestellung auf realen Gegebenheiten beruht, werden auch Kompetenzen beim „**Modellieren**" gestärkt (vgl. [3], S. 59). Die SuS übersetzen vermutlich den realen Plan Königsbergs in ein topologisches Modell und lösen die Fragestellung innerhalb dieses Modells.

Mit Hilfe der gewählten Sozialform wird zusätzlich die **Kooperationsfähigkeit** der SuS gestärkt. So müssen sie die Aufgabenstellung gemeinsam bearbeiten und sich dabei auf eine Lösungsidee einigen.

… auf diese besondere Weise …

Nach der Begrüßung erfolgt der **Einstieg** in die Stunde, indem zunächst kurz auf die Thematik der vorangegangenen Stunden eingegangen wird. Anknüpfend hieran wird auf die den SuS bereits aus den ersten Sequenzen bekannte zentrale Fragestellung zurückgeführt. Dadurch soll diese wieder in den Horizont der SuS gerückt werden. Es wird nun herausgestellt, dass in der heutigen Stunde die Frage beantwortet werden soll, und zwar auf der Grundlage der in den vorangegangenen Stunden gewonnenen Erkenntnisse. Damit genau dieses transparent wird, sage ich den SuS, dass sie die Frage so beantworten sollen, dass sie ihr Ergebnis auf einem „Mathematikertreffen" vorstellen könnten.

Daraufhin wird der Verlauf der Stunde mit Hilfe eines Verlaufsplakats veranschaulicht.

Anschließend erfolgt die Erteilung des Arbeitsauftrages und das Ziel der Stunde wird mit Blick auf die Reflexion transparent gemacht. Neben der Visualisierung des Arbeitsauftrages wird dieser auch verbal erteilt: *„Beantwortet Eulers Frage und begründet eure Antwort."*

Anknüpfend gebe ich Hinweise zum organisatorischen Ablauf der Arbeitsphase.

Während der **Arbeitsphase** arbeiten die SuS in Partnerarbeit an der Aufgabenstellung. Die Partnerarbeit hat an dieser Stelle mehrere Vorteile. Zum einen wird durch das Sprechen über die Problemstellung und mögliche Antworten hierfür die Kommunikationsfähigkeit geschult. Zum anderen haben auch schwächere SuS die Möglichkeit zur Mitarbeit, indem sie Hilfe und Erklärungen von ihrem Partner bekommen. Die Paarungen für die Arbeitsphase ergeben sich durch die Sitzordnung. Dadurch sind sie meist sehr heterogen. Dies bietet den Vorteil, dass der „stärkere" Schüler neben dem Beantworten der Fragestellung auch darin gefordert ist, seinem Partner bestimmte Zusammenhänge zu erklären. Dadurch wird dieser ebenfalls in den Problemlösungsprozess einbezogen.

Da die Aufgabe einen hohen Anspruch im Bereich der Problemlösefähigkeit aufweist, erfordert diese Stunde ein hohes Maß an *Differenzierung* und *Offenheit* im Hinblick auf die Gestaltung des Stundenverlaufes. Für die Strukturierung des Lernprozesses ergeben sich daraus folgende Konsequenzen, die ich hier der Übersicht halber zunächst in Tabellenform darstelle:

Fortlaufende Zeit (Arbeitsphase und integrierte Reflexionsphase 1)	Paare, die die Frage **schnell** beantworten	Paare, die die Frage **ohne Hilfen** beantworten	Paare, die zur Beantwortung der Frage **Hilfen** benötigen
Beginn			
	Arbeit am Arbeitsauftrag	Arbeit am Arbeitsauftrag	Arbeit am Arbeitsauftrag
	Mathekonferenz	Mathekonferenz	Eventuelle Zwischenreflexion
	Bearbeitung des weiterführenden Arbeitsauftrages	Bearbeitung des weiterführenden Arbeitsauftrages	Arbeit am Arbeitsauftrag
	Mathekonferenz		Mathekonferenz
Ende			

Zunächst werden alle Paarungen damit beginnen, den Arbeitsauftrag zu bearbeiten. Dabei dürfen sie ihr *Forscherheft*, in das sie im Laufe der Einheit Entdeckungen und topologische Konventionen eingetragen haben, als Hilfe nutzen. Bei einigen Paarungen gehe ich davon aus, dass sie relativ schnell eine begründete Antwort finden. Diese werden sich schon dann mit einem anderen Paar zu einer *Mathekonferenz* treffen, um sich über die Ergebnisse aus-zutauschen. Diese Paarungen bekommen anschließend den Arbeitsauftrag, das Netz der Stadt Königsberg so zu verändern, dass ein Spaziergang nach Eulers Bedingungen möglich wäre. Dieses veränderte Netz sollen sie aufzeichnen und mit Hilfe dieser Aufzeichnung in einer zweiten Mathekonferenz dem anderen Paar erklären, warum nun ein Weg durch Königsberg möglich ist.

Die Paarungen, die mehr Zeit für die Bearbeitung des Arbeitsauftrages benötigen, mel-den sich, ihrem Tempo individuell angepasst, zu einer Mathekonferenz an.

Es ist natürlich möglich, dass es auch Paarungen gibt, die keine Lösungsidee haben. Ich behalte mir vor, mit diesen Paarungen eine dezentrale Zwischenreflexion zu machen, während die anderen Paare den Arbeitsauftrag bearbeiten. Trotzdem sollen auch Paare, die Schwierigkeiten mit der Beantwortung der problemhaltigen Fragestellung haben, am Ende der Arbeits- und integrierten Reflexionsphase eine Mathekonferenz abgehalten haben. Sie werde ich gegen Ende dieser Phase, wenn nötig, auffordern, nun in eine Mathekonferenz zu gehen.

Da die Paarungen also, wie beschrieben, sehr individuell entscheiden, wann sie eine Mathekonferenz abhalten, wird es zur Organisation an der Tafel einen Plan geben, an dem sich die Paare zu einer Mathekonferenz anmelden. So können die anderen SuS sehen, wel-ches Paar für eine Konferenz bereit ist. Die Mathekonferenz soll im Endeffekt jedem Kind die Möglichkeit geben, sich noch einmal, auch verbal, mit seiner Antwort und der Begrün-dung auseinanderzusetzen. Außerdem werden die SuS herausgefordert, „die Gedanken-gänge ihrer Mitschülerinnen und Mitschüler nachzuvollziehen" (vgl. [6]), da innerhalb der Mathekonferenz die gefundenen Antworten und die Begründung vorgestellt werden sollen.

Natürlich ist es auch möglich, dass nur sehr wenige Paarungen selbstständig erste Lö-sungsideen entwickeln. Für diesen Fall behalte ich mir vor, eine zentrale Zwischenrefle-xion zur Hilfestellung einzuschieben, bei der die SuS möglichst Tipps von ihren Mitschü-lern bekommen sollen.

Die Arbeitsphase mit integrierter Reflexionsphase wird durch ein akustisches Signal beendet.

Für die abschließende zentrale **Reflexionsphase** finden sich die SuS im Kinositz zusam-men. Einzelne Paarungen sollen nun ihre Antworten und Begründungen so vorstellen, wie sie es auf dem „*Mathematiker-Treffen*" machen würden. Die anderen SuS sollen abschlie-ßend beurteilen, ob diese Antwort und vor allem die Begründung schon geeignet sind, um sie „Mathematikern" vorzustellen, oder ob noch wichtige Dinge fehlen.

Der Ausblick auf die Weiterarbeit erfolgt vermutlich differenziert, da die einzelnen Paa-rungen im Arbeitsprozess unterschiedlich weit vorangekommen sind.

… zu erarbeiten.

5.10.6 Stundenverlaufsplanung

Unterrichtsphase	Inhalt	Material	Sozialform
Einstieg	Begrüßung	Plakat „Eulers Frage"	Plenum
	Aufgreifen der Thematik der vorangegangenen Stunden		
	Rückführung auf die zentrale Fragestellung		
	LAA gibt Transparenz über den Stundenverlauf.	Plakat Stundenverlauf	
	LAA erteilt den Arbeitsauftrag: „Beantwortet Eulers Frage und begründet eure Antwort."	Plakat Arbeitsauftrag	
	LAA macht Ziel der Stunde transparent.		
	LAA erläutert den organisatorischen Ablauf der Arbeitsphase.		
Arbeitsphase mit integrierter, dezentraler Reflexionsphase	SuS bearbeiten in Partnerarbeit den Arbeitsauftrag und führen eine Mathekonferenz durch (zum ausführlichen Ablauf und Differenzierung vgl. „auf diese besondere Weise").	Papier Stifte Forscherheft Glocke	Partnerarbeit
	LAA steht beratend zur Seite.		
	LAA beendet die Phase mit einem akustischen Signal.		
Reflexion 2	Einige Paarungen stellen ihre Antworten mit Begründung vor.		Kinositz
	Die SuS nehmen kritisch Stellung dazu.		
	LAA gibt Ausblick auf die Weiterarbeit.		

5.10.7 Literatur

1. Anders, K./Oerter, A.: *Forscherhefte und Mathematikkonferenzen in der Grundschule.* Seelzen, 2009
2. Baptist, P. (Hrsg.): *Alles ist Zahl. Motive von Eugen Jost.* Köln, 2009
3. Ministerium für Schule und Weiterbildung des Landes Nordrhein-Westfalen: *Richtlinien und Lehrpläne für die Grundschulen in Nordrhein-Westfalen.* Frechen, 2008

4. Müller-Philipp, S.; Gorski, H.-J.: *Leitfaden Geometrie*. Münster, 2012
5. Walther, G./van den Heuvel-Panhuizen, M./Granzer, D./Köller, O.: *Bildungsstandards für die Grundschule: Mathematik konkret*. Berlin, 2011

5.10.8   Internetquellen

• PIK AS der TU Dortmund
  http://www.pikas.tu-dortmund.de/material-pik/herausfordernde-lernangebote/haus-8-unterrichts-material/mathe-konferenzen/index.html (Stand: 02.04.2012, 08:00 Uhr)
• Wissen.de
  http://www.wissen.de/lexikon/graphentheorie (Stand: 02.04.2012, 10:00 Uhr)

5.11   Wir bauen Gebäude aus Somawürfel-Mehrlingen (Klasse 3)

5.11.1   Thema der Unterrichtsstunde

Bauen von Gebäuden aus Somawürfel-Mehrlingen.

5.11.2   Situationsanalyse

• Schule
• Klasse
• Regeln und Rituale in der Klasse
• Einzelne Schülerinnen und Schüler

Aus Umfangsgründen verzichten wir auf die Wiedergabe dieser Abschnitte.

5.11.3   Sachanalyse

Meine Sachanalyse setzt sich aus Sachinformationen zum Würfel im Allgemeinen und zum Somawürfel im Besonderen zusammen.

Würfel

Unter einem Würfel versteht der Mathematiker ein regelmäßiges Hexaeder, also einen von sechs kongruenten Quadraten begrenzten Körper (vgl. [4], S. 56). Somit zählt der Würfel zu den fünf regulären Polyedern, den sogenannten platonischen Körpern (vgl. [6], S. 4). Die Flächen des Würfels sind untereinander durch zwölf gleich lange Kanten (a) verbun-

Abb. 5.11 Die sieben Soma-Bausteine. (Foto: © K. Hager)

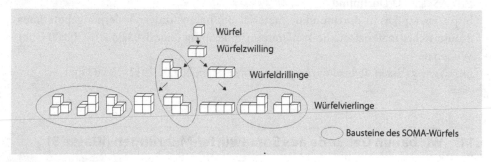

Abb. 5.12 Die sieben Bausteine des Somawürfels. (© PIK-AS-Team [8])

den, von denen jeweils drei Kanten in den acht Ecken zusammentreffen. Alle Kanten stoßen rechtwinklig aneinander (vgl. [4], S. 56).

Festgelegt ist das Volumen (V) des Würfels durch a^3, die Oberfläche (O) des Würfels
durch $6a^2$. Somit wird die Größe eines Würfels bereits durch die Angabe einer Kantenlänge
festgelegt (vgl. [10]).

Der Somawürfel

Der Somawürfel ist ein sogenannter Knobelwürfel, der auch unter der Bezeichnung Geo-
würfel bekannt ist. Er besteht aus 3^3 ($= 27$) Einzelwürfeln, die zu Soma-Bausteinen mit einmal 3 und sechsmal 4 Würfeln zusammengesetzt sind (vgl. Abb. 5.11). Die Steine kommen
aufgrund folgender Konstruktionsprinzipien zustande:

- Die kombinierten Würfel müssen an ihren Flächen zusammengefügt werden.
- Körper, die drehsymmetrisch zueinander sind, werden als derselbe Körper betrachtet
  (vgl. [9], S. 12).

Insgesamt gibt es zwei verschiedene Würfeldrillinge und acht verschiedene Würfelvierlin-
ge, wovon nur die Steine für den Somawürfel ausgewählt wurden, die keine Quader sind
(vgl. Abb. 5.12).

Das Grundproblem des Somawürfels besteht darin, dass die sieben Steine zu einem
3 x 3 x 3-Würfel zusammengesetzt werden sollen. Insgesamt gibt es 240 verschiedene Möglichkeiten des Zusammenfügens. Empfehlenswert ist es, mit den Steinen „linke Hand",
„rechte Hand" und „Eck-Stein" zu beginnen (vgl. [3]).

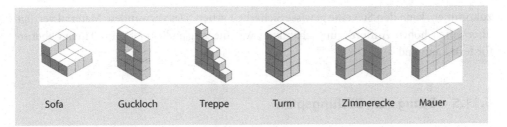

Sofa   Guckloch   Treppe   Turm   Zimmerecke   Mauer

Abb. 5.13 Die im Unterricht thematisierten sechs Würfelgebäude. (© PIK-AS-Team [8])

Neben dem Würfel lässt sich aus den Steinen auch eine Vielzahl anderer „Gebäude"
bauen. Die im Unterricht thematisierten Würfelgebäude können Sie der Abb. 5.13 entnehmen.

5.11.4   Didaktische Analyse

Zur Bedeutung des Inhalts
Gegenwartsbedeutung und exemplarische Bedeutung
Das Lernangebot zur Raumgeometrie soll die Entwicklung der Raumvorstellung der SuS
fördern, da diese wichtig ist, um sich die Lebenswelt zu erschließen ([7], S. 17). Des Weiteren fordern die Aufgaben zum Bauen von Würfelgebäuden sowohl strategisches Vorgehen
als auch planvolles und reflektiertes Handeln, was von den SuS in vielen Lebensbereichen
gefordert wird. Exemplarisch für das Bauen mit geometrischen Körpern bauen die SuS
unterschiedliche Gebäude mit den Soma-Bausteinen. Gegenwärtige Bedeutung hat dieser
Unterrichtsinhalt auch in zahlreichen Gesellschaftsspielen und anderen Spielformaten.

Zukunftsbedeutung
Visuell-geometrische Erfahrungen sind immanent wichtig für die kognitive Entwicklung
der SuS. Durch die Forschung wurde bereits belegt, dass die Inhalte zum Kompetenzbereich „Raum und Form" grundlegend sind für mathematisches Verständnis und natur-
wissenschaftliches Denken (vgl. [6], S. 5). Sowohl die Entwicklung der Zahl- als auch der
Zahlenraumvorstellung hängen wesentlich von geometrischen Vorstellungen – konkret
vom Raumvorstellungsvermögen – ab (vgl. [6], S. 5). Auch spielt die Raumgeometrie in
allen gewerblich-handwerklichen Berufen, die mit Sicherheit einige unserer SuS anstreben
werden, eine große Rolle. Im schulischen Bereich werden sich die SuS in den kommenden
Jahren sowohl mit der Oberfläche als auch mit dem Volumen von Körpern beschäftigen.
Auch werden Kongruenz, Ähnlichkeit und Lagebeziehungen thematisiert werden, wofür
eine solide, auf Verständnis und Handlung gestützte Basis nötig ist.

Zugänglichkeit
Ein mathematisch komplexes Thema wird dadurch für die SuS zugänglich gemacht, dass
es auf spielerische und entdeckende Weise erarbeitet werden kann. Ein Zurückgreifen auf
das konkrete Material und die Möglichkeit, durch Ausprobieren im Lösungsprozess voran-

zukommen, kann den SuS eine gewisse Sicherheit geben. Das verwendete Material verfügt über einen hohen Aufforderungscharakter, was die Zugänglichkeit zum Thema ebenso fördern kann und soll.

5.11.5   Bezug zum Bildungsplan

Laut dem Bildungsplan „[...] befähigt der Mathematikunterricht die Kinder zum Mathematisieren. Sie setzen sich mit Situationen ihrer Lebenswelt auseinander und finden darin authentische Fragen und Probleme, die mathematisch gelöst werden können. Mithilfe ihres Wissens und Könnens werden Lösungswege dargestellt, analysiert und bearbeitet" ([1], S. 54). In der gezeigten Unterrichtsstunde sollen authentische Aufgaben zum Bauen von Würfelgebäuden mathematisch gelöst und die Tricks und Taktiken notiert und reflektiert werden.

Des Weiteren fordert der Bildungsplan, dass die fachliche Kompetenz in Geometrie die SuS befähigt, „ihre natürliche Umgebung und ihre gestaltete Umwelt bewusst wahrzunehmen. Sie entdecken Strukturen und Phänomene, sie analysieren diese, setzen sie zueinander in Beziehung, erwerben dadurch geometrisches Vorstellungsvermögen und wenden dieses beim Zeichnen und künstlerischen Gestalten an" ([1], S. 56). All diesen Forderungen möchte ich mit den ausgewählten Lernangeboten zur Unterrichtseinheit „Würfelgebäude" gerecht werden.

Das Lernangebot „Bauen von Gebäuden aus Somawürfel-Mehrlingen" lässt sich der Leitidee *Raum und Ebene* zuordnen, wobei darüber hinaus ebenso kombinatorische Aspekte thematisiert werden. Die Arbeit mit dem Somawürfel gehört somit in den Bereich der kombinatorischen Geometrie. Auch spielen das Kommunizieren, Darstellen, Problemlösen sowie das Argumentieren eine wichtige Rolle in der beschriebenen Lernumgebung.

Didaktische Reduktion

Ich beschränke mich auf Aufgaben zum Bauen sechs unterschiedlicher Gebäude. In der gezeigten Stunde wird das Bauen des Somawürfels als Ganzes noch nicht explizit angestrebt.

5.11.6   Einbettung der Stunde in die Unterrichtseinheit

Die gezeigte Unterrichtsstunde ist die zweitletzte von zehn Unterrichtsstunden zum Thema „Würfelgebäude". Die Unterrichtseinheit ist wie folgt aufgebaut:

- Wiederholen wichtiger Eigenschaften des Würfels
- Freies Bauen mit Blankowürfeln
- Zeichnen von Würfelgebäuden
- Baupläne entwickeln für Würfelgebäude
- Entwicklung der Bausteine des Somawürfels

- **Bauen von Somawürfel-Gebäuden**
- Bauen des Somawürfels aus Holzwürfeln (im Tandem)

5.11.7   Aufgabenauswahl und Fragestellungen

Die sechs Aufgaben „Turm", „Mauer", „Treppe", „Guckloch", „Sofa" und „Zimmerecke"
wurden so ausgewählt, dass Gebäude mit einer unterschiedlichen Anzahl von Ebenen gebaut werden können.

Die Aufgabenstellung lautet für alle sechs angebotenen Würfelgebäude gleich, nämlich:
„Finde möglichst **viele unterschiedliche Lösungen** für das Bauen des Gebäudes." Diese
Aufgabenstellung wird gewählt, um die SuS dazu zu veranlassen, strategisch vorzugehen
und systematisch auszuprobieren. Das Problemlösen soll hierbei im Vordergrund stehen.
Auch sollen die SuS durch die Aufgabenstellung dazu bewegt werden, länger an einer Aufgabe zu verweilen und gegebenenfalls nach und nach mental zu operieren. Des Weiteren
enthält jedes Arbeitsblatt die Arbeitsanweisung, Tipps und geschickte Vorgehensweisen zu
notieren. Diese Aufforderung hat zum Ziel, dass die SuS ihre Handlungen und Gedanken
während des Bauens reflektieren und im Nachhinein darstellen.

Schwierigkeiten könnten dahingehend auftreten, dass die SuS beispielsweise für Gebäude, die nur in einer Ebene gebaut werden (Mauer, Guckloch und Treppe) ebenfalls
versuchen, die Steine „linke Hand", „rechte Hand" und „Eck-Stein" zu verwenden. Ebenso
werden die SuS, die versuchen, das Guckloch nachzubauen, lange knobeln und ausprobieren müssen, bis sie herausfinden, dass es hierfür tatsächlich nur eine Lösung gibt. Eine
weitere Schwierigkeit könnte sein, dass die SuS die Gesamtanzahl der Steine für das zu
bauende Gebäude nicht erfassen und somit gegebenenfalls nicht entscheiden können, ob
der Drilling mit verbaut werden muss oder nicht. All diesen Schwierigkeiten begegne ich
jedoch mit den Tippkarten.

5.11.8   Kompetenzen und Lernziele

Angestrebte Kompetenzen

- Die SuS entwickeln beim Forschen und Fragen, beim Entdecken und Dokumentieren
  elementare mathematisch-naturwissenschaftliche Kompetenzen.
- Die SuS erweitern ihr Orientierungsvermögen in Raum und Ebene.
- Die SuS entdecken und analysieren geometrische Phänomene, setzen diese zueinander
  in Beziehung und entwickeln dadurch geometrisches Vorstellungsvermögen.
- Eigene Fehler oder Fehler anderer werden konstruktiv eingesetzt und dienen den SuS
  als Anreiz für neue Lösungsansätze. (Vgl. [1], S. 54 f.)

Stundenziele

Grobziel

Die SuS bauen vorgegebene Gebäude aus Somawürfel-Mehrlingen nach.

Feinziele

Die SuS ...

- können mindestens eines der sechs Gebäude mit Somawürfel-Mehrlingen bauen,
- finden zu mindestens einem der sechs Würfelgebäude mehrere unterschiedliche Lösungen,
- können mindestens einen Trick bzw. eine Strategie zu jedem Würfelgebäude schriftlich festhalten,
- können ihre Lösungen in der Blankovorlage farblich darstellen.

Schnelle bzw. leistungsstarke SuS ...

- gehen beim Bauen nach und nach systematischer vor,
- können ihre Vorgehensweisen und Strategien für andere gut verständlich verbalisieren und aufschreiben.

Methodisches Ziel

- Die SuS holen sich ggf. Tipps in Form von Tippkarten.

Soziale Ziele

- Die SuS üben das Zuhören und Zuschauen im Sitzhalbkreis.
- Die SuS üben einen konstruktiven Umgang mit Fehlern.

5.11.9   Methodische Überlegungen

Einstieg/Problemstellung

Nach der Begrüßung werden die SuS in einen Sitzhalbkreis nach vorne an die Tafel gebeten. Anschließend wird die Wäscheklammer an der „Wäscheleine" auf das heutige Thema gesetzt, wobei gleichzeitig eine Rückschau auf die Themen der vergangenen Stunden gegeben wird. Die „Wäscheleine" mit den unterschiedlichen Themen begleitet die SuS bereits seit Beginn der Unterrichtseinheit und soll zum einen als eine Art „Advanced Organizer", zum anderen auch als thematische Orientierungshilfe dienen. Im Anschluss hieran wird eines der sechs zu bauenden Würfelgebäude an die Wand projiziert. Ich wähle die „Mauer", da ich sie als eine der einfacheren Gebäude einschätze. Sehr vorsichtige SuS könnten in der Erarbeitungsphase mit der „Mauer" beginnen, falls sie sich langsamer an das Bauen herantasten möchten. Die L beginnt nun mit Hilfe eines größeren Somawürfels das Gebäude nachzubauen und „denkt dabei laut". Während des Lösungsprozesses holt sie sich einen Tipp an der Tafel, liest diesen laut vor und fährt fort. Anhand dieser Präsentation soll der Arbeitsauftrag für die SuS veranschaulicht werden. Mit diesem Einstieg sollen die SuS zum einen zum Mitdenken veranlasst, zum anderen auch dazu „gezwungen" werden, nicht gleich durch planloses Ausprobieren eine Lösung finden zu wollen. Das „laute Denken" der L soll den SuS einige Anregungen geben, wie sie in der folgenden Erarbeitungsphase vorgehen könnten.

Alternativ hätte den SuS der Arbeitsauftrag direkt ausgehändigt werden können, was jedoch viele Fragen hätte aufwerfen können. Auch schätze ich einige SuS der Klasse so ein, dass sie ohne eine gemeinsame Einführung und das Durchführen einer Probesituation Scheu gehabt hätten, direkt selbstständig mit der Bearbeitung der Arbeitsaufträge zu beginnen.

Gelenkstelle/Organisation
Alles Inhaltliche wird geklärt, bevor die Materialien ausgeteilt werden, um die Aufmerksamkeit auf den eigentlichen inhaltlichen Auftrag zu lenken. Während die SuS ihre Stühle zurückbringen, teilt die L die Somawürfel aus und stellt die Boxen mit den Arbeitsaufträgen vor die Tafel.

Erarbeitung
Die Arbeit findet in *Einzelarbeit* statt, da ich erreichen möchte, dass jedes Kind die Chance hat, sich im benötigten zeitlichen Umfang intensiv auf die Aufgabe einlassen zu können. Die SuS holen sich eigenständig ihre Arbeitsaufträge und bauen die Würfelgebäude nach. Nachdem eine Lösung gefunden wurde, wird eine der Blankovorlagen dementsprechend farbig ausgemalt. Im Anschluss an die Bearbeitung eines Arbeitsauftrages notieren die SuS zu ihrem Gebäude Tricks, Strategien bzw. Vorgehensweisen. Ich stelle aus folgenden Gründen *unterschiedliche Würfelgebäude* zur Verfügung: Die Gebäude sind in ihrem Schwierigkeitsgrad unterschiedlich, und ich biete somit sowohl eine qualitative als auch eine quantitative Differenzierung an. Außerdem möchte ich den SuS die Chance geben, sich in Selbsteinschätzung und Selbstorganisation zu üben. *Unterschiedliche Lösungen* beim Bau der Gebäude zu finden, ist mir deshalb ein Anliegen, weil ich vermeiden möchte, dass die SuS durch zufälliges Ausprobieren zum Ziel kommen und sich dann nicht tiefer mit der Aufgabe auseinandersetzen. Das Finden mehrerer Lösungen soll strategisches Handeln fördern. In der Erarbeitungsphase notiere ich mir interessante Lösungsstrategien oder Schwierigkeiten, die ich bei den SuS beobachten kann und gegebenenfalls in der Reflexionsphase einstreue.

Differenzierung: Die einzelnen Gebäude sind bereits an sich unterschiedlich komplex zu bauen und es gibt bei einigen Bauwerken mehr, bei anderen weniger Möglichkeiten der unterschiedlichen Zusammensetzungen. Eine weitere Differenzierung stellen die *Tippkarten* dar, die von jenen SuS zu Hilfe genommen werden können, die sie benötigen, bzw. von manchen SuS schneller, von anderen SuS erst nach einiger Zeit geholt werden können. Die Tippkarten sind nach dem „Prinzip der minimalen Hilfe" ([11], S. 309) aufgebaut, was bedeutet, dass nicht mehr Hilfe gegeben wird, als unbedingt notwendig ist.

Alternative: Diese Erarbeitungsphase hätte auch in *Partnerarbeit* stattfinden können, was die Kommunikation und Kooperation besser gefördert hätte. Allerdings habe ich die SuS in der Unterrichtseinheit „Würfelgebäude" bisher so erlebt, dass sie sich sehr gerne alleine und konzentriert mit dem Material auseinandersetzen, jedoch selbstverständlich jederzeit mit dem Tischnachbarn über die Aufgaben reden können. Alternativ zur Benutzung der Arbeitsblätter hätten die Aufgaben auch im *Forscherheft* bearbeitet werden können, da durch die eigene Darstellung nochmals hätte differenziert werden können. Jedoch wäre in diesem Fall sehr viel Zeit für das Zeichnen der Gebäude verwendet worden. Diese Zeit möchte ich lieber für das Bauen und Reflektieren nutzen.

Reflexion

Mit Hilfe der Reflexionsrunde wird versucht, die *Erkenntnisse*, die *Strategien* und auch die *Schwierigkeiten* zu bündeln. Auch soll diese Phase einen Rahmen für *Fragen* an das Plenum und an die L bieten, die in der Einzelarbeitsphase aufgekommen sind. Die Reflexionsrunde findet im Sitz-/Stuhlhalbkreis statt, da ich es den SuS ermöglichen möchte, Zusammenhänge und Merkmale direkt anhand der größeren Soma-Bausteine zu demonstrieren. Die Reflexionsphase wird dadurch eingeleitet, dass die SuS in den Sitz-/Stuhlhalbkreis gebeten werden und eine Minute Zeit bekommen, um sich zu überlegen, was sie heute entdeckt bzw. gelernt haben und was für sie heute kniffig bzw. schwierig war. Die SuS, die ihre Entdeckungen bzw. Schwierigkeiten vorstellen, haben die Möglichkeit, ihre Präsentation mit Hilfe des größeren Somawürfels zu visualisieren. Das Somawürfel-Gebäude wird auf einer drehbaren Käseplatte erstellt, damit es mit wenig Aufwand allen SuS aus derselben Perspektive gezeigt werden kann.

Differenzierung SuS, die noch unsicher sind, können in dieser Phase (erst einmal) beobachten, was die Mitschüler(innen) tun. Schnelle, mutige bzw. leistungsstarke SuS können unter Verwendung einer gewissen Fachsprache ihr Vorgehen verständlich präsentieren.

Alternativ Ich habe mir überlegt, die Reflexionsrunde durchzuführen, ohne dass die SuS nach vorne an die Tafel kommen, da gemeinsame Phasen im Sitz(halb)kreis immer auch Unruhe mit sich bringen und das Umorganisieren Zeit benötigt. Da ein gemeinsames Agieren im Sitzhalbkreis jedoch unkomplizierter ist, die SuS näher am Geschehen sind und die Gebäude besser sehen können, habe ich mich für diese Variante entschieden.

Abschluss

Der Abschluss der Stunde wird mit dem Zurückgehen an die Tische und dem Aufräumen der Arbeitsmaterialien eingeleitet. Anschließend wird auf die „*Wäscheleine*" mit den zur Einheit gehörenden Themen verwiesen und den SuS im Sinne der Prozesstransparenz ein Ausblick auf das morgige Thema „Somawürfel selbst bauen" gegeben. Den Abschluss bildet der Verweis auf die „Wäscheleine" deshalb, weil ich den SuS auch visuell deutlich machen möchte, wie sie in ihren Lernprozessen fortschreiten. Ebenso möchte ich hiermit eine gewisse Neugier auf die kommende Stunde wecken.

5.11.10 Verlaufsplanung

Thema der Stunde: Bauen von Gebäuden aus Somawürfel-Mehrlingen

Unterrichtsphasen/Teilziele/Zeit	Lehreraktivitäten	Schüleraktivitäten	Sozialform/Bemerkungen	Medien
Einstieg/Problemstellung 8–10 Min.	Begrüßung. SuS werden in einen Sitzhalbkreis gebeten. Vorstellung des Stundenthemas mit Verweis auf die „Wäscheleine"	Begrüßung. SuS bringen ihre Stühle nach vorne in einen Sitzhalbkreis. SuS hören und schauen zu.	Plenum/Sitzhalbkreis	„Wäscheleine" Großer Somawürfel OHP
	L demonstriert ihren Lösungsprozess. Sie „denkt laut", holt sich einen Tipp und malt die Vorlagen entsprechend aus.	SuS werden wahrscheinlich Hilfe anbieten.		Folie mit einem Gebäude 6 Stationen
	L geht später auf die Schüler-Hilfsangebote ein	SuS stellen ggf. Fragen.		Tippkarten
	Im Anschluss daran erläutert die L, wo die Arbeitsaufträge und die Tippkarten zu finden sind.			
Organisation 3 Min.	L bittet die SuS, an ihre Plätze zurückzugehen.	SuS gehen zurück an ihre Tische.		Somawürfel
	In dieser Zeit teilt L die Somawürfel aus.			
	L stellt die Ampel für die ersten fünf Minuten auf Rot.			Ampel
Erarbeitung 20–22 Min.	L beobachtet, gibt Impulse und stellt Fragen.	SuS bearbeiten mindestens einen der sechs Arbeitsaufträge und holen sich ggf. Tipps zum Bauen.	EA	s. o.
	L achtet darauf, dass Tricks und Vorgehensweisen in das AB eingetragen werden.			
Organisation ca. 3 Min.	L bittet die SuS, ihre ABs in das Soma-Büchlein einzuheften, dieses und einen Stuhl mit in den Sitzhalbkreis zu bringen.	Die SuS kommen mit ihrem Büchlein und ihrem Stuhl in einen Sitzhalbkreis.		Soma-Bücher

Unterrichtspha-sen/Teilziele/Zeit	Lehreraktivitäten	Schüleraktivitäten	Sozialform/Bemerkungen	Medien
Reflexion und Abschluss 10 Min.	L fragt nach Entdeckungen der SuS.	Einige SuS äußern sich und nennen ihre Entdeckungen oder Schwierigkeiten und präsentieren sie ggf. mit Hilfe des größeren Somawürfels.	Plenum (Sitzhalb-kreis)	Großer Somawürfel Drehplatte Evtl. Folien der Gebäude
	L moderiert die Entdeckerrunde.			
	Die SuS werden gebeten, zurück an ihre Plätze zu gehen, die Materialien wegzuräumen und sich an der Türe aufzustellen. Verabschiedung.	Verabschiedung		

5.11.11 Tafelbild

AA: 1. Arbeite alleine. 2. Hole dir eine Aufgabe. 3. Finde möglichst viele unterschiedliche Lösungen für das Bauen des Gebäudes. 4. Male die Gebäude an. 5. Notiere deine Tricks.	Arbeitsblätter und zugehörige Tipps Arbeitsblätter: 1, 2, 3, 4, 5, 6 Tippkarten: Tipp1, Tipp 2	Karten mit den Soma-Mehrlingen und jeweilige Benennungen

AA: Reflexion (noch abgedeckt) 1. Du hast eine Minute Zeit zum Überlegen. Frage 1 : Was hast du heute gelernt oder entdeckt? Frage 2 : Was war für dich heute schwierig?	Unsere Gäste: ... ...

5.11.12 Material- und Medienaufstellung

- Tafel
- Ablaufplan an der Tafel
- Großer Demo-Somawürfel
- 12 kleine Somawürfel (einer für die Prüfungskommission)
- 6 Arbeitsblätter, kopiert
- 6 Tippkarten, kopiert und foliert
- 6 Stationenschilder
- Folie mit großem Schrägbild der „Mauer"
- Soma-Bücher aller Kinder
- Drehscheibe
- OHP
- Folien für die Reflexionsphase

5.11.13 Literatur

1. Ministerium für Kultus, Jugend und Sport Baden-Württemberg (Hrsg.): *Bildungsstandards für die Grundschule*. Ditzingen, 2004
2. Franke, M.: *Didaktik der Geometrie in der Grundschule*. 2. Auflage. Spektrum, München, 2007
3. Köller, J.: *Mathematische Basteleien. Der Somawürfel*. (http://www.mathematischebasteleien.de/somawuerfel.htm, abgerufen am 03.04.2011)
4. Hinrichs, K.: *Lernwerkstatt Mathematik*. Oldenbourg, München, 2000
5. *Mathematik Kompakt: Arithmetik, Algebra, Geometrie, Funktionen, Vektoren und Matrizen*. Tosa, Wien, 2005
6. Merschmeyer-Brüwer, C.: Raum und Form: Vorstellung und Verständnis. In: *Mathematik Differenziert*. Heft 1/2011. Westermann, Braunschweig, S. 4–5
7. Radatz, H./Rickmeyer, K.: *Handbuch für den Geometrieunterricht an Grundschulen*. Schroedel, Hannover, 1991
8. PIK-AS-Team: *SOMA-Würfel* (http://www.pikas.tu-dortmund.de/index.html, abgerufen am 01.03.2011)
9. Stude, M.: *Der Somawürfel – fächerübergreifender Unterricht in einer Abschlussstufe einer Sonderschule für Geistigbehinderte* (http://www.nibis.de/~as-h2/ps%20seminare/ps%20brei/somawuerfel.pdf, abgerufen am 02.04.2011)
10. Wikipedia: *Würfel (Geometrie)* (http://de.wikipedia.org/wiki/W%C3%BCrfel_(Geometrie), abgerufen am 01.04.2011)
11. Zech, F.: *Grundkurs Mathematikdidaktik. Theoretische und praktische Anleitungen für das Lehren und Lernen von Mathematikdidaktik*. Beltz, Weinheim/Basel, 2002

Abb. 5.14 Arbeitsblatt „Das Sofa". (© [8])

5.11.14 Anhang/Arbeitsaufträge

Exemplarisch: „Das Sofa" (Abb. 5.14).

Der Unterrichtsentwurf enthält weitere, analog aufgebaute Arbeitsaufträge: die Mauer, das Guckloch, die Treppe, der Turm, die Zimmerecke. Alle Arbeitsaufträge stammen vom PIK-AS-Team [8].

Tippkarten – exemplarisch für alle Tipps, hier abgebildet die Tippkarten für das „Sofa" (Abb. 5.15).

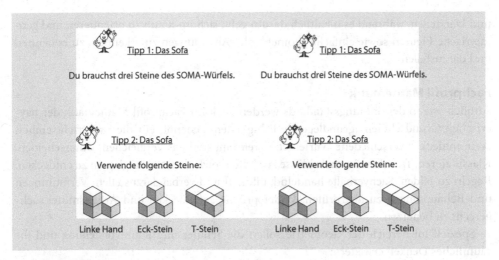

Abb. 5.15 Tipp 1 und Tipp 2 zum Arbeitsblatt „Das Sofa" (© [8])

5.12   Wir entdecken mit dem Geo-Clix verschiedene Würfelnetze (Klasse 3)

5.12.1   Thema der Unterrichtsstunde

Wir entdecken verschiedene Würfelnetze.

5.12.2   Sequenz

- 1. UE: Wir bauen und untersuchen den Würfel: der Würfel als Voll- und Kantenmodell
- 2. UE: Wir entdecken verschiedene Würfelnetze.
- 3. UE: Wir strukturieren Würfelnetze.
- 4. UE: Wir üben mit Würfelnetzen: Flächen
- 5. UE: Wir üben mit Würfelnetzen: Kanten
- 6. UE: Wir üben mit Würfelnetzen: Ecken

5.12.3   Lernziele

Bildungsstandards

In der Unterrichtsstunde „Wir entdecken verschiedene Würfelnetze" werden sowohl die in den Bildungsstandards Mathematik für den Primarbereich aufgeführten allgemeinen Kompetenzen als auch die inhaltlichen Kompetenzen im Bereich „Raum und Form" geför-dert. Erstere betreffen insbesondere das Problemlösen, Kommunizieren, Argumentieren und Darstellen, während es inhaltlich darum geht, sich im Raum zu orientieren und geometrische Figuren sowie einfache geometrische Abbildungen zu erkennen, zu benennen und darzustellen.

Fachprofil Mathematik

Ähnlich wie in den Bildungsstandards werden auch im Fachprofil Mathematik der bayerischen Grundschulen „grundlegende Fähigkeiten" genannt. Für die Unterrichtseinheit „Wir entdecken verschiedene Würfelnetze" relevant sind das Vergleichen, Unterscheiden, Klassifizieren, Transformieren, Schlüsse zu ziehen sowie Gesetzmäßigkeiten zu entdecken, Regeln zu bilden, Sachverhalte handelnd, bildhaft und verbal darzustellen, Vermutungen und Behauptungen zu überprüfen, Widersprüche aufzudecken und Arbeitsmittel sachgerecht zu benutzen.

Speziell im Bereich der Geometrie sollen die Schüler ihre Raumvorstellung und ihr räumliches Denken erweitern:

> Elementare geometrische Formen, Figuren und Körper lernen sie kennen und benennen, untersuchen sie, beschreiben ihre Eigenschaften und stellen sie in selbst gefertigten Modellen und Zeichnungen dar.

> Im handelnden Umgang mit Gegenständen oder didaktischen Modellen gewinnen die Schüler eine erste Einsicht in neue Inhalte und Verfahren. Zum Verstehen ist eine handelnde und/ oder zeichnerische Durcharbeitung der Aufgaben ebenso erforderlich wie eine intensive Versprachlichung. Dabei erweist es sich als besonders lernwirksam, wenn die Schüler die verschiedenen Darstellungsebenen (handelnd, zeichnerisch, symbolisch) wechselseitig miteinander verknüpfen.

> Alle SuS erhalten Gelegenheit, in Einzel-, Partner- oder Gruppenarbeit selbstständig Lösungsideen zu entwickeln und Lösungswege zielgerichtet zu suchen und zu erproben.

Fachlehrplan Mathematik der dritten Jahrgangsstufe Geometrie: Flächen- und Körperformen

Der Würfel als geometrische Körperform: Zusammenhang zwischen Netzen und Würfel konkret und in der Vorstellung erkunden

Grobziel

Die Schüler sollen im aktiv-handelnden Umgang mit dem Geo-Clix verschiedene Würfelnetze entdecken.

Feinziele

Die Schüler sollen ...

- Würfelnetze durch Falten überprüfen,
- mit Hilfe des Geo-Clix verschiedene Würfelnetze entdecken,

- Würfelnetze auf die ikonische Ebene übertragen,
- das Aussehen der Würfelnetze verbalisieren,
- für gleiche Würfelnetze durch Drehung und Spiegelung sensibilisiert werden,
- Würfelnetze als bestimmte Anordnung von sechs gleich großen zusammenhängenden quadratischen Flächen kennenlernen, die durch Falten einen Würfel ergeben.

5.12.4   Plan der Durchführung

Artikulationsstufe	Unterrichtsverlauf	Sozialformen	Medien
Kopfrechenphase	Würfel kippen	EA	AB
	(Dreifachdifferenzierung in der Länge der Wege)		Würfel
	„Wie ist es dir ergangen?" (Daumenprobe)		
Hinführung	L reicht zwei Umschläge in den SK.	SK	Umschläge mit Würfelnetzen
	„Gebt die Umschläge im SK weiter. Vermutet, was sich darin befinden könnte!"		
	SÄ		
	„Ich behaupte, dass in beiden Umschlägen ein Würfel ist!"		
	SuS tauschen sich aus.	PG	
	SÄ	UG	
	Ein S öffnet den ersten Umschlag und legt den Inhalt in die Sitzkreismitte.		
	SÄ		
Erarbeitung 1	„Damit jeder von euch überprüfen kann, ob daraus auch wirklich ein Würfel gebaut werden kann, sollst du dieses Bild auf deinem Platz mit dem Geo-Clix nachbauen." (BK-AA 1: Stecke!)	SK	BK-AA Geo-Clix WK Nummernkärtchen
	„Als Zweites kontrollierst du durch Falten, ob tatsächlich ein Würfel entsteht." (BK-AA 2: Falte!)		
	SS überprüfen mit Hilfe des Geo-Clix, ob es sich um ein Würfelnetz handelt.		
	SÄ		
	„Dieses Gebilde wird in der Mathematik ‚Würfelnetz' genannt." L heftet WK „Würfelnetz" an die Tafel.		

Artikulationsstufe	Unterrichtsverlauf	Sozialformen	Medien
	Ein S öffnet den zweiten Umschlag und heftet ein zweites Würfelnetz an die Tafel.	EA UG	
	SÄ		
	L deutet auf BK-AA.		
	SuS überprüfen mit Hilfe des Geo-Clix, ob es sich um ein Würfelnetz handelt.	EA UG	
	SÄ		
	„Es gibt noch mehr unterschiedliche Würfelnetze!"		
	L heftet Nummernkärtchen an die Tafel.		
Zielangabe	L heftet BK von einem Professor mit Lupe und Geo-Clix in der Hand an die Tafel.	UG	BK
	SÄ		
	Notation der Überschrift: „Wir entdecken verschiedene Würfelnetze."		
Erarbeitung 2	„Ich bin gespannt, wie viele verschiedene Würfelnetze du mit dem Geo-Clix findest. Zeichne deine Entdeckungen auf deinem AB ein."	EA	BK-AA AB AA Karoblätter Fineliner Lineale
	L heftet BK-AA 3 (Zeichne!) an die Tafel.		
	SuS machen sich durch das Zusammenklicken des Geo-Clix auf die Suche nach verschiedenen Würfelnetzen.		
	Durch Klappen zu einem Würfel wird das Netz auf seine Korrektheit überprüft.		
	SuS skizzieren ihre gefundenen Würfelnetze auf Karopapier.		
	Differenzierung:		
	Individuelles Arbeitstempo		
	Anzahl der gefundenen Lösungen		
	Komplexität/Struktur der Würfelnetze		
	systematisches vs. unsystematisches Vorgehen		
	Tippkarten		

Artikulationsstufe	Unterrichtsverlauf	Sozialformen	Medien
	SuS sammeln, überprüfen und verbalisieren ihre Ergebnisse in der Gruppe.	GA	
Auswertung	Einzelne Gruppen heften ihre Würfelnetze an die Tafel. Gleiche Würfelnetze werden übereinandergeklebt	GA	Würfelnetze AB WK Ausgeschnittene Würfelnetze
	Bei Bedarf heftet L spiegelgleiche und drehsymmetrische Würfelnetze als eigene Nummern heimlich dazu.		
	Sternchenaufgabe:	EA	
	AB: Würfelnetz: Ja oder nein?		
	„Mich interessiert, welches Würfelnetz du gefunden hast. Beschreibe das Aussehen!"		
	SÄ		
	„Schau dir Würfelnetz Nummer ___ und Nummer ___ noch einmal genau an. Vielleicht fällt dir dabei etwas auf!"		
	SÄ		
	Verdeutlichung gleicher Würfelnetze mit Hilfe ausgeschnittener Würfelnetze. Spiegelbildliche und drehsymmetrische Würfelnetze werden übereinandergelegt	SHK UG	
	„Es gibt Würfelnetze an der Tafel, die du selbst nicht gefunden hast. Überprüfe mit dem Geo-Clix, ob sich daraus auch wirklich Würfelnetze falten lassen!"	EA	
	SÄ	UG	
Vertiefung	L heftet zwei „falsche Würfelnetze" an die Seitentafel.		„falsche Würfelnetze"
	Falsche Anordnung der sechs Quadrate		
	Netz aus nur fünf Quadraten		
	„Ich habe noch andere Würfelnetze gefunden!"		
	L zuckt mit den Schultern.		
	SuS tauschen sich aus.	PG	

Artikulationsstufe	Unterrichtsverlauf	Sozialformen	Medien
	SÄ + Begründung	UG	
	„Überprüfe!"	EA	
	SÄ	UG	
Sicherung	„Nur die Netze, die hier in der Mitte hängen, sind Würfelnetze. Besprich dich mit deinem Nachbarn, was diese Würfelnetze miteinander gemeinsam haben!"		WK „falsche Würfelnetze"
	SuS tauschen sich aus	PG	
	SÄ	UG	
	L heftet WK an die Tafel.		
	Hilfsimpulse durch weitere „falsche Würfelnetze"		
Ausblick	„Ihr habt heute zusammen ___ verschiedene Würfelnetze gefunden. Insgesamt gibt es elf unterschiedliche Würfelnetze."	LV	
	L hängt alle Zahlenkärtchen mit einer Zahl über elf ab.		
	„Die Würfelnetze, die uns noch fehlen, darfst du in der nächsten Mathematikstunde suchen."		

5.12.5 Anlage

(1) **Tafelbild** (Abb. 5.16)
(2) **Unterrichtsmaterialien** (Abb. 5.17)

5.12.6 Literatur

1. Ametsbichler, J./Eckert-Kalthoff, B./Maras, R.: *Handbuch für die Unterrichtsgestaltung in der Grundschule*. 5. Auflage. Donauwörth, 2010
2. Bayerisches Staatsministerium für Unterricht und Kultus: *Lehrplan für die bayerischen Grundschulen*. Juli 2000

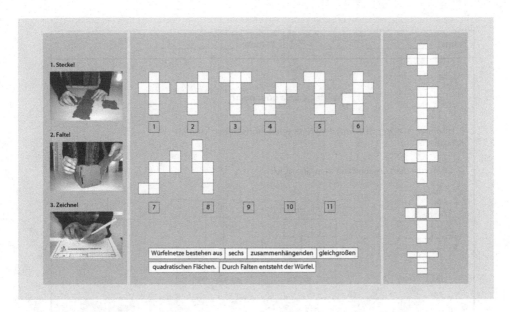

Abb. 5.16 Tafelbild

3. Boeller, I./Maier, E./Peters, H./Thöne, G.: *Jo-Jo Mathematik 3 – Grundschule Bayern.* Berlin, 2009
4. Dröge, R./Ebeling, A./Schipper, W./Radatz, H.: *Handbuch für den Mathematikunterricht – 3. Schuljahr.* Braunschweig, 1999
5. Gierlinger, W. (Hrsg.): *Zahlenzauber 3.* München, 2002
6. Maier, H. (Hrsg.): *Denken und Rechnen 3.* Braunschweig, 2002
7. PIK-AS-Team: Mathe ist Trumpf – Materialien zum kompetenzorientierten Mathematikunterricht aus dem Projekt PIK AS. Cornelsen, Berlin, 2012
8. Spann, M.: *Wir entdecken Würfelnetze.* Seminarvorführung
9. Wollring, B.: *Würfelnetze finden und ordnen – Design von Lernumgebungen zur Geometrie für die Grundschule.* Handout für Teilnehmer am Workshop „Handlungsorientierte und kommunikative Lernumgebungen zur Geometrie am Beispiel von Würfelnetzen, passend für die Jahrgangsstufen 2, 3, 4 und andere" im Rahmen der Herbsttagung des SINUS-Transfer Grundschulprojektes. Erkner, 2007

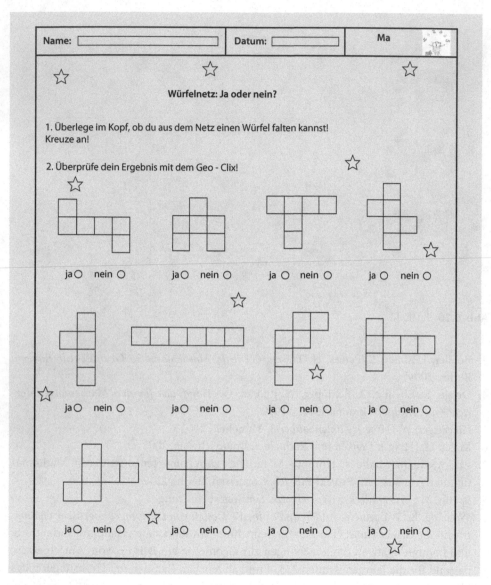

Abb. 5.17 Sternchenaufgabe

5.13 Wir sortieren Lebensmittel nach ihrem Gewicht (Klasse 3)

5.13.1 Thema der Unterrichtsstunde

Wir sortieren Lebensmittel durch direktes Vergleichen nach ihrem Gewicht.

5.13.2 Begründung des Lernvorhabens

Das Thema der Stunde („Wir sortieren Lebensmittel durch direktes Vergleichen nach ihrem Gewicht") entspricht den Forderungen der Bildungsstandards und des im Teilrahmenplan Mathematik formulierten Leistungsprofils. Demnach sollen Kinder am Ende ihrer Grundschulzeit über Kenntnisse und Verständnis mathematischer Begriffe und Verfahren in den verschiedenen Größenbereichen verfügen sowie den sicheren Umgang mit Verfahren zum Schätzen, Wiegen und Messen beherrschen (vgl. [4], S. 22).

Im *täglichen Leben* begegnen Kinder immer wieder dem Größenbereich Gewichte. Bereits sehr früh sind sie durch Anheben von Gegenständen mit den Attributen „leicht" und „schwer" konfrontiert. Auch beim Einkauf im Supermarkt, auf dem Wochenmarkt, bei der Post, bei Arztbesuchen sowie (vor allem in der Vorweihnachtszeit) beim Backen gelangen sie in Kontakt mit verschiedenen Waagen und Gewichtsangaben. Dazu ist es wichtig, dass sie schätzen und wiegen sowie mit standardisierten Maßeinheiten umgehen können.

Im Rahmen dieser Unterrichtsstunde sollen vorwiegend die in den Bildungsstandards konkretisierte inhaltsbezogene mathematische Kompetenz *Größenvorstellung besitzen* (SuS entwickeln eine Größenvorstellung von Gewichten) sowie die allgemeine mathematische Kompetenz *Problemlösen* (SuS entwickeln und nutzen eine Lösungsstrategie, um ein Problem zu lösen) geschult werden (vgl. [3], S. 7 und 11).

Zwar sind Schülerinnen und Schüler täglich mit Gewichten in Kontakt, doch sind sie *nur wenig* dafür *sensibilisiert*. Ermittlungen von Vorerfahrungen haben ergeben, dass „der häufige Umgang mit bestimmten Gegenständen nicht mit einem besseren Einschätzen des Gewichts einhergeht" ([1], S. 212). So haben sie beispielsweise jeden Tag ihr Mathebuch in der Hand, können dessen Gewicht aber überhaupt nicht einschätzen.

Sie verfügen häufig über eine *unzureichende Größenvorstellung* von Gewichten. Daher sollte vor allem das *Schätzen* vertiefend geübt werden, denn es dient in besonderem Maße dem Aufbau *realistischer* Größenvorstellungen. Um eine adäquate Vorstellung von Gewichtsgrößen zu entwickeln, sind eigene Erfahrungen und Handlungen mit Gewichten und Waagen sowie kompetente Anwendungs- und Handlungsmuster unabdingbar.

5.13.3 Analyse des Lernvorhabens

Damit die Kinder am Ende der Grundschulzeit wie im Teilrahmenplan gefordert über Kenntnisse und Verständnis mathematischer Begriffe und Verfahren in den verschiedenen Größenbereichen verfügen sowie den sicheren Umgang mit Verfahren zum Schätzen, Wiegen und Messen beherrschen (vgl. [4], S. 22), ist die Entwicklung einer stimmigen Größenvorstellung unerlässlich. Diese kann sich nur durch konkrete eigene Handlungserfahrungen, d. h. über Unterrichtsaktivitäten zum Vergleichen, Messen und Schätzen entwickeln (vgl. [7], S. 186). Daher sollen die Kinder in dieser Unterrichtsstunde die Möglichkeit erhalten, *vielfältige Schätzungen und Vergleiche* durchzuführen.

Besonders *problematisch* am Größenbereich Gewichte hat sich erwiesen, dass Gewichtsgrößen *nicht visuell* erfassbar sind. So nehmen Schülerinnen und Schüler häufig eine Gleichsetzung von *Gewicht und Volumen* vor (vgl. [1], S. 210 f.). Gerade der Unterschied zwischen Volumen und Gewicht kann nur durch vielfältige handlungsorientierte Vergleiche erfahrbar werden. Zur Überprüfung bietet sich das direkte Vergleichen mittels Balkenwaage an. Die Kinder sollen also zunächst die Gewichte der Gegenstände mit den Händen vergleichen und schätzen. Ihre Vermutung überprüfen sie, indem sie die Gegenstände in die Waagschalen einer Balkenwaage legen. Die Stellung der Waagschale gibt an, welcher Gegenstand leichter oder schwerer ist. So können sie erkennen, dass Volumen und Gewicht zwei Größen sind, die nicht allgemeingültig in Relation zueinander stehen.

Neben den Bildungsstandards für den Mathematikunterricht fordern auch der Teilrahmenplan Deutsch (vgl. S. 23) und die Bildungsstandards Deutsch (vgl. S. 10) eine sachgerechte Verwendung von Fachbegriffen. Die Schülerinnen und Schüler sollen die Formulierungen „ist schwerer/leichter als …" verwenden und verinnerlichen.

Gewichtsgrößen stehen immer in Verbindung zur *alltäglichen Lebenswelt*. Diese Verbindung sollen die Schülerinnen und Schüler durch Thematisierung realer Situationen erfahren. Sie erkennen, dass mathematische Fähigkeiten ihnen beim Lösen außermathematischer Probleme helfen können. Im Laufe der Unterrichtsstunde entwickeln sie eine Strategie, um eine reale Problemsituation zu lösen. Dafür entwickeln sie jedoch zunächst eine Strategie, das mathematische Problem dahinter zu lösen. So kann in der Unterrichtsstunde neben der inhaltlichen Kompetenz (Größenvorstellung von Gewichten besitzen) auch die Problemlösefähigkeit gefördert werden.

5.13.4   Analyse des Lernarrangements

Medien

Problemsituation

Die Sachsituation eines Picknicks ermöglicht eine Verbindung von Mathematik und Lebenswirklichkeit. Sie sensibilisiert die Schülerinnen und Schüler für die Auseinandersetzung mit dem Größenbereich Gewicht und bietet einen Anlass, Gegenstände nach ihrem Gewicht zu sortieren und ein Instrument zur Überprüfung ihrer Einschätzungen zu bauen und nutzen. Zudem fördert sie die Entwicklung der Problemlösefähigkeit der Kinder.

Kleiderbügelwaage

Als Ersatz für eine Tafel- oder Tellerwaage bauen die Kinder mit einfachen Mitteln für ihre Gruppe eine eigene Kleiderbügelwaage. Sie ist eine Balkenwaage und ermöglicht es, die Gegenstände direkt miteinander zu vergleichen.

Gegenstände

Die Lebensmittel Apfel, Chips, Leberwurst, Brot, Mineralwasser (0,5 l) und Milch(1 l) für das Picknick stammen aus dem Haushalt und dürften allen Kindern geläufig sein. Das Milchpaket dürfte durch den Vergleich mit den Händen klar als schwerster Gegenstand einzuordnen sein. Die Gewichte der anderen fünf Gegenstände liegen näher beieinander. Dies sollte eine Überprüfung durch die Kleiderbügelwaage notwendig machen.

Das (im Verhältnis zu ihrem Volumen) geringe Gewicht einer Chipstüte im Vergleich zur (kleineren) Sprudelflasche soll den Kindern die Diskrepanz zwischen Volumen und Gewicht verdeutlichen.

Der Vergleich eines 500 g-Gewichts aus dem Gewichtssatz mit einem Kissen veranschaulicht ebenfalls diese Diskrepanz.

Methoden
Gegenstände nach ihrem Gewicht ordnen

Um eine Größenvorstellung von Gewichten zu entwickeln, sind *vielfältige Schätz- und Vergleichsübungen* notwendig. Dadurch dass die Kinder die Lebensmittel nach ihrem Gewicht sortieren sollen, führen sie zunächst Schätzungen und Vergleiche mit ihren Händen durch. Um die Gegenstände tatsächlich zu sortieren, müssen sie eigentlich alle Gegenstände miteinander vergleichen. So ergibt sich eine Vielzahl an Schätzungen. Eine ebenfalls hohe Anzahl an Vergleichen ergibt sich daher, dass die Kinder ihre Vermutungen überprüfen sollen. *Leistungsstärkere* SchülerInnen versuchen mit Zucker ein Päckchen abzufüllen, das das gleiche Gewicht hat wie einer der Gegenstände. Sie können ihr Ergebnis ebenfalls mit der Kleiderbügelwaage überprüfen und ggf. korrigieren.

Vergleich der Ergebnisse

Die Arbeitsergebnisse und Herangehensweisen werden von den Gruppen kurz vorgestellt und verglichen. So können Fragen und Probleme aufgegriffen und besprochen werden. Gemeinsam wird nun die eigentliche Problemstellung vom Beginn der Stunde wieder aufgegriffen und gelöst.

In der Reflexionsphase soll zudem die Problematik der Diskrepanz von Gewicht und Volumen zum Ausdruck gebracht und verdeutlicht werden.

Sozialform
Gruppenarbeit

Im Rahmen der Gruppenarbeit und Partnerarbeit kommunizieren die Schülerinnen und Schüler miteinander. Sie äußern verschiedene Vermutungen, die sie untereinander diskutieren. So erfahren sie die Notwendigkeit eines objektiven Instruments zur Überprüfung der einzelnen Vermutungen. Gemeinsam einigen sie sich auf eine Lösung. In der Gruppe können die Schülerinnen und Schüler Unterstützung erfahren. Durch das Bieten von Hilfestellungen können sie auch ihre soziale Kompetenz weiterentwickeln. Das vielfältige Sprechen der Formulierungen „leichter/schwerer als ..." fördert zudem die sprachliche Kompetenz.

5.13.5 Lernchancen

Schwerpunktkompetenz	Handlungssituationen	Anforderungsbereich
Größenvorstellung besitzen	Die SuS entdecken, dass der Junge leichter wird, je weniger er trägt.	I
Durch Schätzen und Vergleichen eine Größenvorstellung von Gewichten entwickeln	Die SuS vergleichen mit der Hand die Gewichte der einzelnen Gegenstände.	II
	Sie ordnen die Gewichte nach ihrem (geschätzten) Gewicht.	II–III
	Sie bauen die Kleiderbügelwaage als Messinstrument.	I
	Sie überprüfen die Reihenfolge mittels Kleiderbügelwaage.	II
	Leistungsstärkere SuS versuchen nach Gefühl ein Zuckerpäckchen herzustellen, das das gleiche Gewicht hat wie ein Gegenstand.	III
	Sie vergleichen die Gewichte von Zuckerpäckchen und Gegenstand mit Hilfe der Kleiderbügelwaage.	I
	Sie einigen sich auf eine Reihenfolge. Zur Kontrolle nutzen sie die Kleiderbügelwaage.	I–II
Problemlösen	SuS erkennen, dass die Gegenstände einzeln über das Brett getragen werden müssen.	I
Eine Lösungsstrategie entwickeln, um ein Problem zu lösen	Sie stellen fest, dass es sinnvoll ist, zunächst die leichten Dinge hinüberzutragen, um sicherzugehen, dass das Brett hält.	II–III
	Sie entdecken, dass sie die Gegenstände alle miteinander vergleichen müssen.	II–III
	Sie einigen sich auf eine Reihenfolge und lösen somit das Sachproblem.	I–II

5.13.6 Analyse der Lernausgangslage

Lernausgangslage	Konsequenz für meine Stunde
Allgemeine Voraussetzungen	
13 Kinder: 4 Jungen, 9 Mädchen	→ Bei Gruppenarbeit werden mehrere Tische zusammengeschoben.
Die Tische stehen in U-Form, nicht alle SuS haben direkte Nachbarn.	
Fachliche Kompetenz	

Lernausgangslage	Konsequenz für meine Stunde
Alle Kinder finden sich grob im Zahlenraum bis 1000 zurecht.	→ Grundvoraussetzung für die Einführung der Größeneinheiten Gramm und Kilogramm
Der Unterrichtsinhalt „Gewichte" ist den Kindern im Mathematikunterricht neu.	→ Es erfolgt eine kleinschrittige, handlungsorientierte und lebensweltbezogene Einführung in den Größenbereich „Gewichte".
Sie haben Vorerfahrungen aus dem Sachunterricht, in dem sie ihr Körpergewicht auf einer Waage ermittelt und mit anderen verglichen haben. Außerdem haben sie bereits Gewichtsangaben auf Lebensmittelverpackungen bei der Ermittlung von Nährstoffen festgestellt.	→ Die Nahrungsmittel knüpfen an den Inhalt des Sachunterrichts „Ernährung" an.
Sie haben noch keine genaue Größenvorstellung von Gewichten.	→ Die Kinder erhalten die Möglichkeit, viele Schätzungen und Gewichtsvergleiche mittels Balkenwaage durchzuführen.

Kommunikative Kompetenz

Viele Kinder weisen sprachliche Probleme auf.	→ Besonders auf die Formulierung „leichter/schwerer als" achten
Ein erarbeitendes Unterrichtsgespräch verläuft im Allgemeinen sehr schleppend, da sich nur wenige SuS beteiligen und einige SuS bereits nach wenigen Augenblicken „abschalten" und Störungen hervorrufen.	→ Im Unterrichtsgespräch muss sehr kleinschrittig und dennoch zügig vorgegangen werden, damit die SuS nicht schon bei der kleinsten Forderung „abschalten":
	→ Immer wieder müssen einige Kinder zur Teilnahme ermuntert werden.
Besonders J, K, R, F und S fällt es schwer, sich an die Gesprächsregeln zu halten.	→ Sowohl das Ampelsystem (als Spiegel des Schülerverhaltens) als auch die Raupenkarten (als Belohnungssystem) müssen konsequent genutzt werden.

Arbeits- und Lernverhalten

Einige SuS haben Schwierigkeiten, Arbeitsaufträge aufzunehmen und zu verstehen.	→ Daher werden die Arbeitsanweisungen an der Tafel visualisiert. Zudem werden sie von einem anderen Kind erklärt.
Die Konzentrationsfähigkeit ist deutlich von der allgemeinen Tagesform abhängig und kann stark variieren.	→ Spontane Reaktionen sind unmittelbar notwendig. Mit dem Raupensystem lassen sich während einer Unterrichtsstunde auch kurze Phasen der Konzentration belohnen.
Alle SuS benötigen viel Anleitung und Lösungsstrategien. Zudem haben sie stark das Bedürfnis, sich zu versichern, ob ihre Arbeitsweise bzw. die Ergebnisse richtig sind.	→ Diese Zuwendung und Versicherung muss den Kindern ermöglicht werden. Doch sollen sie auch lernen, über einen bestimmten Zeitraum Aufgaben eigenständig zu lösen, ohne direkte Rückmeldung, Anleitung oder Lösungsstrategien zu erhalten.
In der Klasse zeigen sich deutlich variierende Arbeitstempi.	→ Durch Zusatzaufgaben sollen sie berücksichtigt werden.

Lernausgangslage	Konsequenz für meine Stunde
K und F boykottieren an manchen Tagen die Arbeitsaufträge.	→ Sie müssen häufig vorerst in Ruhe gelassen werden und beginnen schließlich von selbst zu arbeiten.
Viele SuS der Klasse geben sehr schnell auf, wenn sie gefordert werden, und werten es als Überforderung. Sie verweigern die Weiterarbeit.	→ Aufgaben mit wenig forderndem Charakter unterbinden die Tendenz des Überforderungserlebens. Doch müssen die SuS an Forderungen gewöhnt werden. Lösungsschritte, Frageimpulse oder Hilfsmittel können helfen.
Sozial-emotionale Kompetenz	
J, K, F und R fällt es schwer, sich an die bestehenden Regeln zu halten.	→ Konsequente Rückmeldung über ihr Regelverhalten per Ampelsystem/Raupen
Ebenfalls sind einige SuS kaum respektvollen Umgang gewohnt, sodass es ihnen schwerfällt, Lehrern und Mitschülern gegenüber respektvoll zu sein.	→ Immer wieder müssen die SuS zu angemessenem/respektvollem Umgang aufgefordert werden. Das Ampelsystem bietet ihnen eine Rückmeldung. Mit der Raupe kann gutes Verhalten belohnt werden.
Insgesamt lassen sich geringe Frustrations-/ Provokationsschwellen und mangelnde Konflikt-/Kritikfähigkeit feststellen. Sie reagieren schnell mit Gewalt.	→ Solche Situationen sind nicht vorherzusehen und müssen konsequent geahndet werden (z. B. per Ampelsystem). Häufig hilft es, kurzfristig einen „Störenfried" aus der Klasse zu nehmen, um Unterricht weiterhin zu ermöglichen.
Bestimmte Gruppenkonstellationen führen immer wieder zu Streitigkeiten, Aggressionen und Störungen des Unterrichts.	→ Die Gruppeneinteilung erfolgt mittels bunter Klebepunkte auf den Raupen der Kinder. Die Jungen arbeiten jeweils in Partnerarbeit.

5.13.7　Darstellung der Unterrichtseinheit

Folgende Kompetenzen sollen mit Blick auf die verschiedenen Kompetenzbereiche im Rahmen der Unterrichtseinheit gefördert werden.

Inhaltsbezogene mathematische Fachkompetenzen

Die Kinder sollen *Größenvorstellungen* von Gewichten entwickeln. ([3], S. 11)

- Sie kennen Standardeinheiten aus dem Bereich der Gewichte.
- Sie vergleichen, messen und schätzen Gewichte.
- Sie kennen für den Alltag wichtige Repräsentanten für Standardeinheiten.
- Sie stellen Größenangaben in unterschiedlichen Schreibweisen dar und wandeln sie um.
- Sie kennen und verstehen im Alltag gebräuchliche einfache Bruchzahlen im Zusammenhang mit Gewichten.

Die Schülerinnen und Schüler gehen in Sachsituationen mit Größen um. ([3], S. 11)

- Sie messen mit geeigneten Einheiten und unterschiedlichen Messgeräten sachgerecht.
- Sie lösen Sachaufgaben im Größenbereich Gewichte.

Allgemeine mathematische Fachkompetenzen

- *Problemlösen* ([3], S. 7): Sie entwickeln Lösungsstrategien und nutzen diese.
- *Kommunizieren* ([3], S. 8):
  - Sie beschreiben eigene Vorgehensweisen, verstehen Lösungswege anderer und reflektieren gemeinsam darüber.
  - Sie bearbeiten Aufgaben gemeinsam und treffen dabei Verabredungen und halten diese ein.

Soziale Kompetenz

- Sie arbeiten mit anderen Schülerinnen und Schülern in Teams und Tandems zusammen.
- Sie treffen Vereinbarungen und versuchen diese einzuhalten.
- Sie helfen sich gegenseitig. (Vgl. [4], S. 26)

Methodische Kompetenz

- Sie erschließen sich selbstständig Wissen mit Hilfe ihres Lernportfolios.
- Sie arbeiten in Gruppen zusammen.

Stundenthema	Kurzbeschreibung	Kompetenzen (Schwerpunktkompetenz kursiv gedruckt)
Unmittelbares, handlungs-orientiertes Vergleichen	Die SuS ordnen Gegenstände durch Schätzen nach ihrem Gewicht und überprüfen ihr Ergebnis mit einer Kleiderbügelwaage.	*Strategie zum Lösen eines Problems entwickeln*
		Größenvorstellung durch Vergleichen und Schätzen entwickeln
1. UE (50 Min.)		Kommunizieren
Mittelbarer Vergleich	Die SuS wiegen in Gruppen Gewichte von Gegenständen nach verschiedenen Nicht-Standardmaßen aus. Sie erfahren, dass eine gemeinsame Einheit (g/ kg) sinnvoll ist.	Kommunizieren
2. UE (90 Min.)		*Größenvorstellung durch Vergleichen, Schätzen und Messen entwickeln*
		Kennenlernen der Standardeinheiten kg und g

Stundenthema	Kurzbeschreibung	Kompetenzen (Schwerpunktkompetenz kursiv gedruckt)
Gewichte bestimmen 3. UE (90 Min.)	Die Kinder lernen verschiedene Waagen und ihre Funktionsweisen kennen. Mit diesen Messinstrumenten ermitteln sie die Gewichte verschiedener Gegenstände. Sie notieren ihre Ergebnisse mit verschiedenen Schreibweisen.	*Größenvorstellung durch Vergleichen, Schätzen und Messen entwickeln*
		Mit geeigneten Einheiten und unterschiedlichen Messgeräten messen
		Größenangaben in unterschiedlichen Schreibweisen darstellen und umwandeln
Repräsentanten finden 4. UE (55 Min.)	Die SuS finden mit Hilfe der Kleiderbügelwaage Repräsentanten für 10 g, 100 g und 1 kg. Diese und andere Repräsentanten werden auf einem Plakat fixiert.	*Größenvorstellung durch Vergleichen, Schätzen und Messen entwickeln*
		Kommunizieren
		Für den Alltag wichtige Repräsentanten kennenlernen
Mein Körpergewicht 5. UE (90 Min.)	Die SuS ermitteln ihr Körpergewicht und ihre Körpergröße. Sie setzen sich mit den Angaben der Klasse auseinander.	*Mit geeigneten Einheiten und unterschiedlichen Messgeräten messen*
		Größenvorstellung durch Vergleichen und Schätzen entwickeln
		Sachaufgaben zu Gewichten lösen
Schulranzen-TÜV 6. UE (90 Min.)	Die Kinder überprüfen die These: „Alle Ranzen des 3. Schuljahres wiegen zusammen mehr als 50 kg!" Die Kinder überprüfen, ob die Gewichte ihrer Ranzen den Richtlinien des TÜV entsprechen.	Strategie zum Lösen eines Problems entwickeln
		Kommunizieren
		Mit geeigneten Einheiten und unterschiedlichen Messgeräten messen
		Größenvorstellung durch Vergleichen und Schätzen entwickeln
		Sachaufgaben zu Gewichten lösen
Projekttag Mathe 7. UE (190 Min.)	Die SuS wenden ihre erworbenen Fähigkeiten praktisch an, indem sie in Gruppenarbeit verschiedene Plätzchensorten backen.	Strategie zum Lösen eines Problems entwickeln
		Kommunizieren
		Größenvorstellung durch Vergleichen, Schätzen und Messen entwickeln
	Sie führen verschiedene Versuche durch: zu Gewichten von „Unsichtbarem" und Luft sowie zur Veränderung eines Gewichts durch Wasser.	*Mit geeigneten Einheiten und unterschiedlichen Messgeräten messen*
		Sachaufgaben zu Gewichten lösen

5.13.8   Verlaufsplan

Thema der Stunde: Wir sortieren Lebensmittel durch direktes Vergleichen nach ihrem Gewicht

Unterrichtsphase	Lehrer-Schüler-Interaktion	Didaktischer Kommentar	Sozialform/ Medien	Kompetenz
Einstieg ca. 15 Min.	LAA erzählt eine Geschichte zu einem gelegten Bild. Die SuS setzen sich mit der Problemstellung auseinander, dass das Brett nur ein Kind mit maximal einer Packung Milch tragen kann.	Die SuS werden durch das Sachproblem dafür sensibilisiert, sich mit Größenvorstellungen auseinanderzusetzen.	Sitzkreis Brett/Steine/ Tücher	Kommunizieren Größenvorstellung besitzen Durch Schätzen und Vergleichen eine Größenvorstellung von Gewichten entwickeln
		Die SuS sollen herausfinden, dass die Kinder die Gegenstände einzeln tragen müssen.		
	Wie sollen sie denn nun ihre Einkäufe hinüberbringen?			Problemlösen
	Welchen Gegenstand würdest du zuerst nehmen, um sicherzugehen, dass das Brett hält?	Außerdem sollen sie erkennen, dass es Sinn macht, zunächst die leichteren Dinge hinüberzutragen.		Eine Lösungsstrategie entwickeln, um ein Problem zu lösen
	Wie kannst du herausfinden, in welcher Reihenfolge sie die Einkäufe hinübertragen sollen?	Sie erkennen, dass sie die Gegenstände am besten nach dem Gewicht sortieren.		
	LAA legt den Kleiderbügel und zwei Taschen in die Mitte. Diese Gegenstände sollen die SuS anregen, eine Waage damit zu konstruieren.	Die SuS konstruieren ein Instrument zur Überprüfung ihrer Einschätzung. Formulierung: „leichter/schwerer als"	Kleiderbügel zwei Taschen	
	Die Kinder entdecken ihre Funktionsweise.			
Organisation ca. 3 Min.	Die SuS erhalten den Arbeitsauftrag.	Die Arbeitsaufträge werden an der Tafel zur Unterstützung notiert.	Arbeitsblätter	
	Es erfolgt die Gruppeneinteilung und Tischzuweisung.			
	Den SuS wird in Aussicht gestellt, dass sie nach 20 Min. ihre Herangehensweise und Ergebnisse präsentieren werden.	Zeit- und Zieltransparenz		

Unterrichtsphase	Lehrer-Schüler-Interaktion	Didaktischer Kommentar	Sozialform/ Medien	Kompetenz
Arbeitsphase ca. 20 Min.	Die SuS sortieren in GA/PA durch Schätzen und Vergleichen mit den Händen die Lebensmittel nach ihrem Gewicht. Anschließend überprüfen sie ihre Reihenfolge mit der selbst gebauten Kleiderbügelwaage. Die Ergebnisse werden auf einem Arbeitsblatt fixiert.	*Differenzierung*: Leistungsschwächere SuS erfahren Unterstützung durch PA. Leistungsstärkere SuS versuchen Zuckerpäckchen mit gleichem Gewicht herzustellen.	Arbeitsblätter Kleiderbügel/ Taschen Lebensmittel	Problemlösen / Eine Lösungsstrategie entwickeln, um ein Problem zu lösen / Kommunizieren / Größenvorstellung besitzen / Durch Schätzen und Vergleichen eine Größenvorstellung von Gewichten entwickeln
Ergebnissicherung ca. 12 Min.	Die Reihenfolgen werden an die Tafel geheftet und verglichen. Die Herangehensweisen werden herausgestellt. Gemeinsam stellen die SuS eine Reihenfolge zusammen und platzieren sie auf der „Brücke". LAA sensibilisiert für die Diskrepanz von Volumen und Gewicht. „Nicht immer ist der größte Gegenstand der schwerste!"	Die Ergebnisse und Vorgehensweisen werden besprochen. Das Sachproblem wird wieder aufgegriffen und vollständig gelöst.	Sitzhalbkreis Schülerergebnisse Legebild Lebensmittel 500 g-Gewicht und Kissen	Kommunizieren / Problemlösen / Eine Lösungsstrategie nutzen, um ein Problem zu lösen / Größenvorstellung besitzen / Durch Schätzen und Vergleichen eine Größenvorstellung von Gewichten entwickeln

5.13.9 Das Inselpicknick

Zwei Freunde möchten gerne ein Picknick auf der kleinen Insel im See machen. Sie haben für das Picknick einen Apfel, Brot, Wurst, Chips, Sprudel und Milch dabei (vgl. Abb. 5.19). Marie ist bereits über das schmale Brett zur Insel hinübergelaufen (vgl. Abb. 5.18). Daniel trägt den schweren Korb. Als Daniel seinen Fuß auf das Brett setzt, knarrt und knirscht es. Schnell geht er den ersten Schritt wieder zurück. Es hört sich so an, als ob er höchstens eine Packung Milch hinübertragen kann, ohne dass das Brett zerbricht.

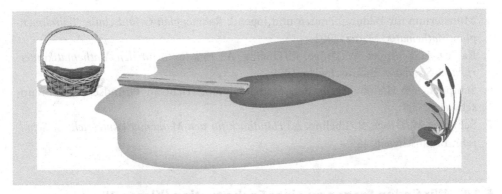

Abb. 5.18 Picknick auf der kleinen Insel

Abb. 5.19 Die Einkäufe für unser Picknick

- Aber wie soll er nun die Einkäufe hinüberbringen? → einzeln
- Welchen Gegenstand würdest du zuerst nehmen, um ganz sicher zu sein, dass das Brett hält? → den leichtesten Gegenstand
- Wie kannst du herausfinden, in welcher Reihenfolge sie die Einkäufe tragen sollen? → Gegenstände durch Vergleichen nach ihrem Gewicht sortieren

Sortiert die Gegenstände nach ihrem Gewicht!

- Schätzt zuerst!
- Überprüft mit der Kleiderbügelwaage!
- Klebt die Bilder in eurer Reihenfolge auf!

5.13.10   Literatur

1. Franke, M./Ruwisch, S.: *Didaktik des Sachrechnens in der Grundschule*. Heidelberg, 2010
2. Krauthausen, G./Scherer, P.: *Einführung in die Mathematikdidaktik*. Heidelberg, 2008
3. Kultusministerkonferenz: *Bildungsstandards im Fach Mathematik für den Primarbereich*. 2004

4. Ministerium für Bildung, Frauen und Jugend: *Rahmenplan Grundschule. Teilrahmenplan Mathematik*. Mainz, 2002
5. Radatz, H./Schipper, W./Dröge, R./Ebeling, A.: *Handbuch für den Mathematikunterricht. 2. Schuljahr*. Braunschweig, 1998
6. Schipper, W.: Handbuch für den Mathematikunterricht an Grundschulen. Braunschweig, 2009
7. Schipper, W./Dröge, R./Ebeling, A.: *Handbuch für den Mathematikunterricht. 3. Schuljahr*. Braunschweig, 1999

5.14   Wir finden Fragen zu einer Sachsituation (Klasse 3)

5.14.1   Thema der Unterrichtsstunde

Wir finden Fragen zu einer Sachsituation: Rechenfragen, direkt beantwortbare Fragen und unlösbare Fragen.

5.14.2   Sequenz

- **1. UE: Wir finden Fragen zu einer Sachsituation: Rechenfragen, direkt beantwortbare Fragen und unlösbare Fragen**
- **2. UE:** Wir wandeln Kapitänsaufgaben in lösbare Aufgaben um.
- **3. UE:** Wir bringen Rechenfragen in eine richtige Reihenfolge.
- **4. UE:** Wir stellen Rechenfragen zu einer Tabelle. (Nichtschwimmer, Seepferdchen, Bronzeabzeichen).

5.14.3   Lehrplanaussage

Arbeit an Sachsituationen.

5.14.4   Lernziele

Die SuS sollen ...

- sich intensiv mit einer Sachsituation auseinandersetzen,
- Fragen zur Sachsituation finden,
- erkennen, dass es unterschiedliche Fragen gibt,
- die Unterscheidung Rechenfragen, direkt beantwortbare Fragen und unlösbare Fragen kennenlernen, durchführen und begründen,
- zunehmend kritisch mit Sachaufgaben umgehen.

5.14.5   Verlaufsplan

Artikulationsstufe/Zeit	Unterrichtsverlauf	Sozialformen	Medien
Hinführung 5 Min.	L klappt die Tafel auf, auf der sich ein Foto vom Erlebnisbad Ergomar befindet.	SHK	Foto
	SuS tauschen sich aus.	PA	
	SÄ	UG	Logo
	L heftet das Logo vom Ergomar dazu …		Sachsituation
	… und deckt die Sachaufgabe mit Preis- liste und Öffnungszeiten auf.		Preisliste
	SuS lesen leise für sich die Aufgabe durch.	EA	
	L liest die Aufgabe laut vor.	LV	
	SÄ	UG	
	L heftet Sprechblase mit Fragezeichen darunter und deutet auf die leere Zeile für die Zielangabe!		
	(Hilfsimpuls: Bei dieser Sachaufgabe fehlt noch etwas Wichtiges!)		
	SÄ		
Vorübergehende Zielangabe	Wir finden Fragen.		
Erarbeitung 35 Min.	Notation von Fragen auf AB	EA	AB
	Leistungsschwache SuS:		
	Satzanfänge werden vorgegeben.		
	Ein S liest seine Ergebnisse der Gruppe laut vor. Die Gruppe einigt sich auf eine Frage, die von dem jeweiligen Kind in die Sprechblase geschrieben wird. Nächster S stellt seine Ergebnisse vor …	GA	leere Sprechblasen dicke Filzstifte
	Einzelne Gruppen heften ihre Sprech- blasen an die Tafel. Gleiche Fragen werden übereinandergeheftet.		Tesa Briefum- schlag mit kleinen ausgefüllten Sprechblasen fertige Sprechblasen
	Sternchenaufgabe:	SHK	BK groß
	Ordnet die Fragen, die ich gefunden habe!		WK
	Begründet, warum ihr die Fragen so geordnet habt.		
	L heftet ggf. zusätzliche Fragen in SuS- Schrift an die Tafel.		

Artikulationsstufe/Zeit	Unterrichtsverlauf	Sozialformen	Medien
	SuS stellen die gefunden Fragen vor.		
	„Beantworte Frage Nr. ___ und erkläre mir, wie du auf die Antwort gekommen bist."		
	SÄ		
	- gelesen		
	- gerechnet		
	- geht nicht		
	L heftet die entsprechenden BK (R, D, U) zu der Überschrift an die Tafel hinzu.		
	L heftet Verbalisierungshilfe:		
	„Nummer ___ ist eine _____ Frage, weil …" an die Tafel		
	SuS tauschen sich aus.	PA	kleine BK
	SuS ordnen im UG die Sprechblasen den unterschiedlichen Fragetypen zu und begründen ihre Zuordnung.	UG	
	L heftet unter die Fragen die jeweiligen BK dazu.		
Sicherung 12 Min.	L heftet die BK vom Bistro und die Preisliste an die Tafel.	UG	BK Preisliste
	SÄ		
	„Die Kinder haben vom vielen Planschen großen Hunger und Durst bekommen. Frau Pflüger geht mit ihnen ins Bistro."		
	TLP + Folie „Diesmal sollst du keine Frage finden, sondern bekommst du von mir Fragen gestellt. Deine Aufgabe ist es anzukreuzen, ob es eine Rechenfrage, eine direkt beantwortbare Frage oder eine unlösbare Frage ist."	EA	TLP Folie AB
	Differenzierung:		Allesheft
	Variation in der Anzahl der Aufgaben		
	Sternchenaufgabe		
	Weitere Rechenfragen finden und aufschreiben		
	Vergleich und Begründung der Ergebnisse in PA	PA	

Artikulationsstufe/Zeit	Unterrichtsverlauf	Sozialformen	Medien
	„Bei manchen Fragen habe ich versucht, dich reinzulegen. Ich bin gespannt, ob ich das auch geschafft habe. Schau nach, was du bei Aufgabe 6 angekreuzt hast. Wenn du meinst, dass es eine Rechenfrage ist, halte den Daumen nach oben. Wenn du glaubst, dass dies eine direkt beantwortbare Frage ist, kommt der Daumen in die Mitte. Und wenn du glaubst, dass es eine unlösbare Frage ist, zeige mit dem Daumen nach unten."	UG	TLP Folie
	„Erkläre, warum du diese Aufgabe nicht lösen kannst!"		
	SÄ		
	„Zeige mit dem Daumen, welche Lösung du bei Aufgabe Nr. 7 angekreuzt hast!"		
	Daumenprobe		
	„Erkläre, warum du diese Frage nicht lösen kannst."		
	SÄ		
	„Du siehst, dass es nichts bringt, einfach nur draufloszurechnen. Du musst erst überprüfen, ob die Aufgabe überhaupt einen Sinn macht."		
Ausklang 3 Min.	„Wenn du heute Nachmittag in das Ergomar gehen würdest, wie viel Geld bräuchtest du?"	SHK PA, dann UG	

5.14.6   Arbeitsblätter (Kurzfassung)

AB 1
Mathematik

   Name:_____

   Datum:_____

Wir finden Fragen
Der Sohn von Frau Pflüger hat Geburtstag. Er lädt vier Kinder ein.

   Frau Pflüger geht zusammen mit den fünf Kindern um 11 Uhr in das Bad Ergomar. Sie bezahlt mit einem 20-Euro-Schein.

   Preise im Hallenbad Ergomar:

Kinder: 2 €

Erwachsene: 4 €

Öffnungszeiten
Mo, Di, Mi, Do, Fr: 13–22 Uhr
Sa, So: 10–20 Uhr

Finde *möglichst viele Fragen* zu dieser Sachsituation! Beginne für jede Frage eine **neue Zeile!**

Diese Anfänge helfen dir:
Wie viele _____?
Wie viel kostet _____?
Wohin _____?
Wie alt _____?
Wann _____?
Wer _____?

Bemerkung **AB 1 (für Leistungsstarke):** Satzanfänge fehlen dort (Differenzierung).

AB 2
Mathematik
    Name:_____
    Datum:_____

Wir unterscheiden zwischen Rechenfragen, direkt beantwortbaren und unlösbaren Fragen.
Speisen & Getränke

Warme Speisen	Preis (€)	Getränke	Preis (€)
Schnitzel Wiener Art mit Pommes	5,50	Coca Cola	2,70
Currywurst mit Pommes	4,50	Limonade	2,70
Wiener Würstel mit Brezel oder Semmel	2,80	Cola Mix	2,70
Pommes mit Ketchup oder Mayonnaise	2,50	Mineralwasser	2,10

Kreuze zu jeder Frage das richtige Kästchen an!

	R	D	U
1. Wie viel kosten Wiener Würste?			
2. Was isst Frau Pflüger?			
3. Wie viel muss Frau Pflüger zahlen, wenn alle fünf Kinder eine Pommes und eine Limonade bekommen?			

	R	D	U

4. Frau Pflüger muss insgesamt 26 € bezahlen. Sie bezahlt mit einem 50-Euro-Schein. Wie viel Geld bekommt sie zurück?

5. Was kostet 4,50 €?

6. Frau Pflüger zahlt für das Essen 20 Euro und für die Getränke 13 €. Wie alt ist Frau Pflüger?

7. Gibt es für Frau Pflügers Sohn auch eine heiße Schokolade zu trinken?

8. Wie heißt das Bistro im Ergomar?

9. Frau Pflüger zahlt 15 € für Pommes mit Ketchup. Wie oft hat sie Pommes mit Ketchup bestellt?

10. Essen alle Kinder ihre Teller leer?

Bemerkung Im Original stehen statt R, D und U für Rechenfragen, direkt beantwortbare Fragen und unlösbare Fragen eingängige Abbildungen.

Sternchenaufgabe

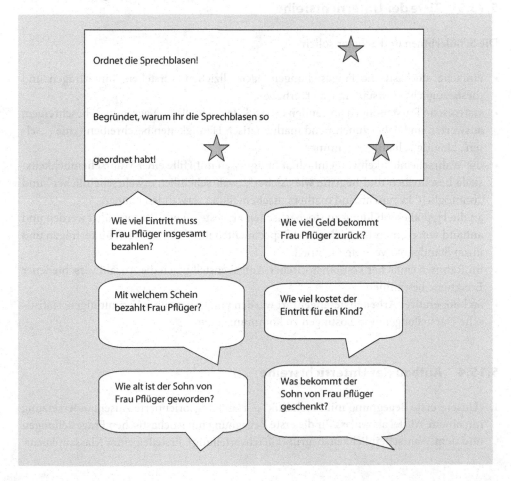

5.15 Mit welcher Summe habe ich die größten Gewinnchancen? (Klasse 3)

5.15.1 Thema der Unterrichtsstunde

„Wann sind meine Gewinnchancen am höchsten?" Das Zufallsexperiment *Zahlen ziehen und addieren* mit einer stochastischen Fragestellung als Anlass zur Hypothesenbildung, weiterer Datenerhebung, deren Darstellung, Beschreibung und Auswertung

5.15.2 Thema der Unterrichtsreihe

„Zufallsexperimente" – Würfelexperimente und das Zufallsexperiment *Zahlen ziehen und addieren* als Anlass zum Umgang mit Datenerhebung, Datendarstellung und Datenauswertung unter verschiedenen konkreten Fragestellungen

5.15.3 Ziele der Unterrichtsreihe

Die Schülerinnen und Schüler sollen.

- einfache stochastische Fragestellungen nachvollziehen, verstehen, hinterfragen und diesbezüglich selbstständig Daten erheben,
- statistische Darstellungen anwenden (Strichlisten, Tabellen, Diagramme), beschreiben, auswerten und dabei zunehmend mathematisch Häufigkeiten beschreiben („nie", „selten", „häufig", „häufiger", „immer").
- die Wahrscheinlichkeit von einfachen Ereignissen mit Hilfe einer Wahrscheinlichkeitsskala beschreiben und Begriffe wie „sicher", „wahrscheinlich", „wahrscheinlicher" und „unmöglich" in zunehmend mathematischem Sinne verwenden können,
- an die Hypothesenbildung zu stochastischen Fragestellungen herangeführt werden und anhand von eigenen Beispielen und Experimenten ihre Vermutungen hinterfragen und ihren Standpunkt vertreten können,
- im Rahmen einfacher kombinatorischer Aufgabenstellungen die Anzahl verschiedener Ereignisse bestimmen,
- an kooperatives Arbeiten herangeführt werden und lernen, über Vermutungen, statistische Darstellungen und Lösungen zu kommunizieren.

5.15.4 Aufbau der Unterrichtsreihe

1. „Unsere erste Begegnung mit Stochastik" – Handlungsorientierte Auseinandersetzung mit einem Würfel als Anlass für die erste Begegnung mit stochastischen Fragestellungen und dem Wahrscheinlichkeitsbegriff (Gleichverteilung). Erstellen eines Klassenplakats.

2. „Würfelexperiment: Wir sammeln Daten" – Ein Zufallsexperiment mit einer Ungleichverteilung der Wahrscheinlichkeiten als Anlass zur Hypothesenbildung, Datenerhebung und deren Darstellung (Schwerpunkt: enaktive und ikonische Ebene)
3. „Würfelexperiment: Glück oder Strategie? Wir schätzen Gewinnchancen ein" –
   Beschreibung und Auswertung der Daten in Bezug auf die Fragestellung und als Anlass,
   vorherige Hypothesen zu bestätigen oder zu widerlegen (abstraktere Ebene)
4. „Das Spiel *Zahlen ziehen und addieren*" – Ein komplexeres Zufallsexperiment mit einer
   Ungleichverteilung der Wahrscheinlichkeiten als Anlass, Ziehungen mit den dazuge-
   hörigen Summen anzugeben, und zur Entdeckung erster Zahlenbeziehungen. Erstellen
   einer gemeinsamen Tabelle mit den erhobenen Daten aller SuS
5. **„Wann sind meine Gewinnchancen am höchsten?" – Das Zufallsexperiment *Zahlen***
   ***ziehen und addieren* mit einer stochastischen Fragestellung als Anlass zur Hypo-**
   thesenbildung, weiterer Datenerhebung, deren Darstellung, Beschreibung und
   Auswertung
6. „Finde alle möglichen Ziehungen" – Das bekannte Spiel als Anlass einer kombinatorischen Aufgabenstellung zur Begründung von Häufigkeiten

5.15.5   Thema der Unterrichtsstunde

„Wann sind meine Gewinnchancen am höchsten?" – Das Zufallsexperiment *Zahlen ziehen*
und addieren mit einer stochastischen Fragestellung als Anlass zur Hypothesenbildung,
weiterer Datenerhebung, deren Darstellung, Beschreibung und Auswertung

5.15.6   Ziele der Unterrichtsstunde (differenziert)

Allgemeines Ziel
Die Schülerinnen und Schüler sollen.

- vor dem Hintergrund ihrer Vorerfahrungen mit dem Spiel *Zahlen ziehen und addieren*
  und dem eigenen Können eine Gewinnsumme mit möglichst hohen Gewinnchancen
  auswählen (Hypothese),
- bereits erhobene Daten aus einer Tabelle in einem Säulendiagramm darstellen, weitere
  Daten erheben und gemäß ihrem Können Häufigkeiten und Wahrscheinlichkeiten beschreiben und diese in Bezug zu dem Ermittlungsauftrag des Tages bringen (Hypothe-
  sentesten).

Weiterführendes Ziel
Die Schülerinnen und Schüler sollen.

- durch die weiteren Ziehungen und/oder die weiterführende kombinatorische Aufgabenstellung Zusammenhänge zwischen der Häufigkeitsverteilung und den Ziehungen entdecken und diese zur Erklärung der Häufigkeitsverteilung heranziehen.

5.15.7 Lernvoraussetzungen

Die **Klasse** 3c besteht aus sieben Mädchen und 16 Jungen. Sowohl die LAA als auch die Fachlehrerin kennen die Kinder und ihre Kompetenzen im Fach Mathematik seit Beginn des Schuljahres. In dieser Zeit hat sich gezeigt, dass die Kinder in der Regel gut mitarbeiten, sowohl bei offenen als auch bei geschlossenen Aufgabenformaten. Auch bei dem neuen, extrem handlungsorientierten Thema Stochastik arbeiten sie interessiert und motiviert mit. Dabei wurde allerdings nicht zum ersten Mal offensichtlich, dass es bei Partnerarbeit manchmal zu Auseinandersetzungen kommt und einige Kinder noch lernen müssen, gemeinsam an einer Aufgabe zu arbeiten.

Es handelt sich bei der Klasse um eine sehr heterogene Lerngruppe in Bezug auf das Fach Mathematik. Die Schüler A, B und C sind als sehr leistungsstark einzuordnen. Die Schülerinnen D, E und F sowie die Schüler G, H und J brauchen manchmal Hilfe beim sinnerfassenden Lesen von Arbeitsanweisungen und beim Lösen von komplexeren Aufgaben. Es ist vor allem wichtig, J (Neuzugang der Klasse), F und H im Auge zu behalten und sie ggf. persönlich zu motivieren, weil sie manchmal dazu neigen, mit Arbeitsverweigerung und unkooperativem Verhalten oder mit dem Verstoß gegen Regeln zu reagieren, wenn sie nicht auf Anhieb eine Idee haben.

In Bezug auf den **Lerngegenstand der Stunde** (Stochastik/Zufallsexperimente) hatten die Kinder vor Beginn der Reihe nach eigenen Aussagen keinerlei Vorerfahrungen. Vor der heutigen Stunde haben sie bereits einige Erfahrungen mit Würfelexperimenten sammeln können. Durch vorherige stochastische Aufgabenstellungen haben sie schon Erfahrungen in folgenden Bereichen der Stochastik gesammelt: Daten erheben, diese darstellen und beschreiben, Auswertung von Daten, Wahrscheinlichkeitsbegriff. All diese Tätigkeiten beziehen sich auf ein Würfelexperiment mit nur zwei Ereignissen, die unterschieden wurden. Sie haben ebenfalls bereits das wesentlich komplexere Spiel *Zahlen ziehen und addieren* in einer Stunde kennenlernen können, sodass sie in der Ziehung sicher sind und auch schon ein paar Zahlenbeziehungen entdecken konnten. Mit *Mathekonferenzen* und dem *Mathetisch* in der Klasse, auf dem weiterführende Aufgaben und Hilfen bereitstehen, sind die Kinder seit einiger Zeit vertraut.

Am Ende ist noch ein aktueller **Problemfall** in der Klasse unbedingt zu erwähnen: Das Mädchen D befindet sich momentan in einer psychisch sehr instabilen und problematischen Phase. Sie reagiert zunehmend mit Arbeitsverweigerung und ist oft sehr abwesend. Wenn man versucht, sie zu motivieren oder ihr zu helfen, reagierte sie Lehrern und Mitschülern gegenüber verstärkt aggressiv. Um diese meist sehr tragischen Situationen zu vermeiden, ist es zumeist besser, ihr Verhalten zu akzeptieren.

5.15.8 Sachstruktur des Lerngegenstands

Der Lerngegenstand **Zufallsexperimente** ist der Stochastik zuzuordnen. In dieser Unterrichtsreihe werden Würfelexperimente (mit gleicher und ungleicher Wahrscheinlichkeitsverteilung) und das Zufallsexperiment *Zahlen ziehen und addieren* behandelt, welches gleichzeitig einen für Kinder motivierenden Spielcharakter hat. Dieses **Spiel** ist Gegenstand der vorliegenden Unterrichtsstunde und unterliegt folgender Regel: Es besteht aus neun Ziffernkarten, die unterschiedlich gefärbt sind (Färbung: 1, 2, 3 rot; 4, 5, 6 gelb; 7, 8, 9 blau). Das Vorgehen ist wie folgt (vgl. [2], S. 6):

> Lege die neun Karten verdeckt auf den Tisch und mische sie.
> Ziehe eine rote, eine gelbe und eine blaue Karte.
> Berechne die Summe der drei gezogenen Zahlen.

In der heutigen Stunde gibt es noch folgende **Zusatzregel**: Jeder Mitspieler darf sich vor Spielbeginn eine Summe auswählen. Nach jeder Ziehung erhält der Spieler einen Punkt, dessen Summe gezogen worden ist. Sieger ist, wer die höchste Punktzahl erreicht hat. Aus dieser Regel ergibt sich der **Ermittlungsauftrag des Tages** („Welche Summe muss man auswählen, damit die Gewinnchance am größten ist?").

Wahrscheinlichkeiten: Bei dem Zufallsexperiment *Zahlen ziehen und addieren* sind $3 \cdot 3 \cdot 3 = 27$ Ziehungen mit sieben verschiedenen Summen möglich. Die Eintrittswahrscheinlichkeit der einzelnen Summen ist dabei unterschiedlich groß:
Wie der Tabelle zu entnehmen ist, ist die Eintrittswahrscheinlichkeit, dass die Summe 15

Summe	Ziehungen	Ziehungen gesamt	Eintrittswahrscheinlichkeiten
12	147	1	1/27 (3,7 %)
13	148, 157, 247	3	3/27 (11,11 %)
14	149, 158, 167, 248, 257, 347	6	6/27 (22,22 %)
15	159, 168, 249, 258, 267, 348, 357	7	7/27 (25,93 %)
16	169, 259, 268, 349, 358, 367	6	6/27 (22,22 %)
17	269, 359, 368	3	3/27 (11,11 %)
18	369	1	1/27 (3,7 %)

gezogen wird, am größten. Demzufolge besteht die größte Gewinnchance, wenn man sich die 15 als Gewinnsumme aussucht. Obwohl die Wahrscheinlichkeit größer ist, mit dieser Summe zu gewinnen als mit anderen Summen, bleibt jeder Zug dennoch Zufall.

Die Bestimmung der Summen setzt das wiederholte sichere Kopfrechnen voraus. Des Weiteren sind **Kompetenzen** aus den Bereichen „Daten erheben", „Daten darstellen" und „Daten auswerten" erforderlich. Außerdem sind Kenntnisse über sukzessive Veränderungen der Summanden mit der Auswirkung auf die Summe hilfreich, um Zahlenbeziehungen der Ziehungen zu entdecken.

5.15.9 Didaktische Entscheidungen

Im Mittelpunkt der heutigen Stunde steht die Fragestellung: „*Welche Summe muss man auswählen, damit die Gewinnchance am größten ist?*" Die Fragestellung gibt der Stunde einen Rahmen (situativer Kontext) und ist der Anlass, die Häufigkeits- und Wahrscheinlichkeitsverteilung der einzelnen Summen bei dem Zufallsexperiment *Zahlen ziehen und addieren* genauer zu untersuchen. In dieser Stunde wird der **experimentelle Weg** genutzt, „um zahlenmäßig zu erfassen, mit welcher Wahrscheinlichkeit das Eintreten [eines] Ereignisses zu erwarten ist" ([4], S. 152). Zu der oben genannten Fragestellung soll in der Stunde zunächst vor dem Hintergrund der zuvor erworbenen Kenntnisse von jedem Kind eine Vermutung abgegeben werden. Die Kinder haben das Spiel (ohne Zusatzregel) bereits in der vorherigen Stunde kennengelernt. Jede Schülergruppe hat in dieser Stunde vier Ziehungen gemacht und schon einige Zahlenbeziehungen (u. a. die kleinste/größte mögliche Summe) entdeckt (Arbeitsblatt M1). Die Ziehungen der Kinder wurden in der Mathekonferenz in einer Tabelle gesammelt, um Daten zu haben, auf deren Grundlage die Kinder ihre Hypothese bilden können. Hierfür müssen sie der Tabelle Informationen entnehmen. Um einen Zugang zu der Verteilung der Wahrscheinlichkeiten der jeweiligen Summen zu bekommen, werden in der heutigen Stunde weitere Häufigkeiten ermittelt, dargestellt (Säulendiagramm) und analysiert.

„Damit Schüler Gewinnchancen bei Zufallsexperimenten einschätzen lernen, ist die aktive Durchführung von Experimenten wichtig" ([4], S. 152). Im Verlauf dieser Arbeitsphase bekommen die Kinder die Gelegenheit, ihre Hypothese vom Beginn der Stunde zu reflektieren und Einsichten zu erlangen, die zur Beantwortung der Fragestellung (siehe oben) herangezogen werden können. Die **Begründung der Häufigkeitsverteilung** – und somit der Wahrscheinlichkeitsverteilung – kann über das Erkennen von Zahlenbeziehungen und die Auflistung aller möglichen Ziehungen einer Summe geschehen. Dies wird als *Differenzierungsaufgabe* angeboten (Aufgabenruhe) und wurde somit auch als differenziertes Ziel der Stunde definiert, weil nicht davon ausgegangen werden kann, dass alle Kinder in der Lage sind, so eine Begründung vorzunehmen. Es ist außerdem anzunehmen, dass viele Kinder aufgrund des zeitlichen Rahmens nicht mehr dazu kommen, diese Aufgabe überhaupt zu bearbeiten. In der Unterrichtsstunde steht als statistische Darstellung das **Säulendiagramm** im Mittelpunkt, um die erhobenen Daten darzustellen. Diese Darstellung wurde gewählt, weil es in der Stunde insbesondere um den Unterschied und Vergleich der verschiedenen Ereignisse geht, um eine geeignete Gewinnsumme zu ermitteln.

„Die Darstellung in einem Blockdiagramm [auch Säulendiagramm genannt] erleichtert den Vergleich der Ergebnisse durch direkte, visuelle Wahrnehmung" ([4], S. 143). Um auch schon Grundschulkindern die Möglichkeit zu geben, über Wahrscheinlichkeiten zu reden, diese zu vergleichen und einzuschätzen, steht ihnen eine **Wahrscheinlichkeitsskala** zur Verfügung. Hiermit können „Aussagen zum Eintreten zufälliger Ereignisse dargestellt werden, ohne dass zunächst Angaben von Zahlenwerten notwendig sind" ([4], S. 155).

Die vorliegende Unterrichtsstunde ist damit im Lehrplan schwerpunktmäßig dem *inhaltsbezogenen Bereich Daten, Häufigkeiten und Wahrscheinlichkeiten* zuzuordnen ([3], S. 66) und trägt daher vor allem zum Lernzuwachs in diesen Bereichen bei (u. a.: „Die Schülerinnen und Schüler beschreiben die Wahrscheinlichkeit von einfachen Ereignissen (sicher, wahrscheinlich …)." Und: „Die Schülerinnen und Schüler sammeln Daten aus der unmittelbaren Lebenswirklichkeit und stellen sie in Diagrammen und Tabellen dar."). Des Weiteren werden ebenfalls alle *prozessbezogenen Kompetenzen Argumentieren* (u. a. „überprüfen" S. 60), *Problemlösen* (u. a. „lösen" S. 59), *Darstellen und Kommunizieren* (u. a. „kommunizieren" und „zwischen Darstellungen wechseln" S. 60) und *Modellieren* (u. a. „validieren" S. 59) angesprochen und erweitert. Alle Zahlenoperationen finden im Zahlenraum bis 100 statt, damit einerseits der Rechenaufwand nicht zu hoch ist und andererseits auch leistungsschwächere Kinder zu Einsichten in Bezug auf stochastische Fragestellungen gelangen können.

Die Aufgabenstellung birgt die Möglichkeit der natürlichen **Differenzierung** vom Kind aus, weil das Arbeiten auf vielen verschiedenen Niveaus ermöglicht wird. So ist das Sammeln und Darstellen der Daten zum Beispiel auf der enaktiven und ikonischen Ebene möglich. Schwache Kinder können sich auf der reproduzierenden Ebene bewegen. Starke Kinder dagegen, die zum Beispiel ihre Hypothesen hinterfragen und sich mit Begründungen auseinandersetzen, können sich zur selben Zeit auf einem viel abstrakteren Niveau bewegen, sie stellen schon Zusammenhänge her, verallgemeinern und reflektieren. Weitere Differenzierung wird mit Hilfe der Tipps (kleiner und großer Tipp siehe Anhang M6) und der Aufgabentruhe, die weiterführende Aufgaben enthält, möglich. (Aufgabentruhe M5: In der weiterführenden, kombinatorischen Aufgabe soll die Entdeckung von Zusammenhängen zwischen den möglichen Ziehungen und der Häufigkeitsverteilung angebahnt werden.)

5.15.10   Geplanter Unterrichtsverlauf

Unterrichtsgeschehen	a) Phasenziel b) Sozialform
Begrüßung	a) Einstimmung, Motivation, Ziel- und Stundentransparenz sollen hergestellt werden. b) frontal
Verlauf der Stunde mitteilen und visualisieren	

Unterrichtsgeschehen	a) Phasenziel b) Sozialform
Einstieg	*Hinführung:*	a) Der Arbeitsauftrag, der Arbeitsprozess und das Ziel sollen von allen SuS verstanden werden.
	LAA knüpft an die letzte Stunde an.	
	LAA erläutert die *Extra-Regel* des Spiels und erteilt und visualisiert den *heutigen Ermittlerauftrag*: Welche Summe muss man auswählen, damit die Gewinnchance am höchsten ist?	b) frontal
	LAA stellt Zieltransparenz und Prozesstransparenz her.	
	SuS bekommen die Gelegenheit, Fragen zu stellen.	
Erarbeitung	*Erarbeitung:*	a) Die SuS sollen sich selbstständig mit der Aufgabe auseinandersetzen. b) freiwilliger Austausch/Partnerarbeit
	Die SuS stellen eine begründete Hypothese zur Fragestellung auf (M2).	
	Die SuS beginnen in Partnerarbeit mit der Bearbeitung der Arbeitsblätter (M3–4). Sie sammeln weiter Daten, veranschaulichen alle erhobenen Daten in einem Säulendiagramm und erklären, als *Ermittlungen des Tages*, was sie dem Diagramm entnehmen können (Tipps und ein weiterführendes Aufgabenblatt liegen am Mathetisch bereit; M5–6).	
	LAA steht den SuS beratend zur Seite und gibt ggf. individuelle Hilfestellungen.	
	LAA beendet die Arbeitsphase auf ein bekanntes Zeichen hin (Klangschale).	
Reflexion	*Präsentations-/Sammlungsphase:*	a) Die SuS sollen die Daten präsentieren und Häufigkeiten beschreiben. b) Theaterkreis.
	Ein bis zwei Gruppen präsentieren ihre Säulendiagramme und die anderen SuS vergleichen diese mit den ihren.	
	Impulskarte: Was fällt dir auf? Beschreibe!	
	Reflexion:	a) Die SuS sollen sich über Gewinnchancen und somit über die Eintrittswahrscheinlichkeiten der Summen austauschen und Bezug zu ihren Hypothesen herstellen. b) Theaterkreis
	Impulskarte: Gewinnchancen? (Rückbezug auf den Ermittlungsauftrag des Tages und die Hypothesen der Kinder)	
	Die LAA lenkt im Bezug hierauf die Aufmerksamkeit auf die Eintrittswahrscheinlichkeiten der Summen und die SuS treten mit Hilfe der Wahrscheinlichkeitsskala in einen Austausch darüber.	
	Impulskarte: Warum gibt es diese Verteilung? (Ggf. muss dieser Aspekt in der nächsten Stunde reflektiert werden.)	

Unterrichtsgeschehen	a) Phasenziel b) Sozialform
Abschluss: LAA würdigt die SuS-Leistungen und gibt einen Ausblick auf die nächste Stunde. LAA erteilt die Hausaufgaben (Aufgaben aus Aufgabentruhe).	a) Die SuS erhalten eine Würdigung ihrer Arbeit und werden über das Thema der nächsten Stunde informiert sowie für die Weiterarbeit motiviert. b) Theaterkreis

5.15.11 Medien/Materialien

- Große und kleine Spielkarten
- Arbeitsblätter M2–M6
- Plakat mit dem Arbeitsauftrag
- Tabelle mit den Daten aus der vorherigen Stunde
- Wahrscheinlichkeitsskala
- Impulskarten

5.15.12 Literatur

1. Hoppius, C.: *Mathe-Detektive entdecken Muster und Strukturen.* Auer, Donauwörth, 2008
2. Ministerium für Schule und Weiterbildung des Landes Nordrhein-Westfalen: *Lernaufgaben Mathematik Grundschule – Daten, Häufigkeiten, Wahrscheinlichkeiten – Mögliche Ereignisse eines Zufallsexperimentes bestimmen und untersuchen,* online unter: http://www.standardsicherung.nrw.de/materialdatenbank/nutzersicht/materialeintrag.php?matId=2051 (zuletzt abgerufen am 20.01.2008)
3. *Richtlinien und Lehrpläne für die Grundschule in Nordrhein-Westfalen.* 08/2008
4. Walther, G./van den Heuvel-Panhuizen, M./Granzer, D./Köller, O. (Hrsg.): *Bildungsstandards für die Grundschule: Mathematik konkret.* Cornelsen-Verlag Scriptor, Berlin, 2008

5.15.13 Anhang

Vermutung des Tages (M2)

Stell dir vor, du spielt mit einigen Freunden das Spiel *Zahlen ziehen und addieren.*
Jeder Mitspieler darf sich vor Spielbeginn eine Summe auswählen.
Nach jeder Ziehung erhält der Spieler einen Punkt, dessen Summe gezogen worden ist.
Sieger ist, wer die höchste Punktzahl erreicht hat.

Was meinst du, mit welcher Summe hätte man gute Gewinnchancen?

Vermute! _____

Säulendiagramm (M3)

1. Übertragt die Ergebnisse aus unserer gemeinsamen Tabelle in dieses Säulendiagramm. (Markiere für jede Summe ein Kästchen in der richtigen Spalte. Beginne unten.)

Bemerkung Im Original sind hier auf kariertem Papier auf der senkrechten Achse 10 und 20 abgetragen sowie 5 und 15 durch Striche angedeutet. Auf der waagerechten Achse sind die Zahlen 10, 11, … 19, 20 eingetragen.

2. Zieht gemeinsam noch 8-mal (jeder 4-mal) und tragt anschließend eure gezogenen Summen auch mit in das Säulendiagramm (ein Kästchen pro Summe!).

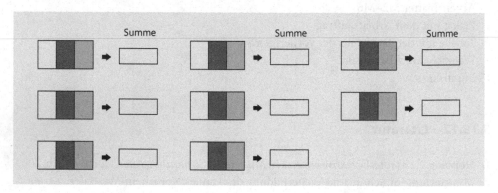

Betrachte die Ergebnisse im Säulendiagramm. Was fällt dir auf? Beschreibe die Häufigkeiten! (Kleiner Tipp)

Ermittlung des Tages (M4)

> Betrachte die Ergebnisse im Säulendiagramm.
> **Was fällt dir auf? Beschreibe** die Häufigkeiten.

Aufgabentruhe (M5)

- Schau dir die Spielkarten jetzt noch einmal genau an (an der Tafel oder deine eigenen).
- Zur **Summe 14** gibt es **sechs mögliche Ziehungen**. Finde möglichst viele!
- Und finde alle möglichen Ziehungen zur Summe 17!
- Jetzt schau dir die Summe 14 und die Summe 17 im Säulendiagramm an!
- Kannst du jetzt die Verteilung im Säulendiagramm **erklären?**
- Wie viele mögliche Ziehungen gibt es für andere Summen?

Kleiner Tipp (M6)
Vielleicht helfen dir diese Fragen:
   Kannst du im Säulendiagramm erkennen, welche Summen **häufig, häufiger, selten** oder **nie** vorkommen?
   Benutze diese Wörter. Du findest sie auch auf unserer Fachbegriffsliste!

Großer Tipp (M6)
Einige Summen werden öfter gezogen als andere. Kannst du dafür einen Grund finden?
   Schau dir die Spielkarten dafür genau an und überlege, mit wie vielen Ziehungen du eine Summe erreichen kannst.
   Für die **Summe 14** gibt es zum Beispiel sechs mögliche Ziehungen, aber für die **Summe 17** nur drei.

5.16   Auf den Spuren der reichen Zahlen (Klasse 4)

5.16.1   Thema der Unterrichtsstunde

Die Familie der reichen Zahlen (1) Auf den Spuren aller reichen Zahlen bis 60. Eine zahlentheoretische Problemstellung als Anlass zur Entwicklung eigener Lösungsstrategien sowie zur Kommunikation und Darstellung dieser unter besonderer Berücksichtigung möglichst geschickter Strategien zum Bestimmen aller Familienmitglieder

5.16.2　Thema der Unterrichtsreihe

„Die Welt der Zahlen und ihre Zahlenfamilien – auf den Spuren der Familie der reichen Zahlen" Zahlentheoretische Besonderheiten im Zahlenraum bis 100 als Anlass für eine handlungs- und problemorientierte Auseinandersetzung mit substanziellen Aufgabenstellungen zu Zahlenfamilien und deren arithmetischen Eigenschaften und Beziehungen unter besonderer Berücksichtigung des Kommunizierens, Argumentierens und Darstellens von Lösungswegen und Lösungen.

5.16.3　Ziele der Unterrichtsreihe

Die Schülerinnen und Schüler sollen.

- ihre Kenntnisse über bekannte Zahlenfamilien anwenden und vertiefen sowie durch die Auseinandersetzung mit arithmetischen Eigenschaften und zahlentheoretischen Besonderheiten um neue Zahlenfamilien erweitern. Hierbei sollen sie das kleine Einmaleins und dessen Umkehrung anwenden, sich mit Teilern, Teilersummen und Klassifizierungen von Zahlen aufgrund ihrer Teilersummen (es gibt arme (defiziente), reiche (abundante) und vollkommene Zahlen) sowie mit arithmetischen Beziehungen aller Zahlenfamilien vertiefend auseinandersetzen und diese zur Lösung problemstrukturierter Aufgaben nutzen können *(inhaltsbezogenes Ziel)*,
- ihre Problemlösefähigkeiten weiterentwickeln und lernen, individuelle Vorgehensweisen darzustellen sowie über sie zu kommunizieren und für sie zu argumentieren *(prozessbezogenes Ziel)*,
- ihr kooperatives Arbeitsverhalten weiterentwickeln und lernen, in Gruppen über Mathematik zu kommunizieren sowie arbeitsteilig zu arbeiten *(soziales Ziel)*.

5.16.4　Einheiten der Unterrichtsreihe

1. *Die Welt der Zahlen und ihre Zahlenfamilien – was wissen wir schon?* Themeneinstieg und Vorwissensaktivierung anhand des Grundrisses von Zahlenstadt (10 × 10-Anordnung der Zahlen von 1 bis 100) mit den (noch) leeren Häusern der Zahlenfamilien. Einführung des Themenheftes.
2. *Wir werden Experten für Zahlenfamilien*: Informationsbeschaffung und vertiefende Auseinandersetzung mit bekannten Zahlenfamilien (gerade/ungerade Zahlen, Primzahlen, Quadratzahlen und Zahlen der verschiedenen Einmaleinsreihen) anhand des Erstellens eines Lernplakats innerhalb von Expertengruppen. Anschließender Austausch durch Kurzvorträge in Gruppen mit jeweils einem Experten. Informationssicherung anhand des Themenheftes.

3. *Unsere erste Spur zu den reichen Zahlen – wir erforschen Teiler (1):* Auf den Spuren aller Teiler einer Zahl. Eine Problemstellung als Anlass zur Entwicklung eigener Lösungsstrategien sowie zur Kommunikation und Darstellung dieser unter besonderer Berücksichtigung möglichst geschickter Strategien für die vollständige Teilerbestimmung.

4. *Unsere erste Spur zu den reichen Zahlen – wir erforschen Teiler (2):* Erstellung einer Teiler-Skyline (vgl. [8], S. 9, S. 18) zur vertiefenden, handlungsorientierten Auseinandersetzung mit Teilern sowie zur aktiv-entdeckenden Erforschung der Beziehungen zwischen Zahlenfamilien und deren Teilerzahlen.

5. *Unsere zweite Spur zu den reichen Zahlen – wir erforschen Teilersummen:* Eine handlungsorientierte Auseinandersetzung mit Teilersummen zur aktiv-entdeckenden Erforschung der Klassifizierung von Zahlen anhand der Teilersumme. Informationssicherung anhand von Kinderdefinitionen.

6. **Die Familie der reichen Zahlen (1): Auf den Spuren aller reichen Zahlen bis 60. Eine zahlentheoretische Problemstellung als Anlass zur Entwicklung eigener Lösungsstrategien sowie zur Kommunikation und Darstellung dieser unter besonderer Berücksichtigung möglichst geschickter Strategien zum Bestimmen aller Familienmitglieder.**

7. *Die Familie der reichen Zahlen (2):* Erweiterte handlungsorientierte Auseinandersetzung mit der neuen Zahlenfamilie im Zahlenraum bis 100 zur vertiefenden Erforschung von Eigenschaften und den Beziehungen zu anderen Zahlenfamilien sowie als Chance zur Modifizierung der eigenen Strategien.

8. *Die Nachbarfamilien der reichen Zahlen:* Erstellung von Lernplakaten zu den reichen Zahlen und den Nachbarfamilien der armen und vollkommenen Zahlen zur Darstellung und Informationssicherung aller Entdeckungen sowie als Würdigung.

9. *Die Welt der Zahlen und ihre Zahlenfamilien – was haben wir erforscht?* Eine lernprozessorientierte Reflexion der gesamten Unterrichtsreihe unter Berücksichtigung aller entdeckten arithmetischen Eigenschaften und Beziehungen der Zahlenfamilien sowie sozialer Kompetenzen. Abschließende Arbeit im Themenheft.

5.16.5   Thema der Unterrichtsstunde

Die Familie der reichen Zahlen (1) Auf den Spuren aller reichen Zahlen bis 60. Eine zahlentheoretische Problemstellung als Anlass zur Entwicklung eigener Lösungsstrategien sowie zur Kommunikation und Darstellung dieser unter besonderer Berücksichtigung möglichst geschickter Strategien zum Bestimmen aller Familienmitglieder.

5.16.6   Ziele der Unterrichtsstunde (differenziert)

Allgemeines Ziel
Die Schülerinnen und Schüler sollen.

- erlerntes Wissen anwenden, um möglichst viele reiche Zahlen im Zahlenraum bis 60 zu bestimmen. Sie sollen sich dabei zahlentheoretischer und arithmetischer Eigenschaften, Gesetzmäßigkeiten und Beziehungen unseres Zahlensystems bewusster werden und diese nutzen, um möglichst geschickte Ideen zur Problemlösung zu entwickeln (*AB I Reproduzieren, AB II Zusammenhänge herstellen*),
- in Gruppen unter der Fragestellung, welches eine geschickte Strategie zum Aufspüren reicher Zahlen ist, individuelle Ideen vergleichen und auswählen sowie auf einem Plakat ihre Gruppenergebnisse darstellen (*AB II Zusammenhänge herstellen*).

Weiterführendes Ziel

Die Schülerinnen und Schüler sollen.

- vorteilhafte Strategien erkennen und nutzen, diese anhand der arithmetischen Strukturen und zahlentheoretischen Besonderheiten unseres Zahlensystems begründen und auf einen größeren Zahlenraum übertragen können (*AB II Zusammenhänge herstellen, AB III Verallgemeinern und Reflektieren*).

5.16.7   Lernvoraussetzungen

Lerngruppe

Die Klasse besteht aus sechs Mädchen und 14 Jungen. Es handelt sich bei der Klasse um eine heterogene Lerngruppe. Die Schüler A, B, C und D sind im Fach Mathematik als leistungsstark einzuordnen. E, F und H brauchen manchmal Hilfe beim sinnerfassenden Lesen von Arbeitsanweisungen, beim Organisieren des Arbeitsprozesses und beim Lösen von komplexeren Aufgaben.

Arbeits- und Sozialverhalten

Die Kinder arbeiten in der Regel motiviert mit, besonders bei Aufgaben, bei denen es etwas zu erforschen und entdecken gibt. Hierbei waren allerdings noch im 3. Schuljahr kooperative Arbeitsformen in der Klasse nahezu unmöglich. Derweil hat sich die Klasse in Bezug auf das Arbeits- und Sozialverhalten entwickelt. Die SuS werden seit längerer Zeit an strukturierte kooperative Arbeitsformen herangeführt. Regelmäßig eingesetzte kooperative Arbeitsformen sind zur Transparenz in der Klasse auf dem Plakat *Matheforscher im Gespräch über Mathematik* visualisiert.

Dennoch brauchen die SuS weiterhin klare strukturelle Vorgaben und hin und wieder kommt es zu kleineren Auseinandersetzungen oder Ablenkungen innerhalb der Gruppen. Diese können in der Regel durch positive Verstärkung oder umlenkendes Eingreifen der LAA geklärt werden. Das gilt besonders für F, H, J, K und L. Die heterogenen Gruppen bleiben in dieser Unterrichtsreihe fest bestehen.

Vorwissen bezüglich der Stunde

Seit dieser Unterrichtsreihe setzt sich die Klasse bewusst und intensiv mit zahlentheoretischen Klassifizierungen im Zahlenraum bis 100 auseinander und lernt Zahlen anhand bestimmter Merkmale zu ordnen. Anknüpfend an das Vorwissen bekamen die Kinder erste Gelegenheiten, bekannte Zahlenfamilien nach ihren arithmetischen Eigenschaften und Beziehungen zu erforschen (Gruppenpuzzle). In diesem Zusammenhang wurden auch noch einmal die Teilbarkeitsregeln thematisiert. Außerdem haben sie bereits relevante Fachbegriffe kennengelernt und deren Bedeutung aktiv erkundet. Hierzu gehören z. B. die Termini *Teiler* und *Teilersumme*. Die *reichen, armen* und *vollkommenen Zahlen* haben sie anhand eines Beispiels kennengelernt. Neue Entdeckungen werden im Themenheft festgehalten und somit der eigene Lernprozess dokumentiert und reflektiert. All dies bietet eine Grundlage, sich in der heutigen Stunde auf die strategische Nutzung arithmetischer Eigenschaften und Beziehungen sowie die damit zusammenhängenden zahlentheoretischen Klassifizierungen unseres Zahlensystems zu konzentrieren, um die problemorientierte Aufgabe der Stunde flexibel und möglichst geschickt zu lösen. Des Weiteren haben die SuS mit kooperativen Lernformen sowie dem Darstellen von Lösungswegen Erfahrungen sammeln können. Die *Mathekonferenzen* und der *Mathetisch*, auf dem weiterführende Aufgaben und Hilfen bereitstehen, gehören zum schulischen Alltag.

5.16.8 Sachstruktur des Lerngegenstands

Der **Lerngegenstand** der heutigen Stunde ist eine Problemlöseaufgabe zur Zahlenfamilie der reichen Zahlen und deren arithmetischen Eigenschaften ($\sigma^*(n) > n$). Der Umgang mit arithmetischen Gemeinsamkeiten wie auch Unterschieden zwischen Zahlen macht die Zuweisung von Eigenschaften/Merkmalen möglich, anhand derer wir Zahlen verschiedenen Gruppen (Zahlenfamilien) zuordnen können (vgl. [9], S. 8 f.). Daher ist der Lerngegenstand der *Zahlentheorie* zuzuordnen, ein Teilgebiet der Mathematik, das sich mit den Eigenschaften und Charakteristiken der natürlichen und ganzen Zahlen beschäftigt (vgl. [4], S. 466). In dieser Stunde geht es speziell um die Klassifizierung von Zahlen anhand der Teilersumme ihrer echten Teiler, in der Mathematik auch als Teilersummenfunktion bezeichnet:

Wenn $t_1, t_2, \ldots, t_k$ alle *Teiler* der natürlichen Zahl n sind, dann wird $\sigma(n) = t_1 + t_2 + \ldots + t_k$ die Teilersumme von n genannt. Mit $\sigma^*(n)$ wird die Summe aller *echten Teiler* von n bezeichnet, es ist also $\sigma^*(n) = \sigma(n) - n$. Die natürliche Zahl n heißt

- *arm* oder defizient, wenn $\sigma^*(n) < n$,
- *vollkommen*, wenn $\sigma^*(n) = n$,
- *reich* oder abundant, wenn $\sigma^*(n) > n$.

Beispiele (vgl. [7], S. 221 ff., [10], S. 309 f.):

- σ^* (10) = 1 + 2 + 5 = 8 < 10, d. h., 10 ist eine arme Zahl.
- σ^* (6) = 1 + 2 + 3 = 6, d. h., 6 ist vollkommen.
- σ^* (12) = 1 + 2 + 3 + 4 + 6 = 16 > 12, d. h., 12 ist reich.

Die folgenden Eigenschaften und Beziehungen zu anderen Zahlenfamilien, mit denen sich u. a. Euklid und Euler befassten, könnten ggf. in der heutigen Stunde eine Rolle spielen:

- Alle Primzahlen, Primzahlpotenzen und -produkte (außer 6) sind *arm*, denn σ^* (p) = 1.
- Jedes Vielfache einer vollkommenen Zahl ist *reich*, also z. B. alle Vielfachen von 6.
- Jedes Vielfache einer reichen Zahl ist wieder *reich*, also z. B. alle Vielfachen von 12.
- Es gibt nur sehr selten *ungerade* reiche Zahlen. Die kleinste ist 945 (vgl. [10], S. 309 f.).

Mögliche Wege

Das Ziel, möglichst alle reichen Zahlen bis 60 zu bestimmen, ist zwar bekannt und eindeutig (es gibt zwölf), aber der Weg dorthin ist flexibel. Durch die Forderung nach einer „geschickten Strategie" erhält die Aufgabe den zusätzlichen Anspruch, mögliche Wege zu reflektieren und arithmetisches und zahlentheoretisches Wissen zu nutzen. Es gibt verschiedene Lösungswege, um die reichen Zahlen aufzuspüren. Somit sind *Problemlösekompetenzen* verlangt und *Strategien auf unterschiedlichen Niveaus* denkbar:

- Die Zahlen von 1 bis 60 werden alle der Reihe nach geprüft, indem jeweils die Teilersumme berechnet wird. (**AB I**)
- Die Zahlen werden nach einem systematischen Vorgehen geprüft, indem z. B. Zahlen, die in vielen Einmaleinsreihen vorkommen, zuerst geprüft werden. So wird das Wissen über die Teileranzahl genutzt, die auf eine hohe Teilersumme schließen lässt.
- Konkrete Kenntnisse über die Eigenschaften anderer Zahlenfamilien werden angewandt, um Zahlen auszuschließen, z. B. alle Primzahlen. Weniger wahrscheinlich reich sind auch Quadratzahlen, weil sie durch die Doppelung der Malaufgabe einen Teiler weniger haben.
- Während des Lösungsprozesses können Entdeckungen von Mustern die Strategien der Kinder beeinflussen. So kann z. B. entdeckt werden, dass die reichen Zahlen hauptsächlich Vielfache von 6 oder 10 bzw. alle Vielfachen von reichen und vollkommenen Zahlen wiederum reich sind. (**alle AB II/III**)

Zudem sind soziale Strategien wie Arbeitsteilung möglich. Ein Mix der Strategien oder Strategiewechsel sind ebenfalls denkbar, wenn während des Arbeitsprozesses Strukturen und Beziehungen durchschaut werden.

Aussagen zur gewählten Methode

Das Durchdringen dieses komplexen Lerngegenstands wird durch die Methodenwahl unterstützt. Die kooperative Methode *Think Pair Share* ([3], S. 5) ermöglicht jedem, zunächst eigene Ideen zu entwickeln, diese anschließend in Gruppen bezüglich der „geschickten Strategie" zu reflektieren und zu optimieren. So sind alle aktiv und bekommen die Gelegenheit, anknüpfend an individuelle Ideen und Niveaus mit ihren Gruppenmitgliedern zu kommunizieren. Zudem ist gegenseitiges Helfen möglich und die prozessbezogenen Kompetenzen werden gefördert. Die abschließende Share-Phase ermöglicht den weiteren Austausch, die Reflexion und Würdigung der Gruppenergebnisse. Das Kennenlernen von Strategien anderer Gruppen hilft in Folgestunden, eigene Strategien ggf. zu modifizieren, um den Zahlenraum bis 100 nach allen reichen, armen und vollkommenen Zahlen zu erforschen.

5.16.9   Didaktische Entscheidungen

Relevanz des Themas

Die Einbettung des mathematischen Themas in die Geschichte über *Zahlenstadt* und die dort lebenden Zahlenfamilien – als Ausschnitt der komplexen Welt der Zahlen – schafft Bezug zur Kinderwelt und ist motivierend. Vor allem die Aufforderung, möglichst viele Familienmitglieder der reichen Zahlen aufzuspüren, weckt Ehrgeiz und Spaß am **forschenden Umgang mit Zahlen**. Der mathematische Lerngegenstand ist *alltagsrelevant*, weil er Kopfrechnen sowie flexibles, vernetztes und vorteilhaftes Denken und Rechnen fördert. Dieses zu beherrschen ist auch im alltäglichen Leben wichtig. Spiegel und Selter zeigten in einer Untersuchung jedoch, dass vielen SuS im Grundschulalter diese wichtige flexible Rechenkompetenz fehlt und sie ohne Einsicht und Zahlenblick automatisierte Vorgehensweisen nutzen (vgl. [11], S. 8 f.). Die Entwicklung dieser Kompetenz „erfordert neben einem fundierten Wissen über Zahlen und Rechenoperationen das Verfügen über unterschiedliche Werkzeuge, eine ausgeprägte Zahlwahrnehmung sowie metakognitive Kompetenzen" ([9], S. 10). Alles wird hier geschult. Zudem werden mit dieser Unterrichtsreihe viele Bereiche aus der Arithmetik gemäß einem *Spiralcurriculum* wiederholt, erweitert und verknüpft, sodass die Viertklässler hiermit sowohl auf den zukünftigen Alltag als auch für die weiterführenden Schulen vorbereitet werden ([6], S. 55).

Schwerpunkt

Schwerpunkt der heutigen Stunde ist es, eine *geschickte* Strategie zu finden, um *möglichst viele* reiche Zahlen aufzuspüren. Es geht darum, Zahlenbeziehungen und Kenntnisse über bestimmte Eigenschaften (z. B. Teilbarkeit) zum vorteilhaften Lösen flexibel zu nutzen. Darüber hinaus sollen *eigene* strategische Ideen sowie Strategien der *anderen* bezüglich des Vorteils reflektiert werden. Daher liegt ein weiterer Schwerpunkt auf prozessbezogenen Kompetenzen. Neben dem Problemlösen soll über Ideen kommuniziert, ggf. für sie argumentiert und ein Gruppenergebnis auf einem Plakat darstellt werden.

Lehrplanbezug

An dieser Stelle werden (nur) die schwerpunktmäßig geförderten Kompetenzerwartungen am Ende der Klasse 4 dargestellt.

Inhaltsbezogene Kompetenzen

Zahlen und Operationen – Zahlvorstellungen: Die SuS entdecken Beziehungen zwischen einzelnen Zahlen und in komplexen Zahlenfolgen (hier Zahlenfamilien) und beschreiben diese unter Verwendung von Fachbegriffen (z. B. „ist Teiler/Vielfaches von"); *Operationsvorstellungen:* Die SuS entdecken, nutzen und beschreiben Operationseigenschaften (z. B. Teilbarkeit); *Zahlenrechnen:* Die SuS nutzen Zahlenbeziehungen für vorteilhaftes Rechnen. ([6], S. 61 f.).

Prozessbezogene Kompetenzen

Problemlösen: Die SuS nutzen die Einsicht in Zusammenhänge zur Problemlösung (lösen); *Argumentieren:* Die SuS erklären Beziehungen an Beispielen und vollziehen Begründungen anderer nach (begründen); *Darstellen/Kommunizieren:* Die SuS stellen Lösungswege nachvollziehbar dar (präsentieren und austauschen). ([6], S. 59 f.).

Lernzuwachs

In der hier dargestellten Stunde ist neu, dass sich die Kinder, unter der Anwendung des erlernten Wissens, bewusst mit der neuen Zahlenfamilie der reichen Zahlen auseinandersetzen. Durch die wachsende Einsicht in Eigenschaften und Beziehungen zu anderen Zahlenfamilien sollen sie möglichst viele reiche Zahlen aufspüren. Um dies anzuregen, gibt es zusätzlich die Aufforderung, einen *geschickten Weg* zu finden, d. h. möglichst nicht die Teilersummen jeder einzelnen Zahl zu bestimmen. Die SuS sollen sich von diesem aufwändigen Verfahren zunehmend lösen und vorteilhaft vorgehen.

Didaktisch-methodische Reduktion

Zur didaktischen Reduktion wurde das Problem zunächst auf den **Zahlenraum bis 60** beschränkt. Um verschiedene Zugänge und Hilfsmittel zu ermöglichen, wird zudem eine Zahlentafel zur Verfügung gestellt, die aus didaktischen Gründen eine *6er-Struktur* besitzt. So werden Entdeckungen bezüglich der Verteilung/Muster von reichen Zahlen erleichtert. Des Weiteren tragen die Jobkarten während der Gruppenarbeitsphase und Reflexionskarten zur Strukturierung und Orientierung bei.

Differenzierung

Die Problemlöseaufgabe ermöglicht durch ihre Struktur *natürliche Differenzierung* vom Kind aus. Dies geschieht z. B. durch die unterschiedlichen Niveaus der gewählten Strategien und die individuelle Nutzung von Hilfsmitteln (Lernplakate, Teiler-Skyline). *Weitere Differenzierung* wird mit Hilfe der Tipps und der Aufgabentruhe (Anhang) gewährleistet. Die Aufgabe in der Aufgabentruhe spricht besonders den AB III an. Strategien sollen begründet, verallgemeinert und auf größere Zahlenräume übertragen werden. Auf diese Weise können sich die Kinder in unterschiedlicher Tiefe mit dem gleichen Thema auseinandersetzen.

Zu erwartende Schwierigkeiten

Es ist ggf. zu erwarten, dass *nicht* alle Gruppen vollständig fertig werden. Je nachdem, wie tief sie innerhalb der Gruppen in Diskussionen und Interaktionen eintauchen und welche

Strategie sie wählen, ist es oftmals schwer einzuschätzen, wie viel Zeit Kinder benötigen. Dies zeigt jedoch, dass sie kooperativ und auf verschiedenem Niveau gearbeitet haben, und ist daher als produktiv zu bewerten. Alle Gruppen sollten zum Zeitpunkt der Reflexionsphase allerdings *eine Lösungsstrategie* eingeschlagen haben, auf deren Grundlage sie vergleichen können. Auch der Austausch über Strategieansätze gibt neue Impulse für die weitere Erforschung der reichen Zahlen und ggf. für die Modifizierung eigener Strategien. In der Stunde werden zudem nicht alle Gruppen ihr Ergebnis vorstellen können. Um dennoch jedes Produkt zu würdigen, werden alle Plakate an der Tafel aufgehängt. Zu Beginn der darauf folgenden Stunde kann bei Bedarf Zeit eingeräumt werden, mit der Reflexionsphase fortzufahren. Ein mögliches „Splitting" ist im Verlaufsplan erwähnt. Um offene Fragen nicht zu vergessen, können sie ggf. schriftlich festgehalten werden.

5.16.10 Geplanter Unterrichtsverlauf

	Unterrichtsgeschehen	a) Phasenziel b) Organisationsform	c) Didaktisch-methodischer Kommentar d) Medien
	Begrüßung Das Thema der Stunde wird in die Reihe eingeordnet (Zahlenstadt). Der Verlauf wird mitgeteilt und visualisiert.	a) Einstimmung, Motivation, Ziel- und Stundentransparenz b) frontal	c) Die Sitzordnung gewährt allen eine gute Sicht und erleichtert den reibungslosen Einstieg. d) Verlauf/Zahlenstadt
Einstieg	*Hinführung:* Ein S stellt seine/ihre Kinderdefinition zu den reichen Zahlen aus der letzten Stunde vor. Die LAA erzählt den SuS eine weitere Episode über Zahlenstadt (Anhang), woraus sich der Arbeitsauftrag ergibt. Die LAA erteilt und visualisiert den Arbeitsauftrag: *Findet möglichst viele reiche Zahlen im Zahlenraum bis 60. Geht geschickt vor!* LAA stellt Zieltransparenz her. Die SuS erhalten die Gelegenheit, Fragen zu stellen.	a) Die SuS sollen an die Situation herangeführt werden. Der Arbeitsauftrag, der Arbeitsprozess und das Ziel der Stunde sollen von allen SuS verstanden werden. b) frontal/UG	c) Anhand der Wiederholung wird das heutige Thema in den zahlentheoretischen Kontext eingeordnet. Die Episode gibt der Aufgabe einen kindgerechten und motivierenden Rahmen. d) Zahlenstadt/Themenheft/Zahlentafel/Arbeitsauftrag (A3)

	Unterrichtsgeschehen	a) Phasenziel b) Organisations- form	c) Didaktisch-methodi- scher Kommentar d) Medien
Erarbei-tung	*Erarbeitung I (Think)* (ca. 5 Min.):	a) Die SuS sollen zunächst alleine und anschließend im Austausch mit der Gruppe den Forscherauftrag bearbeiten, dabei Beziehungen und Eigenschaften von Zahlenfamilien nutzen, um möglichst geschickt vorzugehen. Sie sollen Strategie und Lösung auf einem Plakat darstellen. b) EA → GA	c) Die Methode *Think-Pair-Share* ermöglicht den Kindern, individuelle Ideen zu entwickeln, diese anderen mitzuteilen, eigene und fremde Ideen zu hinterfragen und so zu optimieren. d) Arbeitsblätter/ Plakate/Zahlentafeln/ Eddings/Jobkarten/ Tipps/Aufgabentruhe
	Die SuS bekommen Gelegenheit, *alleine* über die Aufgabe nachzudenken und erste individuelle Lösungsideen zu entwickeln (Anhang).		
	Erarbeitung II (Pair):		
	Die SuS kommunizieren in ihren *Gruppen* über ihre ersten Lösungsideen und reflektieren sie hinsichtlich der vorteilhaften Strategie. Sie stellen ihre ausgewählte Gruppenstrategie und die gefundenen reichen Zahlen auf einem Plakat dar (Anhang).		
	Die Tipps und ein weiterführendes Aufgabenblatt liegen auf dem Mathetisch bereit (Anhang).		
	Die LAA steht den SuS beratend zur Seite, gibt ggf. individuelle Hilfestellungen und Impulse. Sie beendet die Arbeitsphase auf ein bekanntes Zeichen hin.		
Refle-xion	*Präsentations-/Reflexionsphase (Share)*	a) Die vortragenden SuS sollen ihre Lösungswege nachvollziehbar darstellen, erklären und ggf. verteidigen. Die zuhörenden SuS sollen die Lösungswege auf „vorteilhafte Strategien" hin reflektieren. b) Theaterhalbkreis	c) Das Aufhängen der Plakate trägt zur Würdigung aller Leistungen bei. Die Sitzordnung erleichtert den kommunikativen und produktiven Austausch. d) Reflexionskarten/Plakate/große Zahlentafel
	Alle Plakate werden an die Tafel geheftet.		
	Freiwillige Gruppen (2–3 SuS) stellen ihr Plakat vor und erläutern den Zuhörern ihren geschickten Lösungsweg (Darstellen). Impulskarte: *Wie seid ihr vorgegangen?*		
	Die Zuhörer erhalten den Hörauftrag, den Lösungsweg der vortragenden Gruppe in Bezug auf „geschickt" zu reflektieren und eine kurze begründete Rückmeldung zu geben. Impulskarte: *Geschickt? Begründe!*		

Unterrichtsgeschehen	a) Phasenziel b) Organisations- form	c) Didaktisch-methodi- scher Kommentar d) Medien
Die SuS treten so in einen kurzen Austausch nach jeder Präsentation (Kommunizieren, Argumentieren) (ggf. muss hier in der nächsten Stunde angeknüpft werden): In Rückbezug zur Eingangsepisode wird die Aufmerksamkeit der Kinder auf die Vollständigkeit und Muster (Vielfachen-Eigenschaft) ihrer Lösungen gelenkt. (Ggf. wird hierzu die große Zahlentafel herangezogen.)		
Abschluss: LAA würdigt die Schülerleistungen und gibt einen Ausblick (vertiefende Auseinandersetzung mit reichen Zahlen bis 100). LAA erteilt die Hausaufgaben.	a) Die SuS erhalten Würdigung, werden über die nächste Stunde informiert und für die Weiter- arbeit motiviert.	b) Theaterhalbkreis

5.16.11 Literatur

1. Begemann, M./Brunner, E.: Arme und reiche Zahlen, In: *mathematik lehren – Die Zeitschrift für den Unterricht in allen Schulstufen.* Heft 106/2001, S. 51–54
2. Bochmann, R./Kirchmann, R.: *Kooperatives Lernen in der Grundschule. Zusammen arbeiten – Aktive Kinder lernen mehr.* NDS Verlag, Essen, 2006
3. Brandt, B./Nührenbörger, M.: *Strukturierte Kooperationsformen im Mathematik*unterricht der Grundschule, In: *Die Grundschulzeitschrift* 222.223/2009, Materialheft. Friedrich Verlag, Seelze
4. *DUDEN – Der kleine Duden Mathematik.* Dudenverlag, Mannheim, 1968
5. Green, N./Green, K.: *Kooperatives Lernen im Klassenraum und im Kollegium.* Klett/Kallmeyer, Seelze-Velber, 2007
6. MSJK – Ministerium für Schule, Jugend und Kinder des Landes NRW (Hrsg.): *Grundschule. Richtlinien und Lehrpläne.* Ritterbach, Düsseldorf, 2008
7. Padberg, F.: *Elementare Zahlentheorie.* 3. Auflage. Spektrum, Heidelberg, 2008
8. Püffke, H. J./Thomann, J.: *Ein Fach Mathe 6. Teiler, Vielfache und Brüche: Jahrgangsstufe 6.* Schöningh im Westermann Verlag, 2001

9. Rathgeb-Schnierer, E.: Zahlenblick als Voraussetzung für flexibles Rechnen – Ich schau mir die Zahlen an, dann sehe ich das Ergebnis. In: *Grundschulmagazin* 4/2008. Oldenbourg, München, S. 8–12

10. Scheid, H.: *Zahlentheorie*. Spektrum, Heidelberg/Berlin, 2003

11. Spiegel, H./Selter, C.: *Kinder & Mathematik – Was Erwachsene wissen sollten*. Kallmeyer, Seelze-Velber, 2003

12. Ströttchen, T.: Zahlentheoretische Besonderheiten. Von armen, reichen und vollkommenen Zahlen im Zahlenraum bis 100– Den reichen Zahlen auf der Spur. In: *Grundschulmagazin* 4/2008, S. 27–32

5.16.12   Anhang

Materialien für die heutige Stunde

- Arbeitsauftrag
- Arbeitsblatt (EA)
- Arbeitsblatt (GA), kleiner Tipp
- Großer Tipp
- Aufgabentruhe

Weitere Materialien (nicht abgedruckt)

- Beispiele aus dem Themenheft
- Lösungsblatt

Arbeitsauftrag

Mündliche Einleitung Zu einer Zeit, in der das Geld knapp war, schritt der Bürgermeister von Zahlenstadt nervös durch sein Büro und beschloss, den Besitz seiner Bürger etwas genauer unter die Lupe zu nehmen. Zwei kluge Mitarbeiter sollten ihm helfen, alle reichen Zahlen ausfindig zu machen. Um die Sache zu Beginn etwas zu vereinfachen, bat er seine Helfer, zunächst nur alle reichen Zahlen bis 60 zu bestimmen.

1	2	3	4	5	6
7	8	9	10	11	12
13	14	15	16	17	18
19	20	21	22	23	24
25	26	27	28	29	30
31	32	33	34	35	36
37	38	39	40	41	42
43	44	45	46	47	48
49	50	51	52	53	54
55	56	57	58	59	60

Der Bürgermeister nahm an, dass die Helfer ein paar Stunden rechnen müssten, um alle Zahlen zu überprüfen. Aber schon nach kurzer Zeit fanden sie einige reiche Zahlen, denn sie hatten eine ganz geschickte Strategie gewählt. Die Mitarbeiter hatten eine gute Idee, wie sie reiche Zahlen finden können, ohne alle Zahlen überprüfen zu müssen. So hatten sie bereits nach kurzer Zeit alle zwölf reichen Zahlen gefunden.

Wie viele finden wir im Zahlenraum bis 60?

Arbeitsblätter (EA, GA)
„Auf den Spuren reicher Zahlen"

Findet möglichst viele reiche Zahlen im Zahlenraum bis 60.

Geht geschickt vor!

Die Tabelle könnt ihr zu Hilfe nehmen, um Zahlen zu überprüfen (vgl. [12], S. 27 ff.).

Zahl, die ihr prüfen wollt	Alle echten Teiler der Zahl	Teilersumme	Ist die Zahl reich?

> Platz für Ideen und Nebenrechnungen

Wie seid ihr vorgegangen?
Überlegt, welche eurer Strategien wohl die geschickteste ist. Wählt eine aus und sucht weiter.
Stellt dabei die gefundenen reichen Zahlen und eure Lösungsschritte auf einem Plakat dar.

Kleiner Tipp:

Überlegt geschickt!
Kennt ihr Zahlenfamilien, die auf jeden Fall arm sind?
Welche Zahlenfamilien haben viele Teiler und somit eine gute Chance, reich zu sein?
Ihr könnt außerdem unsere Häuser in Zahlenstadt, die Themenhefte und die Teiler-Skyline zu Hilfe nehmen!

Großer Tipp:

Überlegt geschickt
Es gibt eine Zahlenfamilie, die auf jeden Fall arm ist. Denn alle Familienmitglieder haben nur die 1 als echten Teiler (durchgestrichen).
Es gibt Zahlenfamilien, die viele Teiler haben. Sie haben darum eine gute Chance, reich zu sein (markiert).

Aufgabentruhe

1	~~2~~	~~3~~	4	~~5~~	6
7	8	9	10	~~11~~	12
~~13~~	14	15	16	~~17~~	18
~~19~~	20	21	22	~~23~~	24
25	26	27	28	29	30
31	32	33	34	35	36
37	38	39	40	41	42
43	44	45	46	47	48
49	50	51	52	52	54
55	56	57	58	59	60

Fällt euch etwas auf, was euch hilft?
Es gibt verschiedene Wege, geschickt vorzugehen, um möglichst schnell viele reiche Zahlen zu finden. Mit Sicherheit habt ihr einen guten Weg gefunden!

Die Mitarbeiter des Bürgermeisters haben zuerst Zahlen durchgestrichen, die auf jeden Fall arm sind, und Zahlen markiert, die sie als Erstes in Verdacht hatten, reich zu sein.

Habt ihr eine Idee, warum sie genau diese Zahlen durchgestrichen bzw. markiert haben? Zu welchen Reihen und Familien gehören diese Zahlen?

1	~~2~~	~~3~~	4	~~5~~	6
7	8	9	10	~~11~~	12
~~13~~	14	15	16	~~17~~	18
~~19~~	20	21	22	~~23~~	24
25	26	27	28	~~29~~	30
~~31~~	32	33	34	35	36
~~37~~	38	39	40	~~41~~	42
~~43~~	44	45	46	~~47~~	48
49	50	51	52	~~52~~	54
55	56	57	58	~~59~~	60

(Der große Tipp kann euch helfen, diesen Lösungsweg zu verstehen.)

Begründet!

Würde diese Strategie auch funktionieren, um alle reichen Zahlen in ganz Zahlenstadt (also bis 100) zu finden? Warum?

Und bis 1000?

5.17   Wir vergleichen Zahlen im Zehntausenderraum (Klasse 4)

5.17.1   Thema der Unterrichtsstunde

Vergleichen von Zahlen im Zahlenraum bis 10 000.

5.17.2   Darstellung der Rahmenbedingungen

In der Klasse 4 lernen 22 Kinder, einige Unterrichtsfächer werden *bilingual* (deutsch/französisch) erteilt. Die Klasse hat ihr eigenes Klassenzimmer. Dieser helle, große Raum gewährleistet den Schülern und Schülerinnen (im Folgenden nur noch als „Schüler" bezeichnet) eine angenehme Lernatmosphäre, denn er ist ihnen vertraut und stets den Jahreszeiten (und oft auch den Unterrichtsthemen) entsprechend geschmückt. Neben einem großen Materialschrank und mehreren Regalen ist das Zimmer mit einer Vierer- und einer Zweierreihe an Schulbänken eingerichtet. Die Schüler dürfen sich täglich ihren Sitzplatz frei wählen, sodass kein Plan mit einer festen Sitzordnung vorhanden ist, da diese immer variiert. Im hinteren Teil des Zimmers steht jedem Kind Platz für seine Schulsachen (Schubfach und Stehordner) zur Verfügung. Da die Hefte und Bücher selten mit nach Hause genommen werden (müssen), sind sie meistens bei allen Kindern im Unterricht vorhanden.

Im Mathematikunterricht arbeiten die Kinder mit dem Lehrwerk *Ich rechne mit!* inkl. Arbeits- und Übungsheft für Klasse 4 vom Volk und Wissen Verlag (Ausgabe Süd: Sachsen, Thüringen). Im Klassenraum befinden sich Zeichengeräte für die Tafel und weiteres Material wie z. B. Steckwürfel und magnetische Plättchen.

Im Vergleich zu den a- und b-Klassen hat die Klasse 4c zwar keinen so hohen Ausländeranteil bzw. keine so große Kulturvielfalt vorzuweisen, dennoch gibt es neun Kinder mit je einem Elternteil mit *Migrationshintergrund*. Bezüglich der Leistungen besteht innerhalb des Klassenverbandes eine *große Heterogenität*, welche sogar erst kürzlich durch die Ergebnisse eines Kompetenztests auf Landesebene bestätigt wurde, sodass sowohl quantitative als auch qualitative Differenzierung täglich erforderlich sind und stattfinden.

Das vorherrschende *Klassenklima* ist sehr gut. Die Klassenkameraden verhalten sich untereinander freundlich und kameradschaftlich. Es besteht ein starker Zusammenhalt unter allen Lernern. Diejenigen, die pro Ferienabschnitt bestimmte Klassendienste innehaben, werden von allen in ihrer Rolle akzeptiert und ernst genommen. Seit Mai gehört A der Klasse an, die bisher nur in Frankreich die Schule besuchte und sofort von allen offen aufgenommen wurde. Die gleiche Lernbiografie besitzt auch B, der ebenso wie C erst seit Schuljahresbeginn wieder in Deutschland lebt und in der 4c lernt. C wurde zwar in die damalige 1c eingeschult, verbrachte jedoch drei Jahre mit seiner Familie in Afrika. Die beiden Neuen sind nach den ersten Wochen noch nicht so fest in die Klasse integriert wie A, sie sitzen z. B. oft ganz vorn jeweils allein in einer Bank.

5.17.3 Analyse der Lernbedingungen der Schüler

In der relativ kleinen Klasse herrscht eine *entspannte Lernatmosphäre*. Ihre positive Lerneinstellung bzw. Motivation zeigt sich besonders beim selbstständigen Arbeiten und bei der Mitarbeit. Letztere variiert innerhalb des Klassenverbandes. Manche beteiligen sich immer aktiv und engagiert am Unterrichtsgeschehen (C, D, E, F, G, H, A), andere nur passiv (K, L). Nur interessenbezogen und fachabhängig arbeiten z. B. M und N mit. Einige Kinder sind öfter unaufmerksam oder weniger am gerade behandelten Gebiet interessiert, sodass sie sich nur selten melden (O, P, R, S). An den sprachlichen Voraussetzungen dürfte die noch ausbaufähige Mitarbeit nicht liegen, da zwar bei einigen (T, U, V) Französisch (zweite) Muttersprache ist, aber alle „alten" Schüler sich auf Deutsch altersgerecht und verständlich ausdrücken können bzw. im Unterrichtsgespräch kaum Verständnisschwierigkeiten auftreten (evtl. nur bei Fachbegriffen). Bei den drei Neuen gibt es dagegen noch öfter Schwierigkeiten, besonders Fachbegriffe zu verstehen bzw. zu gebrauchen. Sie erhalten deshalb wöchentlich Förderunterricht, um diese wenigen Defizite aufzuarbeiten und sich fachgerecht äußern zu können.

Die folgenden Ausführungen beinhalten noch weitere Anmerkungen (und sind aus Umfangsgründen in einigen Bereichen gekürzt):

Durch unterschiedliche Fachlehrer hat die Klasse bereits verschiedene *Lehr- und Lernformen* kennengelernt. Die Schüler sind sowohl selbst gesteuerte als auch kooperative Lernformen gewöhnt und können gut in Tandems oder Gruppen zusammenarbeiten. Außerdem besuchen sie nicht nur schulische Freizeitaktivitäten gemeinsam, sondern verbringen auch außerschulisch viel Zeit zusammen.

In den ersten Wochen des neuen Schuljahres wurde viel Lernstoff aus der Klassenstufe 3 wiederholt, hauptsächlich arithmetische Inhalte. Zu Beginn dieser Woche wurde nun der Zahlenraum erweitert, zunächst bis 10 000. Die Schüler kennen bereits aus den vergangenen Jahren den Aufbau unseres Dezimalsystems und können mit der Stellenwerttafel (E, Z, H, T) umgehen. Diese Woche wurden die Zehntausenderstelle (ZT) ergänzt und alle Stellen in der Tafel schrittweise besetzt. Bis zum jetzigen Zeitpunkt können die Kinder entsprechende Zahlen und Zahlwörter lesen und schreiben und haben mit Übungen zu Vorgängern, Nachfolgern, Nachbarzehnern, -hundertern und -tausendern eine erste vage Orientierung im neuen Zahlenraum gewonnen.

5.17.4 Sachanalyse

Der Zahlenraum bis 10 000 umfasst fast unvorstellbar viele Zahlen (zur Sachstruktur und möglichen Schwierigkeiten (vgl. Abschn. 5.17.5). Um größere Zahlen darzustellen bzw. zu notieren, nutzen wir das **dezimale Positionssystem,** dem zwei zentrale Prinzipien zugrunde liegen. Zum einen spielt das *Prinzip der fortgesetzten (Zehner-)Bündelung* eine entscheidende Rolle. Die Ziffern 0,1,...,9 symbolisieren die Zahlwörter. Danach werden die ersten zehn Einheiten zu einem Bündel erster Ordnung zusammengefasst. Das Bündeln gilt prinzipiell, sodass sich bei größeren Anzahlen aus jeweils zehn Bündeln erster bzw. $(n-1)$ter Ordnung entsprechend Bündel zweiter bzw. n-ter Ordnung ergeben. Somit lassen sich beliebig große Zahlen darstellen, ohne mehr als die o. g. zehn Ziffern/Symbole verwenden zu müssen. Für die richtige Notation kommt nun das *Prinzip des Stellenwertes* zum Tragen: Die Bündel werden nach ihrem Wert – ansteigend von rechts nach links – geordnet. Die Stelle bzw. Position (Einer, Zehner, Hunderter, Tausender, ...) einer Ziffer innerhalb einer Zahl gibt demzufolge Aufschluss über ihren Wert (vgl. [8], S. 96, [5], S. 16 ff.), [7], S. 71 ff.).

Unsere Zahlwörter basieren somit auf dieser doppelten Systematik und zudem auf der „Gruppierung von drei aufeinanderfolgenden Bündelungseinheiten zu einer Namensgruppe" ([9], S. 42). Für den Zahlenraum bis 10 000 sind die Gruppe der Einer (Einer, Zehner, Hunderter) und die Gruppe der Tausender (Tausender, Zehntausender) bedeutsam. Der Aufbau innerhalb dieser Gruppierungen ist analog (vgl. [9], S. 41 f.).

Für den **Vergleich zweier Zahlen** gibt es verschiedene Möglichkeiten, z. B. Weiterzählen, Ablesen vom Zahlenstrahl oder der Vergleich der Stellen(werte). Letztere ist am praktikabelsten und lässt sich auf jeden beliebigen Zahlenraum übertragen. Als erste einfache Regel gilt: Eine Zahl mit geringerer Stellenzahl ist stets kleiner als Zahlen mit mehr Stellen (z. B 998 < 1211). Besitzen diese Zahlen jedoch gleich viele Stellen, „so beginnt man von links die jeweiligen Stellenwerte zu vergleichen, bis ein Unterschied auftritt" ([1], S. 29). Als Erstes betrachtet man also die höchsten Stellenwerte der Zahlen (bei vierstelligen Zahlen ist dies die Tausenderstelle), bei deren Gleichheit vergleicht man die Anzahl der Bündel der nächsten (geringerwertigen) Ordnung (Hunderterstelle) miteinander usw., bis man eine Aussage über die Beziehung der Zahlen treffen (und symbolisch ausdrücken) kann (vgl. [1], S. 28 f.): Die erste Zahl ist kleiner als (<), größer als (>) oder gleich (=) der zweiten Zahl (z. B. 5387 < 5389).

5.17.5   Didaktische Analyse

Einordnung der Stunde in die Unterrichtseinheit

Die Unterrichtsstunde „Vergleichen von Zahlen im Zahlenraum bis 10 000" ist Teil der Unterrichtseinheit „Orientierung im Zahlenraum bis 10 000". Meine Stunde findet nach dem schrittweisen Erweitern des Zahlenraums als vierte Einheit in diesem Block statt.

- *1. Stunde:* Einführung in den Zahlenraum bis 10 000 – Wiederholung und Erweiterung der Stellenwerttafel
- *2. Stunde:* Tausender-, Hunderter- und Zehnerzahlen – Wiederholung des Zahlenstrahls
- *3. Stunde:* Auffüllen der Zahlen im Zahlenraum bis 10 000 – Vorgänger und Nachfolger, Nachbarzehner, -hunderter und -tausender
- **4. Stunde: Vergleichen von Zahlen im Zahlenraum bis 10 000**
- *5. Stunde:* Vergleichen und Ordnen von Zahlen im Zahlenraum bis 10 000

Bezug zum Lehrplan und den Bildungsstandards

Der sächsische Lehrplan für Mathematik in der Grundschule formuliert für die Klassenstufe 4 die Ziele, dass die Schüler ihr Verständnis über das dekadische Positionssystem und über Zahlbeziehungen vertiefen (vgl. [10], S. 23). Lernbereich 2: Arithmetik fordert konkret das „Kennen des Operierens mit Zahlen bis 1 000 000 und darüber hinaus" (a. a. O. S. 25). Als Unterpunkt findet sich dort das Vergleichen (siehe Ausschnitt).

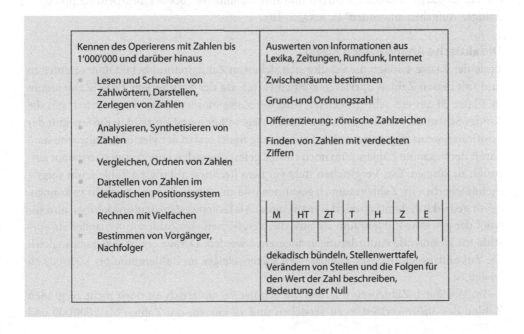

Kennen des Operierens mit Zahlen bis 1'000'000 und darüber hinaus	Auswerten von Informationen aus Lexika, Zeitungen, Rundfunk, Internet
Lesen und Schreiben von Zahlwörtern, Darstellen, Zerlegen von Zahlen	Zwischenräume bestimmen
	Grund- und Ordnungszahl
Analysieren, Synthetisieren von Zahlen	Differenzierung: römische Zahlzeichen
	Finden von Zahlen mit verdeckten Ziffern
Vergleichen, Ordnen von Zahlen	
Darstellen von Zahlen im dekadischen Positionssystem	
Rechnen mit Vielfachen	M | HT | ZT | T | H | Z | E
Bestimmen von Vorgänger, Nachfolger	
	dekadisch bündeln, Stellenwerttafel, Verändern von Stellen und die Folgen für den Wert der Zahl beschreiben, Bedeutung der Null

Die seit 2004 bundesweit geltenden Bildungsstandards für den Primarbereich (Jahrgangs-stufe 4) sehen als eine von fünf inhaltlichen mathematischen Kompetenzen „Zahlen und Operationen" vor (vgl. [6], S. 11). Einen Teilaspekt bildet die Kompetenz „Zahldarstellun-gen und Zahlbeziehungen verstehen" (a. a. O., S. 11). Diese umfasst im Einzelnen:

Zahldarstellungen und Zahlbeziehungen verstehen	• den Aufbau des dezimalen Stellenwertsystems verstehen
	• Zahlen bis 1'000'000 auf verschiedene Weise darstellen und miteinander in Beziehung setzen
	• Sich im Zahlenraum bis 1'000'000 orientieren (z. B. Zahlen der Größe nach ordnen, runden)

Von den allgemeinen mathematischen Kompetenzen werden in dieser Unterrichtsstunde besonders drei gefördert. Bei den ersten beiden Übungen müssen die Schüler kommu-nizieren, d. h. ihre Vorgehensweise beschreiben, diese gemeinsam reflektieren und „ma-thematische Fachbegriffe und Zeichen sachgerecht verwenden" (a. a. O., S. 10). Der letzte Abschnitt des geplanten Unterrichts stärkt weitere Kompetenzen: Ziel der Phase der An-wendung ist einerseits das Argumentieren (mathematische Zusammenhänge erkennen, nach Begründungen suchen), andererseits liegt der Fokus auf dem Problemlösen, indem die Lerner Zusammenhänge nutzen und ihre Kenntnisse „bei der Bearbeitung problem-haltiger Aufgaben anwenden" (a. a. O., S. 10).

Didaktische Analyse nach Klafki

Ende der Klasse 4 sollen die Schüler sich sicher im Zahlenraum bis 1 000 000 orientieren und mit diesen Zahlen operieren können (s. o.). Da der Sprung von 1000 (Zahlenraum in Klasse 3) aus ein sehr großer ist, wird der *Zahlenraum stufenweise erweitert*, um die Kinder Schritt für Schritt an größere Zahlen zu gewöhnen und Einsicht in die Struktur des Positionssystems zu gewinnen. Die Erweiterung findet erst in der vierten Schulwoche statt, damit der bekannte Zahlenraum noch einmal gefestigt werden konnte, um nun darauf auf-bauen zu können. Das Vergleichen steht *vor* dem Rechnen mit diesen Zahlen, um vorerst mehr Sicherheit im Zahlenraum zu gewinnen und eine Vorstellung entwickeln zu können, bevor gedanklich damit operiert werden muss. Als Gegenwartsbedeutung können also so-wohl der gewählte Zahlenraum als auch das Vergleichen von Zahlen miteinander als Vor-stufe für kommende Anforderungen angesehen werden. Daraus ergibt sich auch sogleich die Zukunftsbedeutung des Themas, weil später selbiges im Zahlenraum bis 1 000 000 zu leisten ist.

   Im gewählten Zahlenraum lernen die Schüler exemplarisch an noch nicht zu großen Zahlen das *Stellenwertsystem* zu verstehen und zu nutzen, um Zahlen bis 1 000 000 und darüber hinaus erfassen zu können. Sie festigen außerdem ihr Regelwissen für das Vergleichen von Zahlen, um bald beliebig große Zahlen in Beziehung setzen zu können.

Die **Problematik der großen Zahlen** kann vor allem auf zwei Ebenen erklärt werden: Zum einen fällt es Menschen ab einem bestimmten Zahlenwert sehr schwer, sich die beschriebene Menge vorzustellen, weil Möglichkeiten zur Veranschaulichung fehlen und Zahlen dieser Größe im Lebensalltag sehr selten auftreten. Zum anderen liegen mehrere Schwierigkeiten auf der technischen Ebene (Lesen, Schreiben von und Rechnen mit großen Zahlen). Mit Hilfe der Stellenwerttafel kann unser Positionssystem veranschaulicht und nachvollziehbar gemacht werden. Um das Lesen und Schreiben großer Zahlen zu erleichtern und die Namensgruppen besser zu kennzeichnen, können dazwischen kleine Lücken gelassen, Striche gezogen oder Punkte gesetzt werden, wobei bei letzterem die Verwechslungsgefahr mit dem Komma besteht ([9], S. 42 f.). Eine zusätzliche Hürde ist im Deutschen die unterschiedliche Sprech- und Schreibweise bzgl. der Reihenfolge von Zehnern und Einern in jeder Namensgruppe (vgl. [5], S. 96, [7], S. 64 ff.), die immer wieder trainiert werden muss, beim schriftlichen Vergleichen von Zahlen jedoch kein Problem darstellt.

Um den Schülern den Zugang zum Lerngegenstand zu erleichtern, wird auf ihre **Vorerfahrung** zurückgegriffen und zunächst der Vergleich von Zahlen im bekannten Zahlenraum begonnen. Die Regeln, die sie dort selbstverständlich anwenden, werden ihnen mit Hilfe einer *Stellenwerttafel* (kurz: SWT; Tabelle mit Spalten für die Bezeichnungen der Stellenwerte: E, Z, H, T, ZT) und *magnetischen Plättchen* an der Tafel nachvollziehbar gemacht. Die SWT ist allen Kindern seit Klasse 1 bekannt, sodass damit keine Probleme zu erwarten sind, auch wenn sie erst vor wenigen Tagen erweitert wurde. Durch die Veranschaulichung wird ihnen die Vorgangsweise (erneut) bewusst. Die *didaktische Reduktion* mit SWT und Tafelapplikationen kann nach und nach zurückgenommen werden, sodass dann statt Plättchen nur noch Ziffern zur Darstellung verwendet werden. Gleiches gilt für die Wahl des Zahlenmaterials: erst eine unterschiedliche, dann eine gleiche Anzahl von Positionen und nach weit auseinanderliegenden Zahlen auch sehr nahe Zahlen (auf dem Zahlenstrahl). Ist die Vorgehensweise beim Vergleichen solcher Zahlen dieser Größenordnung verstanden, kann auf die symbolische Ebene übergegangen werden, auf welcher nur noch die mathematischen Zeichen (>, <, =) einzusetzen sind.

Auf den Vergleich mit der enaktiven/ikonischen Ebene (z. B. Zahlen als Steckwürfel/ Punkte in eine Tabelle legen/einzeichnen und anhand der Anzahlen an den verschiedenen Stellen die Zahlen vergleichen) wird in den Übungen verzichtet, da das Prinzip den Schülern bereits bekannt ist. Als Handlungsorientierung kann jedoch die Partnerarbeit mit den Kärtchen für „>/<" und „=" angesehen werden.

In der Anwendungsphase wird den Schülern der Lern- und Übungsinhalt didaktisch reduziert, indem er in eine Spiel- und Wettbewerbssituation eingebettet ist (Variante a) bzw. indem die Aufgabe an einem Beispiel erläutert wird, bevor allein daran gearbeitet werden soll (Variante b).

5.17.6   Lernziele

- Die Schüler kennen die Vorgehensweise beim Vergleichen von Zahlen.
- Sie übertragen diese Vorgehensweise mit Hilfe der Stellenwerttafel auf den Zahlenraum bis 10 000.
- Sie wenden diese Vorgehensweise sowohl in mündlichen als auch schriftlichen Übungen an und vergleichen jeweils zwei Zahlen bis 10 000 miteinander.

5.17.7   Methodische Entscheidungen und deren Begründung

Unterrichtsschritt	Begründung
Einstieg/Hinführung	Begrüßung der Klasse und des Gastes
	LZO zur Einstimmung und Motivation
	Nutzen und Relevanz für Schüler verdeutlichen, damit sie Sinn in den Übungen sehen
	Aktivierung der Schüler
	Aktivierung ihres Vorwissens, um daran anzuknüpfen
	Zugang zum Lerngegenstand schaffen
Erarbeitung	Wiederholung und Festigung von Fachbegriffen (Stellenwerttafel, Einer, Zehner usw.)
	Verständnis und Einsicht in dezimales Positionssystem erlangen/vertiefen
	Arbeiten auf enaktiver/(ikonischer)/symbolischer Ebene (sog. EIS-Prinzip) zur Veranschaulichung und Differenzierung (besonders für Lernschwächere)
	(Unbewusste) Vorgehensweise beim Vergleichen von Zahlen bewusst machen
	Generalisierung des Vorgehens → Zusammenfassung als Grundlage für weitere Übungen (keine schriftliche Sicherung, da aus kleinerem Zahlenraum bereits bekannt)
Übung 1	Arbeit an der Sache und Festigung des Gelernten
	Mündlich, um in dieser Zeit mehr Aufgaben als schriftlich bearbeiten zu können
	Arbeit im Team gibt besonders Lernschwächeren mehr Sicherheit
	Im gemeinsamen Austausch mit- und voneinander lernen
	Argumentieren und Kommunizieren üben (auch deshalb mündliche Übung!)
	Quantitative Differenzierung
	Schwierigkeiten besprechen, um Probleme zu beheben und aus Fehlern zu lernen

Unterrichtsschritt	Begründung
Übung 2	Weitere Arbeit an der Sache und Festigung des Gelernten
	Überprüfung des eigenen Könnens
	Gemeinsamer Vergleich, um eventuelle Schwierigkeiten zu besprechen
	Zahlen und Zeichen lesen üben → Lesegeläufigkeit und -geschwindigkeit trainieren
Hausaufgabe	HA zur Wiederholung und Festigung des Gelernten nach einer längeren Pause
	Eintragen, um nicht zu vergessen
	Nicht am Stundenende eintragen, damit ausreichend Zeit dafür ist und die Aufgabe nicht „untergeht"!
Anwendung	Verstehen von Einzelheiten im Zusammenhang
	Verständnis für die Struktur des dekadischen Positionssystems vertiefen
	Bei a: spielerisch als Wettbewerb zur Motivation
	Bei a: S müssen verstehen, dass es sinnvoll ist, eine möglichst große Zahl sofort bei T aufzuschreiben, denn die Zahl ist umso größer, je weiter links die großen Ziffern stehen.
	Bei b: Tafelbild schon vorbereitet, da ohnehin bei der Variante nur wenig Zeit bleibt
	Bei b: Differenzierung, um Lernschwächere nicht zu überfordern und die Starken zu fordern (eigene Wahl der Niveaustufe, da jeder S selbst am besten seinen momentanen Leistungsstand kennt)
	Bei b: Kontrolle der Lösungen nicht im Plenum, weil verschiedene Varianten möglich
Abschluss	Zusammenfassung des Gelernten → Bewusstmachen des Lernzuwachses
	Für nächste Unterrichtsstunde auspacken, um vorbereitet zu sein

5.17.8 Verlaufsplanung

Tabellarischer Verlauf

Artikulation (Phasen)/Zeit	Geplanter Verlauf	Sozialform	Medien/Bemerkungen
Vorbereitung	Gliederung anschreiben		Zurechtlegen: Plättchen, Kärtchen, Würfel, Kopien
	TB 3 für Anwendung vorbereiten		
	Hinweis für Schüler, dass Leim gebraucht wird		
Einstieg/ Hinführung 5 Min.	Begrüßung	L-Vortrag	Gliederung an der Tafel
	LZO: Zahlen im Zahlenraum bis 10 000 vergleichen	S-L-Dialog	
	Nutzen und Relevanz des Themas?		

Artikulation (Phasen)/Zeit	Geplanter Verlauf	Sozialform	Medien/Bemerkungen
	→ Preise, als Voraussetzung für Subtraktion, …		
	Wiederholung der Vergleichszeichen → >, <, =		
	TB 1: Zahlen im Zahlenraum bis 1 000 vergleichen → drei S tragen in TB 1 Vergleichszeichen ein		TB 1
Erarbeitung 10 Min.	TB 2: Beispiele aus TB 1 in SWT mit zweifarbigen Tafelapplikationen in Ziffern darstellen → Begriffe wiederholen	L-S-Dialog	TB 2, blaue und rote Plättchen
	Vorgehensweise für das Vergleichen ableiten		
	Auf Zahlen aus Zahlenraum bis 10'000 übertragen (TB 1 und 2 ergänzen) → mehrere Beispiele in SWT eintragen und vergleichen, Vorgehen beschreiben		
	Vorgehensweise wiederholen/ zusammenfassen		
Übung 1 8 Min.	Aufgabe erklären und Regeln für folgende Übung besprechen (nicht reden, nur bei verschiedenen Lösungen flüstern)	L-Vortrag	
	Mathebuch S. 17/4: S lesen jeweils die Zahlen und überlegen sich eine Lösung, legen entsprechendes Kärtchen mit >/< oder = verdeckt auf den Tisch, vergleichen mit Partner und erklären sich bei nicht übereinstimmenden Karten ihre Überlegungen → Differenzierung: individuelles Arbeitstempo (in 5 Min. so viel schaffen wie möglich)	PA	Mathebuch S. 17/4, für jedes Team Kärtchen mit >/< und =
	→ Übung beenden, wenn erstes Team fertig ist Evtl. Probleme besprechen	L-S-Dialog	
Übung 2 7 Min.	Übungsheft S. 7/3a (+ quant. Diff.: b): Vergleichszeichen einsetzen (max. 5 Min; L sammelt währenddessen Kärtchen von Übung 1 ein)	EA	Übungsheft S. 7/3
	Gemeinsamer Vergleich der Ergebnisse → dabei: Zahlen und Zeichen vorlesen!	L-S-Dialog	

Artikulation (Phasen)/Zeit	Geplanter Verlauf	Sozialform	Medien/Bemerkungen
Hausaufgabe 2 Min.	HA eintragen: Arbeitsheft S. 7/4 Vergleichszeichen (wie bei Übung 2) einsetzen → Arbeitsheft einpacken!	EA	Hausaufgabenheft, Arbeitsheft
Anwendung 12 Min.	*a) Wenn noch 10–15 Min. Zeit bleiben:*		
	Aufgabe erklären und Regeln für folgende Übung besprechen (leise arbeiten, auf Heft würfeln)	L-Vortrag	
	Kopie mit SWT ausgeben → S kleben sie ins Heft Für jedes Team einen Würfel austeilen	EA	Kopien, Leim, Heft, Würfel
	S würfeln abwechselnd insgesamt 4-mal → Ziffer nach jedem Wurf so in eigene SWT eintragen, dass Zahl möglichst groß ist → S schreiben beide Zahlen neben SWT, vergleichen sie, ermitteln Sieger und spielen eine weitere Runde	PA	
	b) Wenn nur noch 7–10 Min. Zeit bleiben:		
	TB 3 zeigen: Vergleiche, bei denen Vergleichszeichen eingesetzt sind, aber eine Zahl fehlt (vgl. Platzhalteraufgaben, z. B. „4589 > ____ ")	L-Vortrag	TB 3
	L erklärt Aufgabe		
	S schreiben Datum und Überschrift auf und lösen die Aufgaben → Differenzierung (freie Wahl): grün = „Setze eine passende Zahl ein!", rot = „Setze eine passende vierstellige Zahl mit vier verschiedenen Ziffern ein!" L kontrolliert beim Umhergehen stichprobenartig	EA	Heft
Abschluss 1 Min.	Zusammenfassung	L-S-Dialog	
	Verabschiedung		
	Hinweis: für Deutschunterricht auspacken		

Tafelbilder

innen:

Gliederung	Zahlen vergleichen		27.9.12	
1. >, < oder =?	>, < oder =?			
2. Zahlen bis 10'000	30	18	(Stellenwerttafel 1	(Stellenwerttafel 2 mit
3. Partnerarbeit	528	712	mit Plättchen/	Plättchen/Ziffern für
Mathebuch S. 17/4	998	1000	Ziffern für	TB 2)
4. Übung Übungsheft	2401	1351	TB 2)	
S. 7/3	8234	8236		
5. Hausaufgabe				
Arbeitsheft S. 7/4				
6. Zahlenforscher				

außen:

Zahlen vergleichen 27.9.12	
Setze eine passende vierstellige Zahl mit vier verschiedenen Ziffern ein!	
Beispiel:	
9538 >_____	
4589 >_____	
_____ <8205	
5390 <_____	
_____ >1743	

5.17.9   Literatur

1. Fuchs, M./Käpnick, F.: *Grundwissen Mathematik. Klassen 1–4*. Volk und Wissen, 2010
2. Käding, K.-P./Käpnick, F./Schmidt, D.: *Ich rechne mit! Arbeitsheft Klasse 4 Ausgabe Süd*. Volk und Wissen, Berlin, 2009
3. Käding, K.-P./Käpnick, F./Schmidt, D.: *Ich rechne mit! Schulbuch Klasse 4 Ausgabe Süd*. Volk und Wissen, Berlin, 2009
4. Käding, K.-P./Käpnick, F./Schmidt, D.: *Ich rechne mit! Übungsheft Klasse 4*. Volk und Wissen, Berlin, 2009
5. Krauthausen, G./Scherer, P.: *Einführung in die Mathematikdidaktik*. 3. Auflage. Spektrum, Heidelberg, 2007
6. Kultusministerkonferenz: *Bildungsstandards im Fach Mathematik für den Primarbereich (Jahrgangsstufe 4)*. Online unter: http://www.sachsen-macht-schule.de/apps/lehrplandb/downloads/lehrplaene/lp_gs_mathematik_2009.pdf (Stand: 22.09.2012)
7. Padberg, F./Benz, C.: *Didaktik der Arithmetik für Lehrerausbildung und Lehrerfortbildung*. 4. erweiterte, stark überarbeitete Auflage. Spektrum, Heidelberg, 2011

8. Radatz, H. et al.: *Handbuch für den Mathematikunterricht. 1. Schuljahr. 8. Auflage.*
    Schroedel, Braunschweig, 2008

9. Schipper, W./Dröge, R./Ebeling, A.: *Handbuch für den Mathematikunterricht. 4. Schul-
    jahr. 5. Auflage.* Schroedel, Braunschweig, 2008

10. Sächsisches Staatsministerium für Kultus (Hrsg.): *Lehrplan Grundschule Mathematik.*
    Online unter: http://www.kmk.org/fileadmin/veroeffentlichungen_beschluesse/2004/
    2004_10_15-Bildungsstandards-Mathe-Primar.pdf (Stand: 22. September 2012)

5.18   Passen alle Schüler unserer Schule in unseren Klassenraum? (Klasse 4)

5.18.1   Thema der Unterrichtsstunde

Geht das? Passen alle Schüler unserer Schule in unseren Klassenraum?

5.18.2   Thema der Unterrichtseinheit

Flächen – Wir lernen Meter-Quadrate kennen.

5.18.3   Ziel der Unterrichtseinheit

Die Schülerinnen und Schüler sollen im Verlauf der Unterrichtseinheit ihre Kompetenzen
im Bereich „Raum und Form" ausbauen.

Sie festigen zunächst ihre Vorkenntnisse zum Begriff der „Fläche" und des „Flächeninhaltes" und lernen anschließend das „Meter-Quadrat" als neue Maßeinheit kennen. Das
Bestimmen und Vergleichen von Flächeninhalten ebener Figuren soll angebahnt werden
(vgl. [2], S. 64).

Des Weiteren sollen sie ihre Fähigkeiten bei der Bearbeitung von Sachproblemen dieses
Themengebietes erweitern (vgl. [2], S. 58).

5.18.4   Ziel der Unterrichtsstunde

Die Kompetenz, eine Sachsituation in ein mathematisches Modell zu übersetzen und mit
Hilfe dessen zu lösen, soll in dieser Stunde angebahnt werden.

Die Kommunikationsfähigkeit wird sowohl durch die gewählte Sozialform der Gruppenarbeit als auch durch den anschließenden Austausch in Konferenzen über die Lösungsideen geschult.

5.18.5   Aufbau der Unterrichtseinheit

1. Sequenz (1 Unterrichtsstunde)

„Wie war das noch mal?"

Um im Laufe der Einheit an die in den vorangegangenen Schuljahren entwickelten Vorstellungen zu den Begriffen „Fläche" und „Flächeninhalt" anknüpfen zu können, werden die Vorkenntnisse der SuS hierzu aufgefrischt.

2. Sequenz (3 Unterrichtsstunden)

„Flächen am Geobrett"

Im Zuge dieser Sequenz verinnerlichen die SuS durch aktive Handlungen am Geobrett weiter ihre Vorstellungen zu Flächen und Flächeninhalten. Die Invarianz des Flächeninhaltes wird wiederholend thematisiert. Des Weiteren „(…) erfahren [sie], dass die Anzahl der Einheitsquadrate, mit denen man (…) [eine Fläche] füllen kann, ein Maß für die Größe (…) [der Fläche] ist"([4], S. 194).

3. Sequenz (6 Unterrichtsstunden)

„Das Meter-Quadrat"

Die SuS lernen den Begriff des Meter-Quadrates als Maßeinheit für Flächeninhalte kennen. Um eine konkrete Vorstellung von der Größe eines Meter-Quadrates zu bekommen, stellen sie zunächst eigenständig Meter-Quadrate aus Packpapier her. Mit Hilfe dieser Meter-Quadrate messen sie nun unterschiedliche Flächen aus. Sie sollen durch diese konkreten Messvorgänge den Abstraktionsprozess durchlaufen, der zu der Erkenntnis führt, dass man den Flächeninhalt eines Rechtecks ermittelt, indem man die Anzahl der Meter-Quadrate an der Längsseite des Rechtecks mit der Anzahl der Meter-Quadrate an der Breitseite des Rechtecks multipliziert. Ist diese Erkenntnis gewonnen, werden zur Vertiefung verschiedene Übungen dazu durchgeführt. Diese beinhalten zunächst das einfache Ermitteln von Flächeninhalten, wobei hier auch das Nutzen von Zeichnungen als hilfreiches Instrument thematisiert wird. Aufbauend wird aber auch beispielsweise die Auswirkung der Veränderung der Seitenlänge auf die Anzahl der Meter-Quadrate oder die Tatsache, dass flächengleiche Rechtecke unterschiedliche Formen haben können, behandelt (vgl. [3], S. 217 f.).

4. Sequenz (2–3 Unterrichtsstunden)

„Geht das?"

Die abschließende Sequenz der Einheit soll es den SuS ermöglichen, ihre neu erworbenen Kenntnisse auf eine Sachsituation dieses Themengebietes anzuwenden.

1. Stunde Die SuS sollen für die Frage „Passen alle Schüler unserer Schule in unseren Klassenraum?" erste, begründete Lösungsansätze/-ideen entwickeln und sich über diese anschließend mit ihren Mitschülern austauschen. Dabei sollen sie mögliche Unterschiede und Gemeinsamkeiten der Ansätze erkennen.

2. bis 3. Stunde Die SuS beschäftigen sich weiter mit der o. g. Frage, um ihren Lösungsweg abschließend für die Mitschüler – mit Hilfe eines Plakats – verständlich zu präsentieren.

5.18.6   Didaktischer Schwerpunkt

Ich habe mich entschieden, diese ausgewählten Sachaspekte …

Bei dem Lerngegenstand der heutigen Stunde handelt es sich um eine sogenannte „**Fermi-Aufgabe**". Charakteristisch für diese Aufgaben sind besondere, kurz formulierte Fragen, für deren Lösung es keinen Standardalgorithmus gibt (vgl. [5], S. 117). Sie erlauben ein „Üben von Grundwissen und Basisfertigkeiten in relativ offenen, anschauungsnahen Kontexten und unterstützen damit das Vernetzen von mathematischem Grundwissen mit Strategien des Modellierens und Begründens" ([1], S. 158).

Im Mittelpunkt der heutigen Stunde steht die Frage: „*Passen alle Schüler unserer Schule in unseren Klassenraum?*" Zur Beantwortung dieser Frage bieten sich den SuS unterschiedlichste Lösungsmöglichkeiten. Gleich ist allerdings bei allen Lösungsstrategien, dass die SuS im Endeffekt einen Vergleich zwischen der Anzahl der SuS ihrer Grundschule und der ermittelten Anzahl der SuS, die ihren Ermittlungen nach in den Klassenraum passen, ziehen müssen.

Somit ergeben sich aus der gewählten Fragestellung für die SuS zwei unbekannte Größen, die sie u. a. mit Hilfe von **Schätzungen** ermitteln müssen:

1. Die Anzahl aller SuS ihrer Grundschule

Um die ungefähre Gesamtschülerzahl zu ermitteln, müssen die SuS vermutlich zunächst wissen, wie viele Klassen es an ihrer Grundschule gibt. Hier ist davon auszugehen, dass den meisten die Anzahl von zehn Klassen bekannt ist. Unbekannt hingegen ist die Anzahl der SuS der einzelnen Klassen. Um diese zu erhalten, können die SuS z. B. ausgehend von der Anzahl der SuS in ihrer eigenen Klasse die Gesamtanzahl der SuS an der Schule überschlagend ermitteln.

2. Wie viele SuS passen in den Klassenraum?

Hier bietet es sich an, zunächst einmal die Größe des Raumes durch Messen mit Zollstöcken oder Meter-Quadraten zu bestimmen. Geht man von gerundeten Werten aus, ergibt sich für den Klassenraum ein Flächeninhalt von 60 m².

Nun wäre der nächste Schritt, zu schauen, wie viele SuS auf einem Meter-Quadrat Platz finden, um anhand dieser Überlegung die Anzahl der SuS zu ermitteln, die der Klassenraum fassen kann. Dabei wird die Anzahl der SuS, die auf einem Meter-Quadrat Platz finden, mit der Anzahl der Meter-Quadrate des Flächeninhaltes des Klassenraums multipliziert.

Geht man von überschlagenen Werten dieser beiden Größen aus, könnten die SuS z. B. auf folgende Werte kommen:

- Anzahl SuS ihrer Grundschule: ca. 200
- Anzahl der SuS, die in den Klassenraum passen: ca. 300 (5 SuS pro Meter-Quadrat x 60)

Um zu einer abschließenden Beantwortung der Frage zu gelangen, müssen diese beiden Werte nun verglichen werden. Ist, wie oben dargestellt, die Anzahl der SuS, die in den Klassenraum passen, größer als die Anzahl der SuS ihrer Grundschule, lässt sich die Frage mit „Ja" beantworten. Verhält es sich umgekehrt, lautet die Antwort „Nein".

Der oben dargestellte Weg und die aufgeführten Zahlen sollen als Beispiel dienen. Bei den **Lösungswegen** können, je nach Vorgehen der SuS, vollkommen andere Werte und Wege auftreten. Diese sind abhängig von dem Vorgehen und den Schätzungen/Überschlägen der SuS sowie von eventuell auftretenden weiterführenden Überlegungen (z. B.: „Es muss der Platz, den die Möbel einnehmen, abgezogen werden.").

Der Lerngegenstand der heutigen Stunde lässt sich im Lehrplan dem Bereich **„Raum und Form"** mit dem Schwerpunkt „Ebene Figuren" zuordnen, da die SuS vermutlich, um zu einer Lösung zu kommen, den Flächeninhalt des Klassenraumes bestimmen müssen. Des Weiteren spielt voraussichtlich auch der Lehrplanbereich **„Größen und Messen"** eine Rolle, da die SuS den Klassenraum unter Umständen mit „geeigneten Messinstrumenten ausmessen" ([2], S. 65). Darüber hinaus wird hier wahrscheinlich ebenfalls der Schwerpunkt „Sachsituationen" angesprochen, da die SuS womöglich „selbstständig Bearbeitungshilfen wie […] Skizzen […] zur Lösung von Sachaufgaben" ([2], S. 66) nutzen.

Durch die gewählte Problemstellung werden viele **prozessbezogene Kompetenzen** angesprochen. So erfordert die Aufgabe das Übersetzen einer Problemstellung aus einer Sachsituation in ein mathematisches Modell, um sie mit Hilfe des Modells zu lösen ([2], S. 59) (Kompetenz „Modellieren"). Des Weiteren verlangt die Aufgabenstellung Kompetenzen im Darstellen des Lösungsweges und beim Kommunizieren mit Gruppenarbeitspartnern ([5], S. 117) (Kompetenz „Darstellen/Kommunizieren"). Außerdem benötigen die SuS Kompetenzen im Bereich des Argumentierens, da sie die Schlüssigkeit ihrer eigenen Lösung begründen und die anderen Lösungen nachvollziehen sollen (Kompetenz „Argumentieren").

… zu diesem Zeitpunkt mit diesen Kindern …

In der Klasse 4c werden momentan 19 SuS, davon neun Mädchen und zehn Jungen unterrichtet.

Das **Leistungsvermögen** der Klasse ist im Mathematikunterricht heterogen. So bearbeiten drei Schüler in den Mathematikstunden regelmäßig schon Stoff der 5. Klasse. In der heutigen Stunde haben sie unter Umständen Vorteile durch ihre Rechenfertigkeiten. Allerdings ist auch für die drei Schüler der thematische Inhalt dieser Einheit neu, sodass sie hier ebenfalls gefordert sind. Außerdem zeigte sich in der Vergangenheit, dass sie im Bereich der prozessbezogenen Kompetenzen ihren Mitschüler/innen nicht unbedingt überlegen sind.

Das Arbeits- und Sozialverhalten der Klasse ist größtenteils positiv. Zu Unruhen kommt es gelegentlich durch Zwischenrufe oder Privatgespräche. Hierauf werde ich in der heutigen Stunde mit Ermahnungen reagieren.

Die für die Arbeitsphase gewählte Sozialform der **Gruppenarbeit** ist den SuS bekannt und wird von ihnen relativ gut umgesetzt. Während der Gruppenarbeitsphasen ist teilweise noch zu beobachten, dass sich einzelne SuS bewusst der Arbeit entziehen. Sollte dies in der heutigen Stunde der Fall sein, werde ich die entsprechenden Gruppen darauf hinweisen, dass es wichtig ist, dass alle SuS am Lösungsprozess beteiligt sind und diesen auch nachvollziehen und erklären können. Ein erhöhter Lärmpegel während der Gruppenarbeitsphase ist bis zu einem gewissen Maß legitim, da sich die SuS innerhalb der Gruppen austauschen müssen. Sollte es allerdings zu laut werden, werde ich durch ein akustisches Signal auf mehr Ruhe hinweisen.

Fermi-Aufgaben wurden von den SuS bisher erst zweimal bearbeitet, sodass in der Offenheit der Aufgabe für einige SuS Probleme liegen könnten. Um diesen SuS ein wenig Struktur zu bieten, werden, wie später beschrieben, Tippkarten bereitgehalten. Dennoch ist den SuS bekannt, dass bei diesem Aufgabentyp Schätzungen und Überschläge angewendet werden dürfen, da es nicht auf ein genaues Ergebnis ankommt und es auch nicht nur ein richtiges Ergebnis gibt.

Die Reflexionsmethode der *„Mathekonferenz"* ist den SuS gut bekannt und wird von ihnen recht sicher und selbstständig durchgeführt.

Die Klasse hat sich vor Beginn der Einheit mit der Zahlenraumerweiterung in den Millionenraum beschäftigt. Es bot sich nun an, eine Einheit aus dem Bereich „Raum und Form" durchzuführen, um den SuS eine gewisse inhaltliche Abwechslung zu bieten und so auch einen Bereich aufzugreifen, der mit den SuS dieser Klasse bisher eher zweitrangig behandelt wurde. Das Einbetten der heutigen Fermi-Aufgabe in die Einheit bietet den SuS die Möglichkeit, ihre bisherigen entwickelten Kenntnisse und Fertigkeiten auf diesem Gebiet auf eine Sachsituation anzuwenden und zusätzlich ihre prozessbezogenen Kompetenzen auszubauen.

… unter dieser vorrangigen Zielsetzung …

Vorrangig soll in der heutigen Unterrichtsstunde neben dem inhaltlichen Ziel, dem Bestimmen von Flächeninhalten ebener Figuren, die Kompetenz des *„Modellierens"* ausgebaut werden. Das heißt, das „Übersetzen einer Problemstellung aus [einer] Sachsituation in ein mathematisches Modell" ([2], S. 59), um sie mit Hilfe des Modells zu lösen, soll angebahnt werden.

Durch die für die erste Reflexionsphase gewählte Methode der „Mathekonferenz" wird die Kompetenz im Bereich *„Kommunizieren"* ausgebaut. Die SuS sollen ihre „eigene Vorgehensweise beschreiben [und] die Lösungswege anderer verstehen" ([5], S. 30). Diese Kompetenz wird auch durch die gewählte Sozialform der Gruppenarbeit gestärkt, da sich die SuS innerhalb der Gruppe über Lösungsideen austauschen müssen.

Da die SuS in den Reflexionsphasen ihre Lösungswege mit denen von anderen Gruppen vergleichen sollen, wird auch die Kompetenz im Bereich *„Problemlösen"* ausgebaut ([2], S. 59).

Mit Hilfe der gewählten Sozialform wird zusätzlich die *Kooperationsfähigkeit* der SuS gestärkt. So müssen sie die Aufgabenstellung gemeinsam bearbeiten und sich dabei auf einen Lösungsweg einigen.

… auf diese besondere Weise …

Nach der Begrüßung erfolgt der **Einstieg** in die Stunde durch die Darstellung einer Problemsituation (LAA berichtet von der Überlegung, das bevorstehende Adventssingen mit allen Klassen gemeinsam in einem Klassenraum durchzuführen) und der Offenlegung der zentralen Fragestellung („Passen alle Schüler unserer Schule in unseren Klassenraum?"), wodurch die Problemstellung der heutigen Stunde in den Horizont der SuS gerückt wird.

Daraufhin wird der Verlauf der Stunde mit Hilfe eines Verlaufsplakats veranschaulicht.

Mit der Erteilung des Arbeitsauftrages wird das Ziel der Stunde mit Blick auf die Reflexion transparent gemacht. Neben der Visualisierung des Arbeitsauftrages wird dieser auch verbal erteilt: „Findet heraus, ob alle Schüler unserer Schule in unseren Klassenraum passen würden."

Zusätzlich zum Arbeitsauftrag werde ich die SuS darauf hinweisen, dass sie in der Materialecke nötige Materialien und Hilfsmittel vorfinden.

Während der **Arbeitsphase** arbeiten die SuS in **Gruppenarbeit** an der Aufgabenstellung. Die Gruppen sind eher homogen zusammengesetzt, da sich in vergangenen Gruppenarbeiten gezeigt hat, dass die „stärkeren" SuS einen Großteil der Arbeit übernehmen. Durch die homogene Gruppenzusammensetzung erhoffe ich mir, dass auch die „schwächeren" SuS mehr gefordert sind. Außerdem hat die Gruppenarbeit an dieser Stelle den Vorteil, dass durch das Sprechen über die Problemstellung und mögliche Lösungswege hierfür die Kommunikationsfähigkeit geschult wird.

Da die SuS innerhalb ihrer Gruppen entsprechend ihren individuellen Fähigkeiten arbeiten, liegt die **Differenzierung** in der Aufgabenstellung selbst. Für Gruppen, die Schwierigkeiten haben, Ideen zur Problemlösung zu finden, werde ich **Tippkarten** bereithalten. Auf diese Tippkarten werde ich im Vorfeld allerdings nicht hinweisen, sondern sie im Bedarfsfall ausgeben, da sonst die Gefahr besteht, dass die Gruppen, ohne sich selbst intensiv Gedanken über eine Lösung zu machen, nach den Karten verlangen. Es wird vier Arten von Tippkarten, die noch einmal differenziert sind, geben:

1. Tipp zum Finden einer Lösungsstrategie
2. Tipp zum Finden der Anzahl der SuS der Schule
3. Tipp zum Ermitteln der Raumgröße
4. Tipp zum Herausfinden, wie viele SuS in den Klassenraum passen

Allerdings ist trotz der homogenen Gruppenzusammensetzung davon auszugehen, dass alle Gruppen zunächst selbstständig erste Lösungsideen entwickeln können.

Als frei zugängliches Material steht den SuS kariertes Papier für mögliche Skizzen und für Nebenrechnungen zur Verfügung. Zusätzlich werden neben Meter-Quadraten, die zum Messen des Flächeninhaltes des Klassenraumes, aber auch zum Abschätzen der Anzahl der SuS, die in den Klassenraum passen, genutzt werden können, Zollstöcke zum Messen bereitliegen.

Kurz vor dem Ende der Arbeitsphase werde ich eine Uhr aufstellen und die Gruppen darauf hinweisen, dass sie nun die Schritte ihres Lösungsweges, falls dies noch nicht geschehen ist, kurz schriftlich festhalten sollen, um diese Aufzeichnungen dann für die Reflexionsphasen nutzen zu können. Die Arbeitsphase wird durch ein akustisches Signal beendet.

Zu erwähnen ist, dass ich nicht davon ausgehe, dass die SuS am Ende der Arbeitsphase zu einer endgültigen Lösung kommen. Wie der Sequenzplanung zu entnehmen ist, habe ich dafür in der Folgestunde weitere Zeit eingeplant. Sollte eine Gruppe wider Erwarten trotzdem schon zu einem Endergebnis kommen, erhält sie schon in dieser Stunde den Auftrag, ihren Lösungsweg verständlich auf einem Plakat darzustellen.

In der folgenden **ersten Reflexion** treffen sich die Gruppen mit jeweils einer anderen Gruppe in einer „*Mathekonferenz*" (vgl. [6]). Aus Zeitgründen wurde die Zusammensetzung der Konferenzen sowie die Aufgabenverteilung (Leiter, Zeitwächter) in der Vorstunde festgelegt. In der Konferenz sollen sich die Gruppen nun gegenseitig ihre ersten Lösungsideen vorstellen. Diese erste, dezentrale Reflexion bietet den Vorteil, dass alle Gruppen sich noch einmal, auch verbal, mit ihrem Lösungsweg auseinandersetzen. Außerdem werden die SuS herausgefordert, „die Gedankengänge ihrer Mitschülerinnen und Mitschüler nachzuvollziehen" (vgl. [6]). Des Weiteren bietet diese Form der Reflexion mehr SuS die Möglichkeit, sich aktiv mündlich zu beteiligen, im Gegensatz zu einer Reflexionsrunde im Plenum. Am Ende der Mathekonferenz sollen Unterschiede in den Vorgehensweisen der einzelnen Gruppen thematisiert und eventuelle Vorteile einzelner Ideen herausgestellt werden. Die erste Reflexionsphase wird durch ein akustisches Signal beendet.

Für die anschließende **zweite Reflexionsphase** treffen sich die SuS im Kinositz. Angeleitet durch den Impuls: „Wer hat in seiner Mathekonferenz einen Lösungsweg vorgestellt bekommen, den er besonders interessant fand?", bekommt zunächst eine Gruppe die Möglichkeit, ihre Lösungsideen den Mitschüler/innen vorzustellen. Die anderen SuS sollen diesen Weg noch einmal mit ihren eigenen Worten erklären. Anknüpfend daran soll eine Gruppe, die einen anderen Weg gewählt hat, diesen vorstellen und die SuS sollen diesen dann mit der Lösungsidee der ersten Gruppe vergleichen. Hierdurch sollen den Gruppen, die unter Umständen noch keine komplette Lösungsstrategie gefunden haben, Impulse für die Weiterarbeit geliefert werden.

Dies ist auch der abschließende Ausblick auf die Weiterarbeit.

… zu erarbeiten.

5.18.7   Stundenverlaufsplanung

Unterrichtsphase	Inhalt	Material	Sozialform
Einstieg	Begrüßung	Plakat Fragestellung	Plenum
	Offenlegung der Problemstellung und der zentralen Fragestellung		
	LAA gibt Transparenz über den Stundenverlauf.	Plakat Stundenverlauf	
	LAA erteilt den Arbeitsauftrag:	Arbeitsauftrag	

Unterrichtsphase	Inhalt	Material	Sozialform
	„Findet heraus, ob alle Schüler unserer Schule in unseren Klassenraum passen würden."		
	LAA macht Ziel der Arbeitsphase transparent.		
	LAA erläutert Material.		
Arbeitsphase	SuS bearbeiten in Gruppenarbeit den Arbeitsauftrag.	Materialien aus der Materialecke	Gruppenarbeit
	LAA steht beratend zur Hilfe.		
	LAA gibt bei Bedarf Tippkarten aus.	Tippkarten	
	LAA gibt kurz vor Ende der Arbeitsphase den Hinweis, die Lösungsideen schriftlich festzuhalten.	Uhr	
	LAA beendet Arbeitsphase durch ein akustisches Signal.	Glocke	
Reflexion 1	Die Gruppen treffen sich mit jeweils einer anderen Gruppe zur „Mathekonferenz" und tauschen sich über ihre Ideen aus.	Ablaufplan „Mathekonferenz"	Gruppenarbeit
		Satzspeicher „Mathekonferenz"	
	LAA beendet die „Mathekonferenz" durch ein akustisches Signal.	Glocke	
Reflexion 2	Eine Gruppe präsentiert erste Lösungsideen.	Tafel	Kinositz
	SuS vergleichen diese mit ihren Ideen.	Aufzeichnungen der Gruppen aus der Arbeitsphase	
	Eine weitere Gruppe mit einem anderen Lösungsansatz präsentiert diesen.		
	SuS stellen Unterschiede heraus.		
	LAA gibt Ausblick auf die Weiterarbeit.		

5.18.8   Literatur

1. Büchter, A./Leuders, T.: *Mathematikaufgaben selbst entwickeln: Lernen fördern – Leistungen überprüfen.* Berlin, 2005
2. Ministerium für Schule und Weiterbildung des Landes Nordrhein-Westfalen: *Richtlinien und Lehrpläne für die Grundschulen in Nordrhein-Westfalen.* Frechen, 2008
3. Radatz, H./Schipper, W./Dröge, R./Ebeling, A.: *Handbuch für den Mathematikunterricht. 4. Klasse.* Braunschweig, 2010
4. Vollrath, H.-J.: Ein Modell für das langfristige Lernen des Begriffes „Flächeninhalt". In: *Mathematik lernen durch Handeln und Erfahrung.* Festschrift für Heinrich Besuden. Oldenburg, 1999
5. Walther, G./van den Heuvel-Panhuizen, M./Granzer, D./Köller, O.: *Bildungsstandards für die Grundschule: Mathematik konkret.* Berlin, 2011
6. PIK AS der TU Dortmund: *„Mathe-Konferenzen" – Eine strukturierte Kooperationsform zur Förderung der sachbezogenen Kommunikation unter Kindern.* Online unter: http://www.pikas.tu-dortmund.de/material-pik/herausfordernde-lernangebote/haus-8-unterrichts-material/mathe-konferenzen/index.html (Stand: 17.09.2012, 15:00 Uhr)

5.19   Bierdeckel und Würfelnetze (Klasse 4)

5.19.1   Thema der Unterrichtsstunde

Würfelnetze: Wir stellen Würfelnetze her (Einführungsstunde).

5.19.2   Lernvoraussetzungen

Bemerkung Aus Umfangsgründen können die sehr gründlich dargestellten Punkte *Bild der Klasse* und *Entwicklungsstand der Schüler* hinsichtlich Sachkompetenz, Methodenkompetenz sowie Sozial- und Selbstkompetenz leider nicht wiedergegeben werden.

5.19.3   Begründung der didaktisch-methodischen Entscheidungen

Würfelnetze lassen sich innerhalb des weiterentwickelten Thüringer Lehrplans in Mathematik dem Lernbereich „Geometrie" und dem Teilbereich „Umgang mit Körpern" zuordnen ([14], S. 17 ff.). Bezogen auf die Bildungsstandards werden sie unter dem Inhalt „Modelle von Körpern [...] herstellen und untersuchen" zusammengefasst. Übergeordnetes Ziel der Beschäftigung mit Würfelnetzen ist die **Förderung der Raumvorstellung,** welche Grundlage für das gedankliche Zusammensetzen der Flächenmodelle (Würfelnetze) zu einem Würfel ist (vgl. [10], S. 162). Dabei ist die Raumvorstellung der Schüler dieser Klasse unterschiedlich stark ausgeprägt, im Allgemeinen aber bereits gut entwickelt.

Zu **Beginn der Stunde** sollen die Eigenschaften des Würfels wiederholt und genannt werden. Dies ist ein Ritual, welches jede Geometriestunde einleitet und den Kindern den Unterrichtsgegenstand anschaulich vor Augen und ins Gedächtnis rufen soll. Ferner wird damit kontinuierlich an der korrekten Verwendung mathematischer Fachbegriffe gearbeitet (vgl. [14], S 106, [4], S. 8, [13], S. 7).

Ausgangspunkt der Thematisierung der Würfelnetze ist eine **herausfordernde geometrische Situation** (vgl. [13], S. 106), welche es den Schülern ermöglichen soll, motiviert an der Lösung eines Problems zu arbeiten. Die Einbettung in eine Geschichte um Willi, den Würfel, soll den Kindern zusätzlichen Anreiz bieten, Lösungen zu suchen. Innerhalb dieser Phasen sollen alle relevanten Merkmale von Würfelnetzen erarbeitet werden, einschließlich der Überprüfung kongruenter Netze mittels Drehen und Spiegeln (vgl. [10], S. 162). Damit sind vor der Arbeitsphase bereits alle Sachinformationen bekannt, die zur Lösung des geometrischen Problems sowohl in der Partner- als auch in der Gruppenarbeit beitragen. Durch Visualisierung der Kriterien und Eigenschaften von Würfelnetzen an der Tafel bleiben sie die ganze Stunde über präsent und können von den Schülern in jeder Phase zurate gezogen werden.

Als **Demonstrationsnetz** wählte ich die S-Form. Sie ist als ein Beispiel der Viererstangen-Würfel von den Schülern einfach gedanklich und praktisch nachvollziehbar (vgl. [3], S. 156 f.) und lässt es zu, sowohl durch Drehung als auch Spiegelung kongruente Netze abzubilden. Ferner bleibt den Kindern dadurch die bekannteste Würfelnetzform (Kreuz) als eigenes Beispiel für die Herstellungsphase erhalten.

Im Anschluss daran sollen die Schüler auf der konkret-operativen Handlungsebene selbstständig **Würfelnetze finden und herstellen** (vgl. [1], S. 95). Die Bearbeitung mathematischer und geometrischer Probleme auf der *enaktiven* Ebene stellt die Voraussetzung für gedankliches Operieren mit Netzen dar (vgl. [10], S. 164) und wird in den allgemein verbindlichen Rahmenrichtlinien kontinuierlich gefordert (vgl. [14], S. 9, [13], S. 109).

In der vorliegenden Stunde sollen die Schüler durch Zusammensetzen der einzelnen Teilflächen zu einem Würfel *handelnd* aktiv werden. Dies erfordert bereits die Fähigkeit, gedanklich Würfel zusammenzusetzen (vgl. [1], S. 96), und stellt eine motorische Herausforderung dar (vgl. [5], S. 203). Diesen **Schwierigkeiten** möchte ich durch die Wahl der *Sozialform* und die Bereitstellung von *Lösungshilfen* (Würfel, um den das Netz zunächst gelegt werden kann) entgegenwirken. Da die Schüler aber bereits über eine gut entwickelte räumliche Vorstellungskraft verfügen, ist einigen die Bearbeitung sicher auch in Einzelarbeit möglich, weshalb ich ihnen die Bearbeitung mit einem Partner anbiete, aber nicht zwingend vorschreibe. Bei der Wahl des Partners sollen die Schüler frei entscheiden können, da ich es als wichtig erachte, dass die Schüler ihre Aufmerksamkeit primär auf die Problemsituation richten, ohne dabei durch zwischenmenschliche Probleme abgelenkt zu werden. Es bestünde auch die Möglichkeit, durch Abrollen oder Auseinanderschneiden eines Würfels zum Netz zu gelangen (vgl. [3], S. 155, [1], S. 97, [9], S. 56 f.). Durch das Abrollen können jedoch nur vier Netze gefunden werden (vgl. ebd.). Beim Auseinanderschneiden entsteht die Schwierigkeit, das Material in ausreichender Menge zur Verfügung zu stellen, da Würfel als Verpackungen kaum Verwendung finden und alle Flächenmodelle deshalb zuvor selbst hergestellt werden müssten. Gemäß dem operativen Prinzip soll die Handlung dennoch ebenfalls in anderer Richtung vollzogen (vgl. [3], S. 155) und Netze vom Körper als Ausgangsmaterial hergestellt werden (vgl. Folgestunden in der Unterrichtseinheit).

Die Entscheidung, zum Herstellen der Netze **Bierfilze** zu verwenden, liegt in ihrer materiellen Beschaffenheit begründet. Zwar sind die Ecken bei ihnen *abgerundet* und sie entsprechen daher nicht in idealtypischer Weise einem Quadrat (worauf in der Stunde auch eingegangen werden soll), gleichwohl haben sie gegenüber Papierquadraten oder quadratischen Zetteln den *Vorteil*, dass sie stabiler sind und sich aus ihnen leichter ein Würfel aufstellen lässt (vgl. [3], S. 156). So können die Schüler einfacher und schneller überprüfen, ob ihr gefundenes Netz tatsächlich korrekt ist. Im Material an sich liegt dabei auch die Möglichkeit der **Differenzierung**. Jede Partnergruppe kann in ihrem Tempo arbeiten, die Würfelnetze frei legen oder aber um einen Würfel herumbauen, die gefundenen Netze anschließend zu einem Würfel zusammenbauen, um ihr Ergebnis zu überprüfen, oder aber diesen Schritt weglassen, falls es ihnen bereits gelingt, im Kopf zu operieren. Der Anspruch, *alle elf* Würfelnetze zu finden, besteht *nicht*, da im weiteren Verlauf der Einheit fehlende Möglichkeiten ergänzt werden. Ferner arbeiten die Kinder die *gesamte* Stunde ausschließlich mit dem *konkreten* Material (Bierfilz-Würfelnetze). Es wäre möglich, innerhalb der Partnerarbeit die Kinder ihre gefundenen Würfelnetze gleich zeichnerisch auf Karopapier festhalten zu lassen ([3], S. 156, vgl. [10], S. 162) (ikonische Ebene). Dies würde die Kommunikation zwischen den Partnern jedoch unterbrechen und im Verlauf der Stunde könnte damit nur schwer weitergearbeitet werden, weil sich die Zeichnungen nicht unmittelbar vergleichen, drehen und spiegeln lassen, weshalb ich von dieser Variante absah. Überdies findet der Umgang mit Würfelnetzen auf bildlicher Ebene in den anderen Stunden der Lerneinheit kontinuierlich Berücksichtigung.

Im Anschluss an die praktische Tätigkeit mit dem Partner soll der **Vergleich in der Tischgruppe** erfolgen. Durch den gegenseitigen Austausch steht nach Förderung von Problemlösefähigkeiten nun das *Argumentieren* als allgemeine mathematische Kompetenz im Mittelpunkt. Dabei vergleichen die Schüler die gefundenen Netze miteinander und ermitteln *deckungsgleiche Varianten*. Neben der Festigung der Merkmale eines Würfelnetzes und der aktiven und intensiven Auseinandersetzung mit den Netzen ermöglicht dieses Vorgehen auch die effektive und schüleraktivierende Auswertung der Stunde, da dabei dann nur noch zwei Gruppen ihre Ergebnisse unmittelbar miteinander vergleichen. *Kongruente Würfelnetze* könnten in der Gruppenkontrollphase aussortiert werden, was jedoch der Leistung bestimmter Partnergruppen weniger Beachtung schenkt. Es könnten Unstimmigkeiten entstehen, welches Netz welcher Partnergruppe aussortiert wird, was wiederum den Schülern Zeit rauben würde, intensiv an der Aufgabenstellung zu arbeiten. Werden alle gefundenen Varianten in systematisch sortierter Form berücksichtigt, lässt dies in der Auswertung eine Auszählung der Lösungshäufigkeiten zu sowie den Rückschluss, dass bestimmte Netze einfacher zu finden sind, da man im Kopf weniger Bewegungen zum Zusammensetzen nachvollziehen muss. Diese Erkenntnis führt dann direkt zur Förderung der räumlichen Vorstellung mithilfe **kopfgeometrischer Übungen**. Ziel der Auseinandersetzung mit Würfelnetzen nach Begegnung auf *handelnder* Ebene ist es, sich schrittweise vom konkreten Gegenstand zu lösen und Bewegungen vornehmlich *in Gedanken* zu vollziehen (vgl. [5], S. 203). Diesem Ziel entsprechend soll der Abschluss der Stunde einer kopfgeometrischen Übung gewidmet werden.

Ausgangspunkt ist ein Würfelnetz, das sicherlich die meisten Schüler selbstständig innerhalb der Partnerarbeit finden konnten (Kreuz). Weiterhin lässt sich mit dieser Form gedanklich besser operieren als mit Würfelnetzen, die aus Dreier- oder Zweierstangen bestehen. Ziel ist es, durch gedankliches Operieren den Würfel zusammenzusetzen und dabei die Position fehlender Augenzahlen zu bestimmen. Als motivierender Anreiz ist die Aufgabe in eine weitere Problemsituation um Willi Würfel eingebettet. Für bereits in der Kopfgeometrie geübte Kinder besteht die Möglichkeit, zusätzlich ein eigenes Beispiel zu erzeugen, welches im weiteren Verlauf der Einheit in die Freiarbeitsmaterialien übernommen werden kann. Da es schwer ist, im Vorhinein einzuschätzen, wie viele Netze die Schüler finden, soll diese Übung in den Beginn der Folgestunde verlegt werden, falls die Unterrichtszeit zu knapp wird. Es ist mir wichtig, *möglichst* alle gefundenen Netze zu besprechen und auf ihre Korrektheit zu überprüfen, um den Schülern die nötige Wertschätzung ihrer Arbeit zuteilwerden zu lassen. Einen Abbruch der Präsentation möchte ich daher vermeiden.

5.19.4 Übersicht über die Unterrichtseinheit

1. Stunde	**Würfelnetze: Wir stellen Würfelnetze her (von den Flächen zum Würfel).**
	Eigenschaften eines Würfels
	Was ist ein Würfelnetz?
	Herstellen von Würfelnetzen (Flächenmodellen) aus Bierfilzen (Finden möglichst vieler unterschiedlicher Würfelnetze)
	Kopfgeometrische Übung
2. Stunde	Würfelnetze: Wir suchen weitere Würfelnetze (vom Würfel zum Netz).
	Körper zusammensetzen und in anderer Form aufschneiden (aus bisher gefundenen Netzen): Finden neuer, fehlender Möglichkeiten
	Falsche Würfelnetze von richtigen unterscheiden (praktisch und gedanklich)
	Kopfgeometrische Übung
3. Stunde	Auch andere Körper haben Netze (Schwerpunkt Quader).
	Erkunden weiterer Körpernetze
	Abrollen und Aufschneiden von Quadern.
	Kopfgeometrische Übung
4./5. Stunde	Angebotslernen:
	Übersicht zu allen Würfelnetzen erstellen
	Gedankliches und praktisches Kippen von Würfeln und Quadern
	Kopfgeometrische Übungen (gedankliches Operieren mit Körpernetzen)

5.19.5 Lernziele

Lernbereich

Umgang mit Körpern ([14], S. 17 f.)

Hauptziel

Die Schüler sollen entdeckend und handlungsorientiert *möglichst viele* unterschiedliche Würfelnetze finden und herstellen, im gemeinsamen Austausch diese auf Korrektheit prüfen und die Kongruenz einzelner Würfelnetze erkennen.

Allgemeine mathematische Kompetenzen:

Probleme lösen und Argumentieren

Teilziele

Der Schüler kann …

- **(TZ 1)** die Eigenschaften eines Körpers (Art und Anzahl der Flächen und die Anzahl der Ecken und Kanten) aus dem Gedächtnis nennen. (→ Sachkompetenz)
- **(TZ 2)** zunehmend sicherer im Verlauf eines Unterrichtsgesprächs Merkmale eines Würfelnetzes durch Anschauung, Probieren und gedankliches Operieren beschreiben. (→ Sach-, Methoden- und Selbstkompetenz)
- **(TZ 3)** zunehmend sicherer in Einzel- oder Partnerarbeit unter Beachtung der zuvor erarbeiteten Merkmale eines Würfelnetzes selbstständig weitere Würfelnetzformen finden und herstellen. (→ Sach-, Methoden- und Sozialkompetenz)
- **(TZ 4)** zunehmend sicherer in der Gruppenarbeit kongruente Würfelnetze durch Drehen und Spiegeln erkennen und von nicht kongruenten Würfelnetzen unterscheiden. (→ Sach-, Methoden- und Sozialkompetenz)

5.19.6 Verlaufsplanung

Zeit/Artikulation	Lehrer-/Schülertätigkeit	Didaktisch-methodischer Kommentar	Medien und Materialien
9:55–9:58 Uhr **Einstieg** TZ 1 3 Min.	S vor Beginn der Stunde anweisen, Bänke frei zu räumen	Stuhlkreis, Lehrer-Schüler-Gespräch	Kreide Würfel (Vollkörper) (Anlage 1)
	LAA eröffnet Stunde durch einen stillen Impuls an der Tafel → Zeichen für Sitzkreis		
	LAA legt einen Würfel in die Kreismitte (stiller Impuls 2)		

Zeit/Artikulation	Lehrer-/Schülertätigkeit	Didaktisch-metho-discher Kommentar	Medien und Materialien
	S reagieren und nennen die bereits bekannten Eigenschaften des Würfels:		
	6 ebene, quadratische Flächen 8 Ecken (Ecke entsteht, wenn drei Flächen aufeinandertreffen.)		
	12 Kanten (Kante entsteht, wenn zwei Flächen aufeinandertreffen, über die Kante wird gekippt.)		
9:58–10:06 Uhr **Präsentation einer herausfordernden Situation** TZ 2 **Zielangabe** 8 Min.	LAA präsentiert weitere Würfel als Kantenmodell: *Was fehlt diesem Würfel? Warum kann man durch ihn hindurchsehen?*	Stuhlkreis, Lehrer-Schüler-Gespräch	Würfel (Kantenmodell) (Anlage 1)
	S leiten ab: Flächen fehlen, Würfel besteht nur aus Kanten und Ecken.		
	Das ist aber nicht irgendein Würfel, das ist Willi der Würfel. Weil ihm seine Flächen fehlen, ist Willi ganz vernarrt in Kleidung, schließlich möchte er nicht, dass jeder durch ihn durchgucken kann.		
	Mit der Zeit ist Willi aber anspruchsvoller geworden, ihn langweilt es, immer das Gleiche zu tragen. Er möchte Abwechslung im Kleiderschrank und verlangt deshalb von seinem Schneider neue Ideen, der hat nämlich bisher nur diese eine …		
	LAA legt in die Mitte des Kreises ein Würfelnetz (S-Form).		Würfelnetz (S-Form) (Anlage 2)
	SuS mutmaßen und suchen passende Beschreibung für das Würfelnetz.		Wortkarte (Anlage 2) Wortkarten
	Mögliche Antworten:		
	6 Flächen		
	Kleidung von Willi (Mantel)		
	Ziel: Begriff Würfelnetz (Falls Nennung durch Schüler nicht erreicht wird, wird Begriff von LAA gegeben.)		

Zeit/Artikulation	Lehrer-/Schülertätigkeit	Didaktisch-metho-discher Kommentar	Medien und Materialien
	Was ist das Besondere an einem Würfelnetz?		
	SuS leiten ab: zusammenhängende Flächen, besteht aus 6 Quadraten		
	Nach langer Zeit des Probierens fertigt der Schneider endlich ein neues Würfelnetz an.		
	LAA legt weiteres, falsch zusammengesetztes Netz in den Kreis.		falsches Würfelnetz Wortkarten (Anlage 2)
	Willi erscheint zur Anprobe und sie wollen ihm das neue Netz anlegen, doch plötzlich ist Willi verwundert ... passt es denn überhaupt?		
	SuS sollen vermuten, ob Netz passt ... zur Überprüfung wird das neue und ursprüngliche Netz nacheinander um den Körper gelegt → erstes Netz ist richtig, zweites ist falsch.		
	→ LAA ergänzt Erkenntnisse von Eigenschaften zu Würfelnetzen: Keine Begrenzungsfläche darf überstehen (doppelt bedeckt sein), keine Stelle darf frei bleiben.		
	Der Schneider setzt sich erneut in sein Atelier und zerbricht sich den Kopf. Endlich findet er eine neue Möglichkeit ...		
	LAA legt weiteres Würfelnetz (kongruente S-Form).		Würfelnetz (gedreht und gespiegelte S-Form) (Anlage 2) Wortkarten (Anlage 2)
	Der Schneider verkündet: „Willi ich habe eine andere Möglichkeit gefunden ..." Willi sieht sich das Netz an und ist skeptisch. Warum?		
	SuS erkennen entweder in der Vorstellung oder durch Probieren (Vergleich mit erstem Netz), dass beide kongruent sind: Durch Drehen und Spiegeln sieht man, das Netz ist dasselbe/ nicht neu/anders.		

Zeit/Artikulation	Lehrer-/Schülertätigkeit	Didaktisch-methodischer Kommentar	Medien und Materialien
	Jetzt ist der Schneider ratlos, ihm fällt nichts mehr ein, was er noch tun könnte. Hast du eine Idee, wie er mehr Würfelnetze finden kann? Was bräuchtest du?		
	SuS nennen Material (6 Quadrate), LAA reicht es S zum Probieren.	darauf achten, dass A einen Partner erhält	quadratische Zettel zur Demonstration
	Zusammensetzen aus Quadraten = heutige Vorgehensweise		
	Genau das wollen wir heute machen. Ich möchte, dass du heute gemeinsam mit einem selbst gewählten Partner oder allein, wenn du das wünschst, dem Schneider dabei hilfst, andere Würfelnetzformen zu finden … Sieh deinen Wunschpartner an, mit dem du arbeiten möchtest. Hast du deinen Partner gefunden, setzt euch bitte, damit ich euch das Material zeigen kann.		
10:06–10:09 Uhr **Präsentation des Materials** 3 Min.	LAA zeigt den Schülern das Material der heutigen Stunde (Bierfilze, Klebestreifen).	Plenum, lehrerzentriert	vorbereitete Kisten mit gesamten Materialien (Anlage 3)
	Funktion beider Dinge wird geklärt (Klebestreifen für die Verbindungen, Bierfilze sind Quadrate).		
	Klärung: Ist der Bierfilz tatsächlich ein Quadrat? → fehlende Ecken		
	LAA gibt SuS Begründung für Materialwahl (besser zu handhaben und zusammenzusetzen).		
	LAA verweist auf Lösungs- bzw. Kontrollhilfe (weitere Körper in der Größe von Willi, passend zu Bierfilzen).		
	LAA schildert Ablauf der Stunde (PA, Vergleich in GA, Vergleich zweier Tischgruppen).		Karten zum Ablauf der Stunde

Zeit/Artikulation	Lehrer-/Schülertätigkeit	Didaktisch-metho-discher Kommentar	Medien und Materialien
	Verweis auf Regeln; Zeitangabe 10 Min.		Tafeluhr zur Visualisierung
10:09–10:19 Uhr **Arbeitsphase Problemlösung** TZ 3 10 Min.	SuS holen sich die Materialien und beginnen mit der Aufgabe. SuS suchen weitere Würfelnetze.	*Einzelarbeit, Part-nerarbeit* (regulärer Sitzplan)	Materialkisten mit Bierfilzen (für je 3 Netze) Ersatzfilze Klebestreifen Würfel in der Größe von Willi (Vollkörper)
	LAA geht umher und beobach-tet, welche Netze gefunden wer-den, und gibt ggf. Hilfestellung.		
	Eine Minute vor Ende weist LAA die SuS auf nahendes Arbeits-zeitende hin.		
10:19–10:27 Uhr **Kontrolle im Tandem** TZ 4 8 Min.	LAA verweist auf den Ablauf und weist SuS zur *Gruppenarbeit* an:	Gruppenarbeit Kleine Arbeits-blätter für SuS zur Kopfgeometrie-übung auf den Tischen verteilen	Glocke als Signal
	Vergleicht nun in der Tischgruppe eure Netze. Legt dabei gleiche Netze aufeinander. Sprecht über eure Ergebnisse und entscheidet selbstständig, welche Netze gleich sind.		
	Nach ca. 4 Min. Übergang zur nächsten Tischgruppe		
	Vergleicht nun erneut mit der anderen Tischgruppe. Legt wieder gleiche Netze übereinan-der, sprecht gemeinsam über die Formen und entscheidet wieder selbstständig, ob Netze doppelt sind oder nicht. Wenn ich das Sig-nal gebe, kommt ihr bitte mit den Netzen in den Kreis. Lasst gleiche Würfelnetze aufeinander liegen.		
	[zweite Kontrollphase bei zu knapper Zeit weglassen]		
10:27–10:35 Uhr **Auswertung – Zusammen-tragen der Ergebnisse** TZ 4 8 Min.	SuS begeben sich in den *Stuhl-kreis*, LAA befragt die Schüler nach ihrem Vorgehen beim Her-stellen der Netze.	Stuhlkreis	Willi der Würfel Würfelnetze aus der Übungsphase

Zeit/Artikulation	Lehrer-/Schülertätigkeit	Didaktisch-metho-discher Kommentar	Medien und Materialien
	SuS formulieren ihre Lösungsansätze.		
	LAA fordert die Gruppen im Wechsel auf, gefundene Netze vorzustellen (gleiche Netze aus den Gruppen werden dabei unmittelbar zusammengelegt). → Beginn mit den meisten		
	SuS sollen an den Netzen begründen, warum dies eine Lösung ist. Netze werden anschließend am Beispielwürfel angelegt und überprüft.		
	LA ermutigt SuS, über die Lösungshäufigkeiten zu reflektieren (leichtere Netze, schneller zu finden).		
	Eventuell: Zusammenhang herstellen zur Vorgehensweise (SuS, die aus der eigenen Vorstellung gelegt haben, fanden vielleicht nur einfache Netze – mehr im Kopf operieren schwieriger).		
	Rückbesinnung auf Beginn der Stunde: Willis Schneider hat nun xy weitere Ideen, um Willi immer anders anzuziehen und der Langeweile im Kleiderschrank vorzubeugen. Wie viele Möglichkeiten es insgesamt gibt, wollen wir in der nächsten Stunde herausfinden.	xy = Anzahl der gefundenen Netze	
Abhängig von der Anzahl der gefundenen und zu besprechenden Netze wird diese Phase bei unzureichender verbleibender Unterrichtszeit in den Einstieg der Folgestunde verlagert			
10:35–10:40 Uhr **Kopfgeometrie** [Puffer]	*Nun hat Willi eines der Netze mit nach Hause genommen, findet es aber langweilig in der grünen Farbe und beschließt, er möchte wie ein Spielwürfel aussehen. Ein paar Punkte hat er schon selbst gesetzt, jetzt weiß er nicht, an welche Stellen die anderen kommen.*		Würfelnetz als Anschauung

Zeit/Artikulation	Lehrer-/Schülertätigkeit	Didaktisch-metho-discher Kommentar	Medien und Materialien
	Welche Summe haben denn die gegenüberliegenden Seiten an einem Würfel?		
	SuS antworten mit „7".	A erhält einen Wür-fel zur Anschauung	Arbeitsblätter der Schüler (Anlage)
	Kannst du die fehlenden Punkte ergänzen? Auf deinem Platz findest du ein kleines Arbeitsblatt, ergänze die fehlenden Zahlen. Falls du noch Zeit hast, kannst du dir auch ein eigenes Beispiel überlegen.		
	SuS begeben sich auf ihren Platz, nach kurzer Lösungszeit wird gemeinsam an der Tafel verglichen.		
	SuS werden in die Pause entlassen.		
Ende der Stunde			

5.19.7   Anhang

Anlage 1: Vollkörper- und Kantenmodell

Anlage 2: Würfelnetzbeispiele und Bodenübersicht

Anlage 3: Material

- Lösungshilfewürfel in Größe der Bierfilze
- Klebestreifen
- Bierfilze (ausreichend für 3 Netze)
- Weitere Bierfilze als Ersatz

5.19.8   Literatur

1. Baireuther, P.: *Mathematikunterricht in den Klassen 3 und 4*. Ludwig Auer Verlag, Donauwörth, 2000

2. Besuden, H.: Raumvorstellung als Ziel. Geeignete Aufgaben für den Geometrieunterricht. In: *Grundschulmagazin*. Oldenbourg Schulbuchverlag, München, 05/2006

3. Franke, M.: *Didaktik der Geometrie*. Spektrum, Heidelberg/Berlin, 2007

4. Kultusministerkonferenz: *Bildungsstandards im Fach Mathematik für den Primarbereich*. Luchterhand, 2005

5. Lauter, J.: *Methodik der Grundschulmathematik*. Ludwig Auer Verlag, Donauwörth, 1995

6. Lauter, J. (Hrsg.): *Der Mathematikunterricht in der Grundschule*. Ludwig Auer Verlag, Donauwörth, 1982

7. Maras, R./Ametsbichler, J./Eckert-Kalthoff, B.: *Handbuch für die Unterrichtsgestaltung in der Grundschule. Planungshilfen – Strukturmodelle – didaktische und methodische Grundlagen*. Ludwig Auer Verlag, Donauwörth, 2005

8. Mehrer, J.: Wir sind Würfelnetzforscher. Die Raumvorstellung durch Handlung und kopfgeometrische Aktivitäten schulen. In: *Grundschulmagazin*. Oldenbourg Schulbuchverlag, München, 05/2006

9. Radatz, H./Rickmeyer, K.: *Handbuch für den Geometrieunterricht an Grundschulen*. Schroedel, Hannover, 1991

10. Radatz, H./Schipper, W./Dröge, R./Ebeling, A.: *Handbuch für den Mathematikunterricht – 3. Schuljahr*. Schroedel, Hannover, 1999

11. Radatz, H./Schipper, W./Dröge, R./Ebeling, A.: *Handbuch für den Mathematikunterricht – 4. Schuljahr*. Schroedel, Hannover, 1999

12. Thüringer Institut für Lehrerfortbildung, Lehrplanentwicklung und Medien: *Mit Bildungsstandards arbeiten in den Fächern Deutsch und Mathematik der Grundschule*. Heft 50. Thillm, Bad Berka, 2007

13. Thüringer Kultusministerium (TKM) (Hrsg.): *Thüringer Bildungsplan für Kinder bis 10 Jahre*. Weimar/Berlin, 2008

14 Thüringer Ministerium für Bildung, Wissenschaft und Kultur (TMBWK) (Hrsg.): *Lehrplan für die Grundschule und für die Förderschule mit dem Bildungsgang Grundschule – Mathematik*. 2010

5.20 Welche Bezahlung im Ferienjob ist für dich günstiger? (Klasse 4)

5.20.1 Thema der Einheit

Wir lösen Sachaufgaben mit Bezug zu unserer Lebenswelt.

5.20.2 Thema der Stunde

„Der Ferienjob – Wir analysieren und vergleichen zwei Modelle".

5.20.3 Darstellung der Unterrichtseinheit

Folgende Kompetenzen sollen mit Blick auf die verschiedenen Kompetenzbereiche im Rahmen der Unterrichtseinheit gefördert werden.

Inhaltsbezogene mathematische Kompetenz
Größen und Messen

- Standardeinheiten der Geldwerte kennen
- Größen vergleichen, messen und schätzen
- Größenangaben in unterschiedlichen Schreibweisen darstellen (umwandeln)
- Sachaufgaben mit Größen lösen ([7], S. 10)

Allgemeine mathematische Kompetenz
Modellieren

- Sachtexten und anderen Darstellungen der Lebenswirklichkeit die relevanten Informationen entnehmen
- Sachprobleme in die Sprache der Mathematik übersetzen, innermathematisch lösen und diese Lösung auf die Ausgangssituation beziehen ([7], S. 8)

Darstellen

- Für das Bearbeiten mathematischer Probleme geeignete Darstellungen entwickeln und nutzen ([7], S.8)

Problemlösen

- Mathematische Kenntnisse, Fertigkeiten und Fähigkeiten bei der Bearbeitung problemhaltiger Aufgaben anwenden ([7], S. 7)

Argumentieren

- Mathematische Zusammenhänge erkennen und Vermutungen entwickeln
- Begründungen suchen und nachvollziehen ([7], S. 8)

Kommunizieren

- Eigene Lösungsweisen beschreiben, Lösungswege anderer verstehen und gemeinsam darüber reflektieren
- Aufgaben gemeinsam bearbeiten, dabei Verabredungen treffen und einhalten ([7], S. 8)

Methodenkompetenz

Die SuS vertiefen das systematische Vorgehen bei Sachaufgaben.

Dies soll an folgenden Inhalten geschehen:

Stundenthema	Kurzbeschreibung	Schwerpunktkompetenz(en)
1. „Preisbewusst einkaufen – Wir vergleichen Verpackungsgrößen und ihre Preise" Doppelstunde	Einführung in die Einkaufssituation und den Umgang mit Geldwerten. Die SuS schätzen und berechnen den Preis zweier Einkaufstüten, deren Inhalt zwar gleich ist, die jedoch unterschiedlich große Verpackungsgrößen beinhalten. Dabei werden die Beziehungen zwischen Preis und Packungsgröße analysiert. Die SuS sollen sensibilisiert werden für elementare Prinzipien der Preisgestaltung wie z. B. die Erwartung, dass größere Packungen im Verhältnis immer günstiger sind, aber auch dass aufwändigere Verpackungen und geringere Stückzahlen einen höheren Preis rechtfertigen. Zudem besprechen die SuS Situationen, in denen es sinnvoller ist, kleinere Packungen zu kaufen, auch wenn diese etwas teurer sind.	Größen vergleichen, messen und schätzen Modellieren Argumentieren Standardeinheiten der Geldwerte kennen Größen vergleichen, messen und schätzen
2. „Angebote über Angebote – Wir arbeiten mit Angebotsblättchen" Doppelstunde	Die SuS üben das Überschlagen mit Geldwerten und analysieren Angebotsblättchen verschiedener Geschäfte. Dazu arbeiten sie mit diesen und lernen den Unterschied zwischen Original und Angebot kennen. Ferner wird der Unterschied zwischen einem Angebot und der Nachfüllpackung thematisiert (zeitliche Begrenzung des Angebots im Gegensatz zur stets vorhandenen Nachfüllpackung). Darüber hinaus wird das Umwandeln von Geldwerten für das Multiplizieren von Geldbeträgen besprochen. Außerdem werden Plakate mit Stützpunktvorstellungen erstellt.	Größenangaben in unterschiedlichen Schreibweisen darstellen (umwandeln) Modellieren Standardeinheiten der Geldwerte kennen

Stundenthema	Kurzbeschreibung	Schwerpunktkompe- tenz(en)
3. „Im Einkaufspara- dies – Wir rechnen mit Geldwerten und nutzen Tabellen geschickt"	Die SuS üben das Überschlagen von Einkaufs- preisen, rechnen mit Geldwerten und wandeln diese um. Hierzu erhalten sie verschiedene Auf- gaben aus diversen Einkaufssituationen, die sie mithilfe von Tabellen lösen können. Außerdem erhalten sie offene Aufgaben zu Geldbeträgen. Dabei arbeiten die SuS in Gruppen und spre- chen sich bezüglich der Arbeitsteilung ab.	Größenangaben in unterschiedlichen Schreibweisen darstel- len (umwandeln)
		Modellieren
Doppelstunde		Kommunizieren
4. „Die Belohnung – Wir lösen Sachauf- gaben zum Verdop- peln und Halbieren"	Die SuS lösen in Partnerarbeit Sachaufgaben aus ihrer Umwelt zum Verdoppeln und Halbieren. Zunächst sollen die SuS das Ergebnis schätzen. Die zu bearbeitenden Aufgaben enthalten keine Geldbeträge, sondern Belohnungssituationen, die die Kinder kennen.	Modellieren
		Sachaufgaben lösen und dabei die Bezie- hungen zwischen der Sache und den einzel- nen Lösungsschritten beschreiben
5. „Der Ferienjob – Wir analysieren und vergleichen zwei verschiedene Modelle"	Die SuS lösen eine Sachaufgabe in Partnerarbeit. Dabei nutzen sie den Modellierungskreis- lauf und beachten die Vorgehensweise bei der Bearbeitung von Sachaufgaben. Sie ermitteln, analysieren und vergleichen zwei verschiedene Verdienstmöglichkeiten.	Sachaufgaben mit Grö- ßen lösen
		Modellieren
		Problemlösen
		Argumentieren
6. „Wir erstellen eine Sachrechenkartei"	Die SuS erstellen eine eigene Sachrechenkartei mit Aufgaben aus ihrer Lebenswelt, vor allem solche mit Geldbeträgen. Dazu fertigen sie außerdem eine Lösungskartei zu ihren Auf- gaben an. Dabei arbeiten sie zunächst alleine und treffen sich anschließend in einer Mathe- konferenz zum Austausch über ihre erfundenen Aufgaben.	Sachaufgaben mit Grö- ßen lösen
		Modellieren
Doppelstunde		Problemlösen
		Kommunizieren
		Darstellen

5.20.4 Analyse des Lernvorhabens

Unter dem Begriff **Sachrechnen** versteht man „das Bearbeiten von Aufgaben [...], die eine Situation aus dem Erfahrungsbereich der Schüler oder aus dem realen Leben beschreiben" ([4], S. 25). Die der Stunde zugrunde liegende Aufgabe stammt aus dem realen Leben und eventuell sogar aus dem Erfahrungsbereich mancher SuS:

Lisa und Paul helfen in den Ferien zwei Wochen im Garten. So wollen sie sich ein wenig Geld zu ihrem Taschengeld dazuverdienen. Der Vater schlägt ihnen zwei Möglichkeiten für die Bezahlung vor: Entweder sie erhalten jeden Tag 2,50 € oder sie erhalten am 1. Tag 1 ct, am 2. Tag 2 ct, am 3. Tag 4 ct, am 4. Tag wieder doppelt so viel und so weiter. Sonntags arbeiten sie nicht im Garten, denn dann fahren alle ins Schwimmbad. Paul entscheidet sich für die erste Möglichkeit, Lisa für die zweite.
Welche Bezahlmöglichkeit ist die bessere? Begründe. ([2], S. 30 f.)

Viele der SuS kennen Situationen, in denen sie ihr *Taschengeld* mithilfe kleiner Zusatz-aufgaben im Haushalt oder in den Ferien aufbessern können. In dieser Stunde sollen zwei verschiedene Verdienstmöglichkeiten analysiert und miteinander verglichen werden.

Die SuS nutzen zur Lösung der Aufgabe vom Prinzip her folgende **Modellierungs-schritte:**

Zunächst müssen die SuS die Aufgabe verstehen, etwa den wichtigen Hinweis, dass die beiden Kinder sonntags nicht arbeiten. Dazu bedienen sie sich der vorab besprochenen Vorgehensweise zum Lösen von Sachaufgaben:

? Das will ich wissen.

! Das weiß ich schon.

So gehe ich vor.

Im *zweiten Schritt* überlegen sich die SuS, mit welchem mathematischen Modell, z. B. mit einer Tabelle oder Rechnung, sie die Aufgabe lösen können. Hierbei müssen die SuS die Beziehungen der Zahlen innerhalb der Aufgabe erkennen und diese korrekt miteinan-der verknüpfen.

Im *dritten Schritt* benutzen die SuS die Mathematik, um die Aufgabe zu lösen. Zu Be-ginn müssen die SuS die Tageslöhne der beiden Kinder ermitteln. Pauls Tageslohn ist leicht zu erfassen, da in der Aufgabe bereits deutlich steht, dass er jeden Tag 2,50 € verdient. Lisas Tageslohn benötigt hingegen das Aufstellen eines mathematischen Modells, wie z. B. einer Rechnung bzw. einer Tabelle, da sich ihr Tageslohn von Tag zu Tag verdoppelt. Nachdem die SuS die Tageslöhne der beiden Kinder ermittelt haben, müssen sie nun noch jeweils den Gesamtverdienst berechnen. Zur Unterstützung der SuS liegen *drei Tipps* vor, die Hil-festellungen zu diesem Modellierungsschritt enthalten. Diese werden bei Bedarf gezielt von der LAA eingesetzt.

Nun folgt der *letzte Schritt* des Modellierungskreislaufs, das Erklären des Ergebnisses bzw. in diesem Fall das Beantworten der Fragen. Dabei beziehen die SuS selbst auch Stel-lung zu den verschiedenen Verdienstmöglichkeiten.

Nachdem die SuS auch den vierten Schritt erfolgreich durchlaufen haben, erhalten sie weiterführende **„Was wäre, wenn"-Fragen.** Diese sollen die SuS zum Analysieren der Be-ziehungen zwischen den beiden Verdiensten anregen. Bei der Bearbeitung dieser wird er-neut die Modellierungsfähigkeit der SuS gefördert, da sie zum kritischen Weiterdenken anregen. Dabei wird den SuS die Bedeutung des Zusammenhangs zwischen dem Verdienst und der Anzahl der Arbeitstage bewusst. Folgende „Was wäre, wenn"-Fragen erhalten die SuS:

- Was wäre, wenn Lisa am 5. Tag durch eine Erkältung nicht arbeiten könnte?
- Was wäre, wenn es so stark regnen würde, dass Lisa und Paul einen Tag nicht arbeiten könnten?

Sowohl die Unterrichtseinheit als auch die Stunde zielen darauf hin, dass die SuS sicherer im Umgang mit Sachaufgaben werden und anschließend besser in der Lage sind, offene Aufgaben zu bewältigen.

5.20.5   Begründung des Lernvorhabens

Inhaltliche Relevanz/Gegenwarts- und Zukunftsbedeutung

Das Sachrechnen zielt auf die Erschließung der Lebenswirklichkeit der SuS hin. Das spricht für eine intensive Behandlung dieses Bereichs bereits in der Grundschule. Der Größenbereich **„Geldwerte"** bietet sich besonders an, um die SuS an das Sachrechnen heranzuführen, da die SuS die Größe „Geldwerte" und den Umgang mit dieser bereits aus ihrem Alltag kennen. Aufgrund der geringen Vorkenntnisse der Klasse im Sachrechnen und im Umgang mit Geld ist es erforderlich, diese beiden Bereiche ausführlich zu thematisieren, da sie grundlegend wichtig für das Bewältigen von vielen Alltagssituationen sind. Außerdem sind **Sachaufgaben mit Geldwerten** sehr motivierend für die SuS, da sie den Umgang mit Geld aus ihrem täglichen Leben kennen und mögen.

Ziel der Unterrichtseinheit ist – neben der Förderung der mathematischen Fertigkeit, Sachaufgaben mit der Größe „Geldwerte" zu lösen – vor allem das **Festigen der Modellierungsfähigkeiten** der SuS. Diese beinhalten wichtige Schritte, wie z. B. das Verstehen der Situation und das anschließende Suchen nach einem geeigneten mathematischen Modell, denen auch im täglichen Leben eine große Bedeutung zukommt. Der kompetente Umgang mit Sachaufgaben aus der Lebenswelt der Kinder ist bereits in jungen Jahren erstrebenswert, da dieser die SuS täglich bis ins hohe Alter begleiten wird. Das beginnt beim Kauf des lange ersparten Fahrrads und führt über den späteren Ratenkauf des Autos bis hin zur Kalkulation des Haushaltsbudgets.

Bezug zum Teilrahmenplan und den Bildungsstandards

In der vorliegenden Stunde soll die allgemeine Kompetenz des **Modellierens** geschult werden. Dazu heißt es in den Bildungsstandards, dass die SuS am Ende der vierten Klasse in der Lage sein sollen, Sachtexten und anderen Darstellungen der Lebenswirklichkeit die relevanten Informationen zu entnehmen. Dieser Modellierungsschritt erfolgt gleich zu Beginn der Bearbeitung der Aufgabe. Die SuS müssen die wichtigsten Informationen zusammen mit ihrem Partner extrahieren, bevor sie mit der Bearbeitung der Aufgabe beginnen können. Darüber hinaus wird in den Bildungsstandards zur Förderung der Modellierungskompetenz gefordert, dass die SuS Sachprobleme in die Sprache der Mathematik übersetzen, innermathematisch lösen und diese Lösungen auf die Ausgangssituation beziehen können (vgl. [7], S. 8). Diese Tätigkeiten werden durch die Klärung der gestellten Fragen und Zusatzaufgaben intensiv geschult.

Der Bereich **„Größen und Messen"** gehört zu den Leitideen der Bildungsstandards. Diesen ist zu entnehmen, dass die SuS Sachaufgaben mit Größen lösen sollen (vgl. [7], S. 11). Diese Kompetenz wird ebenfalls bei der Bearbeitung der Aufgabe gefördert, da die SuS das Sachproblem mit der Größe „Geldwerte" zunächst modellieren und anschließend mithilfe eines mathematischen Modells berechnen müssen.

5.20.6   Lernchancen

Schwerpunktkompetenzen	Konkrete Handlungssituationen	Anforderungsbereich
Modellieren	Die Schülerinnen und Schüler …	
	entnehmen der Aufgabe die wichtigsten Informationen und verstehen sie.	I–II
	erstellen ein mathematisches Modell, z. B. eine Rechnung oder eine Tabelle.	II–III
	berechnen den Gesamtverdienst der beiden Kinder der Geschichte.	I–II
	ermitteln und vergleichen die Gesamtverdienste der beiden Kinder.	II
	entscheiden sich für eine der beiden Verdienstmöglichkeiten und begründen ihre Entscheidung.	I–II
	beziehen ihre Lösung auf die Ausgangssituation.	II
	Zeitliche Differenzierungsaufgaben:	
	*verstehen die weiterführenden „Was wäre, wenn"-Fragen.	II–III
	erstellen ein mathematisches Modell zur Lösung der Aufgaben.	II–III
	berechnen die Lösung oder denken über diese nach.	I–III
	setzen die beiden Verdienste und die Ergebnisse ihrer Überlegungen zueinander in Beziehung.	II–III
	beziehen ihre Lösung auf die Ausgangssituation.	II
Sachaufgaben mit Größen lösen	Die Schülerinnen und Schüler …	
	erkennen die Beziehungen zwischen den Zahlen in der Sachaufgabe und verknüpfen diese korrekt.	I–II
	rechnen den Gesamtverdienst der beiden Kinder aus.	I–III
	Zeitliche Differenzierungsaufgabe:	
	*berechnen ggf. den veränderten Gesamtverdienst der beiden Kinder.	I–III

5.20.7 Analyse des Lernarrangements

Methode	Begründung
Lernen an einer Sachaufgabe	Die Sachaufgabe in Textform beschreibt einen Ausschnitt aus dem Erfahrungsbereich der SuS. Der Schwerpunkt liegt auf dem Modellieren, d. h. dem Erkennen und Bearbeiten eines mathematischen Modells zur Lösung eines realen Problems. Das Verständnis dieser Aufgaben ist die Voraussetzung für die Bearbeitung von komplexeren und offeneren Aufgaben. Deshalb bietet sich die intensive Thematisierung derartiger Aufgaben als Vorläufertätigkeit vor der Behandlung offener Aufgaben an (vgl. [6], S. 30 und [4], S. 67).
Mündlich präsentierte Sachaufgabe	Durch die zunächst mündliche Präsentation der Aufgabe werden die SuS angeregt, sich ihr eigenes Bild zu machen. Sie verknüpfen den Sachverhalt mit ihren Erfahrungen und finden so einen eigenen Zugang zur Aufgabe (vgl. [4], S. 124). Insbesondere für die leseschwächeren SuS wird dieses Vorgehen bei ihrer späteren Bearbeitung der Aufgabe hilfreich sein. Außerdem wird dadurch die auditive Kompetenz aller SuS gefördert.
Lernen am Rollenspiel	Die SuS, die die Aufgabe nicht modellieren können, da sie diese nicht verstehen, werden mit der LAA gemeinsam (in einer Kleingruppe oder einzeln) die Situation mit realem Geld nachspielen. Durch den handlungsorientierten Umgang mit der Aufgabe erhalten die SuS einen besseren Zugang zur Aufgabe und können auf diese Weise Verständnis aufbauen.

Sozialform	Begründung
Partnerarbeit	Die Partnerarbeit bietet sich an, da auf diese Weise die SuS im Austausch miteinander die Sachsituation besser modellieren können. Auf diese Weise ist eine intensive Auseinandersetzung mit der Situation möglich. Außerdem können sie sich gegenseitig bei auftretenden Fragen oder Problemen helfen.

Medien	Begründung
Aufgabe	Die Aufgabe stammt aus dem *Erfahrungsbereich der SuS,* sodass sie kein weiteres Sachwissen für das Verständnis der Aufgabe benötigen. Es handelt sich bei der Aufgabe um eine Situation, die manche SuS in einer ähnlichen Form aus ihrem eigenen Leben kennen bzw. die sie zumindest interessieren wird. Die realistische Auseinandersetzung mit einem Sachproblem der Wirklichkeit fördert vernetztes Denken und zeigt den SuS, dass Mathematik sinnvoll und hilfreich sein kann (vgl. [6], S. 30 und [4], S. 66).
Tabellen	Die Blankotabellen stellen eine *Arbeitserleichterung* dar, der sich die SuS bei Bedarf eigenständig an der Materialtheke bedienen können. Schwerpunkt der Stunde ist schließlich nicht das Zeichnen einer Tabelle, sondern das *Modellieren und Lösen der Sachaufgabe.* Die teilweise ausgefüllten Tabellen erhalten die schwächeren Rechner der Klasse, falls diese mit einer Tabelle arbeiten möchten. Die angegebenen Zwischenergebnisse helfen ihnen, auftretende Rechenfehler frühzeitig zu bemerken.

Medien	Begründung
Tipps	Die vorliegenden Tipps geben verschiedene Hinweise zum Modellieren (v. a. zum Verständnis der wichtigsten Informationen). Sie werden von der LAA gezielt angeboten.
Lösungsta-bellen	Die Lösungstabellen werden zur Selbstkontrolle eingesetzt.
Differenzie-rungsaufgaben	Die weiterführenden „Was wäre, wenn"-Fragen als auch die zusätzliche Knobel-aufgabe fördern die Modellierungsfähigkeiten der SuS und schulen ihr Verständ-nis für Beziehungen zwischen den Zahlen. Bei der ersten „Was wäre, wenn"-Frage ist es vorstellbar, dass die SuS glauben, die Lösung sei einfach, da Lisa dann insgesamt lediglich 0,16 € weniger verdienen würde. Aus diesem Grund liegt ein Hinweis vor, der genau diese Problematik aufgreift.
Spielgeld	Das vorliegende Geld soll den SuS bei Bedarf beim Modellieren der Aufgabe helfen, indem sie mit diesem die Situation tatsächlich durchspielen.
Sparschweine	Die mitgebrachten Sparschweine sollen die SuS auf die Sachsituation einstimmen.
Symbole und Rituale	Dazu gehört beispielsweise das Halbkreissymbol oder die Aufräummusik. Alle in der Stunde verwendeten Symbole und Rituale sorgen für einen reibungslosen Ablauf und reduzieren den Redeanteil der LAA.

5.20.8   Analyse der Lernausgangslage

Lernausgangslage	Konsequenzen für die Stunde
Allgemeine Voraussetzungen:	
Siehe Lernausgangslage der Klasse 3c	A hat die Klasse verlassen. B fehlt zurzeit. Daher misst die Klassengröße 16 SuS.
Sitzordnung	Die SuS haben ihre Sitzordnung freiwillig gewählt, deshalb sitzen sie zurzeit neben Kindern, die sie mögen und mit denen sie recht gut zusammenarbeiten können. Deswegen erfolgt die Partnerzuteilung über die Banknachbarn.
Analyse der überfachlichen Grundlagen:	
Partnerarbeit	Die Partnerzuteilung erfolgt über die Banknachbarn.
Das Arbeitsniveau der SuS ist teilweise sehr unterschiedlich.	Deshalb liegen weiterführende Aufgaben vor.
C, D, E und vor allem F und G haben Probleme mit dem genauen Lesen und der Entnahme der wichtigenInformationen.	Um diesen SuS eine Hilfestellung zu geben, wird die LAA am Anfang der Arbeitsphase diese SuS besonders unterstützen.
Analyse der fachlichen Grundlagen:	
Fachsprache verstehen	Die SuS müssen verstehen, was bspw. verdoppeln bedeutet.

Lernausgangslage	Konsequenzen für die Stunde
Modellieren	Die SuS haben wenig Erfahrung im Umgang mit Sachaufgaben. Der Modellierungskreislauf ist ihnen seit dieser Einheit bekannt, allerdings ist die Umsetzung noch nicht vollständig automatisiert. Außerdem stellt das Verstehen der Aufgabe, vor allem der weiterführenden „Was wäre, wenn"-Fragen, eine noch immer bestehende Schwierigkeit dar.
Rechnen mit der Größe „Geldwerte"	Die SuS haben bereits Vorerfahrungen beim Rechnen mit der Größe „Geldwerte" aus den vorherigen Schuljahren. Sie können Geldwerte addieren und multiplizieren. Lediglich das Addieren mehrerer Geldwerte bereitet den SuS aufgrund der Vielzahl an Summanden noch einige Probleme. Deshalb wird ein Lösungsblatt zum Vergleichen der Ergebnisse am Ende der Arbeitsphase vorliegen.
D, H, F und E fällt das Modellieren und Rechnen mit Geldwerten sehr schwer. C fällt dies sogar besonders schwer.	Diese SuS erhalten Unterstützung durch ihre Partner und die teilweise ausgefüllten Tabellen, die sie von der LAA bei Bedarf erhalten. Die LAA spielt gegebenenfalls die Situation gemeinsam mit Spielgeld (in einer Kleingruppe oder einzeln) durch. Durch den handlungsorientierten Umgang erhalten die SuS einen besseren Zugang zur Aufgabe.

5.20.9 Verlaufsplan

Zeit/ Phase	Handlungssituation	Kommentar zum Lernarrangement	(Schwerpunkt-) Kompetenzen
Einstieg ca. 10 Min.	Die LAA begrüßt die SuS und bittet sie in den Kinositz.	Symbol für Kinositz Kinositz	Modellieren Auditive
	Es wird gemeinsam ein Kopfrechenspiel gespielt, durch das sukzessive die Figuren der Sachaufgabe an der Tafel entstehen.	Plenum Tafel Bild Symbolkarten Arbeitsblätter	Kompetenz Argumentieren
	Die LAA erzählt die Geschichte. Die SuS erhalten auf diese Weise bereits die wichtigsten Informationen zur Sachaufgabe. Anschließend fragt die LAA die SuS, welche Bezahlung sie wählen würden, und notiert die Argumente für die entsprechende Bezahlung ggf. kurz.		
	Die LAA erklärt den Arbeitsauftrag und den Ablauf der Arbeitsphase. Ein SuS fasst diesen nochmals in eigenen Worten zusammen.		

Zeit/ Phase	Handlungssituation	Kommentar zum Lernarrangement	(Schwerpunkt-) Kompetenzen
	Die LAA verteilt die Arbeitsblätter und entlässt die SuS in die Arbeitsphase.		
Arbeitsphase ca. 25 Min.	Die SuS arbeiten gemeinsam mit ihrem Partner an der Sachaufgabe. Dabei können sie sich frei an der Materialkiste bedienen.	Partnerarbeit Arbeitsblätter, Materialtheke, Lösungsblatt Tippkarten Zeitliche Differen- zierungsaufgaben Aufräummusik	Sachaufgaben mit Größen lösen Modellieren Problemlösen Darstellen Argumentieren
	Tippkarten: 1. Wie viele Tage arbeiten Lisa und Paul insgesamt? Lies genau! 2. Erklärung zu Lisas Tageslohn (verdoppeln) 3. Hinweis zum Gesamtverdienst von Lisa		
	Zeitliche Differenzierungsaufgabe: 1. Was wäre, wenn Lisa am 5. Tag krank wird und nicht arbeiten kann? 2. Was wäre, wenn es regnet und Lisa und Paul einen Tag nicht arbei- ten können? 3. Beide Kinder sollen in etwa gleich viel verdienen. Deshalb ver- doppelt sich das Gehalt von Lisa nur jeden zweiten Tag. Wie hoch muss das Startgehalt sein?		
	Die LAA stellt Aufräummusik an. Die SuS notieren ihren letzten Satz, beenden ihre Arbeit und kommen in den Kinositz.		
Reflexion ca. 15 Min.	Die SuS kommen mit ihrem Arbeitsblatt in den Kinositz. Sie werden aufgefordert, ihre Ergeb- nisse vorzustellen. Anschließend können die SuS ihre Ergebnisse mit der Lösungstabelle an der Tafel vergleichen.	Symbol für Kinositz Kinositz Arbeitsblätter Tabelle an der Tafel „Was wäre wenn"-Frage Murmelphase Verabschiedung	Sachaufgaben mit Größen lösen Modellieren Problemlösen Argumentieren

Zeit/ Phase	Handlungssituation	Kommentar zum Lernarrangement	(Schwerpunkt-) Kompetenzen
	Das Bild mit den beiden Kindern Lisa und Paul und deren Gedankenblase („Was wäre, wenn es an einem Tag so stark regnen würde, dass wir nicht im Garten arbeiten können?") wird aufgehängt. Die SuS lesen sich diese durch und erhalten Zeit, um sich mit ihrem Nachbarn darüber auszutauschen.		
	Die SuS äußern sich zu der Überlegung und wägen die Verdienstmöglichkeiten ab. Die LAA fragt nach, ab wann Lisa mehr verdient. Dies wird in der Tabelle markiert.		
	Die LAA fragt die SuS erneut, welche Bezahlung sie nun wählen würden. Dabei wägen die SuS zwischen der sichereren Bezahlung von Paul und der letztlich besseren Bezahlung von Lisa ab.		
	Die LAA fasst die Ergebnisse der Reflexion kurz zusammen und gibt einen kurzen Ausblick auf die nächste Stunde. Sie bedankt und verabschiedet sich.		

5.20.10   Literatur

1. Bongartz, T./Verboom, L. (Hrsg.): *Fundgrube Sachrechnen*. Berlin, 2007
2. Cottmann, K.: Wer verdient mehr? In: *Grundschule Mathematik* 28/2011: Schwerpunkt: Größen und Sachrechnen: Geld. Seelze, S. 30–33
3. Edas, D.: Sachrechnen kann eigentlich Freude machen. In: *Grundschulmagazin* 5/09: Schwerpunkt Sachrechnen. Oldenbourg, 2009
4. Franke, M.: *Didaktik des Sachrechnens in der Grundschule*. Heidelberg, 2003
5. Häring, G.: Preisbewusst einkaufen. In: *Grundschule Mathematik* 28/2011: Schwerpunkt: Größen und Sachrechnen: Geld. Seelze, 2011
6. Ministerium für Bildung, Frauen und Jugend: *Rahmenplan Grundschule, Teilrahmenplan Mathematik*. Mainz, 2002
7. Sekretariat der Ständigen Konferenz der Kultusminister der Länder in der Bundesrepublik Deutschland (Hrsg.): *Bildungsstandards im Fach Mathematik für den Primarbereich*. Mainz, 2005

Hinweis Die Illustrationen in diesem Unterrichtsentwurf stammen von Karin Kiefer.

5.20.11   Anhang (Auswahl)

Arbeitsblätter

Vater, Lisa und Paul

Der Ferienjob

Lisa und Paul helfen in den Ferien zwei Wochen im Garten. So wollen sie sich ein wenig Geld zu ihrem Taschengeld dazuverdienen. Der Vater schlägt ihnen zwei Möglichkeiten für die Bezahlung vor:

Entweder sie erhalten jeden Tag 2,50 € oder sie erhalten am 1. Tag 1 ct, am 2. Tag 2 ct, am 3. Tag 4 ct, am 4. Tag wieder doppelt so viel und so weiter.

Sonntags arbeiten sie nicht im Garten, denn dann fahren alle ins Schwimmbad.

Paul entscheidet sich für die erste Möglichkeit, Lisa für die zweite.

Welche Möglichkeit ist die bessere? Begründe.

Lisa überlegt …

Paul und Lisa denken nach …

Wie wird die Bezahlung gerechter?

5.21 Würfel-Roulette – Erarbeitung eigener Spielpläne (Klasse 4)

5.21.1 Thema der Unterrichtsstunde

Entwicklung und Erprobung eigener Spielpläne fürs Würfel-Roulette unter besonderer Berücksichtigung der erarbeiteten Kriterien des Testberichts.

5.21.2 Ziel der Unterrichtsstunde

Die Schülerinnen und Schüler sollen ...

- in Partnerarbeit einen eigenen Spielplan fürs Würfel-Roulette entwickeln,
- Einsichten über die Wahrscheinlichkeit des Eintretens der unterschiedlichen Augensummen beim Erstellen des Spielplans nutzen,

- anhand eines Testberichts andere Spielpläne bewerten und sich in Gruppen über diese austauschen.

5.21.3   Die Unterrichtsreihe

Thema der Unterrichtsreihe

Wahrscheinlichkeiten bei Würfelereignissen – eine handelnde Auseinandersetzung unter besonderer Berücksichtigung der Augensumme beim Würfeln mit zwei Würfeln sowie dem Spiel „Würfel-Roulette" im Hinblick auf die Entwicklung und Erprobung eines eigenen Spielplans

Ziele der Unterrichtsreihe

Die Schülerinnen und Schüler sollen ...

- Einsichten über die Wahrscheinlichkeit eines Würfelereignisses beim Würfeln mit ein oder zwei Würfeln gewinnen,
- beim Würfeln mit zwei Würfeln den Zusammenhang zwischen der Wahrscheinlichkeit eines Ereignisses und den für dieses Ereignis günstigen Möglichkeiten erkennen,
- sich Einsichten über die Wahrscheinlichkeit eines Ereignisses beim Spiel zu nutzen machen,
- qualitative Einschätzungen von Eintrittswahrscheinlichkeiten bestimmter Ereignisse mithilfe der Fachbegriffe *sicher, wahrscheinlich* und *unmöglich* abgeben und ihre Vermutung begründen,
- über mathematische Sachverhalte kommunizieren, Vermutungen anstellen, begründen und argumentieren.

Aufbau der Unterrichtsreihe

1. Welche Zahl ist wahrscheinlicher? – Erhebung der Häufigkeit von Würfelzahlen beim Würfeln mit einem Würfel zum Entgegenwirken falscher kindlicher Vorstellungen
2. Wann gilt ein Ereignis als *sicher, wahrscheinlich* oder *unmöglich*? – Kennenlernen der einzelnen Fachbegriffe sowie Zuordnen dieser zu unterschiedlichen Ereignissen
3. Welche Augensumme ist wahrscheinlicher? – Erhebung der Häufigkeit von Augensummen beim Würfeln mit zwei Würfeln sowie Sammlung aller Möglichkeiten, eine Augensumme zu würfeln, unter besonderer Berücksichtigung des Zerlegens einer Augenzahl in zwei Würfelzahlen
4. Wann ist ein Spiel gerecht? – Gedankensammlung zu Kriterien eines gerechten Spiels sowie Testen von Spielregeln unter dem Gesichtspunkt der Gerechtigkeit
5. Kennenlernen des Spiels „Würfel-Roulette" sowie erste Erprobung der Spielregeln
6. Würfel-Roulette – gemeinsame Analyse des Spielplans unter besonderer Berücksichtigung der unterschiedlichen Wahrscheinlichkeiten der einzelnen Wetten
7. Würfel-Roulette – Erarbeitung eines Testberichts im Hinblick auf die Entwicklung und Erprobung eigener Spielpläne

8. **Entwicklung und Erprobung eigener Spielpläne fürs Würfel-Roulette unter besonderer Berücksichtigung der erarbeiteten Kriterien des Testberichts**
9. Weitere Erprobung der Spielpläne der anderen Gruppen/Entwicklung eines Spielplans fürs Würfel-Roulette mit zwei 8-seitigen Würfeln
10. Wie zufrieden sind wir mit unseren Spielplänen? – Abschließende Reflexion über den Prozess der Spielplanentwicklung sowie den Austausch mit den anderen Gruppen

5.21.4   Geplanter Unterrichtsverlauf

Phase	Unterrichtsgeschehen	a) Phasenziel b) methodische Begründung c) Sozialform/Medien
Einstieg	Begrüßung	a) Die Schülerinnen und Schüler werden auf die bevorstehende Stunde eingestimmt und mit dem organisatorischen Ablauf der heutigen Stunde vertraut gemacht.
	Ein Kind der Klasse gibt kurz den Inhalt der letzten Stunde wieder und erläutert anhand des Reihenverlaufs das Vorhaben der heutigen Stunde.	
	Die LAA verweist auf den Arbeitsplan zur Organisation der Gruppenarbeit an der Tafel und erläutert anhand des Verlaufsplans den detaillierten Ablauf der Stunde sowie die bereitgestellten Materialien.	b) Durch die etwas ausführlichere Erläuterung des Stundenverlaufs sowie der Materialien soll der Ablauf der eigenständigen Arbeit und der dezentralen Reflexion gewährleistet werden. Das akustische Signal leitet die Arbeitsphase ein und ist den Schülerinnen und Schülern bekannt.
	Die LAA erteilt den Arbeitsauftrag und macht das Ziel der heutigen Stunde transparent: Die Schüler sollen einen eigenen Spielplan fürs Würfel-Roulette entwickeln, diesen untereinander tauschen, testen und sich darüber mündlich austauschen.	c) frontal/Reihenverlauf, Verlaufsplan, Arbeitsplan mit Gruppenkärtchen, CD, CD-Player
	Durch Musik wird die Arbeitsphase eingeleitet.	
Arbeitsphase	Die Schülerinnen und Schüler entwickeln in Partnerarbeit einen eigenen Spielplan fürs Würfel-Roulette.	a) Die Schülerinnen und Schüler sollen mit ihrem Partner einen eigenen Spielplan fürs Würfel-Roulette entwerfen, indem sie auf bereits bekannte Wetten zurückgreifen bzw. bereits gewonnene Einsichten über die Wahrscheinlichkeit von Augensummen nutzen.
	Die LAA steht während der Arbeitsphase als Ansprechpartner zur Verfügung.	
	Gruppen, die mit der Ausarbeitung ihres Spielplans fertig sind, positionieren ihr Gruppenkärtchen auf dem Arbeitsplan im Feld „Wartebank" und können, bis eine weitere Gruppe fertig ist, das Würfel-Roulette aus der Klasse spielen.	b) Da in der Klasse das Leistungsniveau im Fach Mathematik sehr unterschiedlich ist, wurden für die Erarbeitungsphase von der LAA leistungshomogene Zweiergruppen gebildet. c) Partnerarbeit/Blanko-Vorlagen für Spielpläne, Verlaufsplan und Arbeitsplan mit Gruppenkärtchen an der Tafel, Würfel-Roulette-Vorlagen in der Klasse, Würfel.

Phase	Unterrichtsgeschehen	a) Phasenziel b) methodische Begründung c) Sozialform/Medien
Reflexion	Die Reflexionsphase findet dezentral statt. Wenn zwei Gruppen mit der Ausarbeitung ihres Spielplans fertig sind, tauschen sie ihre Spielpläne untereinander aus. Sie testen den anderen Spielplan, indem sie ein paar Runden spielen, und füllen dann den Testbericht aus. Danach treffen sich wieder beide Gruppen, um sich über ihre Spielpläne auszutauschen. Als Leitfaden liegt hierfür ein Ablauf für die Testphase in der Klasse aus. Je nach Rückmeldung der anderen Gruppe kann der eigene Spielplan noch einmal überarbeitet werden. In diesem Fall soll der Plan danach von einer weiteren Gruppe getestet werden. Wurden keine Tipps zur Verbesserung gegeben, entscheidet die Gruppe, ob sie ihren Plan mit einer weiteren Gruppe tauschen oder sich eine eigene Punkteverteilung für ihren Spielplan ausdenken möchte. Die LAA steht während der Reflexionsphase als Ansprechpartner zur Verfügung.	a) Die Schülerinnen und Schüler sollen den Spielplan der anderen Gruppe kritisch erproben. Sie sollen der anderen Gruppe Rückmeldung darüber geben, inwieweit die gemeinsam erarbeiteten Kriterien erfüllt wurden und ob sie Verbesserungsvorschläge haben. Gleichermaßen sollen sich die Schülerinnen und Schüler die Rückmeldung zu ihrem Plan anhören und ggf. Änderungsvorschläge einarbeiten. b) Da jede Gruppe in ihrem Lerntempo den Spielplan erstellt, findet die Reflexion dezentral in Kleingruppen statt. Durch die Visualisierung in Form des Arbeitsplans können die Schülerinnen und Schüler sehen, welche Gruppe ebenfalls fertig ist und auf einen Tausch wartet. Durch die Rückmeldung der anderen Gruppe ist es möglich, dass ein Spielplan überarbeitet wird und sich die Gruppe somit wieder in der Arbeitsphase befindet. Hierdurch kann ein Kreislauf entstehen, bis die jeweilige Gruppe mit dem Endergebnis zufrieden ist. Als Differenzierung können Gruppen, deren Spielplan nicht weiter überarbeitet wird, selbst entscheiden, ob sie erneut tauschen oder weiter an ihrem Plan arbeiten und hierfür eine eigene Punktewertung ausarbeiten möchten. c) Reflexion in Kleingruppen/Spielpläne, Würfel, Testberichte, Tippkarten für den Testbericht, Ablauf der Testphase, Verlaufsplan und Arbeitsplan mit Gruppenkärtchen an der Tafel
Ausblick	Durch Musik wird die Arbeits- und Reflexionsphase beendet. Die LAA gibt den Ausblick auf die nächste Stunde, in der die Schülerinnen und Schüler je nach Interessenlage Gelegenheit dazu bekommen, weitere Spielpläne anderer Gruppen zu erproben oder einen Spielplan fürs Würfel-Roulette mit zwei 8-seitigen Würfeln zu entwickeln.	a) Durch den Ausblick findet ein gemeinsamer Abschluss der Klasse statt und die Schülerinnen und Schüler erfahren den Inhalt der nächsten Stunde. b) Da die Reflexion bereits in Kleingruppen stattgefunden hat, gestaltet sich diese Phase recht knapp und dient lediglich dem gemeinsamen Abschluss und dem Ausblick auf die folgenden Stunden. c) CD, CD-Player, Reihenverlauf

Phase	Unterrichtsgeschehen	a) Phasenziel b) methodische Begründung c) Sozialform/Medien
	Anmerkung: Im Vorfeld war schwer abzusehen, wie viel Zeit die Schülerinnen und Schüler für die Reflexionsphase und eine eventuelle Überarbeitung ihrer Pläne brauchen. Durch eine weitere Stunde, in der die Gruppen ihre Pläne untereinander austauschen können, soll daher gewährleistet werden, dass alle Gruppen mit ihrem Endergebnis zufrieden sind.	

5.21.5   Literatur

1. Baulig, A.: Clever würfeln. In: *Grundschule Mathematik: Wahrscheinlichkeit: Wer gewinnt?*, Heft 9/2006, S. 26–27

2. Eichler, K.-P.: Wahrscheinlich kein Zufall – Betrachtungen rund um Wahrscheinlichkeit und Häufigkeit. In: *Praxis Grundschule – So ein Zufall?! Daten, Häufigkeit und Wahrscheinlichkeit*, Heft 3/2010, S. 7–13

3. Eichler, K.-P.: Wie die Würfel fallen – Zufall und Wahrscheinlichkeit: Fakten und Anregungen. In: *Grundschule – Wahrscheinlich unwahrscheinlich*, Heft 5/2010, S. 10–13

4. Klunter, M./Raudies, M.: „Das ist doch unmöglich!" – Vorstellungen von Kindern zu Zufall und Wahrscheinlichkeit. In: *Grundschule – Wahrscheinlich unwahrscheinlich*, Heft 5/2010, S. 18–20

5. Knappstein, A.: Umgang mit Häufigkeiten und Wahrscheinlichkeiten, KIRA TU Dortmund (http://www.kira-tu-dortmund.de/front_content.php?idcat=365, abgerufen am 14.09.2011)

6. König-Wienand, A.: Tom und Leonie würfeln – ein Zufallsexperiment mit zwei Würfeln. In: *Grundschule Mathematik: Wahrscheinlichkeit: Wer gewinnt?*, Heft 9/2006, S. 12–15

7. Lorenz, J. H.: Die Kunst des Mutmaßens. In: *Grundschule Mathematik: Wahrscheinlichkeit: Wer gewinnt?*, Heft 9/2006, S. 4–7

8. Lorenz, J. H.: Gerechte Spiele. In: *Grundschule Mathematik: Wahrscheinlichkeit: Wer gewinnt?*, Heft 9/2006, S. 40–42

9. Mayer, S.: Wahrscheinlichkeitsrechnung – Ein motivierendes Thema für die Grundschule. In: *Grundschulunterricht Mathematik – Daten, Zufall und Wahrscheinlichkeit – Kombinatorik*, Heft 2/2008, S. 24–28

10. Ministerium für Schule und Weiterbildung des Landes Nordrhein-Westfalen: *Richtlinien und Lehrpläne für die Grundschule in Nordrhein-Westfalen.* Düsseldorf, 2008

11. PIK AS: *Daten, Häufigkeiten und Wahrscheinlichkeiten.* Uni Dortmund (http://www.pikas.tu-dortmund.de/material-pil/herausfordernde-lernangebote/haus-7-unter-

richts-material/daten-haeufigkeiten-und-wahrscheinlichkeiten/daten-haeufigkeiten-und-wahrscheinlichkeiten.html, abgerufen am 14.09.2011)

12. Röhrkasten, K.: Spiele mit dem Zufall – Spielend mit Wahrscheinlichkeiten im Mathematikunterricht umgehen. In: *Grundschule – Wahrscheinlich unwahrscheinlich*, Heft 5/2010, S. 22–25
13. Wälti, B.: Roulette mit Ziffernkarten. In: *Grundschule Mathematik: Wahrscheinlichkeit: Wer gewinnt?*, Heft 9/2006, S. 32–35
14. Walther, G./van den Heuvel-Panhuizen, M./Granzer, D./Köller, O. (Hrsg.): Bildungsstandards für die Grundschule: Mathematik konkret. 4. Auflage. Cornelsen Scriptor Verlag, Berlin, 2010

5.21.6 Anhang

- Mindmap (aus drucktechnischen Gründen wurde die Anordnung verändert)
- Visualisierung Stundenablauf (Tafel)
- Blanko-Spielpläne in drei Differenzierungsstufen (verkleinert)
- Ablauf für die Testphase
- Testbericht
- Tippkarte für den Testbericht

Mindmap
Thema der Stunde

Entwicklung und Erprobung eigener Spielpläne fürs Würfel-Roulette unter besonderer Berücksichtigung der erarbeiteten Kriterien des Testberichts

Ziele der Stunde

Die SchülerInnen sollen.

- in Partnerarbeit einen eigenen Spielplan für das Würfel-Roulette entwickeln,
- Einsichten über die Wahrscheinlichkeit des Eintretens der unterschiedlichen Augensummen beim Erstellen des Spielplans nutzen,
- anhand eines Testberichts andere Spielpläne bewerten und sich in Gruppen über diese austauschen.

Sachaspekte
Wahrscheinlichkeit der Augensumme beim Würfeln mit zwei 6-seitigen Würfeln

- Beim Würfeln mit zwei 6-seitigen Würfeln sind Augensummen zwischen 2 $(1+1)$ und 12 $(6+6)$ möglich.
- Aufgrund der unterschiedlichen Kombinationsmöglichkeiten der einzelnen Würfelzahlen gibt es $6 \times 6 = 36$ mögliche Ausgänge. Aus den Zerlegungen in zwei Würfelzahlen ergeben sich für die einzelnen Augensummen unterschiedliche Wahrscheinlichkeiten:

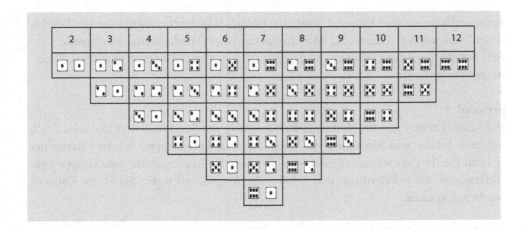

(Anmerkung: Die Augensumme 7 ist mit sechs verschiedenen Möglichkeiten die wahrscheinlichste.)

- Die relative Häufigkeit des Eintretens eines Ereignisses ist der Quotient aus Anzahl der günstigen Ereignisse und Anzahl der möglichen Ereignisse. (Bsp.: Anzahl der günstigen Ereignisse für die Augensumme 2 ist 1, Anzahl der möglichen Ereignisse ist 36 → Wahrscheinlichkeit der Augensumme 2 ist 1/36)
- Um die Wahrscheinlichkeit eines Ereignisses zu berechnen, bei dem mehrere Augensummen zum Eintreten führen, müssen bei der Berechnung der Anzahl der günstigen Ereignisse alle für das Ereignis günstigen Augensummen berücksichtigt werden: Anzahl der günstigen Ereignisse für eine gerade Augensumme ist 18, Anzahl der möglichen Ereignisse ist 36 → Wahrscheinlichkeit einer geraden Augensumme ist 18/36 = 1/2.

Spielregeln beim Würfel-Roulette

- Material: 1 Spielplan, 2 Würfel, Plättchen
- Je 2 Kinder spielen zusammen.
- Zu Beginn bekommt jeder Spieler 5 Plättchen, die restlichen Plättchen gehören der Bank.
- Jeder Spieler setzt ein Plättchen auf ein Ereignis auf dem Spielplan (= Wette), danach wird gewürfelt und die Augensumme berechnet.
- Ist die Wette eingetreten, darf der Spieler sein Plättchen zurücknehmen und bekommt ein Plättchen von der Bank dazu.
- Ist die Wette nicht eingetreten, verliert der Spieler das Plättchen an die Bank.

Lernvoraussetzungen der Kinder
sachstrukturell
Das Thema Häufigkeiten und Wahrscheinlichkeiten wird im Rahmen dieser Reihe das erste Mal mit den Schülerinnen und Schülern dieser Klasse thematisiert. Zu Beginn der

Reihe verfügten sie über keinerlei Vorwissen bezüglich Wahrscheinlichkeiten von Würfelereignissen, weswegen zuerst das Würfeln mit nur einem Würfel thematisiert wurde.
Den Schülerinnen und Schülern ist das Format des Würfel-Roulettes aus dieser Unterrichtsreihe bekannt.

personal

Die Schüler zeigen sich im Mathematikunterricht in der Regel motiviert und lassen sich
auf neue Inhalte und Methoden ein. Dabei zeigt die Lerngruppe ein sehr heterogenes
Niveau. Für die Entwicklung eigener Spielpläne wurden leistungshomogene Gruppen gebildet, damit die Schülerinnen und Schüler die Aufgabe auf ihrem Stand des Könnens
bearbeiten können.

sozial/arbeitsmethodisch

Für die Kinder ist die Arbeit mit einem Arbeitsplan zur Visualisierung und Orientierung
bei der Gruppenarbeit neu. In der vorangehenden Stunde wurde die Arbeit mit dem Plan
jedoch bereits gemeinsam erarbeitet.

Die Arbeit in Partner- und Gruppenarbeit sowie das akustische Signal ist den Kindern
vertraut.

Didaktische Begründung
Allgemein

- Schulung der sozialen Kompetenz
- Ausbau des kommunikativen Aspektes im Mathematikunterricht

Kindebene

- Das Würfeln und die Entwicklung eines eigenen Spielplans stellen für die Kinder einen
  auffordernden Charakter dar.

Didaktische Prinzipien

- entdeckendes und handelndes Lernen im Mathematikunterricht durch den zu bearbei-
  tenden Arbeitsauftrag und die Sozialform
- kooperatives Lernen durch Partner- und Gruppenarbeit
- selbst gesteuertes Lernen bei der Entwicklung eines eigenen Spielplans
- Erprobung fremder Spielpläne und Bewertung dieser anhand gemeinsam festgelegter
  Kriterien
- Kommunikation über die getesteten Spielpläne, Austausch über Verbesserungsvorschläge unter Verwendung der Fachsprache während der Testphase

Differenzierung

- *Soziale* Differenzierung
  - Arbeit in Partnerarbeit in leistungshomogenen Gruppen
- Differenzierung durch *bereitgestellte Materialien*
  - differenzierte Blanko-Spielpläne (leer, mit Feldern, mit Vorgaben)
  - Tippkarte
- Differenzierung durch eine *offene Aufgabenstellung*
  - Jede Gruppe bearbeitet die Aufgabe auf ihrem Stand des Könnens.
  - Nach Durchlaufen der Testphase ist es der Gruppe – so keine Verbesserungsvorschläge eingearbeitet werden – freigestellt, ob sie mit einer weiteren Gruppe den Spielplan tauschen oder sich für ihren Spielplan eine eigene Punkteverteilung ausdenken möchten.

Anforderungsbereiche

- Bereich I – *Reproduzieren*
  - Entwerfen eines Spielplans anhand der Vorgaben auf dem Blanko-Spielplan
  - Ausfüllen eines Testberichts nach den Kriterien Verständlichkeit und Spaßfaktor
- Bereich II – *Zusammenhänge herstellen*
  - Entwerfen eines eigenen Spielplans
  - Bei der Entwicklung des Spielplans Einsichten über die Wahrscheinlichkeit des Eintretens der unterschiedlichen Augensummen nutzen
  - Ausfüllen eines Testberichts nach den Kriterien Verständlichkeit, Spaßfaktor und Abwechslung wahrscheinlicher und unwahrscheinlicher Wetten
  - Formulieren eventueller Verbesserungsvorschläge
- Bereich III – *Verallgemeinern und Reflektieren*
  - Entwerfen eines eigenen Spielplans
  - Entwickeln einer eigenen Punkteverteilung auf Grundlage der unterschiedlichen Wahrscheinlichkeiten

Lehrplan und Richtlinien
Inhaltsbezogene Kompetenzerwartungen
Bereich: Daten, Häufigkeiten, Wahrscheinlichkeiten
Schwerpunkt: Wahrscheinlichkeiten
Kompetenzerwartungen am Ende der Klasse 4:
Die Schülerinnen und Schüler ...

- bestimmen die Anzahl verschiedener Möglichkeiten im Rahmen einfacher kombinatorischer Aufgabenstellungen.
- beschreiben die Wahrscheinlichkeit von einfachen Ereignissen (sicher, wahrscheinlich, unmöglich, immer, häufig, selten, nie).

Prozessbezogene Kompetenzerwartungen

Problemlösen/kreativ sein Die Schülerinnen und Schüler ...

- erfinden Aufgaben.

Argumentieren Die Schülerinnen und Schüler ...

- erklären Beziehungen und Gesetzmäßigkeiten an Beispielen und vollziehen Begründungen anderer nach.

Darstellen/Kommunizieren
Die Schülerinnen und Schüler ...

- halten ihre Arbeitsergebnisse, Vorgehensweisen und Lernerfahrungen fest.
- bearbeiten komplexere Aufgabenstellungen gemeinsam, treffen dabei Verabredungen und setzen eigene und fremde Standpunkte in Beziehung.
- verwenden bei der Darstellung mathematischer Sachverhalte geeignete Fachbegriffe, mathematische Zeichen und Konventionen.

Didaktische Reduktion

- Reduktion auf das Würfeln mit zwei Würfeln
- Reduktion auf das Würfeln mit 6-seitigen Würfeln
- Reduktion auf Wetterereignisse, die sich auf die Augensumme zweier Würfel beziehen

Visualisierung Stundenablauf

Würfel-Roulette

1. Entwickelt einen eigenen Spielplan.   in Arbeit
2. Setzt eure Karte auf „Wartebank", wenn ihr fertig seid.

   Wartebank
3. Bis eine zweite Gruppe fertig ist, könnt ihr das
   Würfel-Roulette aus der Mathe-Ecke spielen.
4. Tauscht eure Spielpläne aus.
5. Spielt ein paar Runden mit dem fremden Plan.
6. Füllt den Testbericht aus.

   Testphase
7. Trefft euch mit der anderen Gruppe und sprecht über eure Spielpläne.

Blanko-Spielpläne (3 Differenzierungen)

Würfel-Roulette

Entwickelt von: _____

Würfel-Roulette

Entwickelt von: _____

Würfel-Roulette

Entwickelt von: _____

≤ ___   O   > ___   O

< ___   O   > ___   O

___, ____ oder ____   O

____, ____ oder ___   O

Ablauf der Testphase

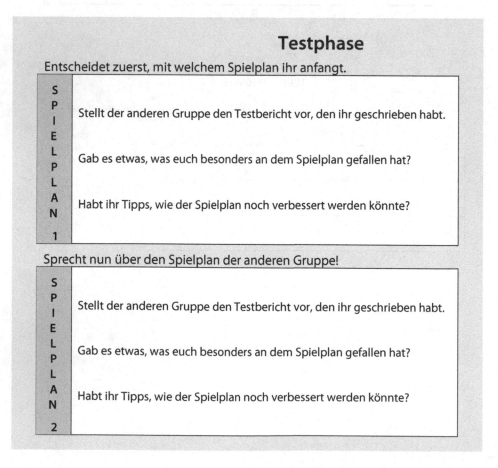

Testphase

Entscheidet zuerst, mit welchem Spielplan ihr anfangt.

S P I E L P L A N 1

Stellt der anderen Gruppe den Testbericht vor, den ihr geschrieben habt.

Gab es etwas, was euch besonders an dem Spielplan gefallen hat?

Habt ihr Tipps, wie der Spielplan noch verbessert werden könnte?

Sprecht nun über den Spielplan der anderen Gruppe!

S P I E L P L A N 2

Stellt der anderen Gruppe den Testbericht vor, den ihr geschrieben habt.

Gab es etwas, was euch besonders an dem Spielplan gefallen hat?

Habt ihr Tipps, wie der Spielplan noch verbessert werden könnte?

Hatte die andere Gruppe Tipps für euch?
    Dann überarbeitet euer Spiel noch mal, bevor ihr es von einer weiteren Gruppe testen lasst.
    Alles super? Ihr könnt nun …

* euren Spielplan mit einer weiteren Gruppe tauschen.
* eine Punkteverteilung für euren Spielplan überlegen.

(Gibt es Wetten, für die man mehr als ein Plättchen von der Bank bekommen sollte?)

Testbericht
Spielplan entwickelt von _____

getestet von _____

Ist der Spielplan sauber und ordentlich geschrieben?   ☺

Ist der Spielplan gut zu verstehen?   ☺

Hat das Spiel Spaß gemacht?   ☺

Gibt es sowohl Wetten, die wahrscheinlicher sind, als auch   ☺
solche, die unwahrscheinlicher sind?

Tippkarte
für den Testbericht

Gab es sowohl Wetten, die wahrscheinlicher waren, als auch solche, die unwahrscheinlicher waren?
Überlegt euch für jede Wette, wie viele Möglichkeiten es gibt.
Sind alle Wetten gleich wahrscheinlich?

Literatur

Ausgewählte Bände der Reihe Mathematik Primar- und Sekundarstufe I + II

1. Bardy, P.: *Mathematisch begabte Grundschulkinder – Diagnostik und Förderung*. Springer Spektrum, Heidelberg, 2007
2. Franke, M.: *Didaktik der Geometrie in der Grundschule*. Elsevier/Spektrum, München/Heidelberg, 2007
3. Franke, M./Ruwisch, S.: *Didaktik des Sachrechnens in der Grundschule*. Springer Spektrum, Heidelberg, 2010
4. Franke, M./Reinhold, S.: *Didaktik der Geometrie in der Grundschule*. Springer Spektrum, Heidelberg, 2014
5. Hasemann, K./Gasteiger, H.: *Anfangsunterricht Mathematik*. Springer Spektrum, Heidelberg, 2014
6. Heckmann, K./Padberg, F.: *Unterrichtsentwürfe Mathematik Primarstufe, Band 1*. Springer Spektrum, Heidelberg, 2008
7. Käpnick, F.: *Mathematiklernen in der Grundschule*. Springer Spektrum, Heidelberg, 2014
8. Krauthausen, G.: *Digitale Medien im Mathematikunterricht der Grundschule*. Springer Spektrum, Heidelberg, 2012
9. Krauthausen, G./Scherer, P.: *Einführung in die Mathematikdidaktik*. Elsevier/Spektrum, München/Heidelberg, 2007
10. Kütting, H./Sauer, M. J.: *Elementare Stochastik. Mathematische Grundlagen und didaktische Konzepte*, 3. Auflage. Spektrum, Heidelberg, 2011
11. Padberg, F.: *Elementare Zahlentheorie*. 3. Auflage. Spektrum, Heidelberg, 2008
12. Padberg, F./Benz, Chr.: *Didaktik der Arithmetik für Lehrerausbildung und Lehrerfortbildung*. Spektrum, Heidelberg, 2011
13. Padberg, F./Büchter, A.: *Einführung Mathematik Primarstufe – Arithmetik*. Springer Spektrum, Heidelberg, 2014

Bemerkung: Die Literaturhinweise zum Kapitel 5 befinden sich jeweils zusammenhängend am Ende jedes einzelnen Unterrichtsentwurfs.

K. Heckmann, F. Padberg, *Unterrichtsentwürfe Mathematik Primarstufe, Band 2*,
Mathematik Primarstufe und Sekundarstufe I + II,
DOI 10.1007/978-3-642-39745-5, © Springer-Verlag Berlin Heidelberg 2014

14. Benz, Chr./Peter-Koop, A.: *Frühe Mathematische Bildung*. Springer Spektrum, Heidelberg, 2014
15. Scherer, P./Moser Opitz, E.: *Fördern im Mathematikunterricht der Primarstufe*. Spektrum, Heidelberg, 2010
16. Steinweg, A. S.: *Algebra in der Grundschule: Muster und Strukturen – Gleichungen – Funktionale Beziehungen*. Springer Spektrum, Heidelberg, 2013
17. Vollrath, H.-J./Roth, J.: *Grundlagen des Mathematikunterrichts in der Sekundarstufe*, 2. Auflage. Spektrum, Heidelberg, 2012

Bücher & Beiträge aus Büchern und Zeitschriften

18. Aebli, H.: *Zwölf Grundformen des Lernens*. 12. Auflage. Klett-Cotta, Stuttgart, 2003
19. Ametsbichler, J./Eckert-Kalthoff, B./Maras, R.: *Handbuch für die Unterrichtsgestaltung in der Grundschule*. 5. Auflage. Donauwörth, 2010
20. Anders, K./Oerter, A.: *Forscherhefte und Mathematikkonferenzen in der Grundschule*. Seelze, 2009
21. A Campo, A./Elschenbroich, H.-J. (Deutscher Verein zur Förderung des mathematischen und naturwissenschaftlichen Unterrichts e. V.): Empfehlungen zur Umsetzung der Bildungsstandards der KMK im Fach Mathematik. In: *MNU – Der Mathematische und Naturwissenschaftliche Unterricht*, 8/2004, Supplement 8
22. Aschersleben, K.: *Einführung in die Unterrichtsmethodik*. 5. Auflage. Kohlhammer, Stuttgart u. a., 1991
23. Baireuther, P.: *Mathematikunterricht in den Klassen 3 und 4*. Donauwörth, 2000
24. Baptist, P. (Hrsg.): Alles ist Zahl. Motive von Eugen Jost. Köln, 2009
25. Barzel, B.: Einstiege. In: *mathematik lehren*, 109/2001, S. 4–5
26. Barzel, B./Büchter, A./Leuders, T.: *Mathematik Methodik – Handbuch für die Sekundarstufe I und II*. Cornelsen Scriptor, Berlin, 2007
27. Barzel, B./Holzäpfel, L. (Hrsg.): *mathematik lehren: Unterricht planen*. Heft 158/2010, Friedrich-Verlag
28. Barzel, B./Hußmann, S./Leuders, T.: Bildungsstandards und Kernlehrpläne in NRW und BW. Zwei Wege zur Umsetzung nationaler Empfehlungen. In: *MNU – Der Mathematische und Naturwissenschaftliche Unterricht*, 3/2004, S. 142–146
29. Baulig, A.: Clever würfeln. In: *Grundschule Mathematik: Wahrscheinlichkeit: Wer gewinnt?* Heft 9/2006, S. 26–27
30. Begemann, M./Brunner, E.: Arme und reiche Zahlen. In: *mathematik lehren*, 106/2001, S. 51–54
31. Berger, R./Waack, S.: Feedback gezielt geben. In: *Grundschule* 7/8/2012, S. 18–20
32. Besuden, H.: Raumvorstellung als Ziel. Geeignete Aufgaben für den Geometrieunterricht. In: *Grundschulmagazin*. 05/2006
33. Bieber, M.: Bis zu den Ferien … – Kinder erfinden Fermi-Aufgaben – Voraussetzungen und Organisation. In: *Grundschule*, 10/2012, S. 17–20
34. Bloom, B. S. et al.: *Taxonomy of educational objectives: the classification of educational goals*. David McKay Company, New York, 1956
35. Blum, W./Wiegand, B.: Offene Aufgaben – wie und wozu? In: *mathematik lehren*, 100/2000, S. 52–55
36. Blum W. et al.: *Bildungsstandards Mathematik: konkret. Sekundarstufe I: Aufgabenbeispiele, Unterrichtsanregungen, Fortbildungsideen*. Cornelsen Scriptor, Berlin, 2006
37. Bobrowski, S./Forthaus, R.: *Lernspiele im Mathematikunterricht. Lehrerbücherei Grundschule: Ideenwerkstatt*. Berlin, 1998

38. Bochmann, R./Kirchmann, R.: *Kooperatives Lernen in der Grundschule. Zusammen arbeiten – Aktive Kinder lernen mehr.* Essen, 2006

39. Bongartz, Th./Verboom, L. (Hrsg.): *Fundgrube Sachrechnen.* Berlin, 2007

40. Bönsch, M.: Methoden des Unterrichts. In: Roth, L. (Hrsg.): *Pädagogik. Handbuch für Studium und Praxis.* 2. Auflage. München, Oldenbourg 2001, S. 801–815

41. Brandt, B./Nührenbörger, M.: Strukturierte Kooperationsformen im Mathematikunterricht der Grundschule. In: *Die Grundschulzeitschrift* 222.223/2009, Materialheft. Friedrich-Verlag, Seelze

42. Bruder, R./Leuders, T./Büchter, A.: *Mathematikunterricht entwickeln – Bausteine für kompetenzorientiertes Unterrichten.* Cornelsen Scriptor, Berlin, 2008

43. Bruner, J. S.: *Entwurf einer Unterrichtstheorie.* Berlin/Düsseldorf, Berlin Verlag und Pädagogischer Verlag Schwann, 1974

44. Bruner, J. S.: *Der Prozeß der Erziehung.* 4. Auflage. Berlin Verlag und Pädagogischer Verlag Schwann, Berlin/Düsseldorf, 1976

45. Brüning, L. et al.: *Erfolgreich unterrichten durch Kooperatives Lernen – Strategien zur Schüleraktivierung.* 5. Auflage. Neue Deutsche Schule Verlagsgesellschaft, Essen, 2009

46. Brüning, L./Saum, T.: *Erfolgreich unterrichten durch Visualisieren. Grafisches Strukturieren mit Strategien des Kooperativen Lernens.* Neue Deutsche Schule Verlagsgesellschaft, Essen 2007

47. Büchter, A./Leuders, T.: Mathematikaufgaben selbst entwickeln: Lernen fördern – Leistungen überprüfen. Cornelsen Scriptor, Berlin, 2005

48. Cottmann, K.: Wer verdient mehr? In: *Grundschule Mathematik, Schwerpunkt: Größen und Sachrechnen: Geld,* 28/2011, S. 30–33

49. Edas, D.: Sachrechnen kann eigentlich Freude machen. In: *Grundschulmagazin, Schwerpunkt Sachrechnen,* 5/2009

50. Eichler, K.-P.: Wie die Würfel fallen – Zufall und Wahrscheinlichkeit: Fakten und Anregungen. In: *Grundschule – Wahrscheinlich unwahrscheinlich,* 5/2010, S. 10–13

51. Eichler, K.-P.: Würfelbauwerke im Anfangsunterricht. In: *Mathematik differenziert – Zeitschrift für die Grundschule,* 2/2012: Geometrie des Würfels – Raumvorstellung entwickeln

52. Elschenbroich, H.-J.: Bildungsstandards Mathematik. Standard Bildung oder Standardbildung? In: *MNU – Der Mathematische und Naturwissenschaftliche Unterricht,* 3/2004, S. 137–142

53. Erichson, Ch.: Zum Umgang mit authentischen Texten beim Sachrechnen. In: *Grundschulunterricht* 9/1998, S. 5–8

54. Erichson, Ch.: Authentizität als handlungsleitendes Prinzip. In: Neubrand, M. (Hrsg.): *Beiträge zum Mathematikunterricht. Vorträge auf der 33. Tagung für Didaktik der Mathematik vom 1. bis 5. März 1999 in Bern.* Franzbecker, Hildesheim, 1999, S. 161–164

55. Floer, J.: Lernmaterialien als Stützen der Anschauung im arithmetischen Anfangsunterricht. In: Lorenz, J. H. (Hrsg.): *Mathematik und Anschauung.* Aulis, Köln, 1993, S. 106–121

56. Floer, J.: *Rechnen, offener Unterricht und entdeckendes Lernen,* In: Schipper, W. et al. (Hrsg.): *Offener Mathematikunterricht in der Grundschule. Band 1: Arithmetik.* Friedrich Verlag, Seelze, 1995, S. 6–9

57. Floer, J.: Wie kommt das Rechnen in den Kopf? Veranschaulichen und Handeln im Mathematikunterricht. In: *Grundschulzeitschrift,* 82/1995, S. 20–39

58. Floer, J.: *Mathematik-Werkstatt. Lernmaterialien zum Rechnen und Entdecken für Klassen 1 bis 4.* Beltz, Weinheim/Basel, 1996

59. Floer, J.: Einmaleins-Züge – Anregungen zum entdeckenden Üben. In: *Praxis Grundschule,* 3/2001, S. 16–24

60. Fraedrich, A. M.: *Planung von Mathematikunterricht in der Grundschule – aus der Praxis für die Praxis.* Spektrum Akademischer Verlag, Heidelberg, 2001

61. Franke, M.: Strategiekonferenzen. In: *Grundschule,* 3/2002, S. 19–20

62. Franke, M.: *Didaktik des Sachrechnens in der Grundschule.* Spektrum Akademischer Verlag, Heidelberg, 2003

63. Freudenthal, H.: *Mathematik als pädagogische Aufgabe. Band 1*. Klett, Stuttgart, 1973
64. Fuchs, M./Käpnick, F.: *Grundwissen Mathematik. Klassen 1–4*. Berlin, 2010
65. Gage, N. L./Berliner, D. C.: *Pädagogische Psychologie*. 5. Auflage. Psychologie Verlags Union, Weinheim, 1996
66. Gagné R. M.: *Die Bedingungen des menschlichen Lernens*. 5. Auflage. Hermann Schroedel Verlag, Hannover, 1980
67. Granzer D.: Was wirkt? John Hatties Forschungsergebnisse und deren Bedeutung für unterrichtliches Handeln. In: *Grundschule*, 7/8/2012, S. 6–8
68. Granzer, D./Walther, G.: Standards, keine Standardaufgaben! Gute Aufgaben für die länderübergreifenden Bildungsstandards in Mathematik. In: *Grundschule*, 4/2008, S. 6–10
69. Grassmann, M.: Entwicklung allgemeiner mathematischer Kompetenzen. In: *Praxis Grundschule*, 6/2011, S. 4–6
70. Grassmann, M. et al.: *Mathematikunterricht – kompetent im Unterricht der Grundschule*. Schneider Verlag Hohengehren, Baltmannsweiler, 2010
71. Green, N./Green, K.: *Kooperatives Lernen im Klassenraum und im Kollegium*. Kallmeyer, Seelze, 2007
72. Grunder, H.-U. et al.: *Unterricht verstehen – planen – gestalten – auswerten*. Schneider Verlag Hohengehren, Baltmannsweiler, 2007
73. Gubitz-Peruche, H./Posmik, R.: Rund um den Würfel. Einrichtung einer Werkstatt zur Geometrie. In: *Grundschulunterricht*, 3/1999, S. 4–8
74. Gudjons, H.: *Didaktik zum Anfassen. Lehrer/in-Persönlichkeit und lebendiger Unterricht*. 2. Auflage. Verlag Julius Klinkhardt, Bad Heilbrunn, 1998
75. Gudjons, H.: Frontalunterricht – gut gemacht … Come-Back des „Beybringens"? In: *Pädagogik*, 5/1998, S. 5–8
76. Häring, G.: Der Klebepunkt-Würfel – ein Verwandlungskünstler. In: *Grundschule Mathematik*, Nr. 18, 3. Quartal 2008: Kopfgeometrie: Vorstellen und Beschreiben
77. Häring, G.: Preisbewusst einkaufen. In: *Grundschule Mathematik, Schwerpunkt: Größen und Sachrechnen: Geld*, 28/2011
78. Heimann, P. et al.: *Unterricht – Analyse und Planung*. 9. Auflage. Hermann Schroedel Verlag, Hannover, 1977
79. Helmke, A.: *Unterrichtsqualität und Lehrerprofessionalität – Diagnose, Evaluation und Verbesserung des Unterrichts*. 3. Auflage. Kallmeyer, Seelze-Velber, 2010
80. Hengartner, E.: *Mit Kindern lernen*. Klett und Balmer, Zug, 2001
81. Hengartner, E. et al.: *Lernumgebungen für Rechenschwache bis Hochbegabte. Natürliche Differenzierung im Mathematikunterricht*. Klett und Balmer, Zug, 2006
82. Herget, W.: *Rechnen können reicht … eben nicht!* In: *mathematik lehren*, 100/2000, S. 4–10
83. Hinrichs, K.: *Lernwerkstatt Mathematik*. München, 2000
84. Hirt, U./Wälti, B.: *Lernumgebungen im Mathematikunterricht: Natürlich differenzieren für Rechenschwache bis Hochbegabte*. Kallmeyer, Seelze-Velber, 2008
85. Hoffmann, B.: Würfelhäuser und ihre Schrägbildansichten. Die Bilder der Architekten. In: *Grundschulmagazin*, 9–10/2001, S. 55–59
86. Hoppius, C.: *Mathe-Detektive entdecken Muster und Strukturen*. Donauwörth, 2008
87. Jansen, P.: Kommunikation im Mathematikunterricht. In: *Praxis Grundschule*, 6/2011, S. 8–9
88. Jank, W./Meyer, H.: *Didaktische Modelle*. 7. Auflage. Cornelsen Scriptor, Berlin, 2005
89. Jost, D. (Hrsg.): *Mit Fehlern muss gerechnet werden*. 2. Auflage. Sabe, Zürich, 1997
90. Jürgens, E.: *Die „neue" Reformpädagogik und die Bewegung Offener Unterricht*. 6. Auflage. Academia Verlag, Sankt Augustin, 2004
91. Kaufmann, S.: Daten, Häufigkeit, Wahrscheinlichkeit und Kombinatorik. Themen für die Grundschule? In: *Mathematik differenziert*, 3/2010, S. 4–5

92. Klafki, W.: Die bildungstheoretische Didaktik im Rahmen kritisch-konstruktiver Erziehungs-wissenschaft. Oder: Zur Neufassung der Didaktischen Analyse. In: Gudjons, H. et al. (Hrsg.): *Didaktische Theorien*. 4. Auflage. Bergmann + Helbig Verlag, Hamburg, 1987, S. 11–26

93. Kliebisch, U. W./Meloefski, R.: *LehrerSein. Pädagogik für die Praxis*. Schneider Verlag Hohen-gehren, Baltmannsweiler, 2006

94. Klieme, E./Steinert, B.: Einführung der KMK-Bildungsstandards. Zielsetzungen, Konzeptionen und Einführung in den Schulen am Beispiel der Mathematik. In: *MNU – Der Mathematische und Naturwissenschaftliche Unterricht*, 3/2004, S. 132–137

95. Klingberg, L.: *Einführung in die allgemeine Didaktik*. Athenäum Fischer Taschenbuch Verlag, Frankfurt am Main, o. J.

96. Klippert, H.: *Eigenverantwortliches Arbeiten und Lernen. Bausteine für den Fachunterricht.* 4. Auflage. Beltz, Weinheim/Basel, 2004

97. Klippert, H.: *Methoden-Training. Übungsbausteine für den Unterricht.* 16. Auflage. Beltz, Wein-heim/Basel, 2006

98. Klippert, H./Müller, F.: *Methodenlernen in der Grundschule. Bausteine für den Unterricht.* 2. Auflage. Beltz, Weinheim/Basel, 2004

99. Klunter, M./Raudies, M.: „Das ist doch unmöglich!" – Vorstellungen von Kindern zu Zufall und Wahrscheinlichkeit. In: *Grundschule – Wahrscheinlich unwahrscheinlich*, 5/2010, S. 18–20

100. König-Wienand, A.: Tom und Leonie würfeln – ein Zufallsexperiment mit zwei Würfeln. In: *Grundschule Mathematik: Wahrscheinlichkeit: Wer gewinnt?* 9/2006, S. 12–15

101. Konrad, K./Traub, S.: *Kooperatives Lernen. Theorie und Praxis in Schule, Hochschule und Er-wachsenenbildung.* 2. Auflage. Schneider Verlag, Baltmannsweiler, 2005

102. Kounin, J. S.: Techniken der Klassenführung. Münster, 2006

103. Krauthausen, G.: Zahlenmauern im zweiten Schuljahr – ein substantielles Übungsformat. In: *Grundschulunterricht*, 10/1995, S. 5–9

104. Krauthausen, G.: *Lernen – Lehren – Lehren lernen. Zur mathematikdidaktischen Lehrerbildung am Beispiel der Primarstufe.* Klett, Leipzig u. a., 1998

105. Krauthausen, G.: Allgemeine Lernziele im Mathematikunterricht der Grundschule. In: Selter, Ch./Schipper, W. (Hrsg.): *Offener Mathematikunterricht: Mathematiklernen auf eigenen Wegen.* Friedrich Verlag, Seelze, 2001, S. 86–93

106. Landesinstitut für Schulentwicklung Baden-Württemberg: *Lernen im Fokus der Kompetenz-orientierung. Individuelles Fördern durch Beobachten – Beschreiben – Bewerten – Vergleichen.* Stuttgart, 2009

107. Lauter, J. (Hrsg.): Der Mathematikunterricht in der Grundschule. Auer, Donauwörth, 1982

108. Lauter, J.: *Fundament der Grundschulmathematik.* 4. Auflage. Donauwörth, Auer, 2005

109. Leuders, T. (Hrsg.): *Mathematik Didaktik – Praxishandbuch für die Sekundarstufe I und II.* 5. Auflage. Cornelsen Scriptor, Berlin, 2010

110. Lorenz, J. H.: Veranschaulichungsmittel im arithmetischen Anfangsunterricht. In: Lorenz, J. H. (Hrsg.): *Mathematik und Anschauung.* Aulis, Köln, 1993, S. 122–146

111. Lorenz J. H.: Arithmetischen Strukturen auf der Spur. Funktion und Wirkungsweisen von Ver-anschaulichungsmitteln. In: *Grundschulzeitschrift*, 82/1995, S. 8–12

112. Lorenz J. H.: Arithmetische Entdeckungen mit dem Taschenrechner. In: *Grundschule*, 3/1998, S. 22–29

113. Lorenz, J. H./Radatz, H.: *Handbuch des Förderns im Mathematikunterricht.* Schroedel, Hanno-ver, 2005

114. Lorenz, J. H.: Die Kunst des Mutmaßens. In: *Grundschule Mathematik: Wahrscheinlichkeit: Wer gewinnt?*, 9/2006, S. 4–7

115. Lorenz, J. H.: Gerechte Spiele. In: *Grundschule Mathematik: Wahrscheinlichkeit: Wer gewinnt?* 9/2006, S. 40–42

116. Mager R. F.: *Lernziele und Unterricht.* Völlig überarbeitete Neuausgabe. Beltz, Weinheim/Basel, 1977

117. Maras, R./Ametsbichler, J./Eckert-Kalthoff, B.: *Handbuch für die Unterrichtsgestaltung in der Grundschule. Planungshilfen – Strukturmodelle didaktische und methodische Grundlagen.* Donauwörth, 2005

118. Mayer, S.: Wahrscheinlichkeitsrechnung – Ein motivierendes Thema für die Grundschule. In: *Grundschulunterricht Mathematik – Daten, Zufall und Wahrscheinlichkeit – Kombinatorik,* 2/2008, S. 24–28

119. Mehrer, J.: Wir sind Würfelnetzforscher. Die Raumvorstellung durch Handlung und kopfgeometrische Aktivitäten schulen. In: *Grundschulmagazin,* 5/2006

120. Merschmeyer-Brüwer, C.: Raum und Form: Vorstellung und Verständnis. In: *Mathematik differenziert,* 1/2011, S. 4–5

121. Meyer, H.: *Leitfaden zur Unterrichtsvorbereitung.* 12. Auflage. Cornelsen Scriptor, Frankfurt am Main, 2003

122. Meyer, H.: Zehn Merkmale guten Unterrichts. In: *Pädagogik,* 10/2003, S. 36–43

123. Meyer, H.: *Was ist guter Unterricht?* Berlin, 2004

124. Meyer, H.: *Unterrichtsmethoden I: Theorieband.* 12. Auflage. Cornelsen Scriptor, Berlin, 2005

125. Meyer, H.: *Unterrichtsmethoden II: Praxisband.* 13. Auflage. Cornelsen Scriptor, Berlin, 2006

126. Mirwald E./Holtschulte, Y./Skoruppa, V.: Mathematik in Konferenzen – Mathematikaufgaben und allgemeine Kompetenzen im Mathematikunterricht. In: *Grundschule,* 11/2011, S. 24–27

127. Möller, A./Woita, S.: Raumvorstellungen – Drittklässler entdecken Zusammenhänge zwischen Würfelbauten, Bauplänen und Schrägbilddarstellungen. In: *Grundschulunterricht Mathematik,* 01/2012: Kompetenzorientiert unterrichten – Geometrie

128. Möller, Ch.: *Technik der Lernplanung. Methoden und Probleme der Lernzielerstellung.* 4. Auflage. Beltz, Weinheim/Basel, 1973

129. Mühlhausen, U.: Unterrichtsvorbereitungen – Wie am besten? In: Daschner, P./Drews, U. (Hrsg.): *Kursbuch Referendariat.* Beltz/Weinheim/Basel, 1997, S. 58–86

130. Müller G. N./Wittmann E. Ch.: *Der Mathematikunterricht in der Primarstufe.* 3. Auflage. Vieweg, Braunschweig, 1984

131. Müller, G. N./Wittmann, E. Ch.: *Handbuch produktiver Rechenübungen, Band 2.* Stuttgart, 1992

132. Müller-Philipp, S./Gorski, H.-J.: Leitfaden Geometrie. Münster, 2012

133. Niedermann, C./Schoch-Niessner, R.: *Mathematische Lernspiele – Eine theoretische Abhandlung und vier didaktisch analysierte Würfelspiele.* Interkantonale Hochschule für Heilpädagogik, Departement 1/Schulische Heilpädagogik 10, 2007

134. Nührenbörger, M./Pust, S.: *Mit Unterschieden rechnen. Lernumgebungen und Materialien für einen differenzierten Anfangsunterricht Mathematik.* Kallmeyer, Seelze, 2006

135. Nührenbörger, M./Tubach, D.: Mathematische Lernumgebungen. In: *Die Grundschulzeitschrift,* 255.256/2012, S. 87–89

136. OVP NRW: *Ordnung des Vorbereitungsdienstes und der Staatsprüfung für Lehrämter an Schule in NRW vom 10.04.2011*

137. OVP NRW: *Hinweise für Prüferinnen und Prüfer* (Stand 13.02.2012)

138. Peter-Koop, A./Ruwisch, S.: „Wie viele Autos stehen in einem 3-km-Stau?" – Modellbildungsprozesse beim Bearbeiten von Fermi-Problemen in Kleingruppen. In: Peter-Koop, A./Ruwisch, S. (Hrsg.): *Gute Aufgaben im Mathematikunterricht der Grundschule.* Mildenberger, Offenburg, 2003, S. 111–130

139. Peter-Koop, A. et al.: *Lernumgebungen: Ein Weg zum kompetenzorientierten Mathematikunterricht in der Grundschule.* Mildenberger, Offenburg, 2009

140. Peterßen, W. H.: *Handbuch Unterrichtsplanung. Grundfragen, Modelle, Stufen, Dimensionen.* 9. Auflage. Oldenbourg, München u. a., 2000

141. Piaget, J./Inhelder, B.: *Die Psychologie des Kindes.* 9. Auflage. Klett-Cotta, München, 2004

142. Platte, H. K./Kappen A.: *Wirtschaftslehre im Unterricht 1. Unterrichtsentwürfe für den 5. Jahrgang.* Otto Maier Verlag, Ravensburg, 1976

143. Polya, G.: *Vom Lösen mathematischer Aufgaben. Einsicht und Entdeckung, Lernen und Lehren. Band II*. Birkhäuser Verlag, Basel/Stuttgart, 1967

144. Quak, U. (Hrsg.): *Fundgrube Mathematik*. 4. Auflage. Cornelsen Scriptor, Berlin, 2006

145. Radatz, H.: „Sag mir, was soll es bedeuten?" Wie Schülerinnen und Schüler Veranschaulichungen verstehen. In: *Grundschulzeitschrift*, 82/1995, S. 50–51

146. Radatz, H. et al.: *Handbuch für den Mathematikunterricht. 1. Schuljahr*. Schroedel, Hannover, 1996

147. Radatz, H. et al.: *Handbuch für den Mathematikunterricht. 2. Schuljahr*. Schroedel, Hannover, 1998

148. Radatz, H. et al.: *Handbuch für den Mathematikunterricht. 3. Schuljahr*. Schroedel, Hannover, 1999

149. Radatz, H./Rickmeyer, K.: *Handbuch für den Geometrieunterricht an Grundschulen*. Schroedel, Hannover, 1991

150. Rathgeb-Schnierer, E.: *Kinder auf dem Weg zum flexiblen Rechnen*. Hildesheim/Berlin, 2006

151. Rathgeb-Schnierer, E.: Zahlenblick als Voraussetzung für flexibles Rechnen – Ich schau mir die Zahlen an, dann sehe ich das Ergebnis. In: *Grundschulmagazin*, 4/2008, S. 8–12

152. Reinmann-Rothmeier, G./Mandl, H.: Wissensmanagement in der Schule. In: *Profil*, 10/1997, S. 20–27

153. Rink, R.: Bekommst du vorgelesen? In: *Grundschule Mathematik*, 21/2009, S. 10–13

154. Rinkens H.-D. et al. (Hrsg.): *Zahlenwerkstatt: Kompetenzen aufbauen – Praxisideen zur Umsetzung der Bildungsstandards 3*. Schroedel, Braunschweig, 2011

155. Rinkens H.-D. et al. (Hrsg.): *Zahlenwerkstatt: Kompetenzen aufbauen – Praxisideen zur Umsetzung der Bildungsstandards 4*. Schroedel, Braunschweig, 2012

156. Rinkens H.-D. et al. (Hrsg.): *Zahlenwerkstatt: Kompetenzen aufbauen – Praxisideen zur Umsetzung der Bildungsstandards 1*. Schroedel, Braunschweig, 2012

157. Rinkens H.-D. et al. (Hrsg.): *Zahlenwerkstatt: Kompetenzen aufbauen – Praxisideen zur Umsetzung der Bildungsstandards 2*. Schroedel, Braunschweig, 2013

158. Röhrkasten, K.: Spiele mit dem Zufall – Spielend mit Wahrscheinlichkeiten im Mathematikunterricht umgehen. In: *Grundschule – Wahrscheinlich unwahrscheinlich*, 5/2010, S. 22–25

159. Ruwisch, S.: Daten frühzeitig thematisieren. In: *Grundschule Mathematik*, 21/2009, S. 4–5

160. Ruwisch, S./Peter-Koop, A. (Hrsg.): *Gute Aufgaben im Mathematikunterricht der Grundschule*. Mildenberger, Offenburg, 2003

161. Sandfuchs, U.: Das Lernen lernen – Was wirkt: Lernstrategien. In: *Grundschule* 7/8/2012, S. 14–16

162. Scheidt, H.: *Zahlentheorie*. Heidelberg/Berlin, 2003

163. Scherer, P.: Zahlenketten. Entdeckendes Lernen im 1. Schuljahr. In: *Die Grundschulzeitschrift*, 96/1996, S. 20–23

164. Scherer, P.: Schülerorientierung UND Fachorientierung – notwendig und möglich! In: *Mathematische Unterrichtspraxis*, 1/1997a, S. 37–48

165. Scherer, P.: Substantielle Aufgabenformate – jahrgangsübergreifende Beispiele für den Mathematikunterricht. In: *Grundschulunterricht*, 1/1997b, S. 34–38

166. Scherer, P.: Zahlenketten. Entdeckendes Lernen im 1. Schuljahr. In: Schipper, W./Selter, Ch. (Hrsg.): *Offener Mathematikunterricht: Arithmetik II*. Friedrich Verlag, Seelze, 2001, S. 64–67

167. Scherer, P./Bönig, D. (Hrsg.): *Mathematik für Kinder – Mathematik von Kindern*. Grundschulverband, Arbeitskreis Grundschule, Frankfurt am Main, 2004

168. Scherer, P./Selter, Ch.: Zahlenketten – ein Unterrichtsbeispiel für natürliche Differenzierung. In: *Mathematische Unterrichtspraxis*, 2/1996, S. 21–28

169. Scherer, P./Wellensiek, N.: Ein Würfelbauwerk: verschiedene Ansichten – verschiedene Materialien. In: *Grundschulunterricht Mathematik*, 01/2012: Kompetenzorientiert unterrichten – Geometrie

170. Schipper, W.: *Üben im Mathematikunterricht der Grundschule.* 9. Auflage. Niedersächsisches Landesinstitut für Lehrerfortbildung, Lehrerweiterbildung und Unterrichtsforschung, Hildesheim, 1995

171. Schipper, W.: Arbeitsmittel für den arithmetischen Anfangsunterricht. Kriterien zur Auswahl. In: Schipper, W./Selter, Ch. (Hrsg.): *Offener Mathematikunterricht: Arithmetik II.* Friedrich Verlag, Seelze, 2001, S. 52–55

172. Schipper, W.: Offenheit und Zielorientierung. In: *Grundschule,* 3/2001, S. 10–15

173. Schipper, W. et al.: *Handbuch für den Mathematikunterricht. 4. Schuljahr.* Schroedel, Hannover, 2000

174. Schipper, W.: *Handbuch für den Mathematikunterricht an Grundschulen.* Schroedel, Braunschweig, 2009

175. Schulz, W.: Unterricht – Analyse und Planung. In: Heimann et al. (Hrsg.): *Unterricht – Analyse und Planung.* 9. Auflage. Hermann Schroedel Verlag, Hannover, 1977

176. Schulz, W.: *Unterrichtsplanung.* 3. Auflage. Urban & Schwarzenberg, München u. a., 1981

177. Schütte, S.: Mehr Offenheit im mathematischen Anfangsunterricht. In: Selter, Ch./Schipper W. (Hrsg.): *Offener Mathematikunterricht: Mathematiklernen auf eigenen Wegen.* Friedrich Verlag, Seelze, 2001, S. 11–13

178. Schütte, S.: Aktivitäten zur Schulung des „Zahlenblicks". In: *Grundschule,* 2/2002, S. 5–12

179. Schütte, S.: Rechenwegsnotation und Zahlenblick als Vehikel des Aufbaus flexibler Rechenkompetenzen. In: *Journal für Mathematik-Didaktik,* 55(2)/2004, S. 130–148

180. Schütte, S.: *Qualität im Mathematikunterricht der Grundschule sichern. Ein Arbeitsbuch für Lehrerinnen und Studierende.* München, 2008

181. Schwätzer, U.: Rechnen mit dem „mathe 2000"-Logo – Zahlentreppen vom ersten Schuljahr an. In: Selter, Ch./Walther, G. (Hrsg.): *Mathematiklernen und gesunder Menschenverstand. Festschrift für Gerhard Norbert Müller.* Klett, Leipzig u. a., 2001

182. Selter, Ch.: Zahlengitter – eine Aufgabe, viele Variationen. In: *Die Grundschulzeitschrift,* 177/2004

183. Selter, Ch.: Denken, rechnen, reden. In: *Grundschule,* 4/2008, S. 16–19

184. Selter, Ch./Scherer, P.: Zahlenketten – Ein Unterrichtsbeispiel für Grundschüler und Lehrerstudenten. In: *mathematica didactica,* 1/1996, S. 54–66

185. Selter, Ch./Schipper, W. (Hrsg.): *Offener Mathematikunterricht: Mathematiklernen auf eigenen Wegen.* Friedrich-Verlag, Seelze, 2001

186. Selter, Ch./Spiegel, H.: *Wie Kinder denken und rechnen.* Klett, Leipzig u. a., 1997

187. Senftleben, G.: Hab' ich doch gemeint. In: *Grundschule Mathematik,* Nr. 18, 3. Quartal 2008: Kopfgeometrie: Vorstellen und Beschreiben

188. Skerra, Ch./Kamps, M.: Besuch von Herrn Fermi – Fünf Schritte zur Bearbeitung von Fermi-Aufgaben. In: *Grundschule,* 10/2012, S. 14–16

189. Spiegel, H./Selter, Ch.: *Kinder & Mathematik – Was Erwachsene wissen sollten.* Kallmeyer, Seelze-Velber, 2003

190. Ströttchen, T.: Zahlentheoretische Besonderheiten. Von armen, reichen und vollkommenen Zahlen im Zahlenraum bis 100– Den reichen Zahlen auf der Spur. In: *Grundschulmagazin,* 4/2008, S. 27–32

191. Thüringer Institut für Lehrerfortbildung, Lehrplanentwicklung und Medien: *Mit Bildungsstandards arbeiten in den Fächern Deutsch und Mathematik der Grundschule.* Heft 50. Bad Berka, 2007

192. Thüringer Kultusministerium (TKM) (Hrsg.): *Thüringer Bildungsplan für Kinder bis 10 Jahre.* Weimar/Berlin, 2008

193. Uerdingen, M./London, M.: Das Übungsformat Zahlenketten in Klasse 1/2. In: *Die Grundschulzeitschrift,* 195/196/2006, S. 40–43

194. Verboom, L.: Produktives Üben mit ANNA-Zahlen und anderen Zahlenmustern. In: *Die Grundschulzeitschrift*, 119/1998, S. 48–49

195. Verboom, L.: Die „Goldene Zahlenkette" – ein kindgemäßer Zugang zum Entdecken und Begründen von Gesetzmäßigkeiten. In: *Grundschulunterricht*, 9/1999, S. 9–11

196. Verboom, L.: Zählen und Werten. In: Quak, U./Sterkenburgh, S./Verboom, L.: *Die Grundschul-Fundgrube für Mathematik. Unterrichtsideen und Beispiele für das 1. bis 4. Schuljahr*. Berlin, 2006

197. Vollrath, H.-J.: Ein Modell für das langfristige Lernen des Begriffes „Flächeninhalt". In: *Mathematik Lernen durch Handeln und Erfahrung, Festschrift für Heinrich Besuden*. Oldenburg, 1999

198. vom Hofe, R.: *Grundvorstellungen mathematischer Inhalte*. Spektrum, Heidelberg, 1995

199. vom Hofe, R.: Mathematik entdecken. In: *mathematik lehren*, 105/2001, S. 4–8

200. Walther, G. et al. (Hrsg.): *Bildungsstandards für die Grundschule: Mathematik konkret*. Cornelsen Scriptor, Berlin, 2007

201. Wälti, B.: Roulette mit Ziffernkarten. In: *Grundschule Mathematik: Wahrscheinlichkeit: Wer gewinnt?*, 9/2006, S. 32–35

202. Winter, H.: Begriff und Bedeutung des Übens im Mathematikunterricht. In: *mathematik lehren*, 2/1984, S. 4–16

203. Winter, H.: Entdeckendes Lernen im Mathematikunterricht. In: *Grundschule*, 4/1984, S. 26–29

204. Winter, H.: Lernen durch Entdecken? In: *mathematik lehren*, 28/1988, S. 6–13

205. Winter, H.: *Entdeckendes Lernen im Mathematikunterricht. Einblicke in die Ideengeschichte und ihre Bedeutung für die Pädagogik*. 2. Auflage. Vieweg, Braunschweig/Wiesbaden, 1991

206. Winter, H.: Mathematik entdecken. Neue Ansätze für den Unterricht in der Grundschule. 4. Auflage. Cornelsen Scriptor, Frankfurt am Main, 1994

207. Wittmann, E. Ch.: *Grundfragen des Mathematikunterrichts*. 6. neubearbeitete Auflage. Vieweg, Braunschweig, 1981

208. Wittmann, E. Ch.: Aktiv-entdeckendes und soziales Lernen im Rechenunterricht – vom Kind und vom Fach aus. In: Müller, G. N./Wittmann, E. Ch. (Hrsg.): *Mit Kindern rechnen*. Arbeitskreis Grundschule – Der Grundschulverband, Frankfurt am Main, 1995, S. 10–41

209. Wittmann, E. Ch.: Offener Mathematikunterricht in der Grundschule – vom FACH aus. In: *Grundschulunterricht*, 6/1996, S. 3–7

210. Wittmann, E. Ch.: Wider die Flut der „bunten Hunde" und der „grauen Päckchen": Die Konzeption des aktiv-entdeckenden Lernens und des produktiven Übens. In: Wittmann, E. Ch./Müller, G. N. (Hrsg.): *Handbuch produktiver Rechenübungen, Band 1*. 2. Auflage, Klett, Stuttgart u. a., 2006, S. 157–171

211. Wittmann, E. Ch./Müller, G.: Spielen und Überlegen – Die Denkschule Teil 1/2. Stuttgart, 1997

212. Wittmann, E. Ch./Müller, G. N.: *Handbuch produktiver Rechenübungen. Band 2: Vom halbschriftlichen zum schriftlichen Rechnen*. Klett, Stuttgart u. a., 2005

213. Wittmann, E. Ch./Müller, G.N.: *Handbuch produktiver Rechenübungen. Band 1: Vom Einspluseins zum Einmaleins*. 2. Auflage. Klett, Stuttgart u. a., 2006

214. Zech, F.: *Grundkurs Mathematikdidaktik. Theoretische und praktische Anleitungen für das Lehren und Lernen von Mathematikdidaktik*. Weinheim/Basel, 2002

215. Ziener, G.: Bildungsstandards in der Praxis – Kompetenzorientiert unterrichten. 2. Auflage. Klett/Kallmeyer, Seelze, 2010

Bildungsstandards und Lehrpläne (Online-Versionen der Lehrpläne: http://db.kmk.org/lehrplan)

216. **Bildungsplan Baden-Württemberg** – Ministerium für Kultus, Jugend und Sport: *Bildungsplan 2004. Grundschule.* Stuttgart, 2004
217. **Bildungsplan Hamburg** – Freie und Hansestadt Hamburg, Behörde für Schule und Berufsbildung: *Bildungsplan Grundschule Mathematik.* Hamburg, 2011
218. **Bildungsstandards** – Sekretariat der Ständigen Konferenz der Kultusminister der Länder in der Bundesrepublik Deutschland: *Beschlüsse der Kultusministerkonferenz: Bildungsstandards im Fach Mathematik für den Primarbereich. Beschluss vom 15.10.2004.* Luchterhand, München/ Neuwied, 2005
219. **Kerncurriculum Hessen** – Hessisches Kultusministerium: *Bildungsstandards und Inhaltsfelder – Das neue Kerncurriculum für Hessen,* 2011, online unter: http://www.iq.hessen.de/irj/ IQ_Internet?uid = 44540e7a-7f32-7821-f012-f31e2389e481 (zugegriffen am 29.03.2013)
220. **Kerncurriculum Niedersachsen** – Niedersächsisches Kultusministerium: *Kerncurriculum für die Grundschule. Schuljahrgänge 1–4. Mathematik.* Hannover, 2006
221. **Lehrplan Bayern** – Bayerisches Staatsministerium für Unterricht und Kultus: *Lehrplan für die bayerischen Grundschulen.* 2010
222. **Lehrplan NRW** – Ministerium für Schule und Weiterbildung des Landes Nordrhein-Westfalen: *Richtlinien und Lehrpläne für die Grundschule in Nordrhein-Westfalen.* Heft 2012 (1. Auflage 2008). Ritterbach, Frechen
223. **Lehrplan Sachsen** – Sächsisches Staatsministerium für Kultus (Hrsg.): *Lehrplan Grundschule Mathematik.* Saxoprint, Dresden, 2004/2009
224. **Lehrplan Schleswig-Holstein** – Ministerium für Bildung, Wissenschaft, Forschung und Kultur des Landes Schleswig-Holstein: *Lehrplan Grundschule Mathematik.* 1997
225. **Lehrplan Thüringen** – Thüringer Ministerium für Bildung, Wissenschaft und Kultur (Hrsg.): *Lehrplan für die Grundschule und für die Förderschule mit dem Bildungsgang der Grundschule. Fach Mathematik.* Erfurt, 2010
226. **Rahmenplan Brandenburg, Berlin, Bremen, Mecklenburg-Vorpommern** – Ministerium für Bildung, Jugend und Sport des Landes Brandenburg et al.: *Rahmenplan Grundschule Mathematik.* adiant Druck, Roggentin, 2004
227. **Rahmenplan Rheinland-Pfalz** – Ministerium für Bildung, Frauen und Jugend, Weiterentwicklung der Grundschule: *Rahmenplan Grundschule. Allgemeine Grundlegung. Teilrahmenplan Mathematik.* Sommer Druck und Verlag, Grünstadt, 2002

Weitere Online-Literatur[1]

228. *Gesetz über die Ausbildung für Lehrämter an öffentlichen Schulen* (Lehrerausbildungsgesetz – LABG) vom 12. Mai 2009 (NRW) (http://www.schulministerium.nrw.de/BP/Schulrecht/Lehrerausbildung/LABG__Fassung_01_07_2012.pdf, zugegriffen am 29.03.2013)
229. *IGLU 2011, TIMSS 2011– Presseinformation.* Handreichung zur Pressekonferenz in Berlin (http://www.ifs-dortmund.de/assets/files/presse/IGLU_TIMSS_2011_Pressekonferenz.pdf; zugegriffen am 29.03.2013)

---

[1] *Bemerkung:* Das schnelllebige Internetzeitalter bringt es mit sich, dass möglicherweise schon beim Erscheinen dieses Bandes einige Links nicht mehr funktionieren.

230. Köller, J.: *Mathematische Basteleien. Der Somawürfel* (http://www.mathematische-basteleien. de/somawuerfel.htm, abgerufen am 03.04.2011)

231. LAKK Studienseminar für GHRF in Offenbach: *Ausführliche schriftliche Unterrichtsvorbereitung – Festlegung der Anforderungen,* Stand 29.08.2012 (http://lakk.sts-ghrf-offenbach.bildung. hessen.de/grundlegende_dokumente/index.html, abgerufen am 29.03.2013)

232. PIK AS: *Daten, Häufigkeiten und Wahrscheinlichkeiten.* Uni Dortmund (http://www.pikas.tu-dortmund.de/material-pik/herausfordernde-lernangebote/haus-7-unterrichts-material/daten-haeufigkeiten-und-wahrscheinlichkeiten/daten-haeufigkeiten-und-wahrscheinlichkeiten. html, abgerufen am 14.09.2011)

233. PIK AS der TU Dortmund: *SOMA-Würfel* (http://www.pikas.tu-dortmund.de/index.html, abgerufen am 01.03.2011)

234. PIK AS der TU Dortmund: http://www.pikas.tu-dortmund.de/upload/Material/Haus_7_-_ Gute_-_Aufgaben/UM/Wurfelnetze/Lehrer-Material/Unterrichtsplanung_1.Einheit.pdf, aufgerufen am 05.04.2012

235. PIK AS der TU Dortmund: *„Mathe-Konferenzen" – Eine strukturierte Kooperationsform zur Förderung der sachbezogenen Kommunikation unter Kindern* (http://www.pikas.tu-dortmund.de/ material-pik/herausfordernde-lernangebote/haus-8-unterrichts-material/mathe-konferenzen/ index.html, abgerufen am 17.09.2012)

236. Schäfer, M.: *Ausgebrannt, bevor es losgeht.* spiegel-online vom 30.04.2012 (http://www.spiegel.de/unispiegel/jobundberuf/verkuerztes-referendariat-angehende-lehrer-leiden-unter-stress-a-826861.html; abgerufen am 29.03.2012)

237. Selter Ch.: *Der nordrhein-westfälische Mathematik-Lehrplan für die Grundschule und die Diskussion um Bildungsstandards.* Überarbeitete Version eines Vortrags auf der Herbsttagung des Arbeitskreises Grundschule der Gesellschaft für Didaktik der Mathematik in Tabarz, 2003 (http://www.wl-lang.de/Rahmenplaene%20Der%20nordrheinwestfaelische%20Mathematik-Lehrplan.pdf; abgerufen am 29.03.2013)

238. Seminarleiterinnen und Seminarleiter der Staatlichen Studienseminare für das Lehramt an Grundschulen (Rheinland-Pfalz): *Der schriftliche Entwurf zur Unterrichtsplanung* (http://studienseminar.rlp.de/fileadmin/user_upload/studienseminar.rlp.de/gs-nr/GS_-_Konzeot_schriftlicher_Entwurf.pdf; abgerufen am 29.03.2013)

239. GEW Berlin: *Stand der Reform der LehrerInnenbildung 2012.* Zusammenstellung der GEW Berlin (http://www.gew.de/Binaries/Binary94605/LehrerbildungUebersicht2012.pdf); abgerufen am 29.03.2012)

240. Stude, M.: *Der Somawürfel – fächerübergreifender Unterricht in einer Abschlussstufe einer Sonderschule für Geistigbehinderte.* (http://www.nibis.de/~as-h2/ps%20brei/somawuerfel.pdf, abgerufen am 02.04.2011)

241. Studienseminar Buchholz für die Lehrämter an Grund-, Haupt- und Realschulen: *Ausbildungsmodul „Der schriftliche Unterrichtsentwurf".* Stand August 2010 (http://99107.nibis.de/download/derschriftlicheentwurf.pdf; abgerufen am 24.02.2013)

242. Studienseminar Cuxhaven für das Lehramt an Grund-, Haupt- und Realschulen: *Der schriftliche Unterrichtsentwurf – Vademecum.* Stand Dezember 2012 (http://998.nibis.de/dokumente/ vademecum_dez2012.pdf; abgerufen am 24.02.2013)

243. Studienseminar GHRF Darmstadt: *Handreichung zur Anfertigung einer „Ausführlichen Unterrichtsvorbereitung"* (http://www.uni-frankfurt.de/fb/fb10/inst_psychling/Dateien/Unterrichtsvorbereitung.pdf; abgerufen am 29.03.2013)

244. Studienseminar GHRS Oldenburg: *Der ausführliche Unterrichtsentwurf – Mögliche Vorlage zur Erstellung eines schriftlichen Unterrichtsentwurfs.* Stand September 2012 (http://www.studienseminar-oldenburg-ghr.de/download/unterrichtsentwurf-besonderer; abgerufen am 29.03.2012)

245. Studienseminar Osnabrück, Lehrämter an Grund-, Haupt- und Realschulen: *Vereinbarungen zum schriftlichen Unterrichtsentwurf.* Stand vom 07.06.2012 (http://www.studienseminar-osghrs.de/Service/ausbildung/Unterrichtsentwurf; abgerufen am 29.03.2013)

246. Thüringer Ministerium für Bildung, Wissenschaft und Kultur: *Thüringer Bildungsplan für Kinder bis 10 Jahre*. Verlag das Netz (online unter: http://www.thueringen.de/imperia/md/content/tmbwk/kindergarten/bildungsplan/th_bp2011.pdf, letzter Stand: 24.10.2012)

247. Wikipedia: *Würfel (Geometrie)* (http://de.wikipedia.org/wiki/W%C3%BCrfel_(Geometrie), abgerufen am 01.04.2011)

248. ZFsL Düsseldorf, Seminar für das Lehramt GHRGe – Grundschule: *Unterrichtsentwurf zum … Unterrichtsbesuch im Fach Mathematik* (http://www.zfsl-duesseldorf.nrw.de/Seminar_G/Beispiele_von_Unterrichtsplanungen2/Mathematik/index.html; abgerufen am 22.02.2013)

249. ZFsL Köln, Seminar Grundschule: *Seminarprogramm Oktober 2012, Teil 4* (http://www.zfsl-koeln.nrw.de/Seminar_G/Seminarprogramm/index.html; abgerufen am 29.03.2013)

250. ZFsL Recklinghausen HRGe: *Schriftliche Unterrichtsplanung – Hinweise zur Abfassung eines schriftlichen Unterrichtsplans bei Unterrichtsbesuchen, Hospitationen, Unterrichtspraktischen Prüfungen* (http://www.zfsl-recklinghausen.nrw.de/Seminar_HRGe/Hinweise_zur_Ausbildung/schriftliche_Unterrichtsplanung/index.html; abgerufen am 29.03.2013)

251. ZFsL Recklinghausen, Seminar GyGe: *Das Artikulationskonzept des Seminars*. Stand 05.04.2003 (http://www.zfsl-recklinghausen.nrw.de/Seminar_GyGe/Seminarprogramm/Artikulationskonzept/Artikulationskonzeptveraendert.pdf; abgerufen am 29.03.2013)

252. ZFsL Recklinghausen, Seminar GyGe: *Lernzielkonzept des Seminars*. Stand 28.06.2003 (http://www.zfsl-recklinghausen.nrw.de/Seminar_GyGe/Seminarprogramm/Lernzielkonzept/Lernzielkonzept.pdf)

Sachverzeichnis

K. Heckmann, F. Padberg, *Unterrichtsentwürfe Mathematik Primarstufe, Band 2,*
Mathematik Primarstufe und Sekundarstufe I + II,
DOI 10.1007/978-3-642-39745-5, © Springer-Verlag Berlin Heidelberg 2014

Printed in the United States
by Baker & Taylor Publisher Services